THE PERFECTIONISTS

How Precision Engineers Created the Modern World

SIMON WINCHESTER

サイモン・ウィンチェスター

梶山あゆみ【訳】

精密への果てなき道

シリンダーからナノメートルＥＵＶチップへ

早川書房

精密への果てなき道

――シリンダーからナノメートルEUVチップへ

THE PERFECTIONISTS
How Precision Engineers Created the Modern World
by
Simon Winchester

Translated by
Ayumi Kajiyama
First published 2019 in Japan by
Hayakawa Publishing, Inc.
This book is published in Japan by
arrangement with
Barnhill Press Ltd.
c/o William Morris Endervor Entertainment, LLC.
through Tuttle-Mori Agency, Inc., Tokyo.

装幀／西垂水敦（krran）

セツコへ

そして、親愛なる父にして、この上なく几帳面な人物だった
バーナード・オースティン・ウィリアム・ウィンチェスター（一九二一～二〇一一年）を
懐かしく思い出しながら

以下の短い文章は、アメリカの文明・社会批評家ルイス・マンフォード（一八九五～一九九〇年）の著作からの抜粋である。これらの言葉を念頭に置きながら本書を読み進めると、理解の一助となるかもしれない。

今や機械の時代は終ろうとしている。人類は過去三世紀のあいだ、機械がもたらす冷徹な学問分野と、実利的な可能性というあざとく強固な魅力について多くを学んできた。しかしわれわれは、不毛な月面でうまく暮らせないように、機械の溢れる世界のなかでこれ以上生き続けることはできない。

——『都市の文化』（一九三八年）（鹿島研究所出版会）より

われわれは、感情を喚起することや、道義的・美的価値観を表現することに対して、科学や発明や実務的な組織に対するのと同じくらいの重きを置かなくてはならない。どちらもがあって初めて、それぞれの力が発揮される。

——『生存に必要な価値（*Values for Survival*）』（一九四六年）より

忌々しい自動車のことなど忘れて、恋人や友人のための都市を築こう。

——『我が著作と生涯（*My Works and Days*）』（一九七九年）より

目次

図版一覧

別段の記載がない限り、すべての図版はパブリックドメインから取ったものである。

水晶宮
ホイットワースのネジ（AllAboutLean.com の Christoph Roser 提供）
「絶対に破られない」ブラマー錠
ヘンリー・ロイス
ロールス・ロイス・シルバーゴースト（Malcolm Asquith 提供）
T型フォード
T型フォード（分解された状態）
ヘンリー・フォード
フォード車の組立ライン
ケースに収められたブロックゲージ
カンタス航空32便（二〇一〇年の事故）（オーストラリア運輸安全局提供）
フランク・ホイットル（ケンブリッジ大学提供）
タービンブレード（Michael Pätzold/Creative Commons BY-SA-3.0 de 提供）
ロールス・ロイス社「トレント」エンジン
カンタス航空32便の破断したスタブパイプ（オーストラリア運輸安全局提供）
初期のライカカメラ
ライカⅢc
ハッブル宇宙望遠鏡
ハッブルの主鏡が研磨されているところ

機械式腕時計の「グランドセイコー」を組み立てる時計職人

メトロポリタン美術館の展覧会に出品された竹細工（メトロポリタン美術館提供）

高級漆器の例（日本民藝館提供）

はじめに

科学の目的は、無限の英知への扉を開くことではない。無限の誤謬を制限することである。

——ベルトルト・ブレヒト『ガリレオの生涯』（一九三九年）（光文社）より

皆で夕食のテーブルにつこうとしたとき、お前に見せたいものがある、と父が切り出した。共犯者にしかわからないような、企みの光を目に湛《たた》えている。それから手提げ鞄の口を広げ、いかにも重そうな大きい木箱を取り出した。

時は一九五〇年代半ば。ロンドンの冬は寒く、黄色みがかったスモッグに覆われ、気持ちの良い日など無きに等しい。私は一〇歳くらいだったろうか。クリスマス休暇で寄宿学校から帰省している最中だった。この日、父は北ロンドンにある自分の工場から帰宅すると、陸軍将校用の外套の肩についた灰色の金属くずを手で払い、パイプをくわえ、石炭ストーブの前に立って体を温めていた。母は台所をせわしく動き回り、やがてダイニングルームに皿を運んできた。

でもまずは箱の件が先である。

その木箱のことは、六〇年あまりたった今でも鮮明に覚えている。二五センチ四方ほどの真四角で、深さは七~八センチ。ビスケット缶くらいの大きさだ。ニスを塗ったオーク材でできていて、見るからに上質である。大切に使い込まれてきた風合いもあった。上蓋には真鍮のプレートが取り付けられていて、そこに父の名前のイニシャルと苗字が「B・A・W・ウィンチェスター殿」と刻まれていた。私が鉛筆やクレヨンをしまっていたのはもっと粗末なマツ材の箱だったが、父の箱もそれと同じく上蓋が横に滑って開くようになっていた。蓋を留めるための真鍮の小さな掛け金と、指一本であけられるように表面に窪みが付いている。

父がまさにそうやって蓋をあけると、箱の底に厚い深紅のベルベットが覗いた。ベルベットには幅のある溝が何本も走っていて、磨き上げられた金属のかけらがその中にいくつも嵌め込まれている。立方体もあったがほとんどは直方体で、銘板やドミノ牌や、加工用の鋼片をごくごく小さくしたような形をしていた。それぞれの表面には数字が彫り込まれ、ほとんどの数字に小数点がついている。「.175」「.735」「1.300」といった具合だ。父はゆっくりと箱を置き、パイプに火をつける。一〇〇個はゆうにある謎の金属片が、石炭ストーブの炎の光を受けてきらめいた。

父はとくに大きな二個を取り出すと、麻のテーブルクロスに載せた。母が小さく悲鳴を上げ、台所へ駆け戻る。父が私に見せようと作業場から持ってくる品々がたいていそうだったように、これもまた機械油の薄膜をまとっているのではないかと思ったからだ(実際、その通りだった)。母はベルギーのヘント出身で、潔癖といっていいほど細かいところを気にした。同時代の女性の例に漏れず、布類やレースをしみ一つないようにしておくのが母にとってはとても大切なことだったのである。

父はその二個の四角い金属片をつまみ上げ、よく見えるようにと私のほうに差し出した。その金属は高炭素鋼か、少なくとも何かの合金製だと説明する。クロムと、おそらくは少々のタングステンを加えて硬度を非常に高めたものだろう、と。磁力はまったくない、と付け加えると、それを示すためにテーブルクロスの上で二個を近付けた。隠しようのない油じみが尾を引き、母はなおのこと目を吊り上げる。父の言う通りだ。二つは合わさることも反発することもない。手に取ってみろと父が促す。私は両方の手のひらに一つずつ載せて、寸法でも測るかのように眺める。冷たくて重い。見た目以上に目方があり、厳密につくられたさまはどこか美しかった。

すると父は私の手から金属片を取り上げ、素早くテーブルに戻した。今度は二個を上下に重ねている。じゃあ、上の一個を持ち上げてみなさい、と父は言う。さらに、上のだけだぞ、と念を押す。そこで私は片手を伸ばし、その通りにした。ところが、上のをつまむと、下のも一緒についてくる。したり顔で父が微笑む。引き離してみろ、と父が促すので、私はもう片方の手で下の一個を摑み、引っ張った。動く気配がない。もっと強く、という父の声を受け、私はもう一度試す。だめだ。びくともしない。長方形をした二個のスチール製タイルは、しっかりとくっついてしまったようだった。糊で張り合わせたか、溶接してつなげたか、あるいは合体して一個になってしまったかのように。もはや二個の境い目すら見えなくなっていた。ただ単に、一個がもう一個の中に溶け込んだとしか思えない。私は何度も何度も力を込めた。

おかげですっかり汗をかく。ふと見ると、台所から戻ってきた母がしびれを切らしかけている。そこで父はパイプを脇に起き、上着を脱いで、皿に料理を取り分け始めた。二個の金属タイルは、水の入った父のコップの横に佇《たたず》んでいる。私の非力を、私の敗北をあざ笑うかのように。もう一度やってもいい？　食事中に父に問いかける。それには及ばない、と父は答えるなり、二個をつまみ上げ、手首をひとひねりしてただ二個を横にずらした。たちまち二個は離れる。何の造作もなく、いとも簡単に。私は呆気にとられて口を開いたまま、小学生には魔法としか思えないものをしげしげと見つめた。

魔法じゃないさ、と父は笑う。そして、六つの面が非の打ちどころのないほど完璧に平らで、合わせ目に一分《いちぶ》の隙もないからああなるのだと説明した。表面にいささかの凹凸もないように機械加工してあるおかげで、空気が入り込んで弱い箇所をつくることがない。二個とも完全に平らなので、重ね合わせると表面の分子同士が結合する。そうなったら二個を引き剝がすのはまず不可能だが、なぜそうなるのか正確なところは誰にもわからないのだという。横向きにずらさない限り二個は離れない。こうした現象を「リンギング（密着）」と呼ぶ。

父は興奮を隠さず、生き生きとした口調で話し始める。その熱を帯びた力強い声が私はいつも好きだった。人間がつくった物のなかで、おそらく一番精密なのがこの種の金属タイルなのだと、父はいかにも誇らしげに語る。それらは「ブロックゲージ」といい、発明したカール・エドヴァルド・ヨハンソン（Johanson）の名をとって「ジョー（Jo）ブロック」と呼ばれることもある。ブロックゲージというのは、物の長さを限りなく精密に計測するためのもので、これを製作するのは機械工学の頂点で働く人たちだ。じつに貴重な器具であり、私の人生においても大きな意味をもつものだから、お前にも見せてやりたいと思ってね。

そこまで話すと父は口をつぐみ、ベルベットの内張りをした木箱にブロックゲージを慎重にしまうと、夕食を終え、またパイプに火をつけて、ストーブのそばでうたた寝を始めた。

父は職業人生を通して、一貫して精密工学の技術者として働いた。引退前の数年間には、魚雷の誘導装置に用いる超小型電気モーターの設計と製造に携《たずさ》わっていた。機密に関わる作業がほとんどだったにもかかわらず、父はときどき工場の一つにひそかに私を招き入れた。真鍮製の小さな棒を切り削って細かい歯をつけ、歯車に加工する機械。髪の毛ほどの太さしかないスチール製の軸棒を研磨する機械。ロウマッチの頭くらいの磁石に銅製のコイルを巻き付ける機械。私はそうしたものを感嘆の眼差しで、あるいはわけがわからず首を傾げながら、じっと見入ったものである。

今も懐かしく思い出すのは、父のお気に入りだった作業員と過ごした時間だ。それは年配の男性で、白衣のような形の長い茶色いコートを着て、父と同じようにパイプをくわえながらも、そこには火をつけぬまま仕事をしていた。特殊な旋盤（父によるとドイツ製の非常に高価な機械らしい）の操作を担当していて、削る作業が行なわれる場所の真ん前に椅子を置いて陣取り、いつも同じしかめ面をして切削工具の刃先を睨んでいる。刃は目にも留まらぬ速さで回転しており、水と油を混ぜた乳白色の液体で絶え間なく冷やされていた。旋盤の主軸には小さな円筒形の真鍮の塊《かたまり》が取り付けられていて、そこに向かって切削工具が襲いかかる。刃が真鍮をつつくと、黄色い金属の端から糸のような切りくずが渦を巻きながら剝がれていく。肉眼で見えるか見えないかの細さだ。主軸を少しずつ回しながら、金属の外側に一つ、また一つと歯を刻み付けていく。まるで魔法のようなこの不思議な工程に、私の目は釘付けになった。

すると機械が停止し、ふいに静寂が訪れる。目を細めて見入る私の前に、得体の知れない複雑な塊が近付いてきて、加工中の真鍮のほうに移動していく。その塊は、さらに精巧な炭化タングステン製の工具がいくつも集まったものだ。工具は真鍮を取り囲むと、ただちに仕事にかかった。棒状の刃が回転して先ほど刻んだ歯をさらに削り、丸みをもたせ、面取りをしてきれいな形に整えていく。機械に取り付けられた拡大鏡を覗くと、工具の刃の下で歯の縁が新しい形に進化していくのがわかった。やがて、息が漏れるようなかすかな音とともに刃が止まり、真鍮は端からハムのように薄くスライスされていった。締め具が離れ、スライスは下に落ちて乳白色の油に浸《ひた》る。フィルターが持ち上げられると、その上に完成した歯車が姿を現わした。まるで、蜜のしたたる小さなお菓子である。二〇枚はあっただろうか。どれも信じがたいほどに輝いていて、厚さはせいぜい一ミリ、直径は一センチほどしかない。

旋盤のどこかについたレバーが動いて、歯車はすべてトレーに空けられた。歯車はそこでしばらく待機する。いずれは軸棒を通され、摩訶不思議《まかふしぎ》な方法でモーターに取り付けられて、フィンを動かしたり、スクリューの回転速度を変えたりするのだ。すべては、魚雷という高性能爆薬を敵のターゲット目がけて真っ直ぐ正確に走らせるためである。ジャイロスコープの示す方向に沿って、予測不能な動きをする冷たい海を縫いながら。

もっともこのときは年配の作業員が、できたての歯車が一つくらいなくても英国海軍は困らないと踏んだようだ。先の細いスチール製のピンセットを手に取ると、乳白色の液にまみれた歯車の一個をつまみ、きれいな水を勢いよく出してそれを洗ってから、いかにも得意げな勝ち誇った表情で私に渡してくれた。それから椅子に戻ると、良い出来栄えに満面の笑みを浮かべつつ満足気にパイプをくゆらせた。その小さな小さな歯車は土産《みやげ》だと、のちに父は言った。お前が工場を訪ねたことを記念する品であり、この先も目にすることがないほどじつに精密な歯車なのだ、と。

この年配の花形職人と同じように、父も自分の職業に並々ならぬ誇りを抱いていた。形のない硬い金属の塊を、美しく有用な物体に変える仕事。それは意義深く重要で、価値あるものだと考えていたのだ。生み出される一つ一つは、それぞれの目的に適うよう細かく調整され、巧みに仕上げられている。平凡なものから風変わりなものまで、用途はじつに様々だ。というのも、父の工場では兵器だけでなく多種多様なものを製造していたからである。自動車や温風送風機、あるいは採掘機に組み込まれる装置。ダイヤモンドのカットやコーヒー豆の粉砕に使用されるモーター。顕微鏡や気圧計、カメラや時計の奥深くで働く部品もだ。腕時計用は手掛けていないんだ、と父は残念そうに漏らしたことがある。だが、置き時計・掛け時計や、船上で経度を測定するための精密なクロノメーターの部品はつくっていたし、大きな縦長のホール時計もしかりだ。ホール時計の内部では父の歯車が辛抱強く時を刻み、時刻はもとより月相までをも文字盤に表示して、それが無数の家々の玄関の間《ま》を見下ろしていた。

父はときどき、あの超平坦なブロックゲージより複雑な（ただし不思議さはさほどでもない）部品を家に持ってくることがあった。なぜそうするかといえば、ひとえに私を楽しませるためである。父が夕食のテーブルで秘密の宝物を取り出すと、母はいつも青ざめた。そういう部品は決まって、油じみた茶色いロウ紙で包まれていて、それがテーブルクロスを汚すからだ。新聞紙の上に置いてくれませんか？　母は必死に訴えるが、たいていはあとの祭りである。母が金切り声を上げる頃には部品はもう箱から出され、ダイニングルームの照明を受けて光っていた。今にも回転しそうな輪や、すぐにも動きだしそうなアーム、そして実演を待つレンズや鏡がきらめいている。

父は巧みなつくりの自動車が大好きで、そうした車を崇拝していた。とくに愛したのがロールス・ロイスである。傲慢なまでに堂々としたマシンだ。だが、当時のロールス・ロイスは今と違って、持ち主の地位を象徴するというより、つくり手の匠《たくみ》の技を示すものだった。父は一度、イギリス中部のクルーにあるロールス・ロイスの工場を見学させてもらい、エンジンのクランクシャフト（訳注　ピストンの往復運動を回転運動に変換する装置）の製造工程を見せてもらったことがある。そのとき何より感激したのは、何十キロもの重さがあるそのシャフトが手作業で仕上げられていることだ。しかも、左右が完璧に釣り合っているため、一度試験台の上で回すと、いつまでたっても回転のやむ気配がない。片方の側がもう片方よりほんのわずかでも重かったら、絶対にそうはならなかっただろう。摩擦という現象さえなければ、「ファントムV（訳注　一九五九～一九六八年に製造されていたロールス・ロイスの乗用車）」のクランクシャフトは永久に回転し続けると父は言い切った。そんな話をしたせいで、父は私に永久機関の設計をしてみろと勧めた。つまり、外からエネルギーを受け取ることなく自力で動き続ける装置のことである。私は自由時間の多くをその夢のために費やし、何百枚もの紙を無駄にしたものだ（なにしろ熱力学の第一法則と第二法則のことをおぼろげにしか理解していなかったせいで、永久機関の実現が不可能であることを知らなかったのである）。

　半世紀以上の時が流れた今もなお、機械に取り憑かれた幼い日の思い出は私の心を惹き付けてやまない。そして、それをとくに強く思い出したくなる出来事が、二〇一一年の春の日の午後に起きた。見ず知らずの人物から、思いも寄らぬ電子メールを受け取ったのである。「提案」という素っ気ないタイトルのついたそのメール（全三段落）は、言葉の修飾も躊躇《ちゅうちょ》もいっさいないまま、いきなりこう切り出していた。「『精密さの歴史』について本を書いてみたらどうですか？」

　差出人はコリン・ポーヴィーという名の男性。フロリダ州のクリアウォーターに住み、主に理化学用のガラス器具をつくる仕事*をしてきた。そのいわんとするところはじつに単純明快で、説得力がある。曰く、精密さは、現代世界に欠くことのできない大事な要素でありながら、当たり前すぎて人はそれを意識していない。機械が精密でなければならないことは誰もが知っている。私たちが大切にするもの（カメラ、携帯電話、パソコン、自転車、車、食器洗浄機、ボールペン）は、部品が精密に嚙み合って、ほぼ完璧に動いてくれないと困るものばかりだ。また、物は精密であればあるほど優れているというのが、おそらく私たちの共通認識でもある。その一方で、精密さという現象は酸素や母国語に似て、あって当然のものと受け止められている。少なくともごく一般の人々にとって、それはおおむね目に見えず、具体的に想像することもままならず、まともな話題に上ることすら滅多にないものでしかない。それでいていつもそこに存在し、現代を現代たらしめる重要な鍵を握っている。

　とはいえ、いつの時代にもそうだったわけではない。精密さには「始まり」がある。はっきりとした「誕生の日」があり、それについてはほぼ異論の余地がない。精密さは時とともに発展してきた。成長し、姿を変え、進化してきた。精密さには未来もある。その未来は、ある者たちにとっては火を

＊　これは誰にでもなれるような職業ではない。現在ではアメリカで数百人が、非常に精巧で複雑なガラス機器の製造を専門としている。化学の実験に使われるものが多い。アメリカにはこの分野の業界団体があって、『フュージョン（融合）』という機関誌を発行し、大きな会議も開催している。この分野には英雄もいる。日本からアメリカに移住した大野貢《みつぎ》だ。大野は一九九九年に七三歳で亡くなるまで、主にカンザス州立大学でこの仕事をした。細密で大きなガラス製の模型（船舶やアメリカの歴史的建造物をかたどったもの）も多数製作し、それらはカンザス州マンハッタンにある同大学キャンパスに今も展示されている。大野の名を一躍知らしめたのは、世界で初めて「クラインの壺」をガラスで吹き上げる方法を発見したことだ。クラインの壺は、容器の本体から伸びた管がカーブして本体に戻るような構造になっている。立体版「メビウスの輪」ともいうべきもので、表裏の区別がない。

見るより明らかであり、別の者たちにとっては曖昧ではっきりとは摑めない。つまり、精密さがどのように存在してきたかは、物語のような軌跡として捉えることができる。ただしその軌跡は、無限大に向かって一直線に進んでいくというよりは、おそらく放物線を描くことになるだろう。精密さがどのような道筋で発達してきたにせよ、そこに物語が存在したことは間違いない。映画用語でいうところの「スルー・ライン」（訳注　物語の個々の要素をまとめ上げる一貫したテーマ）が。

それが、精密さに関する持論なのだとポーヴィー氏は語る。だが、精密さについての本を書けと提案した狙いはそれだけではない。個人的な理由もあった。その理由を説明するため、氏は一つの実話を教えてくれた。以下、精密さと簡潔さを織り交ぜてそのあらましを紹介しよう。

ポーヴィー氏の父上はイギリス人の兵士で、どうやらかなりの変わり者だったようだ。一例を挙げれば、英国国教会の日曜礼拝は通常なら参加が義務とされるのに、自分はヒンドゥー教徒だから行かなくていいと公言して憚《はばか》らなかったほどである。塹壕の中で戦うのはいやだと、英国陸軍補給部隊（ＲＡＯＣ）に加わった。補給部隊の仕事は、武器や弾薬や装甲車などを戦場の兵士に届けることである（その後、ＲＡＯＣの任務は拡大し、現在では陸軍向けのクリーニングサービスや移動式浴室の運営、公式写真撮影といった、あまり華々しいとはいいがたい仕事も担当している）。

訓練期間中に爆発物の処理など技術的な事柄の初歩を学んだ父上は、爆弾の工学的な側面に優れた能力を示した。そこで、適任の役目を仰せつかり、一九四〇年にアメリカの首都ワシントンにあるイギリス大使館へ送られた（アメリカがまだ第二次世界大戦に参戦していなかったため、民間人の服装をして秘密裏に）。主な仕事はアメリカの弾薬製造業者と連絡をとり、イギリス軍の武器に合う弾をつくらせることである。

特別な任務を授かったのは一九四二年のこと。当時、イギリス製の対戦車砲にアメリカ製の弾を込めると、うまく発射できない場合があるというトラブルが起きていた。しかも、不具合の発生する状況に法則性が見当たらない。父上はこの謎を解くよう命じられる。すぐさま列車でデトロイトの製造業者のもとに赴き、何週間もかけて丹念に弾丸を調べては寸法を測っていった。ところが意外にも、何度測定しても弾はすべて完全に仕様通りであり、使用される予定の武器に寸分たがわず収まることがわかる。だから、問題は工場にあるのではないと、ロンドンの上司に報告した。そこでロンドンは、弾が輸送される経路をすべてたどり、指揮官が銃の不発に悩まされている現場まで追うように指示をする。そこは北アフリカの砂漠の戦場だった。

ポーヴィー氏の父上はただちにデトロイトを発《た》ち、各種測定器の入ったばかでかい革のスーツケースを引きずりながら東海岸へ向かう。初めは弾薬運搬用の列車をいくつも乗り継いで、アメリカ東部の山河が車窓をゆっくり過ぎていくなかフィラデルフィアを目指した。弾薬はそこで船に積み替えられることになっている。父上は来る日も来る日も弾の寸法を測り、弾丸自体も薬莢《やっきょう》も完全に設計通りであることを確認した。どの停車駅で調べてみても、生産ラインを離れたときと状態は変わらない。やはり無理なく銃身に収まるのだ。そうこうするうちフィラデルフィアに到着し、いよいよ貨物船に乗り込んだ。

これは試練の旅となる。まず船が故障し、船団からも護衛の駆逐艦からも置いていかれた。ドイツ軍のUボートに攻撃される危険が恐ろしいほどに迫る。おまけに大海の只中で嵐に巻き込まれ、乗組員全員がひどい船酔いに見舞われた。しかし、この悲惨な状況が逆に吉と出て、父上はついに謎を解く。

どういうことかというと、船が激しく揺れたせいで弾丸の一部に異常が生じたのだ。弾丸は梱包用のクレートに入れられて、船倉の奥深くに保管されていた。ところが、嵐で船が大きく傾いたために、壁際に積まれていたクレートだけが船の側面に衝突した。何度もぶつかれば、しかも弾の先端が打ち当たれば、先端部全体が真鍮製の薬莢のほうにめり込むかたちになる。めり込むといってもごくわずかには違いない。それでもたびたび繰り返されるうちに薬莢が歪み、縁の部分がほんの少しだけ膨らんだ。それは肉眼ではほとんど確認できない程度の誤差であり、父上の測定器のなかでもとりわけ精度の高いものを使ってようやく突き止めることができた。

衝撃を受けた弾丸もそうでない弾丸も、無作為に分配された。船が港に着いたらクレートが降ろされ、仕分けされて方々の連隊に送られるからである。不良の弾丸が、つまり銃身にうまく収まらない弾が、どこに紛れ込んでいるかは誰にもわからない。その結果、何の前触れもなく戦場で不発が続くという問題が生じていたのだ。

簡にして要を得た分析であり、提案された解決策も単純なものだった。デトロイトの工場で、クレートの木製部分とボール紙部分を補強するだけでいい。さすれば、おや不思議！ 船旅を終えても薬莢はすべて無傷で歪みのない状態を保ち、対戦車ライフルが誤作動する問題も見事に解決するというわけだ。

父上がロンドンに電報を打ち、自らの発見と提案を伝えると、たちどころに英雄と讃えられた。そして陸軍ではままあることだが、同じくらいたちどころに忘れられて北アフリカの砂漠に取り残された。命令一つなく、あるのはただ、ワシントンの事務所から長く離れているあいだに積もり積もった未払い賃金だけである。

働くにはサハラ砂漠は暑すぎたのだろう。なぜなら、話はここで少し脇道にそれ、ポーヴィー氏の父上は長期の飲酒休暇に入ったようなのだ。だが、不謹慎なほど何週間も日光を楽しんだあと、やはりワシントンに戻らなくてはどうしようもないと思い立つ。そして、要所要所で金の代わりにスコッチウイスキーを配りながら、アメリカを目指した。カイロの仮設飛行場（戦時に短期滞在する場所としてはトンブクトゥ並みに風変わりだ）からマイアミにたどり着くまで、一一本のジョニー・ウォーカーが必要だった。そこからワシントンまでは北へ軽くひとっ飛びである。

待っていたのは悲しい知らせだった。あまりに長いあいだアフリカにいて何の音沙汰もなかったために、行方不明者として死亡扱いされていたのだ。大使館の食堂で食事をする権利は取り消され、使用していた棚は閉ざされている。制服も遥かに小柄な男性向けに仕立て直されていた。

なんともばつの悪いこの混乱が収まるまでにはしばらく時間がかかったが、最終的にはすべてがほぼ元通りに落ち着いた。そのとき、自分の所属していた補給部隊が、丸ごとフィラデルフィアに移転していたことに気付く。父上は慌ててあとを追った。

そこで出会ったのが、補給部隊の秘書を務めるアメリカ人女性。二人は恋に落ち、結婚する。軍隊の認識票に記されていたヒンドゥー教徒としての活動にはどうやら一度も耽《ふけ》らないまま、父上はその後も誰憚ることなく生涯アメリカに留まった。

そして、とメールの差出人であるポーヴィー氏は続け、いささか大げさな表現でこう記した。「当該の女性は私の母親であり、おかげで私は今こうして存在しています。そう、今の私があるのは、精密さを追求した結果にほかなりません」。だから、と氏は言葉を継ぎ、こう結んだ。「あなたはこの本を書かねばならないのです」

精密さの歴史を深く探っていく前に、精密さがもつ二つの側面を考えてみたい。一つは、それが現代人の暮らしのいたるところに顔を出すということだ。精密さはそれだけ現代社会に欠かせない要素であり、その重要性を疑う者はいない。科学や機械に関わる場面に限らず、対人関係や、商売や、知的な活動の面においてもだ。精密さは私たちの生活の隅々にまで、余すところなく徹底的に行き渡っている。それでいてなんとも皮肉なことだが、精密さにまみれて生きている私たちのほとんどは、改めて考えたときにそれがどういうものかをよくわかっていない。そこが、指摘しておきたいもう一つの側面である。精密さが何を意味するのかも、似たような概念とどう違うのかも私たちははっきりとは理解していないのだ。近い言葉として真っ先に思い浮かぶのは「正確さ」だが、ほかにも「完璧さ」や「厳密さ」があるし、「まさしく」や「その通り！」だって似たような仲間だ。

一つめの側面についていえば、精密さ（precision）がどれだけ生活に浸透しているかは示す事例に事欠かない。

あたりを軽く見回してみるだけでいい。たとえば、読者の自宅のコーヒーテーブルに何冊か雑誌が置いてあるとしよう。広告のページを開いてみるといい。そこをほんの数分眺めるだけで、精密さ《プレシジョン》に満ちた楽しい一日を組み立てられるはずだ。

朝の始まりはコルゲートのプレシジョン歯ブラシ。ジレットの数ある商品に詳しい人なら、きっと「精密な五枚刃」のついた新しいフュージョン5・プロシールド・チルでひげを剃るだろう。頬やあごの肌が「引っ掛かって引っ張られる感じ」があまりしないのが特徴だ。それからブラウンのプレシジョン・トリマーを取り出して、あごひげと口ひげを整える。今日は、最近知り合ったばかりの女性と初めて一対一で会うから、特許取得の「精密なレーザー・タトゥー除去装置」を忘れずに使っておこう。前の彼女関係のボディ・アートを二の腕から痛みなく消すことができる。こうしてきれいになって、人前に出ても恥ずかしくない姿になったら、フェンダー・プレシジョンベースギターを奏でながら新しいガールフレンドに愛の歌を捧げる。安全な冬のドライブに誘うのもよさそうだ。保証書付きのファイアストン・プレシジョン・スノーラジアルタイヤを忘れずに装着しておこう。まずは幹線道路で見事な運転技術を見せつける。縁石の脇に車を停めるときには、フォルクスワーゲンの特許取得の精密パーキングアシスト機能を抜け目なく利用する。女性を自宅の二階に案内し、静かな音楽を聴きたければスコット・プレシジョン・ラジオをかけるといい（これはスコット・トランスフォーマー社というシカゴの会社が一九三〇年に発売したもので、「世界初の技術という栄誉と堂々たる威風を兼ね備えた」製品だ。コーヒーテーブルの上の雑誌がつねに最新のものとは限るまい）。雪がやんだら裏庭に出て夕食の支度をする。活躍するのは、「精密温度調節機能」付きのビッグ・グリーン・エッグ・アウトドアコンロだ。近くには、ジョンソンのプレシジョン・トウモロコシを植えたばかりの畑があり、そこをうっとりと眺め渡す。最後に、仮に前夜の緊張のせいで、朝目覚めたときに二日酔いだったり具合が悪かったりしたらどうするか。大丈夫、ニューヨークのコロンビア長老派教会医療センターに行けば、新しい精密医療を受けられる。

　コーヒーテーブルの上の山から適当に雑誌を一冊選んだだけで、すぐにこれだけの具体例を抜き出せる。ほかにも数え上げればきりがない。たとえば、イギリスの小説家ヒラリー・マンテルは何年か前、未来の王妃になるケンブリッジ公爵夫人（旧名キャサリン・ミドルトン）が見たところあまりに非の打ちどころがないので、「精密機械でつくられた」かのようだと評している。この発言は、王室支持者からもエンジニアからも不評を買った。そもそも、キャサリン妃であれ誰であれ、完璧に思える性質があるとしても、それは遺伝と育ちが入り混じってできた偶然の産物だ。精密さとは対極にある。

今の例での「精密」は軽蔑的な意味合いで使われている。こうした用法以外にも、様々な製品名のなかに入っていたり、その製品の機能や形状の主な特徴を説明する言葉として使われていたりする。また、そうした製品を製造する企業の名前の一部になる場合もある。ほかにも「精密」と形容されるものには、言葉の使い方、考えの組み立て方、服の着こなし方、筆跡、ネクタイの結び方、服の縫い方、カクテルのつくり方、食材を切ったり刻んだりする手際（寿司職人として尊敬されるには、トロを同じ厚みで薄く精密に切り分けられないといけない）、アメフト選手のボールの投げ方、化粧の仕方、爆弾の落とし方、パズルの解き方、銃の撃ち方、肖像画の描き方、文字のタイプの仕方、論破のやり方、提案した計画の進め方などがある（訳注　以上には、日本語の感覚では「的確」「正確」「厳密」という訳語を充てたほうが適切なものもあるが、用語の統一のため、本書では「precise/precision」は基本的に「精密」と訳している）。

精密さがどれだけ現代社会に浸透しているか、これで精密に証明できたのではないだろうか。

右に挙げたどの場面でも、一番近いライバルの「正確」より「精密」のほうが遥かにしっくりくる。「正確なレーザー・タトゥー除去装置」では説得力や効果に欠ける気がするし、「正確なパーキングアシスト機能」ではときおりフェンダーをぶつけそうである。「正確なトウモロコシ」に至っては、どう言葉を選んでも面白味がないとしかいいようがない。ネクタイの締め方が「正確」だなどと表現しようものなら、相手を確実に馬鹿にしたことになる。「精密」に結ぶという言い方のほうが、結び方のセンスと気品を強く感じさせてくれる。
「精密さ（プレシジョン）」という言葉は、魅力的で甘美な響きの名詞だ（歯擦音の「ジョ」がいい）。ラテン語を語源とし、当初はフランスで広く使われ、英語の語彙の仲間入りをしたのは一六世紀初頭のことである。元々の意味は「切り離すこと」ないし「切り落とすこと」であるが（「要約」を意味する「précis」が本来「刈り込むこと」を表わしていたのを思い起こさせる）、現代ではその意味で使われることはまずない。* 今日、新鮮味が薄れるほど濫用されているのは、『オックスフォード英語辞典』にあるような「厳密かつ正確である」という意味でだ。

とはいえ、「精密さ」と「正確さ」がじつは似て非なるものであることをこれから説明したいと思う。一般には、どちらもほぼ同じ意味だとみなされている。だが、完全に同一とはいえない。

本書のテーマを思えば、両者の区別を明確にしておくことは重要である。なぜなら、実際に工学の分野で精密さを実践している人たちにとって、二つの違いは大きいからだ。考えてみれば、英語には完全な同義語など無きに等しい。どの単語も他とは異なり、往々にして狭く限定された固有の意味をもっていて、それにふさわしい特定の用途が存在する。一部の人にとって、精密さと正確さが指し示すものはかなり隔たっているのだ。

＊ ただし、詩人のT・S・エリオットは、一九一七年の詩「風の夜の狂想曲」（『エリオット全集1』〈中央公論社〉所収）のなかで、実際にこの意味で「precision」を使っている。「囁く月の呪文が／記憶の階層を溶かし／その明確なつながりも／その細かい区分けも区切り（precision）も消し去ってしまう……」

その違いの大きさは、語源となったラテン語からも垣間見《かいまみ》える。「正確さ（accuracy）」の元になったラテン語の言葉は、「注意と世話」を意味していた。「精密さ（precision）」の語源のほうは、先ほども触れたように「切り離す」の意味である。「注意と世話」なら、たとえば薄く切り分ける作業と関係していないくもないように初めは思える。しかし、明確な関連性とはいいがたい。一方の「精密さ」のほうは、後世に発達した意味である「綿密さ」や「詳細さ」との結び付きが強い。何かの対象をできるだけ「正確」に記述するという場合は、対象のありのままの姿に、もしくはその真の値に、可能な限り近付けるという意味になる。それに対し、何かの対象をできるだけ「精密」に記述する場合、可能な限り詳細に記すが、その細部がかならずしも対象の真の値だとは限らない。

科学や工学、産業などの分野では、この二つを「精密度」と「正確度」という用語で区別している。たとえば、円周率（直径に対する円周の長さの比）を高い「精密度」で書こうと思うと、三・一四一五九二六五 三五八九七九三二三八四六のようになる。一方、「正確度」を重視するなら、切り上げて小数点七桁までにして「三・一四一五九二七」と表現してもなんら問題はない。「正確度」で問われるのは真の値にできるだけ近いことなのだから、真の値の「六五」（つまり先ほど記した数字に挿入しておいた空白の手前）のところで切り上げて「七」にしてもいいのである。

もう少しわかりやすい例で説明しよう。三重の輪がついた射撃の的《まと》を思い浮かべてほしい。この的に向かって拳銃から六発の弾を放ったとする。六発とも大きく外れて的の中心をかすりもしなかったとしたら、その射撃は精密度も正確度も低いことになる。

あるいは、弾がすべて一番内側の輪の中に入ったが、六発の位置はばらばらだったとしよう。この場合、的の中心に近いという意味では正確度が高いが、散らばっているという視点からは精密度が低いといえる。

次に、弾はどれも一番内側の輪より外側に当たったが、六発とも非常に近いところに着弾したとする。今度は、正確度は十分ではないものの精密度が高いことになる。

最後はドラムロール付きで発表されるような、最も望ましい結果が出た場合。つまり、六発とも一カ所に集まっていて、しかも的の中心に命中しているケースだ。こうなれば理想的な射撃をしたことになり、正確度も精密度もともに非常に高くなる。

円周率の例でも射撃の例でも、蓄積された結果が、望まれる値（円周率の真の値や的の中心）に近ければ近いほど正確度が高い。それにひきかえ、精密度が高くなるのは、蓄積された結果のばらつき

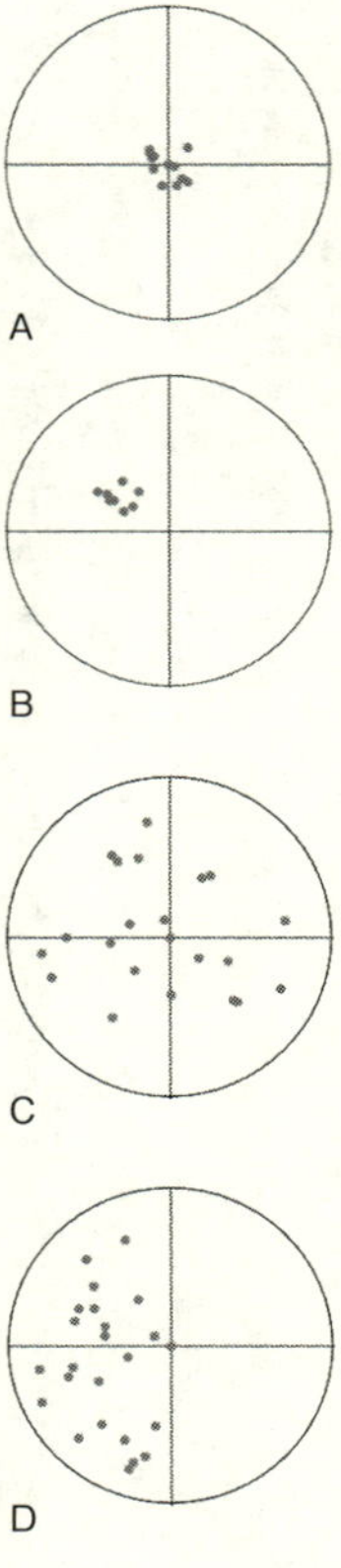

的のイメージを用いると、精密度と正確度の区別が理解しやすい。Aでは、弾が中心の周りに密集しており、精密度も正確度もともに高い。Bでは、精密度は高いものの、中心を外れているという意味で正確度は低い。Cでは、弾が広範囲に散らばっており、精密度も正確度も高くない。Dでは、ある程度は弾が集まっており、中心からも著しく遠くはないので、精密度も正確度も少しはあるが、あくまで少しにすぎない。

が小さいときだ。射撃の例でいけば、何度撃っても同じ結果が出たのなら精密度が高い。たとえその位置が、意図した通りの的の中心（真の値）ではなかったとしても、だ。簡単に言えば、意図に忠実であれば「正確」であり、それ自体に忠実であれば「精密」なのである。

さて、すでに読者は混乱しているかもしれないが、ここにもう一つ新たな言葉を付け加えたい。「公差（tolerance）」だ。基準値との差がどれくらいまでなら許容するか、ということである。本書にとって公差は、哲学のうえでも構成のうえでもとりわけ重要な概念だ。なぜ「構成」かといえば、それが本書を組み立てる際の単純な指針となっているからである。現代の社会では、さらなる精密さを求める風潮が留まるところを知らない。そこで私は、本書の各章を公差の大きい順に並べることにした。公差が〇・一や〇・〇一という章から始まり、後ろに進むにつれてだんだん小さくなっていく。ついには、一部の科学者が現在取り組んでいるような、あまりに小さすぎて不合理に思えるほどの公差へとたどり着く。その小ささたるや、近年の発表によれば〇・〇〇〇 〇〇〇 〇〇〇 〇〇〇 〇〇〇 〇〇〇 〇〇〇 〇〇〇 〇〇〇 一グラムの誤差を測定したという報告もあるほどだ。じつに一〇のマイナス二八乗である。*

この「公差の順」という指針から、哲学に関わるもっと大きな問いも浮かび上がる。「なぜか？」ということだ。なぜそこまでの公差を求めるのだろう。公差の小ささからうかがえるように、現代ではさらなる精密さを求める競争が繰り広げられている。しかし、それは本当に人間社会のためになっているのだろうか。私たちはなぜか精密さを盲目的に崇拝するあまり、ただ単に可能だからといって、もしくは可能であるべきだと信じているからといって、尋常ではなく小さい公差を追いかけている。だが、そこにはリスクも潜んでいるのではないか。これらはのちの章で取り組む問題だとはいえ、やはりここで公差という考え方を説明しておくのは重要だ。そうすれば、精密さそのものはもちろんのこと、精密さのもつこの注目すべき特徴について理解したうえで読み進めていくことができる。

先ほど私はいろいろな例を挙げたときに、言葉の使い方や絵の描き方も「精密」や「正確」と表現できると述べた。だが、本書で考察する精密さや正確さは、ほとんどが物の製造に関わるものである。なかでも大半を占めるのが、硬い物質（金属、ガラス、陶磁器など）を機械加工してつくる物体についてだ。ただし、木材は含まない。美しく繊細な木工家具や木造の寺院建築を取り上げて、カンナが

＊　ほとんど何をつくるにせよ、大事になってくるのが測定である。これには「どれくらい」という副詞が関わっている。どれくらい長いか、どれくらい重いか、へりはどれくらい真っ直ぐか、表面はどれくらい湾曲しているか、どれくらい硬いか、嵌め合いがどれくらい密着しているか、などである。測定に役立つ尺度を初めて考えたのは古代エジプト人だといわれている。ファラオの中指の先から肘までの長さを「一キュービット」と定めたのだ（一般に、このキュービットが測定尺度界の最長老とされている）。以後も様々な文明で、人体の属性を基準にした尺度が生まれていった。たとえば親指の幅、足のかかとから爪先までの長さ、一〇〇〇歩でカバーできる距離、一日のうちに旅ができる距離、などだ。インチ、ポンド、グラーブ、カティーといった単位では値が固定されているのが普通なのに対し、中国で生まれた長さの単位「里《り》」などは、道が平坦か上り坂かで値が変わる。やがて一八世紀末のフランスでメートル法が登場した。これは十進法に基づく単位系で、爽快なまでに整然としている。のちに誕生したのが「国際単位系（ＳＩ）」だ。入念にこしらえたこの単位系は、世界中で受け入れられた（ミャンマー、リベリア、アメリカを除くすべての国で正式採用されている）。ＳＩでは、長さ、質量、時間、電流、温度、物質量、光度の七つの基本単位を定めている。それぞれ、メートル、キログラム、秒、アンペア、ケルビン、モル、カンデラだ。歴史をこれ以上深追いすると中だるみしてしまうので、尺度を巡る数々の謎については巻末の「おわりに」で詳しく紹介したい。

けの正確さやつなぎ目の精密さに目を見張るのも確かに魅力的ではある。だが、木製品には精密や正確の概念が厳密には当てはまらない。というのも、木材には柔軟性があるからだ。思いも寄らぬかたちで膨らんだり縮んだりする。木材になってもやはり自然界に属する物質であるため、寸法を固定することができない。製材され、カンナをかけられ、巧みにつなぎ合わされていようとも、あるいはニスを塗られて艶やかな光沢を放っていようとも、元々精密さとは相容れないものなのだ。

一方、機械で入念に加工した金属や、磨き上げたガラスレンズ、焼き固めた陶磁器の縁などには、本当の意味での持続する精密さをもたせることができる。製造工程に一点の欠陥もなければ、ほかと寸分たがわぬ物を繰り返し生み出すことも不可能ではない。

機械加工された金属部品（もしくはガラスや陶磁器）は、当然ながら化学的・物理的な特性を備えている。質量、密度、膨張係数、硬度、固有の温度などだ。さらには、長さ、高さ、幅のような寸法もある。また、形状に幾何学的な特徴をもっている。つまり、直線、平面、円、円筒、垂直、左右対称、平行、あるいは位置といった要素がそうだ（ほかにも、一般には知られていないような不可思議な特徴が啞然とするほど多数ある）。

こうした寸法や形状の一つ一つについて、「公差」として知られるようになった概念が存在する。*公差をある程度小さくしておかないと、金属部品は装置の中にうまく収まらない。それは、その装置が時計であれ、ボールペンであれ、ジェットエンジンであれ、望遠鏡であれ、魚雷の誘導装置であれ同じだ。機械加工された金属部品が、それ一つだけで砂漠の中に置かれているのなら、公差などほとんど意味はない。しかし、同じように精密加工された金属部品が別にあって、それと正しく嵌《は》め合わせるとなれば話は違ってくる。寸法や形状のそれぞれについて、どれくらいの差異なら許容できるかをあらかじめ定めて明示しておくか、もしくは合意しておく必要がある。その許容可能な差異が公差であり、部品が精密であればあるほど公差を小さく指定することが求められる。
たとえば靴は、公差が大きいものの代表格だ。雑につくられたスリッパなどは、公差を一センチあまりも見ている場合がある。下手をしたら足の上側と裏地のあいだに相当な隙間があくことになり、精密という概念などもち出すだけ無駄だ。一方、ロンドンの高級ブランド靴ジョン・ロブの手作りのブローグ（訳注　穴飾りが施された靴の総称）なら、足に完璧にフィットするので、精密とすらいいたくなるかもしれない。だが、やはり公差は三ミリほどある。靴の場合はその程度であっても大目に見てもらえるし、それでもなお自慢して履きたくなるものだ。だが、精密工学の観点からすれば精密な製造とは程遠いし、正確ですらないことになる。**

人の力で生み出された計測装置のなかで、最も精密な二つのうちの一つがアメリカの西海岸北西部にある。ワシントン州中南部の乾いた大地に、ほかの何物からも遠く離れた場所で。その計測装置は、

＊　一九一六年、機械加工の出来栄えに関する公差が、「許容される誤差の幅」として初めて正式に定義された。これに先立つ一八六八年には、世界の硬貨鋳造に関するイギリスの報告書で、金貨に関して次のように記されていた。「硬貨鋳造における許容誤差の幅は公差として知られ……計算すると……純度に関しては一五グレーン（訳注　一グレーンは四分の一カラット）、プラスマイナス一六分の一カラットとなる」

＊＊　一八一七年にマサチューセッツ州のスプリングフィールドで、トマス・ブランチャードなる人物の機械で靴型が精密につくられた。これは、アメリカにおける精密さの歴史の一ページを飾る出来事であり、詳しくは第3章で取り上げる。

かつて最高機密だったプルトニウム精製施設のすぐ近くに設置されている。ここでつくられたプルトニウムが長崎を破壊した核爆弾に用いられ、その後も数十年にわたってこの国の核兵器の中心的な原料となった。

長年、核施設として稼働していたために、ここには膨大な核廃棄物が残されている。汚染された衣類から使用済み燃料棒まで、想像を絶する量の危険な負の遺産だ。現状を是正する取り組み（環境用語でいうところの「環境修復」）は、市民の懸命な訴えを受けてようやく始まってはいるものの、現在もなお終わってはいない。今ではこの場所は「ハンフォード・サイト」と呼ばれ、環境浄化作業が行なわれている場所としては世界最大だと公式に認定されている。除染作業には二一世紀半ばまでかかり、総予算は数百億ドルに上る見通しだ。

私が初めてこの場所を通りかかったのは、ある日の夜遅くのことだった。シアトルから南東に向かって延々と車を飛ばしていたとき、遥か彼方にきらめく灯りが見えた。近付くと、防護柵には有刺鉄線が張られ、警告標識が立ち、武装警備員が目を光らせている。その奥では、約一万一〇〇〇人の作業員が昼夜を分かたず除染にあたり、危険な濃度の放射性物質を土や水から除去する作業をしている。必要な作業のあまりの膨大さに、適切な除染などいつまでたっても終わらないのではないかと危ぶむ声もあるほどだ。

主な除染作業が行なわれている区域の南側では、有刺鉄線柵のすぐ外側で（外側とはいえ、まだ残っている原子炉が見えるところで）、最新の科学を駆使したきわめて注目すべき実験が進められている。この実験は秘密でも何でもなく、いかなる危険な遺産を残すおそれもない。しかもこの実験では、過去に例を見ない精密さを備えた装置や機器をいくつも製造して利用することが必要となる。

その割には目立たず、注意していないと簡単に見逃してしまう。私は前夜の長時間運転で疲れてはいたが、朝の光を浴びながら約束の時間に実験施設に着いた。空気は冷たく、道路にはほとんど車の姿がなく、施設の入口へと通じる脇道には何の標識もない。左側に小さな看板があって、その指し示す先を見ると、道から一〇〇メートルほど離れたところに背の低い白い建物が群がっていた。看板にはこうある。「LIGO　ようこそ」。ただそれだけである。もしかしたらこんな意味も込められていたかもしれない——超精密崇拝の殿堂へようこそ、と。

乾いた土ぼこりの舞うこの僻遠《へきえん》の地に、隠れるようにして建つ実験施設。ここで使用される科学機器を設計するには数十年の歳月を要した。高額な実験装置が設置されていることを心配する人たちにとっては、「安全を保つには目立たぬことが一番」がモットーだ。なにしろ、どの装置も有刺鉄線や鎖で守られているわけではない。LIGO（「ライゴ」と読む）にある装置の公差は信じがたいほど小さく、当然ながらその構成要素の精密さは前代未聞のレベルと質を兼ね備えている。これほどの精密さは、地球上のどこでも実現したことがない。

LIGOとは「レーザー干渉計重力波観測所（Laser Interferometer Gravitational-Wave Observatory)」の頭文字を取ったものであり、その名の通り観測所の一種だ。並外れて高感度で複雑で、高額な装置がここに設置されている。その目的は、重力波を検出するためである。重力波とは、巨大な重力によって時空が歪み、その歪みが時空の素地をさざなみとして伝わることをいう。この現象はアインシュタインの一般相対性理論のなかで、一九一六年に存在が予言されていたものである。

アインシュタインの予言はこうだ。深宇宙で巨大な規模の事象（二個のブラックホールが衝突するなど）が発生したとき、重力波がそこから広がっていって星々のあいだを光速で進み、いずれ地球に当たって通り過ぎる。その際、地球全体の形状に、つかのまではあるがきわめて微小な変化が生じる。どれだけ感覚の鋭い生物であっても、その変化を感じ取るのは無理だ。変化は限りなく小さく、ほんの一瞬のことである。しかも何の害も及ぼさない。そのため、既知のどんな機械や装置を用いても痕跡すら記録することができなかった。理論上、その状況を打破してくれそうな唯一の希望がＬＩＧＯだった。そして、感度をどこまでも高めながら高性能の機器で実験すること数十年、ワシントン州の荒地にある観測所とルイジアナ州にできた第二の観測所は、実際に成功を収めたのである。

二〇一五年九月、アインシュタインの理論が発表されてからほぼ一〇〇年の時を経て、ＬＩＧＯの検出装置が初めて重力波を捕らえた。同じ年の一二月には二度めの、また翌二〇一六年一月には三度めの観測にも成功している。いずれも数十億光年の彼方から届いたものであり、それらが地球を通過する刹那に間違いなくこの惑星の形を変えたのだ。

重力波を観測するには、この上なく厳しい基準を満たす装置をつくらなくてはならなかった。それは、そのわずか数年前ですらあり得なかった厳しさであり、かつては実現はおろか想像されたことすらなかった。というのも、いつの時代もこうだったわけではないからである。これほどの精巧さ、これほどの感度、そしてこれほど極端な精密さで物事を行なうことがつねに求められていたわけではない。読者は精密さがいつの世にも存在したと思っているのではないだろうか。人の目に触れぬところでじっと待ち、誰かに見つけてもらい、その素晴らしさに気付いた崇拝者たちが公益と信じるもののために利用されてきたのだと。とんでもない。

精密さとは、意図的につくり出された概念だ。そこには、よく知られた歴史上の必要性があった。

精密さが生み出されたのは、完全に実利的な理由によるものである。その理由は、彼方の星々が衝突して波が発生することを（あるいはしないことを）確かめたいという、雲を摑むような二一世紀の願いとはかけ離れている。むしろ、急を要する物理的な問題を解決しなければならないという、地に足の着いた一八世紀の思いがそこにはあった。その問題は、前の世紀に見出され、恐ろしいほどの力を秘めた高温の水と関連していた。「蒸気」である。

蒸気とは、沸騰した水が気体に変わったものだ。当時はこの目に見えない蒸気を、保持し、操り、方向付けることができるのではないかという期待があった。それは、蒸気から力を生み出し、その力を利用することで、（運がよければたぶん）全人類のためになる有益な仕事をさせるためである。精密さはこうした状況のなかで誕生した。

それはイギリスのウェールズ地方北部で、一七七六年五月のある涼しい日に起きた。工学の歴史を振り返っても、これほど鮮やかな気付きの瞬間が訪れたことはそうないといっていい。偶然にも、数週間後にはアメリカ合衆国が独立を宣言する。そして、いずれ精密技術がしかるべく発展を遂げると、この国はそれを十分に活用していくことになる。

再現可能な本当の意味での精密さを多少なりとも備えた機械。それが誕生したのは、北ウェールズでのその春の日だったというのが今やおおかたの（異論がないわけではないが）一致した見解である。その精密さは、測定し、記録し、反復することができ、公差〇・一インチ（約二・五ミリ）で生み出されたものだ。当時の言い方で表現するなら、わずか一シリング銀貨一枚分の厚み、である。

第1章　星々、秒、円筒、そして蒸気（公差＝〇・一）

対象の性質によって許容される程度の精密さで安堵し、おおよその真実しかあり得ないときには厳密さを追い求めないのが、教養ある知性の証しである。

——アリストテレス（紀元前三八四～三二二年）『ニコマコス倫理学』（光文社）より

真の意味で精密さの父と呼ぶにふさわしいのは、ジョン・ウィルキンソンであるというのが工学界のほぼ一致した見解だ。ウィルキンソンは一八世紀に活躍したイギリス人である。世間からは愛すべき狂人と揶揄されたが、それも無理はない。なにしろ、鉄に対して取り憑かれたかのような情熱を燃やしていたのだ。鉄の船をこしらえ、鉄の机で仕事をし、演壇も鉄でつくる。自分が死んだら鉄の棺に納めてほしいと周囲に指示して、その棺を自分の工房に置いた（そして見目麗《みめうるわ》しい女性が訪ねてくると、ふざけてそこから飛び出したりもした）。現在、イングランド北西部にあるカンブリア州の僻村には、ウィルキンソンを記念した背の高いモニュメントが建っている。これもまた、この男が前もって自ら築いておいた鉄製の墓碑である。「鉄狂いのウィルキンソン」としてその名は広まった。

とはいえ、「精密さの父」が誰かという点については、その名を冠するに同じくらいふさわしい人物がウィルキンソンより先にいたとの見方もある。その一人は、ヨークシャー州出身の不運な時計製作者ジョン・ハリソンだ。ウィルキンソンよりわずか十数年前に、ほぼ完璧に時を刻む装置をつくった。もう一人は古代ギリシャの名も知れぬ職人であり、ハリソンより二〇〇〇年ほど前に腕を振るった。精密さという概念が比較的最近になって誕生したものだと思っている向きには、きっと意外な時代に違いない。その精密な職人技が生み出した驚異の成果は、二〇世紀の幕開けに地中海の海底で発見された。見つけたのは、カイメンを採るために海に潜った漁師たちである。

ギリシャ人の漁師たちは、ペロポネソス半島の南にあるアンティキティラ島（半島からクレタ島までの中間にある）の近くで温かい海に潜り、大量のカイメンを見つけた。これはいつものことである。しかし、このときは別のものも目に入った。沈没船である。倒れた円材や角材が突き出していて、古代ローマの貨物船と思われた。壊れた木製の船の中からは、ダイバーが一度は夢に見るものが姿を現わす。おびただしい数の見事な美術品や贅沢品だ。それから、なにやら不可思議な物体もあった。それは青銅と木でできた塊《かたまり》で、全体の大きさは電話帳くらい。青銅は腐食して、石灰が付着している。発見された当初は重要なものとはみなされず、考古学的な価値がないとしてほとんど顧《かえり》みられなかった。

ところが、アテネの引き出しの中に放置されるうち、見るも哀れなその塊は少しずつ乾いていった。そして発見から二年後、ひとりでに壊れて三つの部分に分かれ、内部が露わになった。驚いたことに中から現われたのは、巧みに嚙み合わされた三〇個あまりの金属の歯車である。この物体自体と同じくらいの幅をもつ大きな歯車も一つあり、それ以外はせいぜい直径一センチ程度だった。どの歯車にも、手作業で切った三角形の歯が付いていた。一番小型の歯車ではその数が一五枚、とりわけ大型のものになると歯数は二二三枚にも上る。なぜ二二三枚なのか、当初は説明がつかなかった。しかも、歯車はすべて一枚の青銅板から切り出されたようである。

この発見を受けて科学者のあいだに驚愕が広がる。だが、すぐにそれは不信や懐疑に変わり、やがては得体の知れない恐怖に取って代わられた。どれほど高度な技法を身につけた技術者であれ、ヘレニズム時代にこんなものをつくることができたとは信じられなかったからである。だから、この空恐ろしい機械を（これが機械ならの話だが）再びしまい込んで鍵を掛け、致死性の病原体であるかのように厳重に保管した。発見場所の近くにあった島の名前を取り、この物体には「アンティキティラ島の機械」という名前がつけられる。そして、まるで何事もなかったかのように、ギリシャ考古学の歴史からほぼ抹殺された。考古学者にしてみれば、瓶《かめ》や装飾品、アンフォラ（訳注　首が細長く底の尖った両取っ手付きの壺）や硬貨、艶《つや》やかなブロンズ像や大理石像といった、いつものごちそうを相手にするほうが遥かに落ち着く。薄い書籍や小冊子がわずかに発表され、この機械が一種のアストロラーベ（巻末用語集参照）か太陽系儀に違いないとの見解が述べられたものの、それ以外にこの発見に興味を抱く者はほとんどいなかった。

風向きが変わったのは、ほぼ半世紀を経た一九五一年。博士課程で科学史を研究するデレク・プライスというイギリスの学生が、アンティキティラの機械を詳しく調べる許可を得たのだ。当時の「機械」には三つの大きな部分のほかに、約八〇個の断片が見つかっていた。プライスはおよそ二〇年かけてそれらにX線やガンマ線を浴びせ、二〇〇〇年のあいだ隠されてきた秘密を探ろうとした。やがて次のように考えるに至る。これは単なるアストロラーベではなく、もっと遥かに複雑で重要なものだ。おそらくは想像を絶するほど手の込んだ計算機の心臓部であり、用途は不明ながら驚異的な天才の手になる作品なのは間違いない、と。「機械」が製作されたのは紀元前二世紀頃と推定された。

一九五〇年代では利用できるテクノロジーが限られていたため、「機械」の奥深くまでを覗き見ることはできなかった。しかし、二〇年後にCT（コンピュータ断層撮影法）が開発されたことで状況は一変する。高精度のCTを使って調べることで、それまでとは比べ物にならないほど詳細で高度な分析が可能になったのだ。その研究成果は二〇〇六年の《ネイチャー》誌に発表された。カイメン採りのダイバーが初めて「機械」を見つけてから、一〇〇年あまりの時が流れていた。

《ネイチャー》誌の論文を書いたのは、世界の様々な国の研究者からなるプロジェクトチームである。チームの結論はこうだ。ダイバーたちが引き揚げたのは、きちんと箱に収められた小型の機械装置の残骸であり、その装置は実質的に一種のアナログ・コンピュータと呼べるものである。装置には指針盤と指針が付いていて、簡単な使用説明も記されている。「天空の情報、とくに月相や太陽太陽暦のような周期を計算して表示する」装置だったのだ。しかも「機械」の真鍮部分には、都市国家コリントスで使われていたギリシャ語の細かい文字が刻まれていた。これまでに全部で三四〇〇文字が確認されており、いずれもミリ単位の大きさである。そこに記された内容から察するに、かつては箱の側面に手回しハンドルが付属していて、それを回すと歯車が噛み合って動き、古代ギリシャで知られていた五つの惑星の運行まで予測できたらしい。*

この驚異の機械に魅了された熱心なファンが少数ながらいて、実際に動く模型を木材と真鍮でつくってきた。なかには、青銅製の内部機構をわかりやすく見せるため、拡大した歯車を立体的な分解組立図のようにして配置し（〈スター・トレック〉に出てきた三次元チェッカーゲームに似ている）、それを透明なアクリルガラス板で挟んだものもある。アンティキティラの機械がどのように使用されていたのかを解明するうえで、最初の手がかりになったのは歯車の歯の数だった。たとえば、一番大きい歯車の歯の数が二二三枚だったことが、大きな気付きをもたらした。というのも、古代バビロニアでは信じがたいほど天文学が発達していたため、満月が通常二二三回繰り返されるたびに月食が起きることが知られていた。「機械」を調べていた研究者たちはそのことを思い出したのである。だとすると、この歯車を使えば月食の時期を予測できることになる（ほかの歯車が月相や惑星の運行を指示盤に表示するように）。さらにはもっと卑近な用途として、古代オリンピックのようなギリシャ全土を挙げての運動競技大会の開催日を示す歯車もあった。

「機械」を調べている現代の研究者の結論によれば、これは非常に精巧にできていて、「一部の部品は一〇分の数ミリという誤差で正確につくられている」という。この数値だけを見れば、アンティキティラの機械は確かにきわめて精密な器具であり、本章との関係でいうなら世界初の精密機器を名乗ってよさそうに思える。

だが、じつはこう考えること自体が間違っている。研究者たちが模型を使い、好奇心の赴くままに数々の現代的手法で分析を行なった結果、悲しいかな「機械」は使い物にならないほどに不正確であることがわかったのだ。たとえば、火星の位置を示すはずの指示棒などは、実際と比べて三八度ずれることが多い。ニューヨーク大学で古代の遺物を研究するアレグザンダー・ジョーンズ教授は、おそらく「機械」について最も多くの著作を発表している人物であるが、そのジョーンズによれば「機械」の技術は「まだ揺籃期にある発展途上の伝統」から生まれたものにすぎない。「なぜこの設計にしたのかと首を傾げたくなる」部品もある。一言でいえば「驚くべき創作物ではあるが、けっして奇跡の正確さを備えているわけではない」のだ。
「機械」にはもう一つ奇妙な特徴があって、今なお科学史家の興味をそそっている。何かというと、明らかに複雑な時計仕掛けをはち切れんばかりに詰め込んでおきながら、製作者にはこれを「時計」として使う発想がまるで浮かばなかったようなのだ。

今の目で振り返ると、これはじつに不思議なことである。できるものなら古代ギリシャ人を捕まえて、これほど自明の理に思えることをなぜ見て見ぬ振りするのかと、体を揺さぶってやりたくなるほどだ。それというのも、古代ギリシャではすでに様々な仕掛けを駆使して時間の計測が行なわれていたからだ。広く用いられていたのは、日時計、水時計、砂時計のほか、ランプ時計（油を入れる部分に時間の目盛りが付いている）やろうそく時計（ゆっくり燃えるろうそくに時間の目盛りが付いている）などである。時計仕掛けの歯車を利用して時を計れるだけの手立てはもっていたのに（「機械」が存在するのだからそれは間違いない）、そうしなかった。誰かがハタと膝を打って気付くことがなかったのである。それをいうならギリシャに限らず、のちのアラビアでも、古《いにしえ》の東洋の大文明でも、誰一人そこに思い至らなかった。機械式時計がどこかで発明されるまでには何世紀もの時を待たねばならなかった。だが、ひとたび誕生すると、精密さこそがその最も重要な要素となる。

＊　古典ギリシャ時代でも、のちのヘレニズム時代でも、ギリシャの天文学者は五つの惑星が存在することを知っていた。水星、金星、火星、木星、土星である。ギリシャ語ではそれぞれヘルメス、アフロディテ、アレス、ゼウス、クロノスと呼ばれ、現在の英語での呼び名とは異なっている。だが、惑星を表わす英語の「planet」はギリシャ語からきていて、「さまよう星」という意味だ。古代人の目には惑星が、背後の星々とは違った動き方でさまよっているように見えたからである。

機械式時計が生み出されたのは、具体的な起源については諸説あるものの一四世紀のことだ。のちには何時何分かを表示することがその役割となるわけだが、発明当初は時を知ることがかならずしも主でなかったというから、今にして思うとじつに変わった時代である（変わっていたのはこれ一つではないが）。最も初期の中世の機械式時計は、アンティキティラの機械のように見事に組み合わされた歯車列をもち、美しく華やかな装飾や指示盤を備えている。そして、少なくとも時刻の表示と同等程度に天文学的な情報を示すことがその仕事だった。まるで、天体が天空をどう動いていくかということのほうが、せわしなく過ぎていく瞬間瞬間（すなわちニュートンが「デュレーション（duration）（訳注　この言葉自体は「持続する長さ」の意）」という別名で呼んだことで知られる時間の矢）より重要だといわんばかりである。

そこには理由があった。自然界が提供してくれる夜明けや、真昼や夕暮れが、すでに時を知るためのおおまかな枠組みになっていたからである。いつ起きて働くか、いつ休憩して汗をぬぐって何かを飲むか。いつ栄養を摂って寝る支度をするか。そういった日常的な事柄は、その枠組みがあれば事足りた。今が六時一五分なのか、二三時五〇分なのかといった妙に細かい時刻（結局は人間が勝手に決めたもの）には、必然的にあまり重きが置かれなかったのである。天体のふるまいは神々によって定められているのだから、当然ながら信仰上の大切な意味合いをもっていた。したがって、時《じ》と分を数字でどう組み立てるかよりも、天体の動きのほうが遥かに人間が考慮するに値するものとみなされた。それ相応の華麗な装飾を機械に施す価値も大いにあったのである。

とはいえ、時《じ》と分の評判と身分は徐々に上がっていき、ついにはもっぱら時間を記録することが機械式時計の用途となった。古代人なら時を推測するのに空を仰いだだろうが、同じ仕事を機械がこなし始めたわけだ。そうなると、数々の仕掛けが登場してその役目を肩代わりするようになり、それが今日《こんにち》まで続いている。

時刻を知る目的で機械式時計を初めて使ったのは修道院だった。修道院には「聖務日課」という時間割のようなものがあって、修道士はそれに従って起床し、決められた時刻に祈禱（朝課、三時課、九時課、晩課、終課など）を捧げなくてはならなかったのである。ほかにも社会のなかにいろいろな職業が増えるにつれて、数字で表わされる時刻をより正確に把握する必要性が高まっていった（商店主や事務員や実業家は会合を開くために、教師は厳密な時間割通りに教えるために、労働者は勤務交替のタイミングを知るために）。畑仕事で汗水流す人なら、遠くの教会の時計をいつでも見たり聞いたりできる。しかし、都市で暮らしている場合はそうはいかない。会合に遅れないようにするには、「約束の時間」まであと何分あるかがわからないと困ったことになる（「約束の時間」という言葉が広まったのは、一六世紀に入って公共の場に機械式時計が普及してからのことにすぎない）。

陸上で最も徹底した時間の使い方を見せた（「使い方を決定づけた」といってもいい）のは鉄道だった。駅の巨大な時計は、駅舎のどんな造作《ぞうさく》よりも人々の視線を集めた。また、車掌が（エルジン、ハミルトン、ボール、ウォルサムといったメーカーの）懐中時計を取り出して時刻を確かめる姿は、今なお鉄道の象徴的なイメージの一つである。時刻表は聖書に勝るとも劣らない重要な書物として、すべての図書館に、そして一部の家庭に常備された。地域を標準時間帯に分割してそれを地図に反映させることも、鉄道が人間社会に時間管理の概念を植え付けた結果である。

だが、鉄道より前に、ほかの何よりも正確な時刻を必要とする職業が一つあった。その職業は、一五世紀に南北アメリカ大陸が発見され、続いて東洋への通商航路が統合されたことによって、急速な発展を見たものである。海運業だ。

海上貿易を行なうには広大な海洋を航海しなくてはならず、しかも陸上のように通り道がつくられているわけではない。海で迷ってしまったら、運が良くても大きな金銭的損失を被り、運が悪ければ命をなくすことにつながる。また、航路を進んでいくには、時々刻々と変化する船の位置を正しく把握することが不可欠だ。そのための作業の一環として、船上での正確な時刻はもとより、安定した基準となる地球上の一地点における正確な時刻を知ることが必要となる。結果的に海洋時計の製作者には、この世で最も精密な時計づくりが求められることとなった。*

それを成し遂げることに誰よりも献身的に取り組んだのが、ジョン・ハリソンである。ヨークシャー州の大工にして建具師でもあり、のちには時計職人としてイングランド一、いや、おそらく世界一崇められることになる男だ。ハリソンの功績として最も有名なのが、海上で確実に経度を測定するための手段を提供したことである。どうやったかといえば、苦心に苦心を重ねてじつに正確な一群の時計（初めは置き型でのちには携帯式）を組み立てたのだ。いずれも、船旅のどれだけ苛酷な環境に置かれてもわずかな誤差で時を刻むことができた。事の発端は、一七一四年にイギリス政府が「経度評議委員会」を発足させ、三〇海里（約五六キロ）以内の誤差で船の経度を測定できた者に二万ポンドの賞金を出すという決定を下したことだった。最終的にはハリソンが、生涯をかけた偉業によって五つの時計（H‐1号〜H‐5号まで）を生み出し、この賞金の大部分を手にすることになる。

ハリソンが遺したものは今も大切にされている。場所は、ロンドン東部で王立天文台のふもとに佇むグリニッジ海事博物館だ。ここでは、単に「ザ・ハリソンズ」と呼ばれる三つの大時計の前に夜明けごとに学芸員が現われ、ゼンマイを巻く。その様子は、あたかも儀式を行なうかのように厳《おごそ》かだ。

動いているその三個の時計と、現在は停止しているもう一個のきょうだいが、歴史的にどれだけの意義をもつかを重々承知しているからである（訳注　残り一個のＨ‐５はロンドンの時計職同業組合が保有している）。いずれも現代のマリンクロノメーターの原型だ。クロノメーターは船の位置を正確に特定できるようにすることで、幾多の船乗りの命を救ってきた（クロノメーターが登場して、船長が自分たちの居場所を厳密に把握できるようになる前の時代、不意に舳先《へさき》の前に現われた島や岬に船が衝突することが、いやになるほど頻繁に起きていた。さらにいえば、海軍提督クラウズリー・ショヴェル率いる小艦隊が、一七〇七年にコーンウォール沖で岩に衝突する〔ショヴェルをはじめ水兵二〇〇〇人ほどが溺死した〕という悲劇が起きたのをきっかけに、イギリス政府は経度の測定方法を見出すべく本腰を入れるようになる。だから経度評議委員会を設立して賞金を懸けたのだった。これがひいては数個の時計の誕生へとつながり、そのゼンマイが毎朝夜明けにグリニッジで巻かれている）。

　ハリソンの時計がきわめて重要だというのにはほかにも理由がある。ハリソンやその後継者の時計

＊　ひとたび陸地が見えなくなったら、船の乗組員には自分たちの位置を正確に把握するすべがない。緯度（赤道から南北にどれだけ隔たっているか）であれば突き止めるのは容易で、正午の太陽の高さか、（北半球なら）夜の北極星の高さを測定すればわかる。ところが、経度（母港から東西にどれだけ隔たっているか）を特定するのは遥かに難しい。経線は場所ごとの時差を示すものであり、地球は二四時間ごとに三六〇度自転しているわけだから、経度が一五度異なると一時間の時差が生じることになる。だが、時差、すなわち経度を割り出したければ、母港の時刻を船上で確認できなくてはだめだ（船の現地時間は太陽や星々の位置から比較的簡単に知ることができる）。つまり船上に置かれる時計には、嵐に揉まれて船が激しく揺れようとも、猛暑や極寒をくぐり抜けようとも、一度たりとも止まることが許されず、時を正確に刻み続けることが求められる。一八世紀前半の航海者は、これをほぼ不可能だとみなしていた。

のおかげで、海上貿易を通して巨万の富がもたらされたのだ。それもこれも、船が自らの位置を知って航路を定めることが、効率的かつ正確・精密にできるようになったからである。こんなことをいってはいささか不謹慎かもしれないが、大英帝国の最盛期にハリソンの時計がイギリスで生まれ、その後継機も最初はイギリスで誕生したからこそ、帝国は七つの海の紛れもない覇者として一世紀以上にわたって君臨できた。精密に動く時計が精密な航海を実現し、精密な航海が海に関する知識を高めさせた。それが、支配や権力へとつながったのである。

　グリニッジ海事博物館の学芸員は白い手袋を嵌め、各時計専用の二種類の真鍮製の鍵を使って、大時計を収めた背の高いガラス展示ケースの鍵をあける。いずれもイギリス国防省からほぼ無期限で貸与されているものだ。一七三五年に完成した最も古いＨ‐１の場合、真鍮製の鎖を一度強く下に引くことでゼンマイを巻く。Ｈ‐２とＨ‐３は一八世紀半ばに誕生したもので、こちらは巻き鍵を素早く回せばいい。

　もうひとつのＨ‐４は堂々たる「海の携帯式時計《シー・ウォッチ》」であり、これが最終的にハリソンに懸賞金をもたらした。直径約一三センチの銀製のケースに収められ、おじいさんの懐中時計を分厚く大きくしたような姿をしている。Ｈ‐４は現在、停止した状態で静かに展示されている。なぜなら、これを動かすには潤滑油が必要であるため、実際に作動させてしまうと油が溜まって劣化する。時計用語でいうなら「歩度」を遅らせてしまうのだ。そのうえ、仮にＨ‐４のゼンマイを巻いたとしても、ほかの三つと違って秒針の動きが見えるだけである。そのため、「見物《みもの》」かどうかという観点からするとあまり面白味がない。おまけにそのせいで内側の駆動部分を間違いなく消耗させてしまうのだから、そこまでして秒針を回転させる意味がない。こうした理由から、博物館では長いあいだこの傑作を未使用に近い状態に保っている（オックスフォードのアシュモリアン博物館に、ほぼ未使用のストラディヴァリウス・バイオリンが飾られているのに似ている。手つかずの状態で製作者の技術の素晴らしさを示す狙いだ）＊。

それにしても、ハリソンのつくった時計の見事さといったらない。まさに機械の芸術品であり、気品を備えている。賞金獲得レースに名乗りを上げると決めた時点で、すでにハリソンはかなり正確で精巧な時計をいくつも製作していた。陸上で使うための振り子時計が主で、その多くは縦長で背の高いホール時計であり、つくるたびに改良を加えていった。同時代の時計職人が時計の装飾に力を入れる傾向があったのに対し、ハリソンの優れたところは技術的な側面を独創的な手法で向上させたことにある。

たとえば、摩擦の問題に強い興味を抱いた結果、当時の慣例から大きく逸脱して、初期の時計すべてに木製の歯車を取り付けた。これなら、悪名高き潤滑油をいっさい使う必要がない。油は時とともに粘度を増し、時計の機構を遅らせるという厄介な性質をもつ。だから、すべての歯車列を初めはツゲ材と真鍮の軸で、のちにはカリブ原産のユソウボク材と真鍮の軸を組み合わせて製作した。ユソウボクは硬材で、密度が非常に高いために水に浮かない。さらには驚異的な脱進機も開発した。脱進機は時計の心臓部であり、あのチクタクを与える装置である。ハリソンの脱進機では部品同士がこすれ

＊　オックスフォードに伝わる話によれば、「メシア」という名のこのバイオリンは未使用の状態を保っていたが、あるときアメリカ南部から一人の男がやって来た。男はどうしても弾かせてほしいと訴え、断られるとさめざめと泣いた。管理人は不憫に思い、男を一五分だけ部屋に残して扉を閉めた。すると、博物館の誰もが一度として耳にしたことがないような、得もいわれぬ美しい音色が扉の隙間から漂い出し、皆が歓喜したという。

あう度合いが少ないために、摩擦が非常に小さいという特徴をもつ。脱進機のガンギ車（訳注　ゼンマイの力で回転するぎざぎざの歯車）の歯からツメ（訳注　振り子と連動していて、これがガンギ車を外れたり受け止めたりすることでガンギ車の回転速度が一定になる）が外れるさまが、ちょうどバッタ《グラスホッパー》が草むらから飛び出すように見えることから、ハリソンの脱進機は今も「グラスホッパー脱進機」と呼ばれている。

ところが、揺れる船に持ち込んで使用する時計の場合、長い振り子を利用するわけにはいかない。振り子は重力の作用で動くからだ。そこでハリソンは、コンテストのために設計した最初の三つの時計に対し、一般的な振り子とは見た目の大きく異なる錘《おもり》で時計に動力を与えることにした。ダンベル型をした二本の真鍮製の棒を連動させたのである。二本とも時計本体の上端から垂直方向に突き出していて、それぞれの上部同士と下部同士が互いにバネでつながれている。このバネが、一種の人工的な重力として作用するのだとハリソンは書き記している。上下のバネの力で二本のダンベルは左右に往復運動をするわけだが、上部同士がバネで引き寄せられて近付くと下部は離れ、下部同士が近付くと上部が離れ、という風に、この動きを延々と繰り返す。おかげで時計は時を刻み続けるというわけだ（もちろん、海の船長ならぬ陸の白手袋の学芸員が毎日忘れずにゼンマイを巻けば、の話だが）。

置き型時計のH‐1、H‐2、H‐3はいずれも前の機種に改良を施して誕生したものであり、それぞれが長年にわたる粘り強い実験の末に形になった。H‐3などは、完成までに一八年を要している。どれも、振り子の代わりに二本の棒を左右に動かすという原理を基本的には踏襲していて、作動している姿は息を呑むほどに美しい。眺めていると我を忘れて吸い込まれるようであり、同時に途方に暮れるほど複雑に見える。大工にしてビオラ奏者でもあり、教会の鐘を鳴らすこともでき、聖歌隊の指揮者でもあったハリソン（一八世紀の博識家は本当に多芸に通じていたのだ）が加えた様々な改良は、現代の精密機械においてもなくてはならない要素となっている。たとえば、ハリソンの開発したケージド・ローラーベアリングはのちにボールベアリングへと発展し、ティムケン社やSKF社といった現代の巨大企業を生むに至った。また、バイメタル板（巻末用語集参照）は、H‐3時計で温度変化の影響を補正するためにハリソンが発明したもので、現在も自動温度調節器《サーモスタット》、トースター、電気ケトルなど、日常生活に欠かせない数々の製品に組み込まれている。

このように、三つの奇想天外な装置は外観が美しく、革新的な設計がなされている。しかしながら、結局どれも成功とはいえなかった。それぞれを船上に設置して、時計として乗組員が使用してみたところ、船のおおよその位置を推測するうえでは確かに以前より改善が見られたものの、経度評議委員会が求める条件とはかなり乖離《かいり》していたのである。だから賞金は支払われなかった。それでもハリソンの才能と強い意欲が委員会に認められ、かなりの額の助成金が支給され続けた。いずれ難題が解決されて、画期的な時計の誕生につながればとの期待からである。そしてハリソンは実際にそれを成し遂げた。一七五五年から五九年の四年間で、今度は置き型ではなく懐中型の時計をつくったのである。これは、一九三〇年代に洗浄と修復がなされて以来、単に「H‐4」として知られている。*

H‐4はあらゆる面で「技術の勝利」と呼ぶにふさわしい。三一年にわたって憑かれたように取り組んだ結果、大型の振り子時計製作で積み重ねてきた数々の工夫を、このたった一個の直径一三センチの銀のケース内に凝縮してみせたのだ。ほかにも新たな改良を加え、絶対確実な時計というものに人間が成し得る限り近付けるようにした。

それより前の大型の置き型タイプと違って、H‐4にはあの左右に揺れる金属の棒がない（あれが狂気じみた魔法となって見るものを釘付けにしたわけだが）。代わりに、温度制御された渦巻状の主ゼンマイと、当時としては前代未聞の毎時一万八〇〇〇回という高速で左右に動くテンプ（訳注　時計の運行速度を制御する部分。一定の周期で往復回転運動をし、それが時を刻むのに利用される）を組み合わせた。自動式のルモントワール（定力装置）（巻末用語集参照）も組み込まれており、それが主ゼンマイを一分間に八回の割合で巻き直す。おかげでゼンマイの張力が一定に保たれ、同じ間隔で時が刻めるようになっている。ただし欠点もあった。潤滑油を差す必要があったのだ。そこで、摩擦を減らして油の量をできるだけ少なくしようと、ハリソンは可能な限りダイヤモンド製のベアリングを取り入れた。世界でもまだほとんど例のなかった宝石入り脱進機である。

精密な工作機械（その発展が次章の物語の中心テーマとなっていく）を使うことなく、ハリソンがこのすべてをどうやって成し遂げたのかは今もって謎である。なにしろ、H‐4とその複製のK‐1（ジェームズ・クック船長が航海で使用した）のコピーをのちに製作した者たちはすべて、時計のとくに繊細な部品をつくる際には工作機械を使わなくてはならなかったからだ。それを、当時六六歳のハリソンが手作業で完成させたというのは驚異的なことである。

H‐4ができ上がるとハリソンはそれを海軍本部に引き渡し、成否を決める重要な試験に臨ませた。時計は、補佐役を務める息子のウィリアムの手で運ばれ、英国海軍艦〈デットフォード号〉（大砲五〇門の四等艦）に持ち込まれる。ポーツマスからジャマイカまで、約八〇〇〇キロの航海だ。＊＊目的地に着いた時点で慎重に観測したところ、時刻のずれは五・一秒しかなかった。これなら距離にして一海里程度の誤差であり、委員会の懸賞金の条件を十分に満たす。帰路では嵐のせいで、先の見えない複雑な航路をたどらざるを得ず（ウィリアムは時計を守るために毛布でくるんだ）、全部で一四七日を要したが、その間の誤差はわずか一分五四・五秒。海洋時計としては、かつて想像もできなかったほどの正確さである。

この奇跡の作品に対してハリソンは賞金を受け取った……と書けたらどんなにいいかと思うのだが、繰り返し語られてきたようにそうではなかった。経度評議委員会は言《げん》を左右して、何年も決定を先延ばしにする。おまけに当時の王立天文台長は、もっと格段に優れた手法が完成されつつあるから海洋時計など不要だと言い放った。それは「月距法《げっきょほう》」と呼ばれるもので、月と他天体とのあいだの角度を測定することで経度を求める方法である。気の毒なことにハリソンは、英国王ジョージ三世（たまたまハリソンに心酔していた）と面会し、あいだに入ってもらえないかと頼むしかなかった。

＊　ハリソンの時計を修復した（そしてHのイニシャルをつけた）のはルパート・グールドという男である。これがなかなかの人物だった。身の丈は一九三センチ。パイプ煙草を愛好し、第一次世界大戦では英国海軍の将校だった。子供向けの科学番組でにこやかに司会をしたかと思えば、未確認動物や超常現象を研究し、ときにウィンブルドンのセンターコートでテニスの試合の審判を務め、ネス湖の怪獣に関する権威でもある。また、バイオリンを弾きこなし、酔うと手がつけられず、たびたび重篤な神経衰弱に見舞われ、興味深い性的嗜好をもつことでも知られ、このすべてが一九二七年の派手な離婚裁判に帰結してイギリス中の注目を集めた。一九二三年には、海洋時計に関する古典的名著（自身のイラスト付き）を発表している（今も絶版になっていない）。その少し前の一九二〇年、執筆のための調査の過程でグリニッジ王立天文台のハリソンの時計を発見し、それらを修復する許可を首尾よく得た。当時、時計は天文台地下の保管庫に置かれ、人目に触れることもほとんどないまま腐食して悲惨な状態にあった。グールドはまずH‐1を修理し、一六五年の時を経て再びそれを甦らせた。四個の時計すべての修復を終えるには一〇年あまりの歳月を要した。二〇〇〇年、イギリスでテレビドラマ《経度への挑戦》が放映され、グールド役をジェレミー・アイアンズが演じてその生涯を世に伝えている。

＊＊　途中でポルトガル領のマデイラ島に寄港し、乗組員用のビールが悪くなってしまっていたので新しいものを補給した。

その後も屈辱的な出来事が続く。H‐4は無理やり追加試験を受けさせられることになり、四七日間の航海で三九・二秒の誤差を記録した。これもまた経度評議委員会の基準を難なく満たす結果である。さらにハリソンは、観察者団の面前でH‐4を分解することを命じられたうえ、大切なその時計を一〇カ月間グリニッジ王立天文台に預ける羽目になった。今度は安定した場所に置いて、連続使用した際の正確さを確認するためである。すでに七九歳になったハリソンにとっては腹立たしいほど回りくどいプロセスであり、当然ながら憤懣は募る一方だった。

最終的には国王の介入が大きく物をいい、ハリソンは賞金のほぼ全額を手にする。それでも大衆の記憶に残るハリソンのイメージは、「不遇の天才」というものだ。そして、ハリソンのつくり出した三つの置き型大時計と、二つの海の懐中時計（H‐4とその複製であるH‐5）は、悲運の才能を今なおありありと偲ばせる。うち三つは現在もたゆまず時を刻んでいる。その製作者がいかに全身全霊を傾けて精密さと正確さを追求したか、また、それがどれほど世界を大きく変える一助となったかを今の世に伝えながら。

以上のように、アンティキティラの機械は、その構造と外観においては精密で見事な装置といえる。ただし、無理からぬことながら組み立て方が未熟であるうえに不正確なことから、信頼性に欠け、現実問題としてはほとんど役に立たない。一方、ジョン・ハリソンの時計が精密かつ正確だったことは間違いないが、最終的に完成させるまでに長い年月がかかり、莫大な資金を要する手仕事が必要だった。したがって、それが「世界を変えた真の精密さ」の候補であるとも、もしくはその本源だとも、宣言するのは憚《はばか》られる。それに、ハリソンの偉業を軽んじるつもりは毛頭ないが、その時計が実用に供されたのは三世紀ほどのあいだにすぎなかったという点は指摘しておくべきだろう。今日でもクロノメーターは船の海図室に、真鍮の枠で補強されて設置されてはいる。だがそれは、防水性のモロッコ革の箱に収められた六分儀（巻末用語集参照）と同じで、もはや必須の道具ではなく装飾的な色彩の濃いものとなっている。今や、完璧に正確な時報信号は電波を通して送られてくる。緯度と経度についても同様だ。遥か彼方を飛ぶ複数のＧＰＳ（全地球測位システム）衛星からの信号を船のブリッジで受信し、それらを計算したうえで座標がデジタル表示されている。機械式時計は、歯車の切り方やケーシング（訳注　機械部分を覆う外被）への収め方がどれだけ美しくても、どんなに精緻な文字が刻まれていてどれほど貴重であろうと、結局は過去のテクノロジーの産物だ。今なお命脈を保っているとしても、それはほぼ予防措置としての役割しか果たしていない。つまり、航行中の船舶が電源をすべて失うか、船長が純粋主義者で近代的テクノロジーを蔑んでいるかしたときに初めて、ハリソンの仕事が本当の意味で生かされる。そうでなければ、ハリソンの時計はほこりと塩をかぶり、あるいはガラスケースに保管される。そして、その名は徐々に後方へと遠ざかっていき、ほどなく歴史の海霧に消えるのは免れない。ハリソンの業績は、航海の初めに立ち寄った中継地点にすぎないのだ。

これまでもこれからも間違いなくそうであるように、精密さという現象が人間社会全体に変化を及ぼすものであるためには、再現可能なかたちで表現されている必要がある。まったく同じ人工物が繰り返し製造できるようでなくてはならず、しかも比較的容易に、妥当な頻度とコストでそれが成し遂げられなくてはならない。

適切な技能を備えた多芸で本物の職人（ハリソンのように）なら、十分な時間と質の高い工具や材料を与えられさえすれば、優美さと明らかな精密さを兼ね備えた物を確かに一つはつくることができるだろう。同じ物を三つ、四つ、五つと製作するのも不可能ではない。しかも、そのどれもが美しく、そのほとんどが畏怖の念を呼び覚ます。科学史博物館（オックスフォード大学、ケンブリッジ大学、イェール大学のものがとくに有名）を訪ねてみれば、大きな陳列棚にそうした品々が溢れ返っている。アストロラーベにオーラリー（巻末用語集参照）、アーミラリ天球儀（巻末用語集参照）にアストラリウム（巻末用語集参照）、八分儀（巻末用語集参照）に象限儀《しょうげんぎ》（訳注　扇形の天体観測器。四分儀とも）。六分儀（壁面六分儀と台枠付き六分儀）はとりわけ数が多い。そのほとんどは恐ろしく手が込んでいて、きわめて美しく複雑だ。まさに宝石職人さながらの繊細さで組み立てられている。

しかし、そうした器械は必然的に手作業でつくり上げるしかなかった。一つ一つの歯車を手で切り削り、数々の構成部品（アストロラーベでいえば、メーター、リート、ティンパン、アリダードなど、様々な名称をもった固有の部品）も、タンジェント・スクリューとインデックス・ミラー（六分儀関連の用語もいろいろある）も、同様にすべて手仕事で仕上げなければならない。しかも、個々の部品を組み合わせるときも、組み上がった全体を調節するときも、文字通り指先にまで神経を行き渡らせて作業する必要があった。そこまですれば、精巧で見事な器械が生まれるのは間違いないにせよ、そういうやり方で製作されたものは当然ながら数が少ない。また、それを使用するのも選ばれし人々である。精密かもしれないが、その精密さは一握りの人間のためのものだったわけだ。大勢の人々のために精密さが生み出されて初めて、精密さという概念が社会全体に深甚《しんじん》な影響を及ぼすようになる。現代がそうであるように。

きわめて精密なものを初めて手作業でなく機械でつくり、しかもそれ専用につくられた機械を使ってつくる（敢えて「つくる」という言葉を繰り返したのは、現代でいうところの「工作機械」、つまり機械をつくる機械は、昔も今もこれからもずっと精密さを語るうえで欠かせないものだからだ）。そんな唯一無二の偉業を成し遂げたのは、一八世紀に生きた一人のイングランド人である。世間からは狂人呼ばわりされていたが、それは鉄に対して度を越した愛情を傾けたせいだ。しかし、この男が数々の驚異的な工夫を生み出すうえで、当時としては鉄がまたとない材料だった。

一七七六年、四八歳のジョン・ウィルキンソンは、画家のトマス・ゲインズバラに頼んで自身の肖像画を描かせた。当時の名士たちのあいだで流行っていたものである。そんなことができたくらいだからけっして無名の人物ではないし、八〇年の生涯のなかでは巨万の富を築くことにもなる。だが、無名でないからといって、世間で広く讃えられているわけでもない。なにしろ、そのハンサムな肖像画は現在、生まれ故郷のカンブリアやロンドンに華々しく飾られているのではないのだ。何十年も前から遥か彼方のベルリンの美術館で、ゲインズバラの別の作品四点と一緒にひっそりと展示されている（ゲインズバラ作品のうちの一点はブルドッグの習作）。ベルリンという場所の遠さが、母国イギリスであまり懐かしがられていないことを物語っている。新約聖書にある、自分の故郷でだけ敬われない預言者（訳注　「マルコによる福音書」六章四節）というのが、ウィルキンソンのケースには当てはまるようだ。というのも、今日ウィルキンソンの名はほとんど記憶されていないからである。同業者であり顧客でもあったスコットランド人のジェームズ・ワットのせいで、すっかり影が薄くなってしまった。ワットは蒸気機関を改良した功績で、ウィルキンソンより遥かに知名度が高い。しかし、その改良型蒸気機関を生み出すことができたのは、ウィルキンソンの並外れた技術があったおかげなのである。

「鉄狂い」の異名をとったジョン・ウィルキンソン。大砲に用いる自らの特許技術でジェームズ・ワットのシリンダーをくり抜いてやったことが、精密という概念と産業革命の誕生を印すものとなった。

蒸気機関は、次の世紀の産業革命で中心的な役割を果たすことになる。だが、歴史をひもとけば明らかなように、蒸気機関を生み出す物語は、大砲を製造する物語と分かちがたく結び付いている。それは、「どちらも重い鉄の塊を原料とするから」といった単純な理由だけではない。ウィルキンソンとワットをつないだものが大砲だったのである。さらにそこには、時計職人のジョン・ハリソンも関係しているといえなくもない。思い出してほしいのだが、ハリソンの時計の正確さを試験した場所は英国海軍の軍艦上だった。当時の軍艦は多数の大砲を積んでおり、その大砲を海軍に納めていたのはイギリスの鉄職人たちだ。なかでもとりわけ有名だったのがウィルキンソンであり、創意工夫にも最も富んでいたことがのちにわかる。だとすれば、物語はそこから始めるのがいいだろう。つまり、一八世紀半ばの英国海軍が使用していた大型の兵器をつくる話からだ。当時のイギリスでは水兵と兵士が、尋常ではなく忙しい状態に置かれていた。*

ジョン・ウィルキンソンは、鉄を生業《なりわい》とする家に生まれた。父親のアイザックは元々イングランド北西部の湖水地方で牧羊を営んでいたが、自分の牧草地に鉄鉱石と石炭が埋まっているのをたまたま発見し、やがて鉄職人となって鉄工場を始める。いかにも当時らしい職業だ。鉄工場にはいくつかの高炉があった。それらを使って鉄鉱石を溶かし、炉から取り出して形づくっていく。その際、鉄鉱石と一緒に炉に加えられるのが、木炭か（このおかげで広大な森林がイングランドの地から消えた）、または（環境に対する責任を取った結果としての）コークスだ。コークスは石炭を蒸し焼きにしてつくる。

ジョンはなんとも落ち着かない生まれ方をしたと伝えられている。母親が、地元の市《いち》に向かおうと荷車に揺られている最中に産んだのだ。成長すると、ジョン自身も鉄工場の仕事に魅了されるようになる。白熱したコークスに、溶けた金属。地中に埋まっていたただの石を荒々しく熱して激しく叩く

＊　ウィルキンソンが生きた時代、誕生まもないグレートブリテン王国（訳注　一七〇七年の法律によりイングランド〔ウェールズ含む〕とスコットランドが合同して成立した国家）は戦う気が満々で、数々の戦闘に耽った。「ジェンキンズの耳戦争」でスペインと、「オーストリア継承戦争」でフランスやプロイセンと、「七年戦争」でフランスやスペインと。さらには「アメリカ独立戦争」と「第四次英蘭戦争」があり、一八〇一年にアイルランドが加わってグレートブリテンおよびアイルランド連合王国となってからは「ナポレオン戦争」も戦っている。ウィルキンソンの大砲は、こうした戦争の主だった戦場のほぼすべてで使用された。

だけで、そこから有益なものをつくり出すことができる。そうした工程全体が、尽きせぬ興味の的だった。ジョンは初めはイングランドの湖水地方で、のちには父が移り住んだウェールズ北東部で、仕事のやり方を学んでいった。やがて熟練した技術を身につけ、一七五〇年代後半には金目当ての結婚もし、一七六〇年代に入るとウェールズとイングランドの境い目にあるバーシャムという村で大きな鋳鉄工場を営むに至る。そのバーシャムの工場で、ジョン・ウィルキンソンは精力的に鉄製品を製作し始めた。工場の最初の台帳によると、つくられたものは「カレンダーロール（訳注　複数のローラーを回転させ、そのあいだに材料を入れて圧延するための機械）、モルト粉砕機用ローラー、砂糖粉砕機用ローラー、導管、弾丸、手榴弾、大砲」とある。この一番最後の品目によって、バーシャムという小村と、そこの最も富裕な住民にして最大の雇用主になる男は、世界史のなかで並ぶ者のない位置を占めることになる。

バーシャム村はクラウエドグ川の谷にある。この村が、産業革命発祥の地として、また精密さ誕生の地として、重要な（ただし半ば忘れられた）役割を果たしたことには議論の余地がない。というのも、一七七四年一月二七日に、ウィルキンソンが大砲の新しい製造法を考案したのがこの村だったからである。当時、バーシャムの高炉では石炭だけを燃料として使い、週に二〇トンもの良質な鋳鉄を生産していた。ウィルキンソンの発明した新手法は、たちまち様々な方面に波及していく。その影響は、当人が想像していたより遥かに深甚なものとなった。確かに、友人で競争相手でもあったエイブラハム・ダービー三世が後世に残した遺産のほうが、現在の知名度は圧倒的に高い。つまり、イングランド西部のコールブルックデールに今も架かる世界初の鉄橋だ。鉄橋は今日でも大勢の観光客を惹き付け、現代イギリス人のほとんどから産業革命の最も強力でわかりやすい象徴とみなされている。

だが長期的に捉えると、ウィルキンソンの発明した手法のほうが鉄橋よりも重要性が高いと私は思う。ウィルキンソンは「鉄製大砲の鋳造および中ぐりのための新手法」という名称で特許を出願した。出願番号は一〇六三番である（イギリスで最初の特許が発行されたのは一六一七年であり、当時はまだ特許の歴史が浅かった）。今の基準で考えると、ウィルキンソンの「新手法」は平凡といいたくなるものだ。大砲づくりを改善するなら、それしかないのは火を見るより明らかに思える。しかし一七七四年当時は、ヨーロッパ中の海軍の砲術が、技術の面でも装備の面でもにわかに科学的な進歩を遂げ始めたばかりの時期だった。そのため、ウィルキンソンのアイデアは願ってもないものだった。

それ以前の海軍砲（とくに英国海軍の一等艦に標準搭載された三二ポンド砲）では、砲身部分を中空にするために、内側に中子《なかご》と呼ばれる鋳型を入れてつくっていた（この種の大砲は、新しい軍艦が一隻進水するたびに一度に一〇〇門の注文が入ることが多かった）。冷え固まったら中子を抜き、砲身を台に載せ、長い棒の先に鋭利な切削工具の付いた器具を砲身の中に差し込んで、内面をなめらかに仕上げる。

だが、この方法には問題があった。切削工具は当然ながら砲身に沿って進むわけだが、そもそも砲身自体が完璧に真っ直ぐ鋳造されているとは限らない。そのため、仕上げと磨きを終えたときに砲身の内径に歪みが生じたり、工具が軌道を逸れたせいで内壁に薄い部分ができたりするおそれがあった。砲身に薄い箇所があると、弾を撃ったときにそこで破裂し、大砲全体も大破しかねない。しかも、ただでさえ危険な砲列甲板で勤務する水兵たちに、怪我を負わせることにもなる。一八世紀前半の海軍砲は質が悪く、たびたび事故を起こしていた。ロンドンの英国海軍本部を統括する海軍卿たちは、非常に警戒感を強めていた。

そんな折に登場したのがウィルキンソンとその新手法である。ウィルキンソンが考えたのは、中空ではなく中身の詰まった砲身を鋳造することだ。こうするといくつか利点があった。まず、鉄自体の質を非常によい状態に保つことができる。中空にするために中に鋳型を入れると、早く冷めてしまう部分が生じやすい。一方、中空ではない円筒形の塊の場合、重くなるという欠点はあるにせよ、入念に製造すれば鉄に気泡が入ってスポンジ状になることがない。中空になるようにして鋳造した砲身は、まさしくそういう問題（「ハチの巣状問題」と呼ばれていた）が起きることで悪名を馳せていた。

だが、ウィルキンソンの手法の極意はそこではなく、どのようにして砲身に穴をあけるかにあった。穴をくり抜くには、その作業に関わる両方の側、つまりくり抜く側とくり抜かれる側をしっかりと固定する必要がある。これが当然の真理であり、それは今も一八世紀も変わらない。精密な寸法になるように何かを切ったり磨いたりする場合に、工作物と工具をともに締め具や留め具できつく押さえてぐらつかないようにするのだ。ましてや砲身ともなれば、くり抜きの最中に工具がふと誘惑に駆られて横道に逸れる、などということがあってはならない。そんなことが起きたら、のちに爆発の惨事を招きかねないからだ。

ウィルキンソンが考案した工程では、この中身の詰まった円筒形の砲身を回転させる（砲身に鎖を巻き付けてそれを水車につないだ）。そして、安定した土台の端に、非常に鋭利な鉄製の中ぐり棒を取り付け、その土台を水平に滑らせていってじかに円筒の表面に工具を当てる。こうすると、鉄の円筒の中へ中へと工具が直線的に押されていくため、精密で真っ直ぐな穴をあけることができた。近年に刊行されたウィルキンソンの伝記には、いささか詩的にこう記されている。「ひたと固定された中ぐり棒が真実の方向を指せば、正確さは約束されたも同然だった」。のちにはやり方を改めて砲身のほうを固定し、今度は中ぐり棒を水車につないで回転させた。理屈のうえでは、中ぐり棒の柄の両端を支えてぐらつかないようにし、棒が近付いたときに円筒の表面が身をかわしたり棒に怯《ひる》んだりしなければ、そこにきわめて正確な穴を通すことができる。

実際、理屈だけでなくそれが見事に達成された。工場から転がり出てくる大砲という大砲が、海軍の求める寸法に一つ残らず合致している。ひとたび台から下ろされれば、一つ前につくられたものと見分けがつかず、次に台に載せられるものもそうなると断言できる。新しい製造法は、出だしから文句のつけようがなかった。ウィルキンソンは大いに意を強くして特許を出願し、その有名な特許を首尾よく取得する。

旧来のやり方では、まず中空になるように鋳造し、ただでさえ弱い箇所や欠陥を抱えもっていた砲身を削って内径を歪めていた。このせいで、仮にうまく発射できたとしても、砲弾がどこに飛んでいくかわからないところがあった。それが今や、バーシャムの工場から英国海軍のもとに続々と届く大砲は、寿命が圧倒的に長いうえに、ぶどう弾（訳注　一発が数個の小鉄球からなる砲弾）であれ、キャニスター弾（訳注　筒状の容器に大量の散弾を詰めた砲弾）であれ、爆発性の砲弾であれ、狙ったところに正確に着弾させることができる。こうした改善はすべて、鉄を意のままに操るジョン・ウィルキンソンの努力の賜物《たまもの》だ。ウィルキンソンはすでに裕福ではあったが、このおかげで事業は隆盛を極めた。評判が評判を呼び、新しい注文が殺到する。まもなくウィルキンソンの工場だけで、イギリス全土でつくられる鋳鉄の八分の一ほどを生産するまでになった。こうしてバーシャムの村は、後世に名を残すための確たる一歩を踏み出した。

しかし、ウィルキンソンの新手法が世界を変える発明となり、結果的にバーシャムが一地域を脱して世界的な名声を得るに至るのは、翌一七七五年に訪れる出来事が原因である。この年、ウィルキンソンはジェームズ・ワットと本格的に組んで仕事を始めた。そして、自らの新しい大砲製造法を、当時ワットが産みの苦しみにあえいでいた発明と合体させることになる（ただし、うかつにも今回はこれに関する特許を申請しなかった）。ワットの取り組んでいた発明によって、産業革命はもとより、それだけに留まらない様々なものが新たな動力を得ることになる。それは、巧みな方法で手なずけられた蒸気の力だ。

蒸気機関の原理はよく知られている。その土台にあるのは単純な物理学の事実であり、要は液体を沸点まで熱すると気体（蒸気）になるということだ。水は蒸気になると、液体だったときの約一七〇〇倍の体積に膨れ上がる。したがって、この性質を利用すれば、蒸気に仕事をさせることができる。ワットより前の時代から、これに気付いた何人もの人たちが実験を重ねてきた。この原理を実用化した最初の人物は、コーンウォール地方出身で金物商だったトマス・ニューコメンである。どうやったのかというと、ボイラーで水を加熱し、その上部を管（途中に弁が付いている）でシリンダー（中空の円筒）につなぐ。シリンダーにはピストンを嵌め、そのピストンを上の大きな横木《ビーム》に接続する。ビームはシーソーのように上下に揺れる。こういう仕掛けにすると、蒸気がボイラーからシリンダーに入るたびにピストンが押し上げられ、ピストン側のビームがもち上げられる。これにより、ビームの反対側が下がって、そちら側でわずかな（きわめてわずかな）仕事をすることができた。

さらにニューコメンは、蒸気をもっと働かせられることに気付く。シリンダーが蒸気で満たされたときにそこに冷水を注入するのだ。そうすれば、蒸気が凝縮して体積が一気に一七〇〇分の一に戻る。するとシリンダー内が真空状態になるため、ピストンは大気圧に押されて下がる。これによりビームの反対側が上がって、それで実のある仕事をさせることができるというわけだ。この装置を使えば、たとえば錫鉱山の坑道に溜まった水を汲み上げることができた（訳注　坑道を掘り進めると地下水が湧き出すことが多く、当時の鉱山では排水をどうするかが大きな問題になっていた）。

こうして、非常に初歩的なものではあるが、蒸気機関の一種が誕生する。水を汲み上げる以外にはほとんど役に立たなかったものの、一八世紀初頭のイングランドには浅い鉱山が溢れており、その鉱山自体に水が溢れていた。だから、この装置は鉱業界に広まって活用された。ニューコメンの蒸気機関とその類似装置は、その後も七〇年あまりにわたって製造が続けられる。その人気に翳《かげ》りが見え始めたのは一七六〇年代半ばのこと。ジェームズ・ワットが模型を用いて蒸気機関の仕組みを詳細に研究し、真の天才にのみ訪れるいくつかの気付きを経て、蒸気機関を大幅に改良できると確信するに至ったのだ。当時のワットは、ニューコメンのいた場所から一〇〇〇キロ近く離れたスコットランドのグラスゴー大学で、科学機器の製作と修理の仕事をしていた。蒸気機関の効率をもっと上げられるとワットは考えた。もっと遥かに出力の大きなものにすることができるはずだ、と。

その考えを現実のものにできたのは、ジョン・ウィルキンソンの手助けがあったからである。もちろんその前に、ワットは続けざまに天才的な閃きを得ていた。それを簡単にまとめると次のようになる。ワットはグラスゴーの自室で何週間ものあいだ、ニューコメン型蒸気機関の模型を前に一人頭を悩ませていた。この装置は嘆かわしいほどに能力が劣り、熱やエネルギーを大量に食う割にはじつに効率が悪い。それをなんとか改良できないかと、ワットは粘り強く様々な方法を試してみた。倦み疲れた様子で、よくこう口にしていたといわれている。

「自然には弱点がある。それを見つけられさえしたら」

伝えられるところによれば、ワットがついにそれを見つけたのは一七六五年のある日曜日。英気を養おうと、グラスゴー中心部の公園を散歩していたときのことである。蒸気機関の効率の悪さがどこからきているのかに思い至ったのだ。水をシリンダーに注入することで蒸気を冷却して凝縮させ、真空をつくり出すのは妙案だ。しかし、そうするとシリンダー自体まで冷えてしまう。だが、装置を効率よく動かし続けるには、シリンダーを常時できるだけ高温に保つ必要があった。だとしたら、シリンダーを別の容器と接続し、ピストンで押し出された蒸気がそちらの容器に入るようにして、蒸気を凝縮させるための水をシリンダーの中ではなくその容器に入れたらいいのではないか。そうすればシリンダーは高温を保ったまま真空になり、次の蒸気を迎えることができる。しかも、新たな蒸気をピストンの下ではなく上から導き入れるようにすれば、よりいっそう効率を上げられることにも気付いた。その際、シリンダー内のピストン棒の周りに詰め物のようなものをかぶせれば、ピストンとシリンダーの隙間から蒸気が逃げていくのを防ぐことができる。

この二つの改良点（凝縮器を分離させることと、シリンダーの下からではなく上から蒸気が入れられるように導管を変更すること）はじつに単純なものであり、今の目からは明々白々に思える。だが、一七六五年当時のワットにとっては単純どころではなかった。ともあれその二点を改良すれば、ニューコメン型の初歩的な蒸気機関（「火の機関」という名で知られていた）を本格的蒸気機関に変えて、十分な力を発揮させることができる。理論のうえでは、ほぼ無尽蔵の力を生む装置へとたちまち変貌させられるはずだった。

ワットは試作品を製作し、試験し、実証実験を行ない、資金を求める日々を始めた。これが結果的には一〇年に及ぶことになる。その間《かん》にスコットランドを離れて南に向かい、工業化の進みつつある

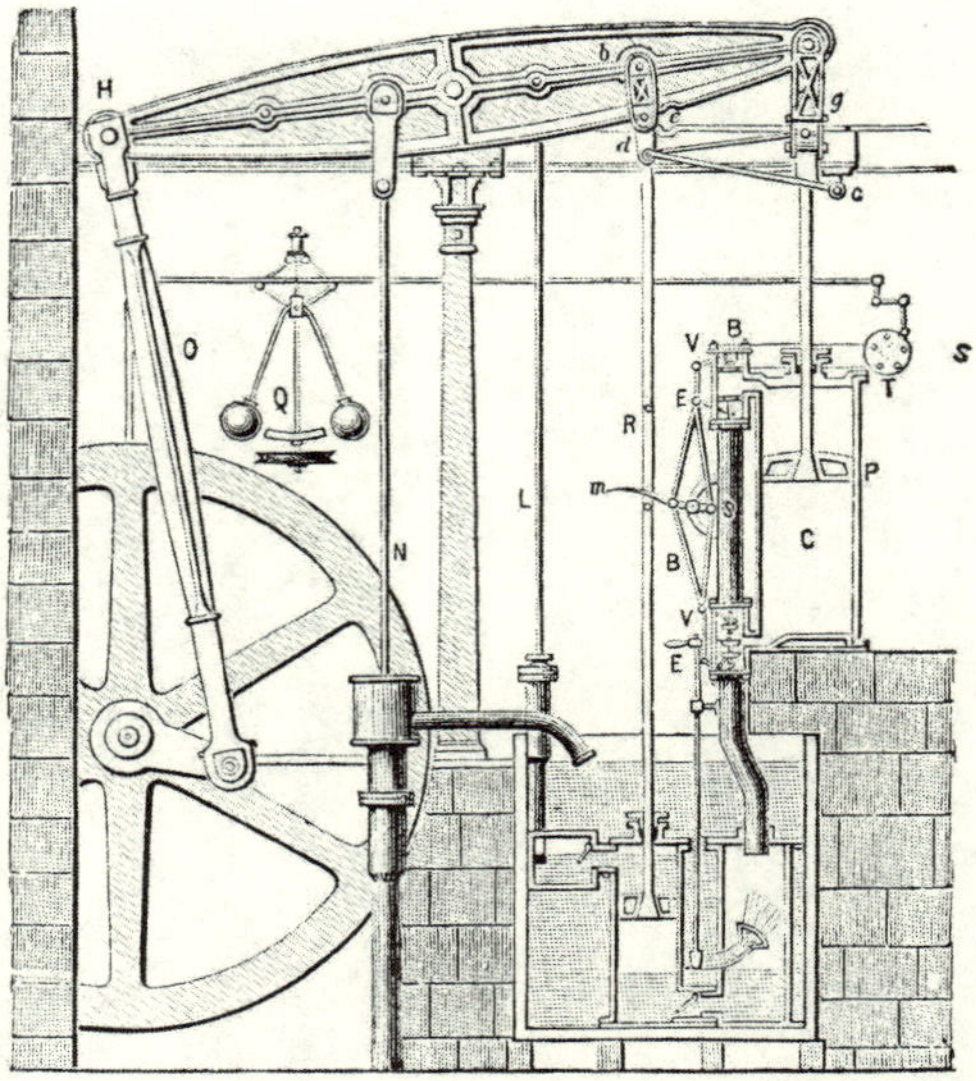

ボールトン・アンド・ワット社が18世紀後半に製造した蒸気機関を横から見た図。機関の中心となるシリンダー（C）は、一シリング硬貨一枚の厚み分（0.1インチ）の誤差でジョン・ウィルキンソンがくり抜いたもの。そこにピストン（P）がちょうどよく嵌まっている（訳注　上図はのちに考案したタイプで、シリンダーの上下から交互に蒸気を入れる）。

活気に満ちたイングランド中部へと住まいを移した。特許の出願も し、一七六九年一月にすぐさま下付されている。出願番号は九一三番。名称は「火の機関における蒸気および燃料の消費を削減するための新手法」である。一見すると毒にも薬にもなりそうになく、控え目な言葉遣いは発明の重要性を伝えきれていない。しかし、完成した暁《あかつき》にはこれが中心的な動力源となって、イギリスのみならず世界中のほぼすべての工場や鋳造場で、あるいは輸送機関で、その後一世紀あまりにわたって使用されていく。

　もう一つ特筆すべきは、二つの運命が交わるという歴史的な出来事が起きようとしていたことだ。

というのも、そう遠からぬ地に住まいと仕事の場を定め、のちに自らも特許を（ワットよりちょうど五年後の一七七四年一月に、ちょうど一五〇番あとの一〇六三番で）出願することになる男がいたからだ。誰あろう、鉄を意のままに操る発明家、ジョン・ウィルキンソンである。

当時はすでに鉄関係者のあいだで、この男の憎めぬ狂気を知らぬ者はなかった。自らこしらえた鉄製の演壇から講演をし、あちらこちらの川に鉄製の船を浮かべ、机も鉄でつくる。鉄製の棺に横たわってては、そこから飛び出して友人を驚かすいたずらもする（あばた面《づら》で、お世辞にも美男子とはいえなかったにもかかわらず、ウィルキンソンは多くの女性を侍《はべ》らせていた。性欲が強く、七八歳で女中に子供を産ませている。女中という職業をことのほか好んだらしく、そういう女性を三人同時に妾《めかけ》にしていたこともある。三人とも互いの存在を知らなかった）。

とはいえ、その気になればウィルキンソンは、こうした雑事を頭から締め出すことができた。そして一七七五年の時点では、気質のまったく違うワットと出会って友人になっていた。もっとも、親愛の情からというより損得勘定のうえに成り立つ友情ではあったが。まもなく、二人の成し遂げた二つの発明は混じり合い、双方の懐《ふところ》が潤うことになる。ウィルキンソンの「鉄製大砲の鋳造および中ぐりのための新手法」が、ワットの「火の機関における蒸気および燃料の消費を削減するための新手法」と合体したのだ。それは、便宜と必要性による合体だった。

ワットはスコットランド人で、先行きを悲観しやすく、細かいことにこだわり、几帳面で、天性のカルヴァン主義者として知られていた。それだけに、自分の機械をできるだけ「正しく」することに没頭していた。グラスゴーの工房で科学機器の製作や修理や改良を手掛けていたときにも、時計職人のジョン・ハリソンを彷彿させる情熱でひたむきに厳密さを追い求めたものである。当時の技術者が、機械を完璧なものにするためにおずおずと一歩を踏み出す際には、ネジ切りや旋盤といったもののほか、まだ初歩的ではあれ目盛り刻印機（巻末用語集参照）などの助けを借りる必要があった。もちろんワットはそうした器械にも精通していた。ただし、入念に組み立てられ、適切に維持管理され、意図した通りに働く器械に慣れていたために、何か問題が起きたり、効率の悪さが増したりすると、癇癪《かんしゃく》を抑えられない。当然ながら、ロンドンのソーホー地区にあるボールトン・アンド・ワット社（訳注　金属加工業者のマシュー・ボールトンとともにワットが一七七五年に設立した合名会社）の大きな工場で実際に鉄を使って製作する段になったとき、スコットランドで真鍮とガラス製の模型を使って実験していた頃ほどの性能を発揮できないとわかると、その苛立ちようといったらなかった。

ワットが初めて試作した大型蒸気機関は、まるで巨大な怪獣のような姿で人の目を釘付けにした。高さはおよそ九メートル。中心となる蒸気シリンダーは直径約一二〇センチで、長さは約一八〇センチだ。石炭を燃やすボイラーも、分離した凝縮器も、何もかもがとてつもなく大きい。可動部をつなぐのが、クモの巣のように複雑に絡み合った真鍮製の導管と、なめらかに動く弁や梃子《てこ》である。機関の暴走を防ぐために、二個の金属球を軸の周りで回転させ、それが遠心力で外側に開くのを利用して弁を閉じる仕組み（遠心調速機）もつくった（訳注　後述のはずみ車の回転数が上がると金属球が外側に開いて弁を閉じようとし、逆に回転数が下がると金属球が内側に戻って弁を開こうとする。これにより、はずみ車の回転速度を調節する）。それらすべてを見下ろす位置で、木製のビームが規則正しく上下に揺れている。それが巨大な鉄製のはずみ車を回し、そのはずみ車がポンプを動かして、水を噴き出させたり、空気を圧縮したりといった作業を一分間に一五回行なうことができた。出力が全開になると、機関からは激しい騒音と熱と、振動と地響きが次々と襲ってくる。近くにいると、胃が逆さになるような不快感だ。

正常な沸点に達するまで水を熱しているだけなのに、どうすればこれほどの騒ぎになるのかと不思議に思えるほどである。

しかし、これだけの工夫をしても、高温で湿った灰色の不透明な霧が装置を取り巻いて離れない。それは、もうもうと巻き上がる蒸気の雲である。目に見えない灼熱の瘴気《しょうき》ともいうべきこの蒸気こそが、几帳面で細部にこだわるワットの逆鱗《げきりん》に触れていた。何をどう試しても、できる限りの手を打ってみても、蒸気が漏れるのを止められないようなのである。しかも、かすかに、などというレベルではなく大量に噴き出す。何より癪に障るのは、それが機関の要《かなめ》である巨大な蒸気シリンダーで起きていることだった。

漏れを防ぐため、ありとあらゆる仕掛けや物質を試してみた。理論上、ピストンの外側表面とシリンダーの内壁のあいだの隙間は最小限に留められていて、しかもどの部分を測定してもその値はほぼ同じであるはずだった。ところが、シリンダーをつくる際には鉄板をハンマーで叩いて丸くし、端と端をつなぐというやり方をしている。そのため、実際には場所によって隙間の幅にかなりのばらつきがあった。ある箇所ではピストンとシリンダーが触れ合い、摩擦が起きて擦り減っている。別の箇所では一センチあまりの隙間があいていて、いくら蒸気を注入してもすぐにそこから噴き出していた。ワットがふさごうとしていたのはその部分である。亜麻仁油《あまにゆ》を染み込ませた革をあてがってみた。濡らした紙と小麦粉を混ぜて糊状にし、それを隙間に塗ってもみた。コルク板製の詰め物やゴム片のほか、生干しにした馬の糞まで使った。ピストンにロープを巻き付け、その上から「ジャンク・リング」と呼ばれる輪をかぶせてきつく押さえたときには、多少の改善が見られはした。

その頃である。まったくの偶然から、バーシャムのジョン・ウィルキンソンが蒸気機関を一基つくってほしいとワットに依頼してきた。自分の高炉の一つでふいご〔送風機〕代わりに使うためである。そのとき、ワットの蒸気機関が蒸気漏れの問題を抱えていることをたちどころに見抜き、自分ならそれが解決できると同じくらいたちどころに確信した。蒸気機関のシリンダーを製造するのに、あの大砲の中ぐり技術を応用するのである。

そこでワットのシリンダーに対し、自分が海軍砲の砲身に行なったのとまったく同じことを試してみることにした。自身の手法を新しい用途に用いるわけだから、念のためにその特許を出願しておいてもよかっただろうに、その手続きをとらずに行動を開始する。まず、一一〇キロあまり離れたバーシャムまで、円筒形の未加工の鉄の塊をワットの工員に運ばせた。次に、その鉄の塊〔いずれ顧客として自分が使う物なので、正規の寸法である長さ六フィート〔約一八〇センチ〕、直径三八インチ〔約九六・五センチ〕のもの〕をしっかりとした台に縛り付け、さらに重い鎖で固定して、いささかもぐらつかないように念を入れる。それから、並外れて硬い鉄を使って大きな中ぐり工具をこしらえた。その直径は三七インチ〔約九一・四センチ〕あるので、これでくり抜けば、理論上は直径三八インチのシリンダーに厚さ一インチ〔約二・五センチ〕の内壁ができる。でき上がった工具を、長さ八フィート〔約二四〇センチ〕の硬い鉄棒にネジ釘で留めた。この棒の柄の両端を持って、重い鉄製のそりに載せる。巨大な鉄の塊の中へ中へと、このそりをゆっくりと少しずつ進めていくわけだ。

準備が整ったところで、水と植物油を混ぜたものをホースから流す。これは、激しく打ち当たる二つの金属を冷やすとともに、鉄の削りくずを洗い流すためだ。水の弁を開いて水車を動かし、中ぐり棒を回転させたら、あとは鉄の塊に向けてゆっくりと少しずつ棒を近付けていく。まもなく、刃先が鉄の円筒の表面をかじり取り始めた。

焼けつくような暑さと、鉄が削られる大音響のなか、わずか三〇分ほどで作業は終わってシリンダーができた。中ぐり工具は熱を帯びていたものの、刃先はほとんど鈍《なま》っていない。工具を引き戻すと、直径三フィートの穴が真っ直ぐ正しくあいていた。内壁は見たところなめらかで、きれいである。角材と鎖を使って重い（といっても前ほどではない）シリンダーを垂直に立てる。ピストンは直径が三フィートよりわずかに短く、潤滑油が塗られている。これをシリンダーの縁の上まで慎重に吊り上げ、その内側に沈めた。

ここでひとしきり歓声が上がった……のではないかと私は思う。なぜなら、ピストンは音もたてずにちょうどいい隙間でシリンダーに嵌まり、楽に上げ下げできるうえ、空気であれ油であれいっさい漏れている様子がなかったからだ。取り外されたシリンダーとピストンがソーホー地区の工場に戻ってきてからわずか数日で、ワットはそのシリンダーを使った蒸気機関の組み立てに着手する。それがワットとして初めての、いや世界第一号の、本格的な単動機関（訳注　蒸気の圧力をピストンの片面にだけ受けて運動する往復機関）となった。ワットは機関の最も重要な位置にシリンダーを据えた。それから部下の技術者とともに、シリンダーを補助する様々な部分（導管、分離凝縮器、ボイラー、ビーム、遠心調速機、水のタンク、はずみ車）を付け足していく。ボイラー内の火室に石炭をくべ、焚きつけを加えて火をつけ、水が熱せられて蒸気が安全管路から流れ込んだところで、シリンダーへとつながる弁を開放した。

完成したばかりのシリンダーの中を、シュッシュッと大きな音を立てながらピストンが上がり下がりを始める。その上では、ピストンとつながったビームが揺れだした。ビームの反対端に接続された棒が上下に動くと、はずみ車に取り付けられた遊星歯車装置（訳注　噛みあう一対の歯車において、それぞれが回転すると同時に、一方が他方の軸の周りを公転するようになっている歯車装置）が回転し、続いて何トンもの重さがある鉄製の巨大なはずみ車自体が回る。このはずみ車が、仕事をするときの動力の源《みなもと》となる。

すぐに調速機の二個の金属球がきらめきながら楽しげに回転し始め、はずみ車の回転速度を調節する。機関は最大出力となって咆哮《ほうこう》を上げた。動いている部分が皆、それぞれの音を立てている。そして今やそのすべてがありありと見えた。というのも、ワットが実験を開始してから初めて蒸気が漏れていないからである。機関は最大限の効率で動いていた。速く、高馬力で、要求された通りのことを実行している。ワットの顔が喜びに輝いた。ウィルキンソンがワットの問題を解決し、ついに産業革命が本格的にスタートできる状況が整ったのだ（これは二人には想像の及ばないことだったが、今の私たちにはそういえる）。

　そこで登場するのが、あの数字だ。本書にとってきわめて大きな意味をもち、この章の冒頭にも示され、この先物語が進むにつれて精度が増していくあの数字である。本章ではそれが〇・一。一インチの一〇分の一である。なぜかというと、のちにワットが手紙にこう記しているからだ。「ウィルキンソン氏は、シリンダー数個に直径五〇インチ（約一二七センチ）の穴をほぼ誤差なくあけてくれた。……どこを測っても、古い一シリング硬貨の厚みほどの違いもない」。イギリスの古い一シリング硬貨は厚さが一〇分の一インチ（約二・五ミリ）だった。つまりこれが、ジョン・ウィルキンソンが初めてのシリンダーを削りつくったときの公差だったといえる。

　いや、実際の出来栄えはこれ以上に良かったかもしれない。その証拠に、さらにのちの手紙ではワットが自慢げに次のように書いている（この頃にはすでにウィルキンソンがワットの蒸気機関のために五〇〇個あまりのシリンダーを製造していて、機関は国内外の工場や製粉所、あるいは炭鉱などに我勝ちに買い求められていた）。「［ウィルキンソンが］シリンダーをくり抜く技術を向上させてくれたので、七二インチ（約一八三センチ）あるシリンダーの最悪の箇所であっても、正しい値からの違いはせいぜい古い六ペンス硬貨の厚み程度だと約束できる」。古い六ペンス硬貨はさらに薄く、厚みは一シリング硬貨の半分。つまり〇・〇五インチ（約一・三ミリ）だ。

とはいえこれは些細《ささい》な点だ。一シリング硬貨の厚さであろうが、六ペンス硬貨の薄さであろうが、たいした問題ではない。肝心なのは、それによってまったく新しい世界が誕生しようとしていたこと。ついに機械をつくるための機械が生み出され、しかもそれは、正確かつ精密につくる能力をもっている。にわかに公差への関心が芽生えた。この場合でいうと、二つの部分（シリンダーとピストン）を嵌め合わせるときに、その嵌まり具合（隙間の大きさ）をどの程度まで許容するか、ということである。これは以前にはなかった考え方であり、一七七六年五月四日の蒸気機関第一号の誕生とともに始まった。蒸気機関の中心的役割を果たすシリンダーは、「公差〇・一インチ」か、ことによるともっと小さい公差を実現していた。これは、それ以前には達成はおろか想像すらされていなかったものである。

このちょうど二カ月後の一七七六年七月四日、大西洋の反対側でまったく新しい国家が生まれた。アメリカ合衆国である。その誕生は、誰一人予想だにしなかった影響を及ぼしていくことになる。

建国から数年後、新国家の全権公使としてヨーロッパに滞在していたトマス・ジェファーソン（訳注　のちの第三代アメリカ大統領）は、こうした奇跡の機械が長足《ちょうそく》の進歩を遂げていることを人づてに聞いた。それが大いなる可能性を秘めているように感じ、自分の国でも利用できないかと思い巡らせ始める。

おそらく、そうした機械を土台にすれば、新しい国家にふさわしい新しい職業を生み出せるはずだ。ジェファーソンはそう言い切った。おそらく、と技術者たちも呼応する。自分たちにはこれまで以上の結果を出すことができる、と。そして、技術者特有の難解な数字の言語を用いて、自らの野望を表現した。自分たちならアメリカで、ジョン・ウィルキンソンの〇・一インチより遥かに小さい公差で金属部品を製造・加工できるかもしれない。いや、もてる技術を駆使すれば、それを〇・〇一にでも、ことによると〇・〇〇一にまで下げることも夢ではない。やってみなければわからないではないか？先見性ある技術者たちはそう考えた。新しい国がつくれたのである。新しい機械だって、たぶんできないわけはない。

蓋をあけてみれば、技術者たち（主にイングランドだが、本書のこの先の物語で重要な役割を果たすのはフランスの技術者）は、自分たちの予想を大幅に上回る成果を上げることになる。正確さの魔人はすでに瓶から外に出た。今度は真の精密さがゲートを飛び出し、疾走を始めようとしていた。

第2章　並外れて平たく、信じがたいほど間隔が狭い（公差＝〇・〇〇〇一）

現代におけるわれわれの機械類がなめらかに動き、かつ確実に作動するのは、われわれのもつ工作機械の厳密さと正確さに負うものである。

——ウィリアム・フェアベアン卿『英国科学振興協会報告書（*Report of the British Association for the Advancement of Science*）』（一八六二年）より

ロンドンはピカデリー大通りの北側に、一二四番地がある。その西隣りは、古めかしく泰然としたキャヴァルリー・アンド・ガーズ・クラブ（訳注　由緒ある会員制の紳士クラブ）。東隣りはもう少し短命そうで、セビーチェ（訳注　魚介類のマリネ）を出すペルー料理のレストランだ。現在の一二四番地はその二つに挟まれながら、グリーンパークを見下ろすようにして建物がそびえている。優美な外観だが何の建物かはよくわからず、目立ちたくない会社向けのオフィスと、裕福な人向けのサービスアパートメント（訳注　家具・家電付きでホテル並みのサービスを受けられ、短期から入居できる滞在施設）が入っている。

ジョゼフ・ブラマー。たぐい稀なる錠前師であるだけでなく、ほかにも数々の発明をした。たとえば、万年筆、ビールポンプ（パブの地下に置いた大樽から、冷えたビールをバーカウンターまで汲み上げる装置）、紙幣に自動的に連続番号を振る機械などである。

その住所にはかつて、ジョゼフ・ブラマーという男の住居兼工房があった。ブラマーは発明家であり、水洗便所や機械装置、そして錠前などを世に送り出している。一二四番地はピカデリー大通りのなかでも西の端にあたり、ブラマーがこの土地に移ってきた一七八四年当時はまだそれほど開《ひら》けていなかった。男はその年にブラマー錠前社を設立し、会社は小さいながらも定評を得ていく。設立から六年後、晴れた日には店先に野次馬がささやかな人だかりをつくり、弓形の張り出し窓の中を覗き込むようになった。あまりに難しくて、その後六〇年あまり解かれることのない謎の前で首を捻りながら。

ウインドウに飾られていたのはたった一個の物体だ。南京錠である。丸く、さほど大きくはなく、外観はなめらかで複雑そうなところはない。錠は卵型の板に嵌め込まれていて、その板には次のように記されていた。「道具をつくってこの錠をあけることのできた名人は、それが披露された瞬間に二〇〇ギニーを手にするであろう」

絶対に破られないと豪語するこの錠前は、社長であるブラマーが設計したものである。もっとも、実際に製作したのはブラマーではなく、当時一九歳のヘンリー・モーズリーだった。モーズリーは鍛冶屋《かじや》の徒弟として働いていたが、驚異的な技術で繊細な機械加工ができると評判で、それを聞きつけたブラマーが前の年に自分の工房に連れてきていた。

ブラマーの錠前が首尾よくこじあけられ、約束通り多額の懸賞金*が（ただしのちの章で見るように物議を醸《かも》しつつ）支払われたのは、ようやく一八五一年のことである。ブラマーもモーズリーも、生きてこの出来事を目にすることはなかったものの、生前はどちらも卓越した技術者であることを身をもって示した。二人はありとあらゆる興味深い仕掛けを考案しただけでなく、それぞれがそれぞれのやり方で精密世界のルールブックを書いたといっても過言ではない。その精密世界は、バーシャムでジョン・ウィルキンソンがシリンダーをくり抜く工作機械をつくった結果として（少なくともそれに続くものとして）、当時誕生しつつあったものだ。二人の発明のなかには、歴史の彼方に消え去ったものもある。その一方で、長い歳月を生き延び、現代における最も高度な工学技術の礎《いしずえ》を築くことになったものもある。

今日《こんにち》ではモーズリーのほうが知名度が高く、その功績は大半の技術者に知られている。だが、当時は人目を引く創意工夫の才ではブラマーに軍配が上がった。ブラマーの最初の発明は、転んで怪我をしてベッドで寝ているときに思いついたものである。ロマンのない発明のランクをつけたら、文句なく第一位といっていい。公衆衛生の向上を切に必要とするロンドン市民のために、新しい方式の水洗トイレを考案したのだ。それは、フラップ弁と浮き玉と、バルブとパイプを組み合わせたものだった。この独自の仕組みについて、ブラマーは特許を取得する。これは、自浄式（実用的な水洗トイレ第一号）であると同時に、冬に水が凍るというそれまでの悩みを解消するものでもあった。この新方式のトイレは最初の二〇年間で六〇〇〇台を売り上げ、ブラマーはかなりの利益を手にする。この便器と貯水タンクは、およそ一二〇年後のヴィクトリア女王即位六〇周年の頃になっても、まだ文化的なイギリス中流階級の家庭にとっては自慢の装置だった。

その後、ブラマーは興味の対象を錠前に移すわけだが、当然ながらこちらはトイレよりも遥かに複雑で精密な職人技を必要とした。そもそも錠前に関心を抱くようになったのは一七八三年のこと。その約三〇年前に設立されていた「芸術、製造、および商業促進のための王立協会」の会員に選ばれた**のがきっかけだったようである（協会は設立時と変わらぬ場所に今もある）。現在は「王立技芸協会（ＲＳＡ）」と略称で簡単に呼ばれているものの、一八世紀には六つの委員会に分かれていた。「農業」「化学」「植民地および貿易」「製造」「機械」、そして最も古風な響きのある「純美術」だ。想像にかたくないが、ブラマーは機械委員会の会合にほとんどすべて出席し、協会への加入からほどなくして一躍その名を轟かせることになる。それも、ただ単に錠前をこじあけただけで。とはいえ、実際にはそう単純な話ではなかった。一七八三年の九月、マーシャル氏なる人物が委員会に自作の錠前を提出して検討を依頼し、絶対に破れないはずだと宣言した（訳注　当時は後述の通りロンドンで押し込み強盗が頻発していたため、機械委員会は賞金を懸け、こじあけ不能な錠前を募集していた）。トゥルーラヴ氏なる地元の錠前屋が数々の特殊工具を使って挑んだものの、一時間半で白旗を揚げた。そのとき、見物人

＊　現代の価値に換算すれば、小型のメルセデス・ベンツが一台買えるくらいの金額。

＊＊　このヨークシャー州出身の若者の才能を見抜いた一人に、ジョン・シェルドンという外科医がいた。シェルドンは遺体の防腐処置の専門家でもあり、気球で空を飛んだ最初のロンドン市民を自称していた。また、クジラという毒を塗った銛《もり》で鯨を仕留める方法を考え出し、それを試すためにグリーンランドにまで旅をしている。

の後ろのほうから進み出てきたのがブラマーである。そして、その場で手早く二種類の工具をこしらえると、ちょうど一五分で錠をあけてしまった。部屋はどよめきに包まれる。目の前に機械の達人が現われたのだ。

その頃、イギリスは錠前に対して並々ならぬ関心を抱いていた。一八世紀後半というのは、社会や法制度の変革の波がイギリス全土に広がりつつあった時代である。それが、残酷なまでに社会を分断するという好ましからぬ影響を生んでいた。一方では、領地をもつ貴族が何世紀も前から大邸宅の中で、塀や庭園や隠れ垣（巻末用語集参照）に囲まれて身を守り、住み込みの召使たちが悪さを寄せ付けないようにしている。それにひきかえ、新しく事業を起こして財を成したような人たちが暮らすところは、貧困を脱せられずにいる住民たちから遠からぬ場所にあった。そうした成金たち自身も、その財産も人目につく。とくに、急速に発展しつつある都市ではその住まいは貧民街に近かった。貧しい人々がひしめく地区から目と鼻の先に、家を建てて住むことが多かったのである。妬《ねた》みが蔓延し、強盗が横行し、あたりは恐怖に包まれた。扉や窓にはかんぬきを掛けなくてはならない。錠前をつくる必要が生まれ、しかもそれはきちんと用を成すものでないと困る。マーシャル氏が提出したもののように、腕のいい者の手にかかれば一五分で開くような、あるいは腹をすかせて切羽詰まった男なら一〇分で破りかねないような、そんな錠前ではどう考えても役に立たない。そこでブラマーは、もっと優れた錠前を自分でも設計してみようと思い立った。

一七八四年にブラマーはそれを実現し、八月に特許を取得する。マーシャル氏の錠前を破ってから一年と経っていなかった。当時の強盗が錠をこじあけるときには、刻みや溝などの加工を施していない鍵（ブランクキー）にロウを塗るのが一般的だった。それを使うと、鍵穴の奥がどうなっているかを探り当てることができる。つまり、錠の内部にあるいろいろなレバーやタンブラーの位置がわかるのだ。ブラマーの設計した錠前には、スライダーと呼ばれる薄い板のレバーが内部に何枚も組み込まれており、鍵を押し込むとそれらが上がり下がりして、すべてのスライダーの刻み目の位置が揃う。その状態でさらに鍵を回せばボルト（かんぬき）が外れるのだが、いったん外れたら個々のスライダーは元の位置に戻る。つまり、ロウを塗ったブランクキーでいくら中を掻き回してみても、ボルトを解除できるスライダーの位置を突き止めることはできない（もうその位置にはないのだから）。これならほぼ完璧な泥棒よけになるといっていい。

機構の基本前提が決まったら、次は賢い工夫と優美さを凝らして錠全体を円筒形にした。また、内部のスライダーを重力の作用で上下させるのではなく、鍵に押されたときに円筒の中心から放射状に出入りするようにした。さらに、鍵の歯で動かされたあとに元の位置に戻れるように、スライダーの一枚一枚にバネをつないだ。錠自体は真鍮製の筒状なので、木製の扉であれ鉄製の金庫であれ、そこに筒状の穴をあければたやすく取り付けられる。開錠すればボルトが扉の側面から飛び出し、施錠されれば真鍮製の筒の中に収まる。

その後もブラマーは生涯を通して、数々の仕掛けや新しい発想を生み出していく。その多くは錠前とは何の関係もなく、錠以外でブラマーがとくに関心を向けたテーマに関わるものだった。それは、圧力をかけたときに水がどうふるまうかである。その興味が形になった「液圧プレス」（訳注　小ピストンに小さい力を加え、液圧によって大ピストンに大きい力を伝える機械）は、世界中の工業に多大な影響をもたらした。もっと卑近な例としては、初歩的な万年筆*を販売したり、シャープペンシルの設計をしたりした。短命に終わらなかった発明にはビールポンプがあり、伝統を重んじるパブでは今なお使われている。これは、地下に置いて冷やしたビールに圧力を加えることで、それを階上のバーカウンターに送って客の喉を潤すという仕組みだ（この発明のおかげで、バーテンダーが新しいビア樽を運ぶために地下室への階段を苦労して上り下りしなくてもよくなった）。現代の生ビール愛好家がブラマーの名前を知らないのは仕方がないかもしれないが、イギリスのサウスヨークシャー州には「ジョゼフ・ブラマー」という名のパブがある。同様に、現代の紙幣印刷に関わる者はほとんどが気付いていまいが、同一図案の紙幣に何百何千と通し番号を振る賢い機械を発明したのもこの男だ。さらには、木製の大きな厚板にカンナをかける装置や製紙機械をつくり、いずれは大きなスクリュープロペラが大型船の推進力になることを予見してもいる。

とはいえ、ブラマーが「人名」としてではなく今や「英単語」の一つになっているのは、ひとえに錠前づくりのおかげだ。もちろん、文学作品を探せば「ブラマー・ペン」や「ブラマー錠」という表現は見つかる（ウェリントン侯爵〔訳注　ナポレオン一世を破ったイギリスの将軍・政治家・首相〕をはじめ、作家のウォルター・スコットやバーナード・ショーは、その二つへの賛辞を書き綴っている）。しかし、「ブラマー」単独で使われているのは（作家のチャールズ・ディケンズなどは『ピクウィックペーパーズ』〔あぽろん社〕、『ボズのスケッチ』〔未知谷〕、『逍遥の旅人』〔溪水社〕といった作品のなかでそれを多用している）、少なくともヴィクトリア時代の市民にとって、それが錠前や鍵の代名詞だった証しだ。たとえば、ブラマーを使ってブラマーをあける、ブラマーで家の戸締りをする、好感をもっている友人にブラマーを渡してどんなときでも何時でも来れるようにする、といった具合である。錠前の世界にチャッブ氏〔訳注　イギリスの錠前師チャールズ・チャッブ（一七七二〜一八四六年）〕やイエール氏〔訳注　アメリカの発明家ライナス・イェール・ジュニア（一八二一〜六八年）〕が現われて初めて、ブラマーという言葉による独占状態に終止符が打たれたのである（『オックスフォード英語辞典』によれば、この二人の名が英単語の仲間入りを果たしたのはそれぞれ一八三三年と一八六九年）。

ブラマーの錠前が非常に優れていたのは、いうまでもなく内部の設計が圧倒的に複雑だったからだ。だが、あれほど長いあいだ優秀さを維持できたのは、それが精密につくられていたからである。その仕事を担ったのは発明者のブラマーではなく、ブラマーが雇い入れた一人の男、いや少年だった。ブラマーが考案した仕掛けを大量に生み出したのは、しかも巧みかつ迅速に、そして安価に製作したのは、その少年ヘンリー・モーズリーである。徒弟として働かないかとブラマーに誘われたのは、モーズリーが一八歳のときだった。のちにこの少年は、精密工学の揺籃期《ようらんき》に最も大きな影響を与えた一人としてその名を知られるようになる。さらにその影響は、母国イギリスのみならず世界中で今なお感じ取ることができる。

ブラマーに雇われる前のモーズリーは「背の高い紅顔《こうがん》の美少年」で、ロンドン東部のウリッジ王立工廠《こうしょう》（兵器工場）で腕を磨いていた。そこで働き始めたのは一二歳のとき。最初の仕事は「パウダー・モンキー」だった。これは、軍艦の火薬庫から砲列甲板まで火薬を運搬する足の速い少年のことである。その後は大工仕事をする作業場に移されたものの、木材の不正確さに嫌気が差し、それをはっきり口にするようになった。モーズリーを使ったどの親方も、この少年が遥かに金属を好んでいるの

＊　これは、ペン先を金属にして、胴を握るとインクが出るというものだった。ただし、ブラマーはリスク回避のために、一本のガチョウの羽根の羽軸から複数のペン先を切り出せる装置も考案している。これがあれば、仮に自分の新しすぎるペンが人気を呼ばなくても、伝統的な筆記用具を大量生産する事業にいつでも戻ってこられるわけだ。

に気付いていた。だから、モーズリーが海軍造船所の鍛冶場に忍び込んでも、見て見ぬふりをしてやった。また、片手間に小遣い稼ぎを始めても、いっさい口出しをしなかった。どんな小遣い稼ぎかというと、捨てられていた鉄製のネジ釘を利用して、使い勝手のよく美しい鍋敷きをつくっていたのだ。

一七八九年、ジョゼフ・ブラマーは浮かぬ顔をしていた。当時は英仏海峡の向こうで勃発した政治的状況により、恐怖に駆られたフランス人避難民がイギリスに押し寄せつつあった。そのほとんどがロンドンを目指している。首都の住民はそれまで以上に外国人に神経を尖らせ、自宅や会社の安全を求める声は一段と高まった。ブラマーの錠前は特許に守られ、独占状態を享受している。それなのに、この男は苦境に立たされていた。ブラマー錠を製造できるのはブラマーだけなのだが、ブラマー自身も、あるいはどんな技術者を見つけてきても、手頃な価格で大量にその錠前をつくる能力がないのである。技術者を自称する男たちであっても、たいていはもっと粗雑な仕事にしか慣れていない（熱で柔らかくなった鉄塊を重いハンマーで叩き、大まかな形にしたものを鉄床《かなとこ》や鏨《たがね》や、とくにヤスリを使って整えていく、など）。繊細な作業にセンスを発揮する者など無きに等しかった。つまり、複雑な機構の組み立てには向かなかったのである。

だが、その状況は変わろうとしていた。一八世紀のロンドンでは鍛冶職人同士の結び付きが強く、やがてウリッジ王立工廠に凄い少年がいるとの噂がブラマーの耳に届く。その少年は、年上の同僚が鉄の塊《かたまり》にハンマーを打ち付けているのを尻目に、尋常ではない繊細さで優美な作品をこしらえているのだという。ブラマーはこのモーズリーという十代の若者に会いに行って話をしてみる。すぐに気に入りはしたものの、この職業に新たに加わる者はまず徒弟として七年間働くという決まりがあった。

ブラマーはそのことを重々承知していたが、商売上の必要性の前では慣習など二の次である。なにしろピカデリー大通りに戻ったら、客になってくれるかもしれない人間が店の扉を叩いているのだ。ブラマーには細かい配慮をしている余裕などない。一か八かの賭けに出て、この若者を雇うことをその場で決めた。この決断が歴史を変えることになる。

仕事をさせてみると、モーズリーには物事を根本から変える力のあることがわかった。まず、錠前の供給が追いつかないというブラマーの問題をたちまち解決してみせた。それも、作業員を何人も雇ってそれぞれの技量で錠を製作させるような、昔ながらのやり方ではない。西に三〇〇キロあまり離れたバーシャム村で、一三年前にジョン・ウィルキンソンがしたのと同じことをした。機械（この場合でいえば錠の機構）をつくるための機械、つまり工作機械を製作したのである。それを一種類どころか何種類もこしらえ、それぞれがブラマーの途方もなく複雑な錠の各部品を生み出す（もしくは生み出すのを助ける）。しかも、その工作機械を用いれば、短時間かつ安価に良い出来栄えに仕上がった。手作業や手工具につきもののミスも起こらない。言葉を換えれば、モーズリーの工作機械は必要部品を精密に製造できたのである。

そのうち三点は現在ロンドン科学博物館に展示されている。一つめは鋸《のこ》で、薄板状のスライダーを収めるために錠の内部に放射状の溝を切るもの。二つめは工作機械というより、作業を高速で進めつつ、まったく同一の部品がつくり出せるようにするための工夫だ。具体的には、素早く摑んで素早く放せる万力のような固定具である。旋盤上の一連の切削工具で工作する際、これが錠のボルトをしっかり押さえておく役目を果たす。三つめはとりわけ賢い工夫がなされた装置で、踏み木を足で操作して動かすようになっている。これは、錠内部のバネを巻いて所定の位置に取り付けるあいだ、張力をかけて固定しておく仕事をする。あとは、その状態で外側のカバーを取り付ければすべての作業が完了する。カバーは磨き抜かれた真鍮板でできており、凝った字体で「ブラマー錠前社　ロンドン　ピカデリー大通り一二四番地」と刻まれていた。

この頃、工作機械に取り付けて使うもう一つの仕掛けが普及し始めた（これ以上に重要なものはないとの声もある）。それは、ほどなく旋盤に欠かせない構成要素となるものである。旋盤は古代エジプトで発明されて以来、陶工ろくろと同様に人間の暮らしを向上させる一翼を担ってきた。旋盤は何世紀もかけてゆっくりと進化してきた。最も大きな前進をもたらしたのが、一六世紀に「親ネジ」が考案されたことである。親ネジとは（初期には往々にして）木製の長いネジのことで、旋盤の主台枠の下に取り付けて使用する。このネジを手で回すと、旋盤上の往復台を左右に動かすことができ、しかもその動きにある程度の精度をもたせることができる。たとえば、親ネジを一回転させると往復台が一インチ分移動する、といったことが可能で、親ネジのピッチ（訳注　ネジの隣りあった山と山のあいだの間隔）をどう設定するかで往復台をどれくらい進めるかを決めることができた。このおかげで、木工旋盤工にとっては自分で制御できる度合いが高まり、美しい装飾やバロック風の複雑さを備えた見事に左右対称の品物（椅子の足、チェスの駒、柄《え》など）をつくれるようになった。

モーズリーは旋盤自体にさらに改良を加え、その性能を大幅に向上させた。まず、旋盤を鉄製にして重く頑丈なつくりにした。これにより、単に木製品だけでなく、形のない金属の塊からでもたちまち左右対称な製品を生み出せるようになった。古い時代の木造の旋盤は軟弱で、とてもそんなことはできない。これだけでもこの男の名を覚えておくだけの価値はあるのだが、モーズリーはそれだけに留まらなかった。自分の手製の旋盤に新たな機械要素を加えたのである。ただし、それが誰によって

ヘンリー・モーズリー。かつては「背の高い紅顔の美少年」と呼ばれ、ブラマー錠の内部構造を機械加工した。のちには精密な工作機械の製造、大量生産、ならびに完璧な平坦さの実現という、重要な工学概念の生みの親となる。

発明されたかについては今なお意見の一致を見ておらず、精密さと精密工学の歴史を書く作業をややこしくしている。

具体的にいうと、モーズリーが自分の旋盤に取り入れた工夫は「工具送り台」と呼ばれるものだ。工具送り台は重く、頑丈にできていて、安定していてぐらつかない。それでいて、ネジを介して移動させることができ、そこにどんな種類の切削工具でも取り付けられた。内部には歯車が詰まっていて、工具の位置をきめ細かく調節できるため、工作物の厳密な機械加工が可能になる。工具送り台は必然的に主軸台（工作物を回転させるモーターと心棒を備えた部分）と心押台《しんおしだい》（工作物の反対端を押さえる部分）のあいだに設置する。工作物は往復台の上に載っていて、その往復台を進めるのがくだんの親ネジだ。モーズリーの親ネジは木製ではなく金属製で、ネジ山のピッチも非常に狭くしてあった。そのため、木製の親ネジのときよりも遥かに繊細な作業ができた。この往復台の移動の道筋が横方向だとすれば、工具送り台は縦方向に、もしくは横方向と交わるどんな角度にでも送ることができる。この機能があるおかげで、送り台に据え付けた切削工具は、操作者の思い通りの度合いまで工作物に穴をあけたり、面取りをしたり、（次章で取り上げるフライス加工が追って開発されてからは）平削りをしたりして形をつくり上げることができるのだ。

金属部品は用途によって大きさや形状が様々に異なる。したがって、親ネジと工具送り台の設定を作業員が正確に記録しておき、作業を繰り返すたびにその設定を変えないようにすれば、何度やってもまったく同じ金属部品に仕上がるはずだ。外観も寸法も、（金属の密度が同一なら）重さも、ほかのいろいろな特徴にもばらつきがなくなる。部品が再現可能になり、一つのものを別のものと交換しても問題が起きない。そこが肝心なポイントである。機械加工した金属部品（歯車、止め金、取っ手、円筒部など）を使って何かの機械を組み立てる場合も、それは互換性のある部品ということになる。それこそが、現代の製造業の根幹を支えているといっていい。

同じくらいきわめて重要なことがある。モーズリーの旋盤のように豊富な機能が備わっていると、工業世界に絶対に欠かせないものをつくることができるのだ。それはネジである。

あとで見るように、ネジの製造法は数世紀かけて少しずつ進歩してきた。しかし、金属製のネジを効率よく精密に、なおかつ短時間で切る手法を編み出したのはモーズリーである（もちろん、自分の旋盤に取り付けた工具送り台の扱いに習熟してからのことだが）。ブラマーはピカデリー大通りの工房のウインドウに、懸賞金をかけた「挑戦錠《チャレンジロック》」を誇らしげに飾っていた。それと同じように、メリルボーン地区のマーガレット通りにヘンリー・モーズリー・アンド・カンパニー社（訳注　モーズリーが一七九八年にブラマーから独立してつくった会社）が初めてささやかな工房を構えたとき、弓形の張り出し窓には社長が最も自慢に思っている品物が展示された。正確につくられて完璧に真っ直ぐな、長さ一・五メートルの真鍮製の工業用ネジである。

厳密にいうと、ネジを切るための旋盤を最初に完成させたのはモーズリーではない。およそ二五年前の一七七五年に、ヨークシャー州の科学機器製作者ジェシー・ラムズデンが精巧な小型のネジ切り旋盤を開発していた（ちなみにラムズデンはこの旋盤を使い、第1章で見た経度評議委員会からの助成金を得て、高度な目盛り刻印機を発明した。だが、助成金支給の条件により、個人的に特許を取得することは許されなかった）。ラムズデンのネジ切り旋盤を使うと、一二五回転で一インチ（約二・五センチ）という細かいネジ山を切ることができた。これはつまり、ネジを一インチ進めるのに一二五回も回さないといけない、という意味である。そんなネジを取り付ければ、装置をきわめて精緻に調節できるだろう。しかし、ラムズデンの旋盤はいわば一回限りの機械といえる。時計並みに緻密で、天文観測や航海用の測定器には適していても、多量の金属を原料にして、高速かつ正確で耐久性を保てるような大型装置を製造するには向いていない。一方、モーズリーの精密旋盤は、ある歴史家の言葉を借りるなら「工業時代の母となる道具」だった。

工具送り台を取り付け、もてる技術を駆使し、最初にブラマーと使っていたような木製ではなく鉄製の旋盤にすることで、モーズリーは一万分の一インチ（約〇・〇〇二五ミリ）という高い水準の公差で機械加工できるようになる。ロンドン市民の目の前で、今まさに精密さが誕生しつつあった。

したがって、精密製造を通して多種多様で価値ある工作物が無数に誕生していくのは、この工具送り台を発明した人物にその功績があるといっていいだろう。工具送り台があればこそ、数々の製品をつくり出すことが可能になった。ドアの蝶番《ちょうつがい》からジェットエンジンまで、さらにはシリンダーブロック（訳注　内燃機関の部品の一つで、複数のシリンダーを収め、下にクランクシャフトが取り付けられる）やピストン、それから死を呼ぶ原子爆弾のプルトニウム・コアまで。そしてもちろん、ネジもだ。

では、いったい誰が発明したのだろうか。モーズリーの名を挙げる者は少なくない。たとえば、「［ブラマーの］秘密の工房に置かれた何台かの不思議な機械は……モーズリー氏が手ずから製作したものだ」と記された資料が残っている。いや、考案したのはブラマーだと主張する者もいる。かと思えば、モーズリーが関わっていたという考え自体を否定する声もある。モーズリーが一から生み出したのではないし、本人がそう主張していたこともないというのだ。百科事典類を調べると、最初の工具送り台はドイツ製だとあり、一四八〇年の写本にその図解が載っていたのが確認されているらしい。また、一八世紀ロシアの科学者で、ピョートル大帝のお抱え工芸家でもあったアンドレイ・ナルトフが、使い物になる工具送り台をすでに一七一八年にはつくり出して（しかもロンドンに持ってきて実演もして）いたとも伝えられている。当時のナルトフは、旋盤操作の指導者としてヨーロッパで信望を得ていた（時のプロイセン王にまで扱い方を教えている）。ロシアの話は信用できないと疑う向きのために、ジャック・ド・ヴォーカンソンというフランス人が一七四五年に製作していたのはまず間違いないとの説も紹介しておこう。

初期の精密工学について多数の著作を発表しているノースカロライナ大学のクリス・エヴァンズ教授は、こうした食い違う言い分が存在することに触れたうえで、たった一人の「英雄的な発明家」がいたという捉え方をすべきではないと説く。精密さは大勢の親から生まれたと認識するほうが遥かに適切であり、その進展の道筋はどうしたって重なる。「精密」という言葉が当てはまる専門分野はいくつもあるが、その境界線は明確ではない。黎明期における精密さは、三〇〇年かけて徐々に進化しながら不確かさを減らしていく現象だったと理解できる、と。いい換えれば、精密の歴史はまったくもって精密ではないのである。

それでも、モーズリーの残した功績は、記憶するに足るものと十分にいえる。なぜなら、ブラマーと袂《たもと》を分かってからも（週給三〇シリングだった給料を上げてほしいと要求したら、にべもなく撥ね付けられたために腹を立てて会社を辞めた）、数々の発明や発明への関与が続いたからだ。

ロンドン西部で錠前をこしらえるという狭い世界からすぐさま足を洗うと、モーズリーはまったく違った大量生産の世界に足を踏み入れた。いや、その世界を始動させた、というべきかもしれない。何かというと、イギリスの帆船になくてはならない重要な装置を、掛け値なしに大量につくる方法を生み出したのである。モーズリーは不可思議なまでに複雑な機械を何台も製造し、それがその後一五〇年にわたって船の「滑車ブロック」を生産していくことになる。滑車ブロックは、帆船にロープ類を装着するうえで欠くことのできない装置だ。つまり、英国海軍が長い距離を移動したり巡回したりすることができたのにも、しばらくのあいだ七つの海の覇者となれたのにも、滑車ブロックが一役買ったわけである。

このすべてが始まったのは、幸運きわまりない一つの偶然からだった。発端は、モーズリーが自分の工房のショーウィンドウに長さ一・五メートルの真鍮製のネジを誇らしげに飾ったことである。これはモーズリーが手製のネジ切り旋盤で製作し、自分の技量を宣伝するために目立つところに置いたものだ。海軍に伝わる話によれば、そのネジを展示するや否や、思いがけない出会いが訪れたのだという。登場するのは二人の男。のちに滑車ブロック工場を、しかも心に誓った通りの本格的な工場を建設することになる人物だ。当時は滑車ブロックへの需要が大きく高まりつつあり、それに応えるのが急務となっていた。

それまでにも、滑車ブロックをつくる工場らしきものがなかったわけではなく、一八世紀半ばにイギリス南部の港湾都市サウサンプトンに建てられていた。工場では、木製の部分を鋸で挽いたり、窪みをくり抜いたりといった作業をしていたものの、仕上げの大半にはまだ人の手が必要だった。当然ながらどう頑張っても生産・供給は安定しない。だがイギリスが生き残るためには、その安定がどうしても必要だった。

一八世紀後半、イギリスはフランスと断続的な交戦状態にあった。そして、フランス革命後にナポレオン・ボナパルトが登場したことにより、一九世紀に入っても当面は軍備を解くわけにいかないとイギリス政府は確信する。陸軍と海軍という二つの軍隊のうち、予算の大半を受け取ったのは海軍の提督たちだった。まもなく、イギリスの港には軍艦がひしめき、敵のフランス人（とりわけナポレオン）に辛酸を舐めさせるべく、今か今かと出港の合図を待っていた。造船所は忙しく軍艦をつくり、乾船渠《かんせんきょ》（乾ドック）は修理に勤しむ。世界の海は活況を呈し、英仏海峡からナイル川まで、バーバリ海岸（訳注　一六〜一九世紀にオスマン帝国の支配下にあったバーバリ諸国〔モロッコ、アルジェリア、チュニス、トリポリ〕の地中海沿岸。海賊が多く出没した）からコロマンデル海岸（訳注　インド南東部のベンガル湾岸。インド産綿布を狙ってヨーロッパ諸国が競って拠点を置いた）まで、イギリスの偉大なる軍艦が力強く油断なく、敵を求めて休まず徘徊していた。

いうまでもないが、これらはすべて帆船である。そのほとんどが巨大で、木製の船体と銅板張りの船底をもつ。三層ある甲板それぞれには大砲を並べ、シマナンヨウスギ材の大きなマストが広大な帆布を支える。当時の帆はすべて布製だ。それを吊ったり支持したり、制御したりするのに使われたのが、合計何キロメートルにも及ぶ長いロープ類である。前支索《ステイ》、転桁索《ヤード》、横静索《シュラウド》、足場綱《フートロープ》などいろいろな種類があり、そのほとんどは、頑丈な木製の滑車を通して用いなくてはならなかった。海軍の男たちはこれを単に「ブロック」または「滑車ブロック」と呼んだ。滑車ブロックとは、一個ないし複数の滑車を外殻の中に取り付けたもののことだ。複数のブロックを一本のロープでつないだものが「タックル」で、ブロックとタックルを組み合わせた全体を「滑車装置」という。

大型船ともなると滑車ブロックの数は一四〇〇にも上り、仕事に応じて様々な大きさや種類に分かれていた。水兵がマストに帆を揚げたり、円材一本を移動させたりする程度なら、滑車一個入りのブロックが一つあればたぶん事足りる。一方、非常に重い物体（錨《いかり》など）を引き揚げる場合は、滑車三個入りのブロックが六個くらいは必要かもしれない。この六個すべてに一本のロープを通せば、一人の水兵がほんの数キロの力で引っ張っただけで、重さ五〇〇キロの錨を楽に動かすことができる。滑車装置の物理学（今でもレベルの高い小学校で教えられている）からもわかるように、滑車を組み合わせるというじつに原始的なシステムでも、非常に大きな機械的倍率（訳注　機械に加えた力に対して、その機械から得られる力の比）を与えることができる。しかも、きわめて単純かつ気の利いたやり方で。

船で使用される滑車ブロックは、昔から並外れて頑丈にできている。なにしろ、水に打たれ、風に凍《こご》え、熱帯の湿気を浴び、赤道の灼熱に焼かれ、塩のしぶきをかぶり、気の荒い船乗りにぞんざいに扱われながら、何年も重労働に耐え続けなければならないのだ。帆船時代のブロックの外殻は主にニレ材でつくられ、側面に鉄板がネジ釘で留められていた。上端か下端には鉄の鉤がしっかりと固定されている。外殻の内側には、平たい面を接するようにして滑車が並び、そこにロープが回し掛けられている。滑車自体はユソウボク材製であることが多かった。これは、第1章のジョン・ハリソンが一部の時計で歯車列に使ったのと同じ木材である。非常に硬く、潤滑油がいらないほどの樹脂を含む(現代の滑車はアルミ製かスチール製で、ブロックの外殻自体も金属製だ。ただし、古風な趣《おもむき》の船にしたい場合は別で、そういう船用にはニス塗りのオーク材ときらびやかな真鍮が用いられる)。

ともあれ、こうして英国海軍は喫緊《きっきん》の課題を抱えることになった。ナポレオン率いるフランスはしだいに御しがたくなりつつあり、しかも英仏海峡を挟んでわずか三〇キロあまりの距離にある。だが、世界の海にはほかにも数々の問題があって、フランスにばかり集中しているわけにはいかなかった。提督たちが何より頭を痛めたのは、軍艦の数が足りないことではない。帆船に欠かせない滑車ブロックの供給が追いつかないことだ。海軍本部が要求するブロックの数は年間約一三万個。大きさも三種類が必要である。しかし、製作工程が複雑であるため、それまでは長らく手作業でしかつくれなかった。イングランド南部やその周辺でこの仕事にあたらされていたのは、元々は工芸品をつくるような腕のいい木工職人たちである。それでも、生産・供給が安定しないことで大いに不評を買っていた。

海上での戦闘が頻度を増すにつれ、発注される軍艦の数も増える。滑車ブロックをつくる効率のいいシステムが必要であり、それを求める声は一段と高まった。当時、海軍造船監督官を務めていたサミュエル・ベンサムが、ついにこの問題を解決すべく立ち上がる。すると一八〇一年、ベンサムのもとに一人の男が近付いてきた。自分に具体的な考えがあるという。*

男の名はマーク・ブルネル。フランスに生まれたが王党派であったため、政情不安(これこそがイギリスの海軍卿たちの頭痛の種《たね》)な祖国を逃れてまずアメリカに渡った。そこでニューヨーク市の主任技師を勤めたあと、大西洋を越えてイギリスで結婚した。ブルネルはすでに、滑車ブロックづくりの問題がどこにあるかを見抜いていた。ブロックを一個完成させるにはいろいろな作業が必要になる。個々の部分を仕上げるだけでも、全体で少なくとも一九工程。単純な仕掛けに見えながら、そして使用が不可欠なものでありながら、製作には非常に手のかかる代物《しろもの》だったのである。＊＊ブルネルはそのことをよく知っており、作業工程を肩代わりさせられる機械を考案して大まかな設計図を描いた。特許も出願し、一八〇一年に取得する。その名も、「ブロックの外殻の側面に一個ないし複数の窪みをく

＊　ベンサムにもブルネルにも、当人より遥かに有名な近縁者がいる。サミュエルの兄ジェレミー・ベンサムは傑出した哲学者にして法学者であり、独創的な構造の刑務所を考案したことでも知られる。その遺体は「オートアイコン（自己標本）」と呼ばれ、完全に服を着た状態で今もユニヴァーシティ・カレッジ・ロンドンで椅子に座っている。一方、ブルネルの息子はイザムバード・キングダム・ブルネルという印象的な名前で、いかにもヴィクトリア時代的な華麗な建造物をいくつも手掛け、それらは今日でもイギリスに多数残っている。大衆からの人気も今なお高く、尊敬するイギリス人としてネルソン提督やチャーチル、ニュートンとも並び称されている。

＊＊　滑車ブロックは、大きく分けて四つの部分で構成されている。木製の外殻、硬材でできた滑車、外殻と滑車を固定する軸棒、そして軸棒の摩耗を最小限にするための内筒だ。いうまでもないが、水兵が滑車ブロックを使う場面はいくらでもあり、その手でロープが引かれるたびにこれらすべてが激しく動く。外殻をつくるだけでも、全部で七つの作業工程が必要だった。①ニレ材の丸太から木片を切り出し、②その木片を長方形に切り、③そこに軸棒を通すための穴をあけ、④中に滑車を納めるための窪みをくり抜き、⑤角を落として面取りをし、⑥表面の凹凸を削り、丸みをもたせ、形を整え、最後に⑦ブロックを固定するためのロープを巻き付けられるように表面に溝を刻む。このほかに、木製の滑車を製作するのに、まったく質の異なる作業が六工程、軸棒には四工程、内筒でさらに二工程だ。そのうえで全体を組み立て、表面をなめらかに仕上げてから、倉庫に送って保管しなければならなかった。

り抜き、外殻から軸穴を切り抜くこと、ならびに滑車を回転させ、穴をあけ、その中に内筒を嵌め込んで固定することを実行する、新しく有用な機械」である。

この設計はいくつもの点で革命的といえるものだった。まず、一台の機械に別個の二つの役割を担わせている。だから、たとえば機械に取り付けた丸鋸は、木材を切るだけでなく窪みをくり抜く作業をさせるのにも使えた。また、一台の機械に余分な運動をさせ、それを利用して隣の機械を動かすという方法も用いた。このようにして二台の機械を連動させるとなれば、それぞれの担当する仕事が可能な限り精密に実行されないと困ったことになる。一つの機械の設定がおかしかったために、間違った寸法のものが隣に送られてしまったらどうなるか。その間違いは刻々と増幅されて悪化する。やがてはシステム全体に影響を及ぼして、最終的には機械を強制終了せざるを得なくなる。現代のコンピュータウイルスのようなものだ。ただしコンピュータと違って、再起動しようと思ったら、ただボタンを一個押して三〇秒待てばいいというものではない。なにしろ巨大な鉄製の機械群だ。蒸気機関で動き、アームが打ち付け、革ベルトが回り、はずみ車が唸りを上げている。

これほど複雑で前代未聞の機械一式である。アイデアを海軍に売ったはいいが、実際に機械をつくり上げる意志と能力のある技術者を見つけなければ何も始まらない。それだけではない。どの機械も、同じ作業をきわめて精密に繰り返せるようでなければならなかった。それが無理なら、海軍が切に必要とする十数万個の滑車ブロックを供給できないのである。

ここで登場するのがヘンリー・モーズリーのウインドウだ。フランス時代のブルネルの旧友で、ド・バクワンクールなる男が、マーガレット通りにあるモーズリーの工房の前をたまたま通りかかった。そして、ウインドウの目立つところに飾られた真鍮のネジに目を留めた。モーズリーが手製のネジ切り旋盤で製作した、あの名高い一・五メートルのネジである。ド・バクワンクールは工房の中に入り、八〇人いる従業員のうちの何人かと言葉を交わしてから、社長その人と話をする。工房をあとにしたときにはすでに信じて疑わなかった。ブルネルが求める仕事のできるイギリス人がいるとするなら、この男をおいてほかにない、と。

ド・バクワンクールがブルネルにこの情報を伝え、ブルネルはウリッジ王立工廠でモーズリーとの面接に臨んだ。話の途中で、自分が考案した機械の一つについてブルネルが設計図を見せると、モーズリーはそれが滑車ブロックをつくるためのものだと瞬時に悟った（この若者は、人が本を読むように、あるいは音楽家が楽譜を解するようにして、設計図の意味を掴み取ることができたのである）。ほどなく、ブルネルが構想した通りに機械一式の模型が組み立てられ、海軍本部に披露された。モーズリーは政府の正式な委託を受けて、機械の製作に着手した。

モーズリーは工夫と技術を凝らし、ブルネルの設計図通りに一群の機械を生み出した。ただ製品を製造するだけのために、精密につくられた機械をいくつも設置するなど、世界にいまだかつて例がない。この場合の「製品」は滑車ブロックだったが、それが銃器や時計や、のちの時代でいえば綿《わた》繰《く》り機や自動車であってもおかしくないほどに、多量の機械がひしめきあっていた。

モーズリーがすべての機械をつくり終えるには六年の歳月を要した。海軍はポーツマス港の造船所にレンガづくりの巨大な建物を築き、艦隊のごとく押し寄せてくる機械類をそこに収容することにする。やがてモーズリーの画期的な機械が、初めはロンドンのマーガレット通りから、会社が拡大してからはテムズ川南岸のランベス地区から、一台また一台とポーツマスに届き始めた。

最終的に、機械の数は合計四三台に上る。切り倒されたニレの木を滑車ブロックに変えて海軍の倉庫に納めるために、それぞれの機械が一九ある工程のいずれかに関わる作業を担当した。機械がすべて鉄製なのは、堅牢で頑丈なつくりにするためと、海軍の求める正確さで作業を実行させるためである。木材を鋸で挽く機械、木材を摑んで固定する機械、そこに窪みをくり抜く機械。ほかにも様々な機械が穴をあけ、鉄製の軸棒に錫《すず》めっきを施し、表面を磨き、溝を掘り、削り、刻み目をつけ、形を整え、流れるようにブロックを完成へと導いていった。爪車、カム、シャフト、形削り盤、傘歯車にウォームギヤ、成形具、冠歯車《かんむりはぐるま》、同軸ドリル、バニッシ盤。にわかにまったく新しい用語がいくつも誕生する。

この建物は一八〇八年に「ポーツマス・ブロック工場」と命名され、すぐに轟音とともに製造を開始した。モーズリーの機械一台一台に動力を伝えていたのは、揺れながら絶えず回転する革ベルトだ。その革ベルトは、天井に水平に取り付けられた長い鉄の棒につながっていて、その棒自体が自転している。最終的にその棒を自転させているのは、三二馬力の巨大なワット蒸気機関である。蒸気機関は、工場の外につくられた三階建ての危険な隠れ家に潜み、凄まじい音と蒸気と煙を上げていた。

ブロック工場は現在も同じ地に残り、今の世に様々なことを伝えている。なかでも特筆すべきは、手製の鉄の機械一台一台がいかに完璧につくられているかだ。どれも見事というほかなく、最高傑作と呼ぶにふさわしいことは現代の技術者であってもまず頷くしかない。じつによくできているため、一五〇年たった今もそのほとんどが作動する。英国海軍は一九六五年までここで滑車ブロックを生産していたほどだ。しかも、部品の多く（たとえば鉄製の軸）はモーズリーと部下たちの手で厳密に同じ寸法に製作されていたため、互いを入れ替えてもまったく問題が起きない。これは、もっと普遍的な影響を製造業の未来に及ぼすものとなる。つまり、のちにアメリカ大統領が気付く「互換性」という概念につながっていくわけだ。

しかし、ブロック工場が今もその名を知られているのにはもう一つ理由がある。社会に大きな影響を及ぼした点だ。蒸気機関の動力のみで稼働する工場はここが世界初である。もちろん、前の時代にも水力機械はあったので、工程を機械化するという発想自体が新しかったわけではない。ただ、ポーツマスに設置された機械類は規模と威力が違った。しかもその動力源は、季節にも天候にも、その他の外的な気まぐれにもいっさい左右されることがない。石炭と水があって、仕様の通りに最大限の精密さを備えた機関が製造されてさえいれば、工場はそこから動力を得て仕事ができる。

丸鋸にしろ、窪みをくり抜く工具にしろ、ドリルにしろ、これからは蒸気機関の力で作動することになる。こうした蒸気機関（ポーツマスに限らずまもなく一〇〇〇カ所ほどに設置されて様々な物を製造していく）は、人の手で回す必要もなければ、人が動力を与えたり操作したりする必要もない。それまで、木工所で海軍向けの滑車ブロックを切ったり組み立てたり、仕上げを施したりしていた工員たちは、機械の冷淡さによる初めての犠牲者となった。かつては熟練の職人が一〇〇人がかりで懸命に手を動かすことで、海軍の飽くなき食欲をどうにか満たしていた。それが今や、唸りを上げるこの工場では汗一つ流れることなく、楽々とそれを達成できる。結局、ポーツマス・ブロック工場は、要求通りに毎年一三万個を生産・供給してみせた。稼働日の稼働時間のあいだに、一分あたり一個のペースでブロックが完成した計算になる。しかも、機械の操作に必要なのはわずか一〇人だった。

こうして、精密さが初めての犠牲者を出した。というのも、この一〇人はなんら特別な技能を必要としなかったからである。切断機の投入口に丸太を入れ、あとは完成したブロックを台から下ろして倉庫に積み重ねるだけ。さもなければ、油の缶と山ほどの布きれを手に、油を差し、潤滑油を塗り、機械を磨き、油断なく目を配りながら、真鍮の縁取りのついた緑と黒の巨大な獣が金属の咆哮を上げる騒然たる世界を見守る。機械は回転し、自転し、煙を噴き、揺れ、持ち上がり、割り、切断し、穴をあける。しかも、どの機械もそうした自分の動きを延々と模倣する。新しい広大な建物に詰め込まれた機械たちは、さながら大音量のオーケストラだ。

社会への影響は即座に現われた。プラスの面としては、機械がすべて精密につくられていて正確な仕事をしたことである。海軍本部の海軍卿たちは満足の意を表明した。ブルネルが受け取った小切手の額は、一年間で一万七〇九三ポンドに上る。モーズリーは一万二〇〇〇ポンドの報酬を手にするとともに、市民や技術者仲間から喝采を浴びた。こうして、精密工学の揺籃期における最も重要な人物の一人として、また産業革命の原動力の一人として称されるようになる。英国海軍の造船計画も今や予定通りに進めることができる。新たな小艦隊や艦隊をきわめて短期間でつくり上げられるようになったおかげで、イギリスはフランスとの戦いを思惑通り自国の勝利へと導くことができた。

ナポレオン*はついに敗れ、船でセントヘレナ島へ送られて幽閉される。元皇帝を運んだのは大砲七四門の三等艦〈ノーサンバーランド号〉。小型の護衛艦として、二〇門の六等艦〈マーミドン号〉がつき従った。この二艦のロープ類や索具を固定するのには、木製の滑車ブロックがおよそ一六〇〇個用いられ、そのほぼすべてがポーツマス・ブロック工場から出荷されてきた。モーズリーの手になる鉄製の装置が、切断し、穴をあけ、削り、それを海軍下請けの未熟練工一〇人が監督したものである。

だが、この進歩は両刃《もろは》の剣《つるぎ》でもあった。マイナス面として、ポーツマスの一〇〇人の熟練工が仕事から放り出された。最後の給料を渡されて去るように告げられて、数日、数週間と経つあいだ、彼らも家族もなぜこんなことになったのかと不思議でならなかったに違いない。製品への需要は目に見えて増えているのに、その製品をつくる労働者が急速に数を減らすなんて、どうしてそうなるのか。散り散りになったポーツマスの職工たちにとって、そしてその男たちに守られ養われていた人々にとって、精密さの到来は諸手を挙げて歓迎できるものではなかった。それは権力をもつ側を利するものに思え、もたざる者にとっては厄介な困惑の種でしかない。しかし、政治家の手でどうにかしてもらうには、彼らと家族では人数が少なすぎた。

社会にはこれに対する反動も現われた。なかでも、派手な暴力行為が断続したことで最も有名になった事件が、ポーツマスから北に数百キロ離れたイングランド中北部で起きた。その舞台になったのは、滑車とはまったく関係のない産業分野である。今ではこれは「ラッダイト運動」と呼ばれている。始まりは一八一一年。織物工場を機械化しようとする動きに反対して、靴下のメリヤス編み機を打ち壊したり、覆面の暴徒が工場に押し入ってレースなどの高級織り地の生産を止めようとしたりしたのである。時の政府**はこれに神経を尖らせ、機械破壊を死罪にする法律を短期間ながら定めた。実際に七〇人ほどのラッダイトが絞首刑に処されたものの、そのほとんどは暴動や器物損壊を取り締まる法律に違反したかどで処刑された。運動は数年で下火になっていき、***一八一六年にはおおむね鎮静化した。だが完全に死に絶えることはなく、「ラッダイト」という言葉（運動のリーダーとされるネッド・ラッドの名にちなむ）は今も英語で使われている。テクノロジーの甘い誘惑に背を向ける人に対

* モーズリーは「理想の英雄」だとしてナポレオンを尊敬し、ナポレオンを描いた絵画をすべて収集していた。やはり卓越した技術者で仕事仲間だったジェームズ・ナスミスによると、ナポレオンが大規模な公共事業（道路、運河、歴史に残る建造物、銀行、証券取引所などの建設）を行なわせたことが、とりわけモーズリーの賞讃するところとなっていた。

して、それを揶揄する意味合いで用いられることが多い。こうした用法が残っていることからもわかるように、精密工学の世界は始まるや否や社会に影響を及ぼし、その影響をすべての人が受け入れたわけでも、また歓迎したわけでもなかった。当時はそれを批判する者もいたし、これに関して不吉な予言をする者もいた。じつは今もその状況が変わったわけではないのだが、それについてはのちの章で見ていこう。

一方、ヘンリー・モーズリーの発明の才は下火になるどころではなかった。自ら手掛けた四三台の機械がポーツマスで楽しげに唸りを上げ始め、海軍との契約を完了してその名声（「工業時代の生みの親」）を確立すると、複雑さと完璧さの世界にさらなる二つの貢献を果たした。一つは概念であり、もう一つは装置である。どちらも、二〇〇〇年の時を経た今もなお欠くことのできないものであり、とりわけ重要なのが概念のほうだ。

その概念は「平坦さ」に関わるものである。『オックスフォード英語辞典』の定義を借りるなら、物の表面に「湾曲、凹み、または突出部がない」状態にすることだ。それは、あらゆる精密計測と精密製造の土台となるものである。なぜなら、工作機械で正確な機械を製作しようと思うなら、工作機械を設置する表面が完璧に平らで、厳密に水平で、完全に正確な形状をしていなければならないからだ。モーズリーはそこに気が付いた。

基準となる平面を技術者が必要とするのは、ジョン・ハリソン作のような精密な時計が航海に欠かせないのと似ている。また、初めてアメリカ中部の本格的な地図を作成するにあたって、まず一七八六年にオハイオ州に精密な子午線《しごせん》が引かれたのにも通じる。それほど劇的でないにせよ、表面を完璧に平らにするというのは、世界を機械化するうえで不可欠な要素だ。それには、少しの創意工夫と唐突な直感の飛躍があればよかった。その二つが、一八世紀末のヘンリー・モーズリーの工房で一つに合わさった。

工程自体は単純きわまりなく、その背景となる論理には非の打ちどころがない。『オックスフォード英語辞典』は、ジェームズ・スミスの古典的名著『科学技術大観（*Panorama of Science*）』（初版の刊行は一八一五年）からの引用を用いてこう説明している。「一つの面を完璧に平坦にするためには、一度に三つの面を削ることが……必要である」。この基本原理は何世紀も前から知られていたと見ら

**　この法案が成立した当時の首相スペンサー・パーシヴァルは、まったくの偶然から法律制定の八週間後に暗殺された。偶然はさらに重なり、法案の提出者として名を記された国王ジョージ三世は、精神障害を宣告されて暫定的に退位を余儀なくされた。当時はすでに精密機械が普及していて、機械化に伴い余剰人員として解雇される者が現われていた。同じ頃にはイギリス全土につかのま暴動の嵐が吹き荒れてもいる。こうしたことのせいで、一九世紀初頭は稀に見る騒乱の時代となりはしたが、それを新しい技術のせいにすることはできない。首相の暗殺にしても理由は私怨《しえん》によるもので、ロシアで不当に逮捕されていた男がその賠償金をイギリス政府に求めたのに、拒否されたことが引き金となった。暗殺犯は絞首刑に処され、パーシヴァルはイギリスで唯一、暗殺された首相となった。

***　「運動などが下火になる」あるいは「活力を失う」ことを、英語では「run out of steam（蒸気が切れる）」と比喩的に表現する。これが語彙への仲間入りを果たしたのは、この一〇年後のこと。当時二一歳だったベンジャミン・ディズレーリ（訳注　のちのイギリス首相）が、処女小説『ヴィヴィアン・グレイ（*Vivian Grey*）』のなかで用いたのが最初である。この表現が新しい比喩として文学に登場したということは、始動まもない産業革命においてその言い方が文字通りの意味で使われていたことをうかがわせる。ディズレーリは産業革命の恩恵を受ける側にいたといって差し支えないが、小説を書き始めたのは金を稼ぐためであり、困窮したのは南米の鉱山事業への投機に失敗して破産したからだった。

れるものの、それを実践に移したのは一般にはモーズリーが最初だったとされている。それによって、工学の世界に今も存在する一つの標準を生み出したのだ。

ここで鍵を握るのが「三」という数字である。たとえば、二枚の鉄板を取り出し、完璧に平らになったと確信できるまでそれぞれを研削したとしよう。次に、その二枚の鉄板に色付きの塗料を塗りつけ、二枚を摺《す》り合わせてみる。すると、色が剝がれ落ちている箇所と、残っている箇所が確認できるので、それで（歯科医のように）二つの面の平面度を比べることができる。ただし、この二枚の比較だけで事足りるとはいいがたい。なぜなら、たとえ二枚の面が隙間なく合ったとしても、二枚が完璧に平らだといえる保証はどこにもないからだ。一方の誤差が他方の誤差によって吸収されてしまうおそれがある。もしかしたら、一方の鉄板の中央部分が一ミリほどわずかに出っ張っていて、もう一方はまったく同じ場所に凹みがあっただけかもしれない。それでも、二枚が隙間なく重なるせいで、両方とも同じくらい平らだという印象を与えている可能性がある。だとすれば、この二枚をそれぞれ第三の鉄板と比較すればいい。組み合わせを変えながら摺り合わせて突出部を徹底して削り、どう組み合わせても三枚が互いと隙間なく合わさるようにして初めて、絶対的な平面（私の父がブロックゲージで見せてくれたような魔法めいた平らさ）が確保されるのである。

さらにモーズリーが初めて製作したといわれているのが、測定器具のマイクロメータ（巻末用語集参照）だ。少なくとも近代的な外観と雰囲気を備えたものという意味では、モーズリーが生み出したといっていいだろう。確かに公正を期すなら、一七世紀イギリスの天文学者ウィリアム・ガスコインがすでにマイクロメータを発明していた。モーズリーのものと見た目はずいぶん異なるが、機能はほぼ同じである。それはノギス（巻末用語集参照）を改良したもので、ガスコインはそれを望遠鏡の接眼レンズに組み込んだ。マイクロメータにはネジが付いていて、非常に細かくネジ山が切られている。望遠鏡を覗き込むと二本の指示針が見え、ネジを使ってそれを動かして天体（主に月）の像の両端を挟む。あとは、一インチあたりのピッチ数と、その位置に来るまでに要した回転数（つまりはネジを何回回したか）、さらに望遠鏡レンズの厳密な焦点距離をもとに簡単な計算を行なえば、月の「大きさ」を秒（訳注　天文学における角度の単位）で表わすことができた。

一方、卓上型のマイクロメータは、形ある物体の実際の寸法を測る。これこそがまさに、モーズリーや同業者が折に触れて必要とするものだった。それは、組み立てている機械の各部をきちんと嵌め合わせられるようにし、厳密な公差で製作するために、また、各機械に対して精密で、設計基準に対して正確であるようにするためである。

前世紀にガスコインが考案したものと同様、卓上型マイクロメータの場合も、精巧に製作した長いネジが測定の基盤となる。卓上型マイクロメータは旋盤の基本原理を利用しているが、工具を取り付ける工具送り台は付いていない。代わりに、主軸台に相当する位置と、反対端の心押台に相当する位置に、それぞれ完璧に平たい金属ブロックが一個ずつ設置されていた。親ネジを回すと、この二個が横に滑って互いに近付いたり遠ざかったりする。

対象となる物体を二個のブロックのあいだに挟めば、その長さが測れる。親ネジのネジ山のピッチに全体を通してムラがなく、しかも非常に狭い間隔で正確にネジ山が切られていれば、ブロックをごくごくわずかな長さずつゆっくりと進めていけるので、測定はなおのこと精密になる。

モーズリーは新しいマイクロメータを製作するにあたり、前に手掛けた長さ一・五メートルの真鍮

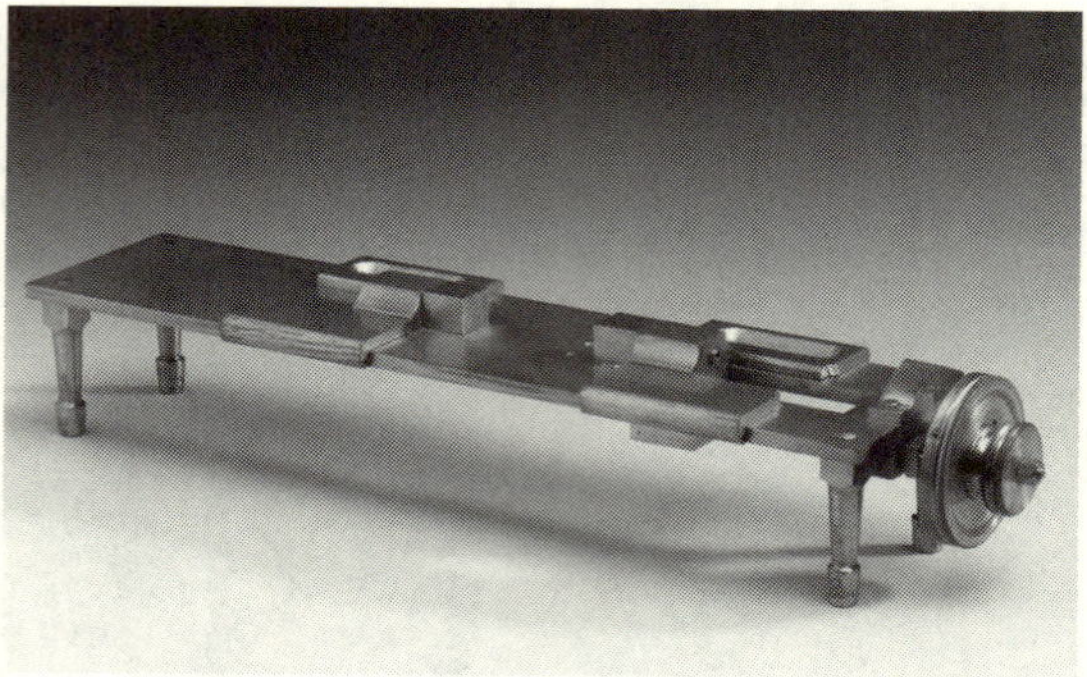

ヘンリー・モーズリーの製作した卓上型マイクロメータ。誰にも文句がつけられないほどきわめて正確だったことから、「大法官」の異名を得た。

製の親ネジを試してみた。ところが、それでは求める性能を満たしていないことを悟る。ある場所では一インチあたりのピッチ数が五〇なのに対し、別の場所では五一、さらに別の場所では四九となっていた。全体としてはばらつきが相殺されて、親ネジとしての用を成してはいる。だが、完璧さに取り憑かれたモーズリーにとって、納得できるものではない。そこで何十回とネジ山を切り直し、ついにムラのまったくないと思われる親ネジが完成する。かなりの長さがあるにもかかわらず、ネジ山の間隔はすべて均一だった。

　このマイクロメータでいろいろな物の長さを測定すると、きわめて正確なうえにばらつきがまったくない。そのため、誰か（おそらくはモーズリー自身か従業員の一人）がそれに「大法官」というあだ名をつけた。いかにも一九世紀らしい冗談である。大法官（訳注　英国最高位の裁判官であり、当時は国璽《こくじ》保管者と上院議長も兼ねていた）に敢えて逆らったり異を唱えたりする者などいなかった。つまりはモーズリーが精密さの決定版とも呼ぶべき存在であることを、とぼけた調子で匂わせているわけだ。モーズリーのマイクロメータを用いると、一〇〇〇分の一インチまで測ることができた。一万分の一だったとの説もある。だとすれば〇・〇〇〇一インチの分解能である。

マイクロメータに取り付けられた新しい親ネジには、一インチあたり一〇〇のネジ山が切られていた。それまでは実現はおろか、夢想だにされなかった数である。モーズリーの仕事仲間に、エネルギッシュな技術者にして作家でもあったジェームズ・ナスミスがいた。ナスミスはモーズリーを崇拝するあまり、賛辞の多すぎるきらいのあるモーズリー伝を書いている。それによると、この伝説のマイクロメータは一〇〇万分の一インチまで正確に測ることができたという。だが、これはいささか誇張が過ぎたようだ。後世にロンドン科学博物館がもっと冷静な目で分析を行なった結果、一万分の一インチを下回ることはないことが確認されている。

さて、これはまだ一八〇五年の話だ。何かをつくるにせよ測るにせよ、その精密さはこの先の年月でますます高まっていくことになる。モーズリー（その最大の発明は「理想的な精密さ」という抽象概念を考え出したことだったかもしれない）や同業者ですら想像できなかったほどに。もっとも、足踏みすることがなかったわけではない。機械に対する敵意（ラッダイト運動が表明したことの少なくとも一つ）や、不信や懐疑の空気によって、一部の技術者と顧客に短期間ながら躊躇《ちゅうちょ》が芽生えた時期もあった。

加えて、いかにも人間らしい別の悪《あ》しき性質も進歩に影を落とした。強欲である。一九世紀初頭、精密さが海を越えておずおずと一歩を踏み出したとき、この強欲が大変な混乱をもたらしていく。本書の物語もここで海を渡るとしよう。目指す先はアメリカである。

第3章　一家に一挺の銃を、どんな小屋にも時計を（公差＝〇・〇〇〇一）

本日は各部の名称を教える。昨日は
日々の掃除法を学び、明日の朝には
射撃後の作業を説明するが本日は、
本日は各部の名称を教える。

――ヘンリー・リードの詩「各部の名称を教える（*Naming of Parts*）」（一九四二年）より

男は兵士だった。その名は知られていないか、もしくはとうに忘れられている。若き下級の志願兵として、ジョゼフ・ステレット率いる第五メリーランド連隊に所属していた。時は一八一四年八月二四日。おそらくその若い兵士は滝のような汗をかいていただろう。継ぎの当たった軍服はウール製で、誰かの着古しなので体に合わず、燃え立つような晩夏の太陽の下でふさわしい装いとはとうていいいがたい。

男は戦闘が始まるのを待っている。自分の加わる戦いを。トウモロコシ畑の外で、崩れた石塀の陰に隠れているものの、今いる場所がどこなのかは定かではない。ただ、軍曹の話から察するに、そこはブレードンズバーグという小さな河港の町のようだった。町はポトマック川の支流に面しており、そのポトマック川はチェサピーク湾に通じている。だが、そのチェサピーク湾からイギリス軍が上陸し、凄まじい勢いで東から進軍してきているらしい。男の祖国であるアメリカ合衆国は、独立してからまだ四〇年も経っていない。その首都ワシントンは男の後方、西に約一三キロのところにある。男を含む六〇〇〇人の兵が、首都を守るべくこの町に展開していた。噂によれば、ジェームズ・マディソン大統領その人もブレードンズバーグの戦場に来ていて、イギリス人を船に追い返して命からがら逃げ帰らせるまで戦う覚悟を固めているという。

　男は、来《きた》るべき戦闘で自分が役に立つ気がしなかった。なにしろ銃がない。少なくとも、まともに働く銃は。支給されていたマスケット銃はスプリングフィールドＭ１７９５型（訳注　マサチューセッツ州のスプリングフィールド造兵廠《ぞうへいしょう》で一七九五年に製造された最初の米国製マスケット銃）で、まだ十分に新しいはずなのに引き金が動かなかった。前の戦闘のときに用心鉄（訳注　引き金を囲む金具）を壊して引き金にひびを入れてしまい、使い物にならなくなったのである。そのときの小競り合いから続く目下の戦いを、兵士たちは「一八一二年戦争」と呼ぶようになっていた。

　銃以外の装備は十分だ。黒色火薬入りの紙製薬莢も潤沢に支給されているし、弾丸の鉛玉も革製の弾薬入れに詰まっている。だが、連隊の武器係の話では、新しい引き金をつくるのに最低でも三日かかるため、銃剣で戦えるだけ戦ったほうがいいという。銃剣は夜のうちに研《と》いであった。さもなきゃ、オーク材の銃床で思い切り敵をぶん殴るんだな、と武器係はにやりと笑う。少なくとも派手なあざはつくってやれるだろうよ。

あいにく、男には少しも可笑《おか》しくなかった。イギリス軍はすぐそばまで迫っている。ポトマック川の東の支流の左岸に陣取り、昼近くになってついにその銃が火を噴いた。初めは耳をつんざく轟音とともに、コンクリーヴ・ロケット弾（訳注　イギリス陸軍が一九世紀初めに設計・開発した最も初期のロケット。「コンクリーヴ」は開発者の名前）が雨あられと降り注いだ。これはイギリスがインド（訳注　当時の南インドにあったマイソール王国）との戦争で覚えた恐ろしい技術である。たちまち男の周りでは土や石がえぐり取られて舞い上がり、それが音を立てて大量に落ちてきた。そのときである。この若い男の心に一つの思いがよぎった。自分の命は、この戦闘に勝つことより大切だ、と。そして、自分のマスケット銃を直してくれるつもりが軍にないのなら、逃げてやろうと心に決める。振り返り、丈《たけ》の高いトウモロコシ畑に飛びこむと、故郷のボルチモアを目指して駆け出した。

すぐに自分一人ではないことに気付く。トウモロコシの隙間から少なくとも五人、いや十数人の兵士たちが見え、同じように戦闘に背を向けて走っている。知っている顔もいくつかあった。アナポリスやワシントン海軍工廠や、軽騎兵連隊から来た若者たちだ。皆、ブレードンズバーグではとても防ぎ切れないと確信しているのである。男は駆けに駆け、ほかの者たちもいっさい足を止めない。いつのまにかワシントン・コロンビア特別区（ＤＣ）の境界線を越えていたが、それでも立ち止まらなかった。息が切れてたびたび大股で歩きながらも、三〇分もすると首都の堂々たる建物が目の前に現われた。この巨大な建物群に祖国の政府があって、途方に暮れるほど広大なアメリカの諸問題に取り組んでいるのだ。

男は速度を落として歩き始める。ここまで来れば少なくとも我が身は安全だ。もっとも、この町のほうはそうはいかなかったらしい。夜が明けぬうちにイギリス軍に攻め込まれ、ほぼ荒らし尽くされていたのである。これほど容赦のないふるまいをしたのは、何週間か前にアメリカ軍が無謀にもアッパー・カナダ（訳注　元英領カナダの一州〔一七九一〜一八四一年〕で現在のオンタリオ州南部）でヨーク（訳注　現在のトロント）の建物を破壊したからだという。イギリス兵が一部の市民にそう語ったと、あとで男は耳にした。復讐の怒りに燃えたというわけである。イギリス軍は建設途上の首都に火を放った。議会図書館も、その三〇〇〇冊の蔵書も、議会の下院の建物も徹底的に略奪される。その日の夜、イギリス軍の将校たちは、マディソン大統領が官邸で食べる予定だった料理で食事をし、そんな侮辱を加えたあとで官邸にも火を掛けた。のちに凄まじい暴風雨（一説には竜巻とも）に見舞われるまで、官邸は炎を上げ続けた。

その日、一八一四年八月二四日は、その後も数世紀にわたって記憶されていくことになる。ワシントンとホワイトハウスが焼き払われるというのは、何よりも衝撃的で象徴的な出来事だった。ブレードンズバーグの戦いは、その事件が起きる前の最後の抵抗だったわけである。しかし、結局はアメリカ史でも一、二を争う悪名高き大敗となった。哀れな恥ずべき敗北だったといっていい。先ほどの兵士の話は架空のものだが、あの日大勢のアメリカ兵の身に起きたことを物語っている。戦線が突破され、前進してくる敵を前に兵士たちは算を乱して敗走したのだ。

敗因はいくつもあり、それは古参兵が集まるたびに議論されていくことになる。指揮官の無能、準備不足、兵員不足。大敗を喫したときのお決まりの言い訳が、長年のあいだに出し尽くされてきた。しかし、アメリカ軍（所詮は独立戦争以来ほとんど戦闘を経験していなかった）の弱点のなかでもとりわけ周知のものだったのは、歩兵に支給されていたマスケット銃がお粗末なまでに頼りにならなかったことである。しかも、故障したときの修理がひどく難しいという問題もあった。

銃のどこかが壊れたら、代わりの部品を陸軍の鉄工が手作業でこしらえなければならない。当然ながら、ほかにも故障が出たら仕事が溜まっていくので、作業には何日もかかる場合があった。その間《かん》の兵士はといえば、使い物になる銃のないまま戦場に赴くか、誰かが死ぬのを待ってその銃を奪う。あるいは、無力を知りつつ銃剣で奮闘するか、さもなければ先ほどのステレット連隊の若者のように逃げるかしかない。

銃の生産・供給には二つの問題があった。当時の合衆国陸軍が使用していた標準的な長銃はマスケット銃で、元々フランス製の「シャルルヴィル・マスケット」と呼ばれていた銃を下敷きにしたものだ。火打ち石（燧石《すいせき》とも）で発火する滑腔銃《かっこうじゅう》（訳注　銃身の内側にらせん状の旋条溝が施されていない銃）である。まだアメリカが独立してまもない頃、マスケット銃はフランスからじかに輸入されていた。だが、その後は政府が国内の銃器製造業者と契約を結び、マサチューセッツ州スプリングフィールドに新設した造兵廠でつくらせるようになっていた。どちらのモデルも、必要を満たす程度の仕事をしてはくれていた。しかし、火打ち石銃には不発の問題がつきものだ。しかも手製であるために、酷使するとありとあらゆる単純な物理的不具合に見舞われる。たとえば、過熱する、火薬のかすで銃身が詰まるなどのほか、金属部品が壊れたり、折れたり、曲がったり、ネジが抜けたり、部品自体がただ単になくなったりした。

これがもう一つの問題につながる。一挺の銃が何らかの物理的損傷を負ったらどうするかといえば、製造業者や腕利きの鉄砲鍛冶《かじ》にいったん銃を丸ごと返して、修理するかつくり直してもらうかしかなかった。二五〇年近く経った今の目には信じがたいように映るものの、壊れた箇所を特定してその部分だけを武器庫の新品と交換するということができなかったのである。銃の部品を精密に製造して、同じ種類の部品はどれもまったく同一であるようにし、そのうえで部品を組み立てて銃にすればよさそうなものだが、そんなことを考えた者はただの一人もいなかった。それができていれば、壊れた部品を別のものと入れ替えれば済む。なぜなら、精密に製作されているおかげで部品に「互換性」があるからだ。戦闘中に引き金が折れたとしても、戦線の後方にいる武器係のところに行ってそう伝えるだけでいい。武器係は、「引き金」と書かれたブリキの箱から新しいものを取り出し、あるべき場所に慎重にあてがってネジで固定する。そうすれば兵士は完全武装した有能な歩兵として、ものの数分で最前線に戻ることができる。

なのに、誰一人としてそれを思いつく者はいなかった。少なくともアメリカでは。実際には、ブレードンズバーグの屈辱的大敗の約三〇年前に、新しい製造工程が考案されていた。それが一八一四年のアメリカで利用されていたら、兵士の銃の不具合のせいで敗北を喫するようなことはなかったかもしれない。銃製造に関するその新しい発想を実践に移せていたなら、ワシントンが炎に包まれることもたぶんなかっただろう。しかし、その考え方が生まれたのはワシントンではなく、アメリカに当時二カ所あった造兵廠（スプリングフィールドとバージニア州のハーパーズフェリー）でもない。独立戦争の最中や直後に、雨後《うご》の筍《たけのこ》のように誕生した銃器製造工場でもなかった。そのアイデアが生まれたのは五〇〇〇キロ近い彼方。フランスのパリである。

時計の針を一八世紀後半に戻そう。当時は「ダークサイド（隠された影の部分）」という言い方をする者はいなかった。これは最近になって生まれた表現であり、新しすぎて『オックスフォード英語辞典』にも載っていない。本書を書くために大勢の人から話を聞いた際、アメリカで誕生した精密さがどこに向かっていきそうかを知りたいと思った。そこで、それを示すような超高精密度の計器や装置や実験について尋ねた。すると、技術者や科学者は頻繁に、ただしたいていは遠回しな物言いで「ダークサイド」の活動に触れた。ときに私は、国家機密を扱う資格を得ていると認める人物に会う機会もあった。だから、理屈のうえではその人は、その実験がどんな結果につながるのか、そうした装置がどのようにつくられているか、これこれしかじかのプロジェクトが将来的にどうなるかを、微に入り細に入り話せるはずである。だが実際は決まってこちらに笑顔を向けて、いや、「ダークサイド」の話はできないと首を横に振るのだった。

「ダークサイド」とはアメリカの軍隊を指す言葉である。想像を絶する精密さに関する研究や新兵器開発ということでいえば、アメリカ空軍を指すことが多い。エリア51はダークサイドだ。ＤＡＲＰＡ（国防高等研究計画局）やＮＳＡ（国家安全保障局）もダークサイドである。精密さの物語においてダークサイドは途方もなく大きな役割を担っていながら、現代の世界ではそれとなくほのめかされるだけだ。

科学技術の歴史と哲学を研究したルイス・マンフォードは、テクノロジーの進歩や、精密さをベースにした標準化の普及において、軍隊が重要な役割を果たしていることにいち早く注目した一人である。なんといっても軍隊は、死を呼ぶ兵器の同一コピーを無数につくり、しかもどの製造工程も寸分たがわず、ナノメートル（一〇億分の一メートル）かそれ以下の単位の精密さで繰り返す必要があるのだから。この先、本書の物語は、標準化と精密製造が軍隊にとっての最大の関心事になることを示していく。それは、大西洋の西でも東でも変わらない。その過程をたどっていくと、いかにマンフォードに先見の明があったかが裏付けられると同時に、精密さが進化するうえで軍隊の役割がどれだけ大きかったかもよくわかるはずだ。現代の軍隊が精密さの科学とどう関わっているかを詳しく説明できたら、世界がどれだけ精密さに取り憑かれているかを浮き彫りにできたかもしれない。だが、あいにくそれは地球上でも最高機密レベルの研究テーマとなっている。そして永遠に影の中から出ることはない。ダークサイドがそうでなければならないように。しかし、精密の科学がその歩みを始めた時代、軍隊の役割はもちろん秘密とは対極にあった。

それは一七八五年のフランスの首都で始まった。銃の部品を互換性のあるものにしようという発想が、初めて適切な形をとったのである。そのためには精密な製造工程が必要であり、それを実現すべしと初めて命が下った。だが当然ながら不思議なのは、一七八五年にすでに構想されていたのなら、一八一四年のアメリカの公式なマスケット銃にどうして採用されなかったのか、である。すでに二九年も経過しているというのに。兵士が逃げ、戦闘に敗れ、大都市が焼かれたのは、軍隊の銃があるべき姿に製造されていなかったせいでもあったのだ。この疑問に対する答えはきちんと存在し、そしてそれはお世辞にも美しいとはいえないものである。

銃の精密な製造方式を初めて誕生させたのは、後世ではあまり名を知られていない二人のフランス人だった。その方式がアメリカでもしかるべき時期に正しく導入されていれば、不出来な銃に悩まされることはなかっただろう。一人は、二人のうちでもさらに知名度が低いほうで（名前はいかにも立派なのだが）、ジャン＝バティスト・ヴァケット・ド・グリボーヴァルという。家柄がよく、有力者

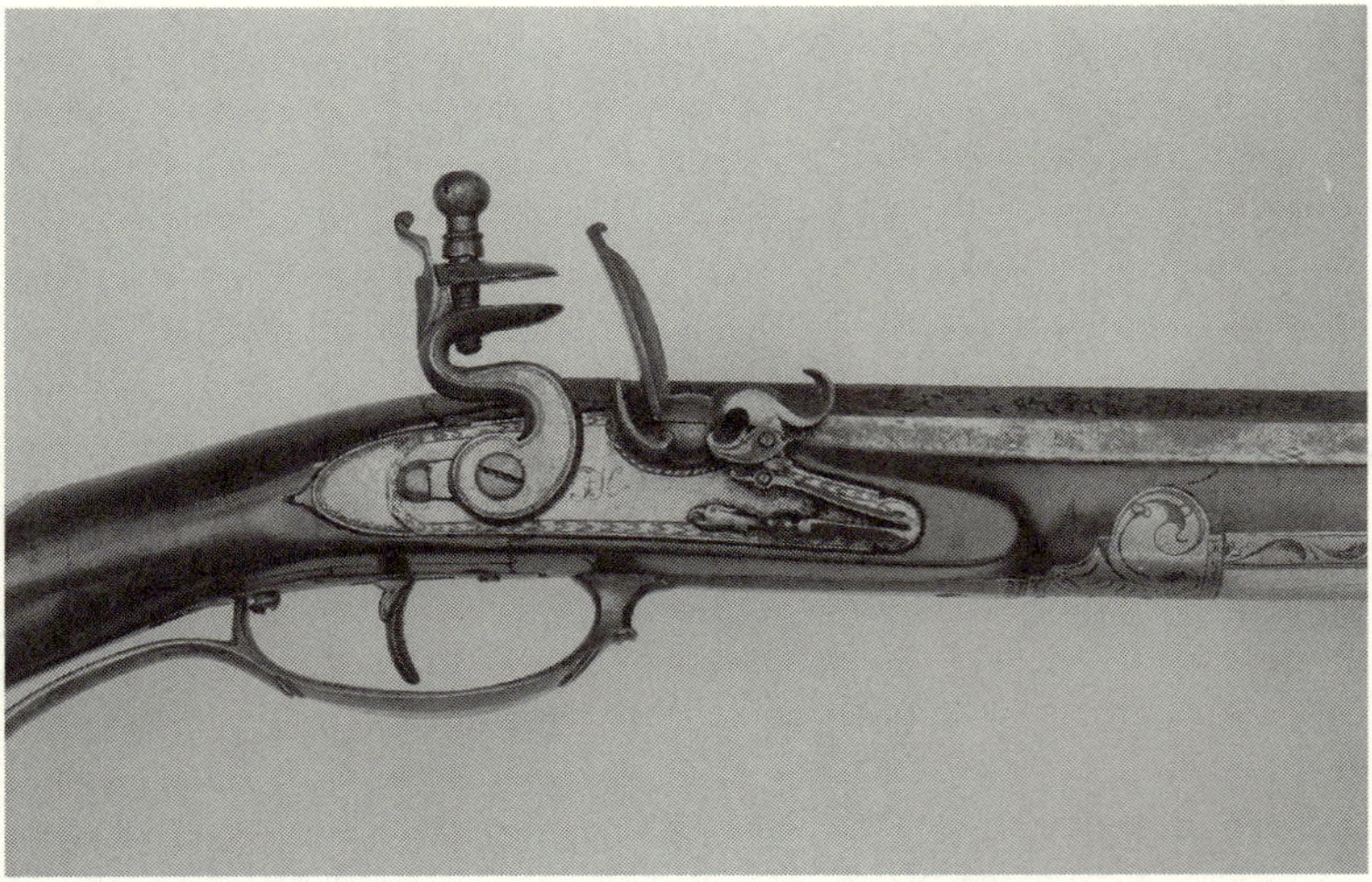

18 世紀後半の小銃の火打ち石式発火装置。多数の部品で構成されていたが、部品はすべて手作業でつくり、うまく嵌まりあうようにヤスリを掛けて仕上げる必要があった。

の縁故も多く、フランス軍向けの大砲製造を専門としていた。一七七六年には、海峡の向こうでジョン・ウィルキンソンが編み出したのとほぼ同じ技法をグリボーヴァルも思いついたとされている。つまり、大砲と同じサイズで同じ形の鉄の塊《かたまり》に、回転するドリルを進めていって中をくり抜くというものだ。すでにウィルキンソンはまったく同じ製法の特許を二年前の一七七四年に取得していたが、このフランス方式は「グリボーヴァル方式」と呼ばれ、その後三〇年にわたってフランスの大砲製造の主流となっていく。このおかげでフランス軍は、機動性が高く軽量な野砲を何種類かのサイズについて手に入れることができた。*ただし、すべてがグリボーヴァルの独創的なアイデアだったわけではない（たとえばグリボーヴァルは、砲弾が大砲の中に正しく収まるようにするために、「限界ゲージ」と呼ばれる検査器具（巻末用語集参照）を使用していたが、これはとうてい工学革命と呼べるものではなく、その原理は五〇〇年ほど前から存在した)。

もう一人の人物は、互換部品を用いて銃を製造するシステムを実際に稼働させた最大の立役者であり、(グリボーヴァルと違って)その技術に疑義を差し挟む者はいない。それが、オノレ・ブランである。ブランは兵士ではなく鉄砲鍛冶で、グリボーヴァル方式のことは徒弟時代からよく知っていた。そして早い段階から、いつか同様の標準化手法を火打ち石式のマスケット銃に応用して、戦場の兵士たちに役立てたいと考えるようになっていた。

しかし、そこには違いがあった。大砲は大きくて重く、つくりは単純だ。砲手はただ、先端に火縄の付いた道火桿《みちびざお》を持って火門《かもん》(訳注　火を火薬に伝えるための砲尾の小さな穴)に触れればそれでよく、そうした部品は標準化しやすいことがわかっていた。ところが、マスケット銃の火打ち石式発火装置はそう簡単ではない。発射の仕組みが非常に入り組んでいるのだ(火打ち石から火花を発生させ、それが点火薬を着火させると、その炎が主たる発射火薬である装薬を爆発させて、その勢いで弾丸が銃口

＊　英仏の敵対関係は何世紀も前から続いていて、それは軍事に留まらず料理法や自動車製造にまで及んでいる。イギリスの軍人は、グリボーヴァルがジョン・ウィルキンソンの成果を盗んだことが気に入らない。一方のフランス側は、「シュラプネル弾(榴散弾)」という名称がイギリス人のヘンリー・シュラプネル卿に由来しているのが面白くない(シュラプネル弾は殺傷力が非常に高く、炸裂すると中に詰まっていた散弾をまき散らす)。フランス人の言い分では、それをヘンリー卿が一から発明したわけではない。実際に考案したのはフランスの軍人で技術者のベルナール・フォレスト・ド・ベリドールであり、かのグリボーヴァルが戦場でこれに改良を加えたのだという。

方向に押し出される）。そのため、設計や製造には繊細さが求められた。しかも、奇妙な形をした部品が多数集まってできているので、様々な不具合を来《きた》しやすかった。新米にとっては、各部の呼び名を覚えるだけで一苦労である。発火装置を構成する部品だけでも、添え金、逆鉤《ぎゃっこう》、当たり金、火皿などいろいろな名称をもつうえ、バネやネジや金属板なども多数付いている。もちろん（前述の当たり金に激突させて）火花をつくり出す火打ち石もある。この発火装置を標準的な軍装備品の一つにし、どの発火装置の部品もまったく同じになるように製造するというのは、相当に難しい注文だった。

それでもやろうという決断に至った一番の理由は、歩兵の幸福や戦闘上の利点というより費用の問題だった。フランス政府は一七八〇年代の半ば、国内の鉄砲鍛冶《かじ》が法外な額の請求をしていると主張し、製造工程を改善するか価格を下げるかの二者択一を迫った。無理からぬことながら、鉄砲鍛冶たちはこの横柄《おうへい》な提案に反発する。ならばと、大西洋の向こうにあるアメリカの新しい武器庫や銃器製造業社に向けて、自分たちの商品を売るべくすかさず動きだした。慌てたのはフランス政府である。このままでは自分たちの使える武器がなくなってしまう。

こうした状況のなかに現われたのがオノレ・ブランである。ブランは鉄砲鍛冶であって軍人ではなかったが、民間人として陸軍の品質管理監督官の任を引き受けた。同僚らは、自分たちの仲間が敵に寝返ろうとしていることに失望し、変節者だとなじった。だが、ブランは意に介すことなく仕事を始める。政府の思惑とは異なり、戦場の兵士たちを助けたいというのがこの男の願いだったからだ。ブランはグリボーヴァルの影響を強く受け、その標準化方式を自分も真似てみようと思い立つ。そこでまず、銃の発火装置を構成する各部品について、一個のマスターモデル（原型）を完璧につくった。そしてそれを厳密かつ忠実に複製すればいいと考えたのだ。

このマスターモデルはブラン自身が念を入れてきわめて精密に製作し、すべての仕様を可能な限り細かく書き記した（フランス革命前に用いられていた「ポワン」「リーニュ」「プース」といった単位をまだ使って）。公差は、現代の単位に直すと約〇・〇二ミリである。それから、いずれ製造される発火装置が大元のマスターモデルと寸分たがわぬようにするため、様々な測定器やジグ（巻末用語集参照）を製作した。その際は、いくつものヤスリや、当時入手できる旋盤を賢く利用した。ブランに雇われた鉄砲鍛冶たちは、依然として手作業ではあったものの、見本とまったく同じになるように発火装置の部品を一つ一つ仕上げていった。それらがマスターモデルと完全に同一であれば、すべての部品は非の打ちどころなく嵌め合わされ、組み上がった発火装置はどんな銃にでも問題なく装着できるはずである。

ところが、ここまで厳格な条件のもとで働くのをよしとする者は少なかった。ほとんどは二の足を踏んだ。単に部品の複製をつくるだけなら、鉄砲鍛冶にどれだけ腕があってもほとんど意味がないことになる。だとしたら、たいした技量のないその他大勢にあくせく働かせればいいではないか。そう訴えたのだ。これは、ラッダイトたちがイングランドで抱いた不満と似ている。精密さによって、自分たちの大切な技能が奪われてしまうというわけだ。この論法は、のちに精密工学がヨーロッパや南北アメリカを、そして世界を席巻していく先々で繰り返し聞かれることになる。半世紀前のイギリス中部に渦巻いていた反抗の機運が、今やフランス北部で芽生え始めていた。精密さは国境を越えた現象となり、その影響はさざなみのように遠くへと広がりつつあった。

ブランがこれほどの敵意を向けられたことから、フランス政府はその身辺を警護せねばならないと考える。そして、この男に忠実な少数の精密鉄砲鍛冶たちと一緒に、ブランをパリ東部のヴァンセンヌ城の地下牢にかくまった。当時、この広大な建造物（現在もかなりの部分が残っていて大勢の観光客を集めている）は牢獄として使用されていたが（かつては思想家のドゥニ・ディドロが、のちには小説家のマルキ・ド・サドがここに投獄されている）、その後三〇年のあいだに革命後のフランスで最大級の兵器工場ともなっていく。この比較的穏やかな場所でブランとそのチームは一心に働き、すべてが同一になるように発火装置を生み出していった。作業を助ける工具やジグはすべてブランが製作した。ある資料によれば、金属部品を硬くするために、城内の厩舎に残っていた大量の馬糞の中に何週間も埋めたこともあったという。

一七八五年七月には、人前で見せられるだけの準備が整った。ブランはパリの有力者や軍の幹部将校に招待状を送るとともに、依然ブランを敵視する鉄砲鍛冶仲間にも呼びかけて、同月八日に自分の成し遂げたことを披露した。役人や将校は大勢顔を揃えたものの、鍛冶職人はまだ腹の虫が収まらないと見えて、ほとんど来ていなかった。しかし、未来の重要人物となる一人の男が、要塞を彷彿させる城門に姿を現わした。アメリカ合衆国の駐フランス公使、トマス・ジェファーソンである。

ジェファーソンはその前年にフランスに来ていた。ベンジャミン・フランクリン（訳注　アメリカの政治家。独立宣言起草者の一人）やジョン・アダムズ（訳注　第二代アメリカ大統領で独立戦争の指導者）とともに、新しいアメリカ政府の公式の使節として働くためだ。たまたまどちらも七月にパリを離れたため（フランクリンはワシントンへ、アダムズはロンドンへ）、知的好奇心の旺盛で博学のジェファーソンだけが革命前の騒然とした空気のなかに残された。誕生まもない自国の軍需産業にも応用できそうな、科学的な何かが実演される。それは、暑い金曜の午後の過ごし方としてはうってつけであるように思えた。しかも、当日のパリはうだるような熱気だったのに、城の地下牢は涼しくて快適である。

トマス・ジェファーソン。駐仏アメリカ公使を務めているとき、マスケット銃の火打ち石式発火装置に互換性をもたせるという発想に触れる。その初期の成果も目の当たりにしたことから、アメリカの鉄砲鍛冶もフランス方式に倣うべきだとワシントンの上司に進言した。

オノレ・ブランは、自分の前にマスケット銃の発火装置を五〇個並べていた。細長い窓から差し込む日の光を受けて、どれもがきらめいている。招待客が観覧席に座り終えたのを見届けると、その熱い視線を浴びながらブランは素早く半数の二五個を分解した。無作為に選んだ二五個の発火装置から、様々な部品を取り出して種類ごとに浅い箱に入れていく。当たり金のバネ二五個をこちらに、発火装置全体を取り付ける二五枚の鉄板をそちらに、二五枚の添え金をあちらに、二五個の火皿をさらに別の箱に。それからブランは箱を一つ一つ振って、中の部品ができるだけでたらめに交じり合うようにする。そして、自らの手法に対する絶対的な自信のなせる業《わざ》か、落ち着き払った様子でそれぞれの箱から部品を一個ずつ取り出し、まったく新しい二五個の発火装置を手早く組み立て直してみせた。

どの発火装置も、それまで一緒に組み合わされたことのない部品でできている。なのに違いはまったくなく、どの部品も互いと見事に嵌め合わされている。その理由はじつに単純なものだった。見本となるマスターモデルの寸法から極力ずれないよう精密につくり上げたおかげで、同じ種類の部品はすべて同一の形状だったからである。つまり、どの部品も完全に互換性をもっていた。

フランスのお偉方たちはひどく感激する。陸軍は公式に資金援助をして工房をつくり、ブランはそこで安価な火打ち石式発火装置を軍隊向けに生産して、自らも利益を得た。その後も四年間はすべてがうまくいっていた。ところが一七八九年、革命と、グリボーヴァルの死と、恐怖政治という、忌まわしき三つの出来事が起きる。ヴァンセンヌ城は急襲を受け、ブランの工房は暴徒に荒らされて略奪された。自分を守ってくれる後援者も突如として消えた。まもなく、急進派のあいだに機械化への反感が急速に膨れ上がり、のちには狂的なまでに極端な憎悪へと変わっていく。機械化や効率化の技術は中産階級を利するだけであり、職人や細工師の誠実な仕事を害するものだというのだ。フランスでは互換部品という発想が衰えていき、一九世紀が幕をあける頃には息絶えていた（今もフランスには職人技の伝統が息づき、近代的なものを全面的に受け入れることに抵抗を示す文化が残る。おかげで、古き良きやり方を美化する者たちにとっては、この国が一つの聖域のような存在になっているとの指摘もある）。

ところが、アメリカの反応はまったく違っていた。すべてはトマス・ジェファーソンの慧眼のおかげである。自分が目にしたものをジェファーソンが初めて文章に記したのは、一七八五年八月三〇日のこと。当時の外務長官（訳注　国務長官の前身）だったジョン・ジェイに長い手紙を書き送ったのだ。

手紙では、まず慣例的な回りくどい表現で、前回の手紙がいかなる経路をたどってジェイのもとに届いたかを説明している。現代では知られていないが、当時の郵便事情には不便がつきものだったらしい。

私は今月の一四日に、ありがたくも貴殿に書簡をしたためさせていただきました。その郵便物は、コネチカット州のキャノン氏なる人物が船で運ぶことになっておりました。その後、七月一三日付の貴殿の書簡が手元に届きました。船による郵便物配達にかかる時間が混乱を来しているようですので、今回の手紙については便宜を考え、フィラデルフィアに到着予定であるバージニア州のフィッツヒューーズ氏の船に託します。……

……当地ではマスケット銃の組み立てに関する改良がなされており、それはじつに興味深いものです。すぐにでも実物を調達する発議がなされるなら、合衆国議会にとっても知る価値のあるところではないかと考えます。いかなる改良かといえば、銃を構成する部品を種類ごとにまったく同じにつくるというものです。そうすると、一つの銃に付属している部品が、武器庫にある別のどのマスケットにも使用できるようになります。当地の政府はこの手法を検証し、承認して、この目的のために大規模な製造所を建設しています。現時点で、考案者「ブラン」は発火装置についてしか自らの計画を終えていません。今後はすぐに銃身や銃床へと進み、それらの部品にも同様の手法を実行するでしょう。これはアメリカ合衆国にとっても有用ではないかと感じ、私はその考案者のもとに足を運びました。するとその人物は、発火装置五〇個分の部品が種類ごとに仕切り箱に入れられたのを見せてくれました。私自身も試しにいくつか組み立ててみました。どの部品を手に取るかはまったくの偶然であったにもかかわらず、それぞれの部品はこの上なく完璧に組み合わさりました。これができるなら、武器の修理が必要になったときにどれだけ好都合かはいうまでもありません。彼は、自ら工夫した道具を使ってこの成果を生み出したのであり、それが作業工程の短縮にもつながるといいます。そのおかげで、一挺のマスケットを一般的な価格より二リーブル安価に提供できるはずだと睨んでいるようです。とはいえ、ある程度の量を供給できるまでにはあと二〜三年はかかるでしょう。私が今この話をするのは、我が国の武器庫にこの銃を納入する計画を立てるうえで参考になると思うからです。

この言葉からもわかるように、ジェファーソンはブランのやり方に心底感心し、ワシントンやバージニアの友人や同僚に宛ててさらに何度か手紙を送った。そして、アメリカの鉄砲鍛冶にもこの新しいフランス方式を取り入れさせるべきだと強く説いた。やがて、ジェファーソンの思いが、とくにニューイングランド地方の銃器製造業者に伝わり始める。ニューイングランドには鉄砲鍛冶のほとんどが集中していた。* ヨーロッパでは懐疑の空気が消えずにいたのに対し、アメリカは文字通り「新世界」の思考様式をもつことを身をもって示してみせた。仮に多少の躊躇《ちゅうちょ》が残っていたにせよ、それがたちまち吹き飛んだのには理由がある。アメリカ政府が、新方式のマスケット銃に大量の注文を出すと決めたからだ。政府の条件は一つ。ジェファーソンが勧めた通り、銃の部品に互換性をもたせることである。

政府が製造を委託したマスケット銃の数は、一万挺だったとも一万五〇〇〇挺だったとも伝えられている。入札では民間の二つの銃器製造業者が競りあった。最終的に契約を勝ち取り、即座に五〇〇〇ドルという少なからぬ現金を支給されたのは、マサチューセッツ州のイーライ・ホイットニーという男である。

ホイットニーの名声は今なお高く、二世紀あまりを経た今もほとんどのアメリカ人にその名を知られている。授業でかならず教わる人物であり、その肖像が郵便切手に印刷されたこともあった。発明王エジソン、自動車王フォード、石油王ジョン・Ｄ・ロックフェラーといった発明家や事業家とも並び称されている。学校に行っている子供たちにとって、ホイットニーの名が意味するところはただ一つ。綿繰《わたく》り機だ。ニューイングランド生まれのホイットニーは、わずか二九歳でコットンボール（訳注　ワタの実が熟してできた白い繊維の塊《かたまり》）から種子を分離する機械を発明した。この発明により、ワタの収穫は南部諸州に大きな利益をもたらし、その経済を支える基盤となった。ただし、その仕事をさせるために奴隷を使ったことが、のちの時代に大きな禍根を残すことになる。

一方、教養あるエンジニアにとって、イーライ・ホイットニーの名から連想されるものはかなり違

＊　この地方に想像以上の数の鉄砲鍛冶が集中していたのは、この大陸で初めて大勢の入植者が定住した地であることと、水や滝が豊富に存在したことが大きい。初歩的な旋盤や回転装置を動かすには、動力として水力を必要としたからである。ニューイングランド製のマスケット銃はヨーロッパ製に倣いながらも、それより銃身が長いという特徴があった。これは、先住民と入植者が物々交換をするためである。先住民側の主要な交換品はビーバーの毛皮であり、マスケット銃一挺に対して、ビーバーの毛皮を銃身の長さ分だけ積み上げるというのが交換の相場だった（アメリカでいち早くこうした武器をつくった民間の銃器製造業者の一つに、ロビンズ・アンド・ローレンス社がある。その建物は今なおバーモント州ウィンザーに素晴らしい状態で保存されていて、現在は「アメリカ精密博物館」となっている）。

っている。自信家、いかさま師、詐欺師、大ぼら吹き。ほら吹き呼ばわりされる理由は、銃の商売に手を染めたことがすべてといっていい。精密製造を謳《うた》い、互換部品で組み立てた武器を供給できると約束したからだ。「その能力があると確信しています」。アメリカ政府向けに銃を製造する仕事について、ホイットニーはことさら大仰《おおぎょう》な重々しい口調でそう語っている。「別の銃に対しても同じように使用できる部品、たとえば発火装置などをつくるのです。いずれもが他とほとんど変わることなく、あたかも次々と銅版印刷で刷り上げたかのように」

これ以上ないほどのたわ言である。一七九八年に入札で選ばれて政府との契約書に署名したとき、ホイットニーはマスケット銃のことなど何一つ知らなかった。その部品についてはなおさら知識がない。それでも受注を勝ち取ることができたのは、母校イェール大学の人脈によるところが大きい。すでにその時代から、イェール大学の出身者は首都ワシントンの中枢部で幅を利かせていたのだ。ホイットニーは契約をものにすると、コネチカット州ニューヘイブンの郊外に小さな工場を建て、すぐさまマスケット銃の生産を開始したと宣言した。当時のアメリカの滑腔銃はすべてそうだが、ホイットニーの銃もフランスのシャルルヴィル・マスケットを模したものである。ところが、待てど暮らせど銃は工場から現われない。契約書には、一八〇〇年までに少なくとも一部を納入せよと明記されていたにもかかわらず、完成したのはごくわずか。せめてもの罪滅ぼしとしてホイットニーが納期に間に合わせることができたのは、自分の新工場で製造していることになっている銃の質の高さ（本人の弁）を実証することだけだった。

その悪名高き実演会が開かれたのは一八〇一年一月。現代ならさしずめ「信頼関係構築のための活動」とでもいうのだろうか。ともあれ、時の大統領ジョン・アダムズや、まもなく第三代大統領となる副大統領のトマス・ジェファーソンなど、錚々《そうそう》たる顔ぶれが集まった。思えば、一五年前に事の発端をつくったのがこのジェファーソンである。ほかにも議員や軍人、上級官僚など数十人が顔を並べた。皆、公費を注《つ》ぎ込むからには本当に価値ある事業であってほしいと願い、そのことを切実に納得したがっている。説明によれば、これからホイットニーがネジ回しを一本だけ使って、自社のマスケット銃の発火装置がまさしく互換性をもつことを示すのだという。

部屋に居並ぶお歴々たちには、この男を信じる準備ができていた。なんといっても綿繰り機で名を馳せた先例がある。しかし、実際には誰の目にもたいしたことのないものだったようだ。というのもホイットニーは、持参した発火装置を分解することすらしなかったからである。代わりに、完成品のマスケット銃を何挺も取り出し、木製の銃床からネジ回しで発火装置を外すと、それを丸ごと別の銃の銃床の溝に滑り込ませて、無邪気な観客にその部品が約束通り本物の互換性を備えているかに見せただけだった。

ホイットニーは手を動かしながら説明をしていく。ジェファーソンは一七八五年にヴァンセンヌ城でブランの実演会を見ていたし、「ちょっと待て！」と声を荒らげて遮るだけの知識をもっていたはずである。なのにそのジェファーソンでさえ、異を唱えるのはおろか、かすかな疑念をほのめかすことすらしなかった。むしろその逆である。次期大統領はホイットニーの説明をすべて鵜呑みにしたのである。さらには、時のバージニア州知事に熱のこもった手紙を書き、ホイットニーが「発明した鋳型と機械を用いると、発火装置の部品すべてを完全に同一なものにつくることができるため、一〇〇個の発火装置を分解して部品を混ぜ合わせたとしても、最初に手に触れた部品を使えば一〇〇個の発火装置を再度組み上げることができる」と絶賛した。

実態は、ジェファーソンもほかの面々も誤魔化されただけなのだ。部品すべてを「完全に同一なもの」につくれるような鋳型もなければ、機械もなかった。新設まもないホイットニーの工場は、まだ蒸気でなく水力を動力源としており（蒸気機関が簡単に手に入る状況だったにもかかわらず）、部品を精密に加工できるような道具も生産能力もありはしない。それを重々承知していながらホイットニーがどんな手を打ったかといえば、大勢の細工師や職人を雇って、手作業で発火装置の部品をこしらえるように命じたのである。各人がヤスリと鋸と、艶出し器を使い、一つ一つ手作業で。当然ながらすべてが同じとも限らない。だがそれでもよかった。実演会では誰にも発火装置自体を調べさせないようにし、ただそれがどの銃床ともうまく合うことを示しただけだったからである。

　要は、新しい技術などどこにもなかった。すべては昔ながらのやり方である。ただサーカスの司会者のような男がそこにいて、驚くべき革命的な製造工程を目の当《ま》たりにしたと、部屋の全員に信じ込ませたにすぎない。革新が繰り広げられている現場を自分の目で見届けたという、錯覚を与えただけだったのである。このショーのどれ一つをとってみても本物と呼べるものがない。発火装置はいっさい分解されず、銃床にしてもホイットニーが前もって用意してきたものだ。きっと、どれも銃床の溝が十分に広いことを確認してあって、どの発火装置を選んだとしてもうまく嵌まるようになっていたのだろう。

　ホイットニーの手掛けたマスケット銃は、コレクションとして今も残っている。その銃からは、悲しい物語が露わになる。それは、濡れ手で粟の誘惑に負けて精密さを約束したものの、結局は欺瞞と不正に堕ちた物語だ。現存する銃のどれ一つとして、良いつくりのものがない。その発火装置にしても、厳密な同一さを偲ばせるものは皆無である。確かに銃床とはうまく合ったかもしれないが、異なる発火装置の部品同士が見事に嚙み合うことなどけっしてなかっただろう。
それでも実演会は成功した。会に足を運んだ人々は丸め込まれただけだったのだが、ホイットニーの華麗なる見世物で政府はすっかり納得した。そして、この男が喉から手が出るほど欲しがっていた金を結局は追加で与える。ホイットニーはペテン師だった。そして、最終的に銃が納入されるまでにそれからさらに八年かかったことから察するに、政府が手にしたものは、そんな男に金を払ったことに見合う自業自得の結果だったに違いない。

では、オノレ・ブランのフランス方式を、アメリカ流の精密な製造法に転換したのは誰だったのか。その真の立役者は、ホイットニーほどは名の知られていない三人の男だった。銃器製造者のシメオン・ノースとジョン・ハンコック・ホール、それから発明家のトマス・ブランチャードである。ブランチャードは木材を使って、同一のものを見事に再現するのに長《た》けていた。ノースは、コネチカット州のホイットニーの工場から四〇キロと離れていないところで、自らの鍛冶工場を営んでいた。ホールはもっと遠くのメイン州南部で、初めは製革所を、その後は戸棚や船をつくる木工所を続けざまに開いてかなりの財を成していた。銃づくりは趣味を兼ねた副業だったのだが、一八一一年にホールはまったく新しい武器を考案・設計して特許を申請する。それは、銃身の内側に旋条溝を施した単発式の小銃だった。しかもマスケットのように銃口から弾を押し込めるのではなく、銃尾から弾を装塡することができる。

やがて、ノースもホールも銃製造の契約を政府から勝ち取る。ノースはコネチカット州で、馬上で使用する大型ピストルを。ホールは初めは北のメイン州ポートランドで、のちには南のバージニア州

マサチューセッツ州にあるアメリカ合衆国スプリングフィールド造兵廠で、通称「マスケット・オルガン」にマスケット銃が立てかけられているところ。ここで行なわれたフランス方式の互換部品の製造が、製造業に革命をもたらした。

ハーパーズフェリーに新設された政府の二つめの造兵廠（一つめはマサチューセッツ州スプリングフィールドにある）で、自ら開発した新しい後装銃を製造した。この二人（実際には右の三人全員なのだがブランチャードの役割は補助的なものだった）はさらに注目すべき飛躍を成し遂げる。何かというと、いずれも銃の部品をつくるのに初めて工作機械を使用したのだ。これは重大な変化だった。そこから生み出される部品が毎回ほぼ完璧で、正確さと精密さを兼ね備えていると請けあう（そうであってほしいと願うだけでなく）ことができるようになったのである。

部品の互換性を実現したいと最初に考えた者たちは、フランスのグリボーヴァルにしてもブランにしても、あるいはイーライ・ホットニーに約束を守らせるために懲りない依頼をしたアメリカ政府の人間にしても、種類ごとの見本に忠実な部品を手作業でつくらせる発想しかなかった。確かに、測定器やジグやマスターモデルを用いることで、まずまずの成果を上げてはいた。雇われた職工たちは、自分たちが培ってきた伝統技術が何も使えないと不平を漏らしながらも、様々な仕事をこなしていた。ジグを利用して新しい部品を製作し、それを測定器で計測してマスターモデルの寸法と比べ、そっくり同じであることを確認する。そうすることで事実上の互換性とみなせるものを生み出していた。

しかし、人間は過ちを犯す生き物である。それは、どれほど伝説的な腕前の持ち主でも変わらない。人の手で形づくり、人の目で見てなめらかにし、人の頭で誤りのなさを確信するというのは、要は何かが正しい状態になったことを本能的に判断しているということだ。だが人間である以上、判断を誤り、ミスを犯し、疲れて手が動かなくなることは起こり得るし、いずれそうなるのを免れない。それにひきかえ機械は、適切に設定されていて、まだ消耗していなければ、間違える能力をもたないといっていい。それまで、緻密な作業は熟練工にしか任せられなかった。だが、それを機械に肩代わりさせられるようになれば（ヘンリー・モーズリーがポーツマスの滑車ブロック工場のために製作した多数の機械のように）、ばらつきのない完璧な製品が保証されたも同然である。ある歴史家は、こうした機械から得られるものを「確かさを生む職人技」と表現した。「その技を用いれば結果はあらかじめ決められており、生産が始まったあとでそれが覆《くつがえ》ることはない」

シメオン・ノースとジョン・ホールがそれぞれ別々に成し遂げたのは、まさにそうした確かさを提供してくれる工作機械をつくることだった。ノースはコネチカット州のミドルタウンで、アメリカではまだ珍しいフライス盤を製作した。以前は、手仕事でヤスリを掛けてはチェックし、またヤスリを掛けてはチェックしと、退屈な作業を延々と繰り返す必要があった。ところがそれを一気にやめて、ベルト駆動の切削工具で金属の余計な部分を削って形を整えるやり方を取り入れたのである。その間《かん》、水と油を混ぜた液体で刃物と工作物を冷やす。

一方のホールは、ノースから南に八〇〇キロほどのバージニア州で、ハーパーズフェリー造兵廠のすぐ隣に政府から金属加工場をあてがわれていた。その工場でこのフライス盤を改良し、落とし鍛造装置と呼ばれる一連の機械を製作して、それをフライス盤の上流に設置した。*長い鉄の棒を真っ赤に焼いて柔軟な状態にし、焼き戻しで硬化した金型でそれを挟んで鍛造する。その際、下の金型は固定されていて動かず、上の金型は繰り返し持ち上げられては下の金具の上に落とされる。そうするうちに鉄の棒は（落とし鍛造されて）大まかな形になり（たとえば銃身のような）、次はそれをフライス盤の作業員に渡して切削加工する。

まず、形状の異なる様々な切削工具をフライス盤に取り付け、鍛造された鉄棒から余計な部分を削り取って銃身の形にする。それから内側に旋条溝を施せば、実際に使える銃の中心部分のでき上がりだ。あらゆる作業段階で使用されるのが、ホールの製作した各種測定器である。銃身を完成させる工程だけで、少なくとも六三種類の測定器が用いられた。ホールより前のどんな技術者もここまでの数を使用したことはない。ただ単に発火装置を作動させるだけなら、公差は〇・二ミリ程度でよかった。しかし、それに加えて可能な限りの互換性をもたせるためには、〇・〇二ミリという公差で削る必要があった。これだけ厳密な規則や数字に従わせて銃身をつくり、形を整え、何度も点検すれば、あとはそこに発火装置を取り付けて、その全体を木製の銃床に差し込むだけでいい。ここで登場するのが、アメリカにおける精密工学の初期に活躍した三人のうちの最後の一人、トマス・ブランチャードである。

一八一七年、生まれ故郷のマサチューセッツ州スプリングフィールドで、ブランチャードは靴型を製作する旋盤を考案した。それは、発明の天才ならではの閃きから生まれたものである。まず、自分の機械の上に金属製の靴型を置き、それを大きなパンタグラフ（巻末用語集参照）の手前側の棒につなげる。パンタグラフの反対側の棒には鋭利な刃物を取り付け、トネリコ材の大きな塊にその刃物が当たるようにする。そうしておいて、靴型を少しずつ回しながらパンタグラフの棒で型の輪郭をなぞっていくと、反対端の刃物がトネリコ材に押し当てられ……するとどうだろう。九〇秒と経たないうちに、木材が彫り出されて靴型の完全な複製ができるというわけだ。機械から下ろして、すぐにでも靴職人のもとに持っていけるような出来栄えになる。

この機械が誕生したことは、単純なものながら今の時代にも影響を残している。靴のサイズだ。ブランチャードの機械のおかげで、ただの木材の塊が、足の形をして特定の寸法をもった存在へと変貌したのである。しかもそれを繰り返し生み出せるようになった。その結果、靴職人に届ける靴型は、種類ごとにそれぞれの大きさが厳密なものになった。この型は長さが七インチ、こちらの型は九イン

＊　高度な技術の恩恵を受ける現代人には、大昔になされた改良など平凡で取るに足りないように思えるかもしれない。だが、改良なくして精密工学の進化はなかった。ホールの改良は、まさにその種のきわめて重要なものだったのである。何をしたかというと、加工の終わった工作物をフライス盤から跳ね出させる装置に手を加えて、工程中に金型の温度が急変して結果的に硬度が低下するのを防いだのだ。また、様々な固定具を考案して、フライス盤で削るあいだ工作物をしっかりと固定しておけるようにもした。このおかげで、求められる精密度を満たす切削加工がさらに確実にできるようになった。こうした数々の工夫があったからこそ、部品の互換性が確保できたのである。

チ、という具合である。それまでの靴は大樽に入れて売られていて、サイズもばらばらだった。客は樽の中を掻き回し、自分の足に多少なりとも合いそうなものを選ぶしかない。それが今や、七、一一、五・五などと、靴のサイズを尋ねて買えるようになったのである。

靴型でできるのだからと、のちにこのやり方が銃床にも応用された。近所には、発展を続ける巨大なスプリングフィールド造兵廠がある。すぐにブランチャードはそこで働かないかともちかけられ、靴型用の旋盤を改造して銃の木製部分を製作する仕事を任された。当然ながら足よりは複雑ではあるが、一つのサイズしか必要でないという利点があった。ブランチャードは金属で銃床(形が不規則という意味では足に似ていなくもない)の原型をこしらえ、それを旋盤(訳注 この種の旋盤を「倣《なら》い旋盤」という)に載せて、靴型のときと同じようにパンタグラフにつなげる。回転するドラムの動力によってその機械が動くさまは、「奇妙な仕掛けであり……一見すると旋盤というより何かの素朴な農機具のようである」と評された。その機械を使って、ブランチャードは標準的な銃床をつくっていき、その工程は半世紀あまりのちまで造兵廠で使用された。ブランチャードは賢明にもこの旋盤の原理について特許を取得し、チコピーという近隣の町の業者とライセンス契約を結んで製造を請け負わせた。発明した当人は、特許権使用料がほぼ絶えることなく湯水のごとく流れ込んでくるおかげで、長い余生を安楽に暮らした。

ハーパーズフェリー造兵廠の幹部は、こうした新しい工夫を何でも積極的に試した。辺鄙《へんぴ》な場所にありながら、もっと規模が大きく歴史も長いスプリングフィールド造兵廠(ブランチャードが働き、ノースが頻繁に訪れた場所)よりも、革新を進んで受け入れる気風が不思議とあったのだ。国家の軍隊に武器を供給するために精密技術と大量生産を駆使したのは、アメリカで、いやおそらくは世界でも、このハーパーズフェリーが第一号だったといってまず間違いないだろう。それを実現するために、ここでは数々の新しい手法や発想が利用された。銃床はブランチャードの機械でつくったもの。銃身は、ジョン・ホールの考案したフライス盤や固定具や、落とし鍛造装置で仕上げたもの。発火装置は、オノレ・ブランが思いついてシメオン・ノースが完成させた工程で製造したものだ。コネチカットで溶融された鉄から始まり、亜麻仁油《あまにゆ》（トネリコ材の銃床のため）と機械油（銃床と発火装置のため）が匂う完成品に至るまで、すべての生産ラインを機械で構成して品物を誕生させたのはほかに例がない。それがアメリカで起こり、しかもその品物はルイス・マンフォードの指摘通り武器だった。英語には「一切合財《いっさいがっさい》」を意味する「lock, stock, and barrel（発火装置と銃床と銃身）」という表現があるが、まさにその言葉通りに一切合財を機械で生み出したのである。

新たに誕生した機械化製造の世界では、ほかにもいろいろなアイデアが進行していた。そのほとんどは戦争とはまったく関係のない製品である。オリヴァー・エヴァンズなる人物は製粉機を開発していた。アイザック・シンガーはミシンの製造に精密技術を導入した。サイラス・マコーミックは小麦の刈取機を考案しているところで、のちにはコンバインを発明する。アルバート・ポープは大衆向けの自転車をつくろうとしていた。アメリカ北東部は今も武器製造が盛んな地として有名である。コネチカット川流域の低地は長らく「ガン・バレー（銃の谷）」と呼ばれているが、それは銃器製造業者（コルト、ウィンチェスター、スミス・アンド・ウェッソン、レミントンなど）がここに集中していたからだ（大半は今も同じ地にある）。しかし、この地域はまもなく別の製品の生産でも名を馳せていくことになる。というのも、ほぼ同じ頃に新しい高精密産業がこの「谷」沿いの町や都市に移ってきたからだ。

地域の銃器産業のために、機械を使って小さな部品（引き金、鉄板、当たり金のバネなど）を製作している業者は、自分たちの旋盤やフライス盤を改造すれば小さな歯車や、軸棒や、ゼンマイが簡単につくれることに気付いた。いずれも、時を刻むのに必要な複雑な部品である。しだいにこの一帯は、置き時計や掛け時計の製造でその名を轟かすようになった。そして、精密に製造され、ときに正確で、素朴な美しさをもつアメリカ製の時計が、何世代にもわたって生み出されていくことになる。

私が今この文章を書いている背後では、セス・トマス社の三〇日巻きキッチン時計が規則正しく音を立てている。一九二〇年代にコネチカット州プリマスで製造されたものだ。質実剛健で実用的な美しさがあり、シェーカー教徒（訳注　キリスト教の一派。自給自足の共同体を営み、自作の生活用品はシンプルで洗練されたデザインを特徴とする）がつくりそうな趣《おもむき》がある（彼らに日の出と日の入り以外の時刻に関心があれば、の話だが）。このキッチン時計だけではない。私が暮らす古い農場の家には、ほかにもたくさんの時計が散らばっている。そのほとんどは八日巻きで、そのうち五つは毎週日曜日の朝にゼンマイを巻かねばならない。一つは水銀振り子時計で、振り子部分に二本の円筒が並んでおり、なかに半分くらい液体水銀が入っている（訳注　温度の上昇によって振り子の振り竿が伸びて時間が不正確になるのを、水銀の膨張で相殺するための仕掛け）。玄関の間には、コネチカット州ウィンチェスターで製作された縦長のホール時計が置かれている。これは同名のよしみで購入したものだが、いささか不便な代物《しろもの》でもある。なにしろ、一〇〇年以上昔に誕生したものだから歯車が木製で、厄介なことに室温や湿度の変化に影響されやすい。これに比べたらほかの時計はそれなりに当てになる。ゼンマイを巻くのさえ忘れなければ、あるべきように時を刻んでチャイムを奏でてくれるからだ。一つだけそううまくはいってくれないのがキッチンの掛け時計だ。元はイギリスの駅舎で使われていたものであり、自らの意思をもっている。ときに週の半ばでもゼンマイを巻くよう要求して、私を困らせるのだ。

それでもこうした古い時計がなぜ好きかといえば、精密につくられたはずなのに（歯車は数千分の一インチという公差で製作され、精密に計算された所定の回転力を得られるようにゼンマイを巻くことができ、振り子の錘《おもり》は重さを精密に量られ、振り子の腕は長さを精密に測定されている）、正確とは程遠いことが多いところだ。日曜の朝の儀式には、それを全部訂正できるという楽しみもある。こちらの時計では針を少し進め、あちらの時計では一分ほど遅らせ、ホール時計（これはとんでもなく進んでしまうのだ）に至っては針を一〇分以上戻す。

子供の頃の私は、キャロル・リード監督のミステリー映画『落ちた偶像』（一九四八年）が大好きだった。これは上流社会を舞台にした室内劇で、出来事のほとんどがロンドンのフランス大使館内で起きる。この映画のなかで、今も心に残る場面が一つある。屈強そうな警官たちが、恐ろしい殺人事件と思しきものの詳細をほじくり返しているまさにそのとき、日曜の朝に時計の世話をする係の者が現われて、金箔や七宝《しっぽう》をあしらった大使館の優美な時計のネジを巻いていくのだ。もっとささやかなコレクションで今の私が毎週しているように。その役を演じたのは、スコットランドのダンディー出身の性格俳優ヘイ・ピートリー。自分の懐中時計を取り出しては、室内の時計と見比べる。どうやらその懐中時計は正確無比らしい。私自身が家での時間の基準にしているのもやはり懐中時計だ。ボール社製の鉄道懐中時計で、毎日巻いて週に一〇秒ほどずれる。ひと月もすると正しい時刻にセットし直したくなるので、そうしたらアメリカ海軍天文台に電話をかけて時報を聞く。海軍天文台のマスタークロックにも基準としている時計がある。それはセシウム原子泉《げんしいずみ》時計（「おわりに」参照）で、厳重な警備のなされたコロラド州ボールダーの建物内で時を刻んでいる*。

日曜の朝食時には家中の時計がすべて同じ時刻を指しているのに、一日かそこらで再び少しずつ足並みが乱れてくる。水曜日頃になると、私はベッドに向かいながら聞き耳を立てる。ちょうど、ドロシー・セイヤーズ著の推理小説『学寮祭の夜』（東京創元社）で探偵作家のハリエット・ヴェインが、真夜中のオックスフォード大学に次から次へと鳴り響くチャイムの音に耳をそばだてるように。その鳴る音がずれるさまをセイヤーズは「心地よい不一致」と表現し、罪のないささやかな不正確さを肯定している。その不正確さからだって、（まさしく私のように）名状しがたい大きな喜びを得る者がいてもおかしくないのだ。

思慮分別のあるごく普通の人間にとっては、ときに精密さの度合いや精密さへの依存が度を越しているように思えることがある。これについては、ニューイングランド地方の時計職人も身に染みて感じていた。確かに、互換部品を用いれば、何を製造するにせよ以前より格段に簡単かつ迅速にできる。しかも顧客にとってとくに嬉しいのは、安価につくれるようにもなることだ。その一方で、時計において何より大事なのが正確さではないことも彼らは知っていた。そんな心情が時計の存在目的に反しているように思えようと。

銃を製造するうえでは、精密さと正確さが生死を左右する。兵士の命はその武器に、その信頼性にかかっているのだから、不誠実なつくり方は許されない。しかし、一九世紀初頭の一般家庭にとって、時計はもっと装飾的な色合いの濃いものだった。時を示す様々な出来事（牧草地から牛舎へと帰るウシの群れが家の前を通り過ぎる、朝食はまだかと子供たちが騒ぎ立てる、汽笛が響く、教会の鐘が鳴る）を、もっと様式化されたやり方で強調するための道具にすぎなかったのである。当時のアメリカで製造されていたような時計は、前世紀のイギリスでジョン・ハリソンが経度評議委員会のために組み立てたものとは当然ながら性質が大きく異なる。アメリカの時計は、中流階級の人間になったことを象徴するものとして提供されていたのだ。同じ頃に（やはりコネチカット川流域で）誕生したミシンや洗濯機もそうである。

修理ができて、手頃な値段で、まずまず正確な時計。それが顧客の求めた条件であり、それを実現できるところが精密な製造法の優れた点だった。一九世紀半ばにアメリカ西部を訪ねた人間は、次のように驚いたと伝えられている。「ケンタッキーでも、インディアナでも、イリノイでも、ミズーリでも、そしてアーカンソーの谷という谷でも、小屋の中に腰掛け一つないというのに、コネチカット製の時計はかならずあった」。だがそれも不思議はなかったのだ。こういう言葉を言わしめたのは、物づくりの手法に一つの金字塔が打ち立てられたからである。その手法は、世界中の工業国がこぞって（精密さと完璧さを開拓したという点では胸を張っていいイギリスまでもが）羨む名ですでに呼ばれ始めていた。「アメリカ方式」と。

＊　家庭内の様々な時計の時刻を、アメリカ合衆国の公式時刻を提供する原子泉時計に合わせることができるのは、その背景に「トレーサビリティー」（巻末用語集参照）があるからだ。トレーサビリティーは精密さの土台となるものである。一八～一九世紀の時計職人や銃器製造者や、滑車ブロック製造者には知られていなかった概念だが、現代においては欠くことができない。本書の「おわりに」でも取り上げるように、度量衡《どりょうこう》を管理する世界の機関はトレーサビリティーを重視している。

第4章　さらに完璧な世界がそこに
（公差＝〇・〇〇〇〇〇〇一）

一個の公正な惑星が生み出し得る
美しさのすべて、有用さのすべてが
あらゆる星々の下からここにもたらされ
あらゆる大海原を越えてここに吹き寄せられる
そして、生と痛みが分かちがたきように
平和の作品と戦争の作品とが入り混じる

——アルフレッド・テニスンの詩「万国博覧会の開会に際して詠みし抒情詩（*Ode Sung at the Opening of the International Exhibition*）」（一八六二年）より

一八六〇年七月二日、暖かく晴れ渡った月曜日の午後、当時は緑豊かな村だったロンドン郊外のウィンブルドンで、ヴィクトリア女王は一つの仕事を行なった。それは女王の品位にそぐわず、性別に適さず、その身分にふさわしからぬ行為だと、家臣の多くが眉をひそめたに違いない。何かというと、女王は高性能のライフル銃を撃ったのだ。四〇〇メートル近く離れたところからたった一発の銃弾を放って、ほぼ完璧に的の中心を射抜いてみせた。

いや、実際の話はもう少し複雑である。何も女王陛下は、ただクリノリン（訳注　スカートを丸く大きく膨らませるためにつける骨組み状の下着）の位置を直して帽子のベールをめくり上げ、素早く地面に伏せて遠方の的めがけて発射したわけではない。これは、全英ライフル協会が主催した国際競技大会の開会式での出来事である。女王がこの協会の後援者だったことから、大会の幕開けに似つかわしいことをやってもらえないかと依頼されていたのだ。開会時には銃声を一発轟かせたいと誰かが考え、それなら女王に撃ってもらうのが一番だという話になった。意外にもこの申し出を王室は受け入れる。ただし条件があった。女王陛下は、その高貴な腹部を地面につけて伏すような真似は絶対になさらない、ということである。

主催者側はしかるべく準備を進めた。女王がバッキンガム宮殿から到着したら、大きな天幕を張り巡らせたところにお通しする。その近くには台座がしつらえられてあり、深紅の絹布で覆われている。上に載っているのは、光り輝く最新式のホイットワース銃だ。何かに立て掛けてあるのではない。重く頑丈な鉄製の台にしっかりと据え付けられ、一列に並んだうちの左端の的を狙って銃口を向けているのである。的はウィンブルドンの緑地を挟んだ四〇〇ヤード（約三六六メートル）先にあり、安土《あづち》（訳注　標的の背後の壁や盛土）を背にしている。銃は水平に固定されており、その高さは女王の慎ましやかな身長に釣り合うようにしてあった。家臣にとっては強大な女王も、身の丈《たけ》は一五〇センチほどしかない。とはいえ立ったまま銃を撃つので、それなりの高さではある。引き金には、飾り房のついた絹紐がきつく結んである。安全装置はかかった状態だ。

ジョゼフ・ホイットワース。今日では、「BSW（ブリティッシュ・スタンダード・ホイットワース）」と呼ばれるネジの規格にその名を留めている。ライフル銃の設計も手掛け、南北戦争時に南軍側で盛んに使用された。

何一つとして偶然に任せるわけにはいかない。そのため、ジョゼフ・ホイットワースは異様に神経を尖らせ、気を揉んでいた。ホイットワースはマンチェスター出身の技術者であり、三年前にこの銃を開発した張本人である。銃身が六角形で四五口径（約一一・四三ミリ）の高性能ライフル銃だ。その日の午後のホイットワースは、助手たちの手を借りながら慌ただしい二時間を過ごし、実演用の銃が確実に的の中央を射抜けるように調整していった。今回の射撃の成否に、この男の名声がすべてかかっていた（すでに高い評価を得てはいたが、世評とはつねに壊れやすいものである）。不発に終われば、女王に引き立ててもらう望みは永遠に打ち砕かれる。女王が的を外せば、世間の笑い者になるだろう。そして、滅相もないことだが、万が一女王陛下の弾が図らずも誰かに当たって命を奪ってしまったら……

女王の到着を待つ数百人の観客は、少しもそんなことを考えていなかった。皆、ホイットワースが試射を繰り返すたびに、弾が徐々に的の中央の赤い輪に近付いていくのを大いに楽しんでいたのである。「テントから標的までのあいだ、旗を使った合図が何度も行き来した」。《タイムズ》紙はそう記事に書いている。「それからさらに手を加え、再度発射し、女王陛下が到着する直前になってようやく満足のいく調節が得られた」

四五口径の弾丸一発が薬室に込められているのを確認したあと、ホイットワースはついに安全装置を外した。

ヴィクトリア女王が姿を現わしたのは、約束の午後四時よりわずかに前だった。つき従うのはもちろん最愛の夫アルバート公と、若き王子たちや王女たち。それからシルクハットをかぶった宮廷の役人と、取り澄ました女官たちである。しかつめらしい顔つきの年配の役員たちが出迎え、女王とアルバート公をライフルのテントへ、そして絹布で覆われた台座へと案内する。ホイットワースは何度もネクタイを結び直しながら、落ち着かなげに待った。女王もまた、磨き抜かれたライフルのかたわらで待った。

緑地一帯に、方々から教会の鐘が鳴り響いてきて時を告げた。ちょうど午後四時である。女王陛下は的には目もくれないが、何をすべきかは十分に説明を受けていた。手を伸ばし、飾り房を摑んで、絹紐をそっと引く。何も起こらない。力が弱すぎたかと思い、もう一度やってみる。するとかすかな抵抗を感じ、あとは説明通りにもっと強く引っ張る。この三度めの引きが、首尾よく目的を達成した。にわかに大音響が轟き、ライフルの銃身から黒い煙が噴き出す。高貴なお方というのは、これしきのことでは驚かないものらしい。数秒が過ぎ、誰もが固唾《かたず》を呑んで見つめるなか、高貴な射撃音があたり一面に繰り返し反響した。と、そのとき、遥かな彼方で赤と白の旗が勢いよく振り上げられたかと思うと、的の前でそれが左右に振られた。

忠義を忘れない観衆から、たちまち割れんばかりの拍手喝采が沸き起こる。女王は何の意図も異議もないまま的に命中させたばかりか、中央を撃ち抜いた。少し面白がっているかのような、かすかな微笑みがその顔に広がる。

女王の弾は的のほぼ中心に当たっていた。のちに詳しく調べたところ、約三七〇メートルを飛ぶあいだ、高さにしてわずか四・四センチほど、また銃と的を結ぶ直線から約二センチ横にずれていただけだった。つまり女王は、狙いに対して精密であると同時に、意図した結果に対して正確でもあったわけである（少なくともそう考えられた）。

この一発を合図に、全英ライフル協会主催の一八六〇年度「大ライフル競技会」が正式に幕をあけた。関係者全員、とりわけホイットワースは、大きな喜びと安堵に包まれた。

ウィンブルドンで顔を合わせる九年前、ホイットワースは一度ヴィクトリア女王とアルバート公に会ったことがあった。そして、この九年後にまたヴィクトリア女王と再会することになる。工学の分野における貢献を認められ、女王から准男爵（世襲制のナイト）の爵位を授けられたのだ。当時の女王はすでに最愛の夫アルバートを一八六一年に亡くし、喪服に身を包んでいた。

一九世紀半ばのイギリスでは、西洋世界が急速に変わりつつあることが手に取るように感じられた。

前の世紀にジェームズ・ワットとその蒸気機関が社会に革命をもたらし、その変革はこの時代には確かなものとして根を下ろしていた。良きにつけ悪《あ》しきにつけ、工業化の影響はあらゆる人の暮らしに及んでいる。都市は膨れ上がり、村はさびれ、工場は次々と建ち、鉱山が掘られ、鉄道が風景を縫い、埠頭は貿易で賑《にぎ》わい、かつては澄んでいた空気に煙突が煙を吐き出し、賃金が稼がれ、職能別組合が結成され、市民は科学や工業技術に並外れた関心を見せる。人々の口によく上るのは「進歩」という言葉だ。そして、機械の目覚ましい成果と可能性は、畏怖の念と不安をともに掻き立てた。

一九世紀を半分進んだところで、人類は、とりわけ西洋の工業国に住む人間は、いつのまにか一つの転換点に達していた。立ち止まって現状を見つめる時期がきたのである。当時のイギリスは、知性の面でも霊性の面でも、さらには科学の面でも、西洋世界の中心であるとほぼ異論なく認められていた。その国の首都ロンドンで、今この時を十二分に味わうために、これまでに世界が成し遂げた数々の偉業を披露し、なおかつこの先世界がどうなるかを予感させる場をもつべきだという話になった。実質的には王室の鶴の一声で決まったのではあるが。

そこで提案・企画されたのが大博覧会の実施である。正式名称は「一八五一年万国産業製作品大博覧会」、いわゆるロンドン万国博覧会である。フランスでは規模はさほどではないものの、一八世紀末からこの種の博覧会をパリで何度も開催していた。数年後にはベルリンでも同様のやり方で、小規模ながら成果を披露する場が設けられた。ロンドンでも一八四五年には、王立技芸協会*が工業デザインの賞金付きコンテストを実施している。だが、一八五一年の大博覧会で計画されたのは、過去の類似の催しが足元にも及ばぬほどの壮大なショーだ。それをこれでもかとばかりに見せつけるのである。

ジョゼフ・ホイットワースは、専門以外の分野ではほとんどその名を知られていなかったものの、展

ロンドンのハイドパークで開催された1851年のロンドン万国博覧会。会場となった「水晶宮」では、西洋世界の産業革命が生んだ数々の発明品が巨大な屋根の下で一堂に会し、観衆を魅了した。

示者の一人として招かれていた。

　大博覧会を発案したのは、ヴィクトリア女王の配偶者にして発想豊かなアルバート公だったというのが定説である。アルバート公は、自分の生きている時代が比類のない時代精神をもつことに気付いた。そしてその特異さを表現すべく、光り輝く夏のひとときに壮大かつ華々しく国民に披露したいと考えた。その慧眼は、二一世紀になった今もなお賞讃されている。[**] いってみれば公は、世界に鏡を持たせて自らの姿を眺めさせ、今まさに目まぐるしく繰り広げられつつある歴史がいかに重要なものかを理解させたいと願ったのだ。しかも、自分がこれほど魅了されているのだから市民も飛びつかないはずはないと思い、この種の博覧会は結局はかならず採算がとれると確信していた。

この構想に基づき、アルバート公は慎重に吟味しながら企画委員会のメンバーを選び、誰を招待するか、どんな製作物を展示するかも入念に検討した。公が課した条件はただ一つ。運営資金は民間で賄《まかな》い、国庫からはいっさい支出しないことである。

資金調達に向けた取り組みの皮切りとなる晩餐会で、アルバート公は次のように力強く言い切った。

「われわれの生きている時代は、この上ない驚異に満ちた過渡期であり、あらゆる歴史が指し示すところのかの大いなる目的、すなわち全人類の団結の実現に向けて急速に前進しつつある。紳士諸君、一八五一年の博覧会は、この一大事業において人類全体がどの発展段階まで到達したかを真の意味で試すものだ。また、万国がそれぞれのさらなる努力を方向付けていくための、新たな出発点を与えるものでもある！」

こうして人の心を動かす演説を重ねることで、アルバート公はたちまち必要な資金を全額確保する。

＊　思い出してほしいのだが、これはおよそ六〇年前にジョゼフ・ブラマーが加入したのと同じ協会である。あのときブラマーは錠前鍛冶《かじ》の複雑さに初めて触れ、絶対に破られないと思う錠前を自ら製作した。それが一八五一年のロンドン万博でついにこじあけられてしまった。

＊＊　博覧会の大元のアイデアを生み出したのは、本当はヘンリー・コールだった。コールは「老王」の通称でも知られた役人で、並外れた能力と該博な知識をもとに数々の業績を残した。たとえば、「ペニーブラック」と呼ばれる世界初の郵便切手をデザインしたのも、毎年一二月にクリスマスカードを送りあう習慣を始めた（そして自分用を印刷した）のもこの男である。また、一八四五年に王立技芸協会が催した展覧会では、フェリックス・サマリーの変名で磁気の茶器セットのデザインを応募し、賞を獲得している。コールはアルバート公の人となりをよく知っていた。だから、鼻持ちならない宮廷の伝統主義者など相手にしないよう公を説き伏せ、自らの地位と影響力を利用すべしと勧めた。そうして、この途方もなく意欲的な一八五一年の計画を推進させたのである。

次いで、ジョゼフ・パクストンという名の多才な造園家に設計を任せ、ハイドパークの南側に巨大な建物をほぼガラスと鉄だけで建設させた。建物の長さは、博覧会実施の年を記念して一八五一フィート（約五六四メートル）。最も高い部分は一〇八フィート（約三三メートル）あり、それは公園でことのほか愛されている三本のニレの古木を建物内に収容して、切り倒さなくてもいいようにするためである。この建物は「水晶宮《クリスタル・パレス》」と呼ばれるようになり、わずか半年で完成した。使用されたガラス板の総面積はほぼ九万三〇〇〇平方メートル。奇抜な温室といった外観で、かつてパクストンが第六代デヴォンシャー公爵のためにつくったユリの温室を大きくしたような姿だった。

この水晶宮に来れば、わずかな料金で（「一シリングで世界を」というスローガンが大勢の入場者を惹き付けた）、驚異の数々を目《ま》の当たりにすることができる。なかでもとりわけ見物客を集めたのは、威容を誇る機械類が一堂に会する会場である。どれも巨大で重々しい鉄の発明品であり、最新かつきわめて重要だ。実際に動かすこともできるので、しばしば咆哮を上げて熱を帯びた。これらは大きく偉大なイギリス製の鉄の機械だ。たとえアメリカが、精密に製造した互換部品という気の利いた工夫に夢中になっていようとも、また、その結果として大量生産を開始し、いずれ組立ラインをつくり上げることにどれだけ満足しようとも、今はイギリスが輝く時である。イギリスの歴史のこの一ページでは、機械の獰猛なまでの能力と威力を見せつけるのがふさわしいのだ。会場を圧倒する機械群は、ある種の明らかな尊大さをまといつつ、そのことをまざまざと示していた。アメリカがこの種の博覧会を開催するのはまだ先のことである。今はイギリスの時代であり、壮大な規模で築き上げた国家の努力を披露することこそが、この時代の素晴らしさを印すものだった。

愛国主義に加え、世間に主戦的な空気が広がっていたことが、イギリス製の機械が地元で人気を博す大きな力になったのはいうまでもない。当時のイギリス人は、くだらないものや興をそそる可笑《おか》しなものに夢中になるところがあって、大博覧会にはそうした趣向ももちろんふんだんに取り入れられてはいた。だが、やはり歴史的意義のある発明を成し遂げてそれを使用することによってこそ、イギリス（まもなく帝国の絶頂期を迎え、その誇りも権勢も最高潮になろうとしていた）が繁栄と支配を続けられるというのもまた明らかだった。

……少なくともしばらくのあいだは。疑念や警鐘がかすかに鳴り響いていたのだとしても、当時のイギリス人は聞く耳をもたなかった。巨大な船、大型の銃、高々と架けられた鉄橋、運河、水道橋。そうしたものが次々と建設されていくさまに、喜んで目を奪われていたのである。誕生まもない蒸気機関車には、緑と赤と黒のエナメル塗料が輝き、磨き抜かれた真鍮がきらめく。それを一目見ようと、どの終着駅にも人が押し寄せた。揚水ポンプ場や印刷機は数を増していき、それらに動力を与える鉄製の蒸気機関が厳《おごそ》かにビームを揺らす。そのさまは、市民の想像力を掻き立てずにはいなかった。

しかし、その想像力を使って、イギリスとアメリカが図らずも別々の道筋を歩むことになった現実に思いを馳せる者はほとんどいなかった。また、イギリスが進む道の先には科学技術の袋小路が待っていてもおかしくはなく、アメリカの向かう先にこそ（少なくともしばらくのあいだは）発展と進歩の道が開《ひら》けると見抜く者も無きに等しかった。一八五一年には、イギリスの快進撃を止めるのは不可能に思えたのである。絶対的な力を有すると広く信じられていたこの国は、今もこの先も永遠に前進を続けるに違いない。会場に溢れる発明品の数々は、そのことをありありと示しているかのようだった。

大博覧会では入場者にわかりやすいようにと、大まかな分野ごとに分けて展示がなされた。第一類は鉱業と鉱物製品。第二類は化学製品と薬品。第三類は食物利用される物質。第四類は製造利用される植物性および動物性物質。第五類は、乗り物、鉄道、船舶機構などの直接利用のための機械。第六類は製造用の機械および工具。第七類は土木工学と建築装置。第八類は船舶工学、軍事工学、銃器、兵器など。第九類は農業用および園芸用の機械と器具。このように全部で三〇類に分類され、多彩さの面でも科学技術の成果の面でもいずれもが充実した展示内容となっていた。

　このどれについても詳しく見てみると、アルバート公の宣言通りに一九世紀半ばは確かに「驚異に満ちた過渡期」だとの思いを強くする。とりわけ第六類の「製造用の機械および工具」の世界に分け入ってみれば、それが文字通り過渡期の最先端《カッティング・エッジ》*を行くものであるのがわかる。細心の注意と最大限の精密さをもって製造される製品に関連するものは、なおさらそうだ。

　そこには未来の機械と、それをつくり上げた機械技師たちが集《つど》っていた。たとえばウォーターロー・アンド・サンズ社は、自動的に封筒を製造する機械を発明していて、それが展示された場所には見物人の長い行列ができた。機械の端に紙を一枚差し込むと、またたくまに紙が切られ、折り畳まれ、糊付けがされて、すぐにでも手紙を入れて切手を貼れる状態になる。また、イングランド南東部のイプスウィッチにある会社は、低い丘を掘り抜いて鉄道を通せるようにする蒸気駆動の掘削機を開発していた。そんな怪物のような機械など、誰一人見たこともなければ想像したこともない。ランカシャー州のオールダムを拠点にする別の会社は、綿糸紡績機を一五台ほど並べていた。第六類の動く機械はすべてそうだが、この紡績機もボイラーの近くに置かれていた。水晶宮の外側に別個につくられた建物の中に複数台のボイラーがあって、機械を動かすためにパイプで会場内に蒸気を送っていたのである。

作家のロバート・ハントは、ヴィクトリア時代の科学についての著作で知られた人物であり、全九四八ページで上下巻の『ハントの公式目録手引書（*Hunt's Hand-Book to the Official Catalogues*）』を発表した。これは、仕事というより好きで書いたとしかいいようのない一冊で、水晶宮の展示品について一つ残らず内容説明と論評が記されている。ハントがとりわけ目を見張ったのが、くだんのオールダムの会社の展示だった。次のように感嘆している。かつては「紡ぎ手の指が、家内の紡ぎ車というあの古典的な道具の力を借りて」作業を行なっていたのに、それが今や「一つの部屋に……何千という紡績機が、想像を絶する速さで回転していて、しかも人の手でその進行を促したり、作業を導いたりする必要がない。一〇〇〇本もの糸を機械が引き出し、撚《よ》りをかけ、巻き取っていく。その不断の精密さ。疲れを知らない根気と力強さ。それは、こうしたものに慣れていない者の目にはまるで魔法に映るだけでなく、富と人口を増加させるうえですでに素晴らしい効果を上げてきてもいる」

ハントにも多少は気に病むことがなかったわけではない。新しい力織機《りきしょつき》（訳注　動力を使用する織機の総称）についてことのほか抒情的な一節を綴ったあとで、こうつぶやいているのだ。「機械としては

＊　この用法については辞書学の裏付けが十分にある。確かに、「カッティング・エッジ（cutting edge）」の元々の英語の意味は「切る仕事をする刃物の尖った先端」というもので、そうした文字通りの用法としては一八二五年から使用されていた。しかし、比喩としての「カッティング・エッジ」、つまり「何かの発展における最も新しい、もしくは最も進んだ段階」という意味としての用例が印刷物に登場したのは、アメリカの《ナショナル・エラ（国民時代）》という機関紙の記事が初めてだった。この機関紙は、大博覧会と同じ年の一八五一年七月に刊行されている。

素晴らしい成果だ！　道義面ではどうだろうか？」同様の懸念は折に触れて文章に顔を出す。だが、ほかの入場者や批評家で、同じような心情を抱いたり、社会への影響を憂えたりする者はほとんどいなかったようだ。少なくともイギリスには。こうした「不断の精密さ」がもつ負の側面を、最も的確に見抜いていたのはフランス人だったかもしれない。男爵の爵位をもち、数学者にして政治家でもあったシャルル・デュパンは、「労働を機械に肩代わりさせると国家の人口は激減し、国は機械だらけになるだろう」と警鐘を鳴らしている。そのうえで、それが進歩なのかどうかは、未来の政治家の判断に委《ゆだ》ねたいと結んでいる。男爵がそれを進歩と思っていないことは明白であり、およそ二〇年後には同じ見方に基づく有名な作品が誕生している。やはりフランス人で画家のギュスターヴ・ドレが、ロンドンの貧民街を描いた版画集を発表したのだ。それを「新しい世界」に対する告発と受け止めた者は多く、社会の進歩が精密さによって生まれるわけではないことを考えさせる好機ともなった。

しかし、水晶宮に足を運んだ何千何万という人々の大多数は、蒸気駆動の完璧な機械の数々に喜びを覚えた。彼らには機械が魔法としか思えない。織機、印刷機、蒸気機関車、路面電車、船用機関（なかでも最も人々をどよめかせたのはモーズリー・サンズ・アンド・フィールド社〔訳注　元々のモーズリーの会社を当人の死後に息子らが加わって再編した会社の名前〕製のものであり、四〇年前に英国海軍向けに滑車ブロック製造機械をつくったのちも会社は勢いを失っていなかった）。さらにはワット蒸気機関自体も初期のものと改良版が両方展示されている。蒸気以外の動力源としては水車や風車が陳列されていたほか、誕生まもない乗合馬車もお目見えしていた。これは二階建てで、後方にらせん階段が付いている。ロンドン名物である二階建てバスの原型だ。しかし、観客の心の目に最も強く焼きついたのは、やはり蒸気機関だった。燃え盛る炎が痛いほどに照りつけ、轟音が渦巻き、熱い油の匂いが立ち込める。畏怖の念に打たれて立ち尽くす観客の目には、それが強大な力そのものに映った。蒸気機関を見物するとき、観客は防護柵の手前に立たなくてはならない。これは危険な装置だからだ。磨き抜かれた鉄の棒が高速で動き、重さ二トンの歯車が回る。頭蓋骨を叩き割るのも、手足を巻き込むのも、子供たちを丸呑みするのも造作ない。人々はこうした機械を愛しつつも、無理からぬことながらそれを恐れて距離を置いた。

第六類の活気に満ちた混沌の只中に、比較的静かな場所があった。そこには、同じイギリス製でも動きの少ない装置が並べられていた。回転する機械のほうが遥かに大勢の見物人を釘付けにしていたものの、長い目で見た重要性でいえば、この目立たない静かな展示物のほうに軍配が上がる。その第二〇一区画を取り仕切るのはマンチェスターの会社だ。創業者の男は、おそらく世界で最も偉大な機械技師として当時も今も広くその名を知られている。九年後には、自分のつくったライフルをヴィクトリア女王が撃ち、それを不安と緊張で爪を噛みながら見つめることになる人物だ。目録には「ホイットワース、Ｊ・アンド・カンパニー」とある。「自動旋盤。平削り用、立削り用、穴あけおよび中ぐり用、ネジ切り用、切削および目盛り刻印用、ならびに穿孔《せんこう》および剪断《せんだん》用の機械。特許取得の編み機。特許取得のネジ棒に、ダイス（訳注　雄ネジ切り用工具）とタップ（訳注　雌ネジ切り用工具）が付属。測定器、ならびに標準ヤードなど」

どう見ても心惹かれる説明文とはいいがたい。しかもその取っつきにくさは、ホイットワース本人が何度かマンチェスターから会場にやって来たからといって改善するわけではなかった。ホイットワースは体が大きく、あごひげを生やし、窪んだまぶたにしわが寄り、かなり恐ろしげな風貌である（スコットランドの社会評論家トマス・カーライルの妻で作家のジェーン・カーライルは、その顔が

「ヒヒに似ていなくもない」などと評したほどだ）。ただでさえ顔つきが怖いのに、癇癪もちで、横柄《おうへい》で、愚かな人間に我慢がならず、（私生活では）浮気がやまない。この男が半年間ロンドンで披露していた二三の機械や工具は、一〇〇〇本の紡錘《つむ》が回る織機や蒸気機関ほどの派手さや魅力には欠けた。しかし、工学の未来を指し示す道しるべともいえるものだった（そして水晶宮で展示していた誰よりも多くの賞を得ている）。ホイットワースは正確さがいかに大切かを断固として説き、妥協なき姿勢で精密さを追い求め、当時としては未曾有《みぞう》の一〇〇万分の一インチまでを正しく測定できる装置を生み出した。ホイットワースより前の時代には精密さがあった。ホイットワース以後には「ホイットワース規格の」精密さがあった。大博覧会はこの男が名を上げる場となる。

一八世紀から一九世紀の変わり目に活躍した大物技術者は皆、互いを知り、互いを教え、互いの徒弟として働いたことがあったかのようである。ホイットワースも例外ではない。完璧な機械づくりに邁進するようになったのは、まだ非常に若い頃にヘンリー・モーズリーのもとで修業したのがきっかけだった（母親が亡くなったあとで父親が聖職者になるべく家を出たことから、ホイットワースは孤児も同然だった）。徒弟時代にとりわけ大きな興味をもったのが、定盤《じょうばん》（訳注　面の凹凸を測るのに使う鋳鉄製の平面板のこと。きわめて平滑に仕上げてある）の平らさである。

すでにモーズリーが実証していたように、完璧な平面を得ることはきわめて重要である。理由は単純で、それが精密さの哲学とでもいうべきものの中核を成すからだ。完璧に平らな板は、その完璧さをほかの何かからもらっているのではない。何かと比較して測定されるものではないのである。寸法も関係なければ、形も重要ではない。完璧に平坦かそうでないかのどちらかだ。厳密な平面であれば、それに照らして測ることでほかのものに精密さを与えることができる。定規にしても直角定規にしても、あるいはブロックゲージにしても、平面にあてがうことでそれが正しいかそうでないか、精密かそうでないかを宣言することができる。

平坦さという概念に何より重きを置く男が二人いるわけだから、それを実現する手段を先に考案したのはどちらかという些細《ささい》な口論が当然ながらもち上がった。論争が過熱した時期もあった。だが、今となっては時が議論を決着させている。モーズリーは概念の創始者として、また原理の発見者としての功績が正当に認められている。そこにホイットワースが改良を加えて、その概念をさらに具体的に、いわば歯車の歯をつける役目を果たした。そしてこのように具体化したことにより、ホイットワースは臆面もなく世界に一つの印象を与えてみせた。つまり、あらゆる測定の基盤となり、あらゆる精密さの出発点となるのは、ジョゼフ・ホイットワースが仕上げた金属製の工具や器具なのだ、と。実態は、モーズリーが初めに偉大な機械類を製作し、それからホイットワースが工具や器具をつくって測定することで、以後も偉大な機械が続けるようにした、といったところだろう。完璧な平面もその測定手段の一つであり、おそらくはきわめて重要な一つといっていい。

モーズリーのもとから独立したあと、ホイットワースの功績を決定づける二つの発明が誕生している。一つは規格化されたネジであり、もう一つは測長機だ。この二つは文字通り機械的に結び付いており、にわかに（英米のみならず世界中で）巻き起こった新しい科学への熱狂的関心へとそのどちらもがつながっていった。その科学の名は計量学。正確な測定の技術と理論を研究する分野である。ホイットワース以後、この新たな分野を探求するために世界中で巨額の資金が費やされていくことになり、その状況は現在も変わっていない。身の回りのあらゆるものの数値が何かに対してすべて正確であることを、つまり全員が合意する標準に対して正確に測定されていることを、公式に確認するためである。

ホイットワース自身が考案した測長機は、当時としては驚異的なものだった。それは小さいながらも、大いなる美と優雅さを湛えている。マニアならずとも手に入れて、愛おしげに眺めながらときおり触れてみたくなるような、そんなたぐいの美しい機械だ。現在、マンチェスターのホイットワース美術館には、その機械が発明者と一緒に描かれた肖像画が展示されている。ホイットワースは燕尾服姿の正装で立っており、真面目さと、誇りと、なぜかかすかな驚きが入り混じった表情を浮かべている。左手の指がなでているのは、真鍮でできた調節用のホイールだ。まるで、それをさりげなく見せびらかすかのように。ホイールの下では、黒曜石のようになめらかな鉄がきらめきを放っていて、それがこの測長機の重たい基部である。ほかにもいくつかの真鍮製ホイールが、ガス灯の灯りを受けて黄色く光っている。

この装置の原理は拍子抜けするほど単純だ。それまでの測長器は（定規や直定規についているような）線を利用するものがほとんどだった。何かの物体の長さを測りたいときは、それを定規の隣に置いて、どの線から始まってどの線で終わるかを確認する。しかし、この方法では視覚を使うので、そこに疑問の余地が生じる。その物体の端は線の左右にずれていないか。線自体の太さはどれだけあるのか。この疑問を解消するにはどれくらいの倍率の拡大鏡が必要か。たとえ問題解決のためにバーニヤ（フランスのピエール・ヴェルニエが一七世紀に考案した「副尺」のことで、本尺の最小目盛りのあいだを読み取って一段と厳密な判断をするためのもの）を併用したとしても、得られる答えが主観的なものであることに変わりはない。結局は、優れた視力と細かい見極めが求められる。

線で測る「線度器」には問題が多すぎるとホイットワースは考えていた。扱いにくいし、間違いも

規格化されたネジ。ネジ山の種類とピッチは様々であり、固定や計測のほか、工作機械の切削工具の先を進ませたり戻したりする目的に使用される。

起こしやすい。代わりに好んだのが「端度器」と呼ばれるものである。これは視覚に頼るのではなく、測定対象となる物体の両端を測長機で挟んだときの触覚を利用するものだ。簡単に説明すると、測長機についた長い真鍮製のネジを回すことで、スチール製の二枚の平面板を近付けたり遠ざけたりすることができるようになっている。この二枚の平面のあいだに来るように測定対象の物体を持ち上げ、ネジで平面を移動させて左右から物体をしっかり保持できるようにする。それから少しずつ平面を離していき、そしてここがなんといっても肝心なのだが、やがて締めつけが緩くなって物体が重力の影響で下に落ちる。そのとき、平面と平面の間隔がどれくらいあいているかがその物体の寸法というわけだ。

　では、その間隔を何で測るかといえば、ネジと、ネジを回すのに使うホイールだ。あとは簡単な計算で割り出せる。たとえば、ネジ一インチあたりに二〇本のネジ山が切られているとして、それにつながるホイールのほうには円周に沿って五〇〇個の目盛りが刻まれているとしよう。ホイールを完全に一周回すと、ネジが、そしてそこにつながっている平面板が二〇分の一インチだけ進むようになっている。このとき一目盛り分だけホイールを動かしたとしたら、ネジは二〇分の一の五〇〇〇分の一、すなわち一万分の一インチ前進することになる。

これが基本原理だ。ホイットワースはその卓抜した技術力を駆使して、この原理に基づくマイクロメータを一八五九年に開発した。しかも、ホイールを丸一周回したときに進むネジの長さを、二〇分の一インチから四〇〇〇分の一インチというごくごくわずかな長さに改めた。ホイールの外周には二五〇個の目盛りを刻んだので、一目盛り分回すと、ネジと平面板は四〇〇〇分の一インチの二五〇分の一、つまり一〇〇万分の一インチだけ前後に動くことができる。測定対象の物体の両端がマイクロメータの平面版と同じくらい平らであれば、一〇〇万分の一インチの隙間をあけるだけで、しっかり固定された状態から、重力に従って下に落ちる状態へと物体は変化する。数年後、ホイットワースは単に「鉄（*Iron*）」と題した論文でこの手法を説明し、それをニューヨークで発表して技術者たちを魅了した。

この見事な発想と、その仕事を楽々とやってのける美しい機械は、工学の世界に衝撃をもたらした。ジョン・ウィルキンソンが精密さの概念を誕生させ、〇・一インチの公差で鉄をくり抜ける機械をつくってからまだ八〇年と経っていない。今や、金属部品の測定と製造が〇・〇〇〇〇〇一インチという公差で行なえるようになった。信じがたいほどの変化の大きさである。突如として無限の可能性が（当時はまだ具体的になっていなかったにせよ）開けたのだ。

こうした成果はすべてイングランドで、またそのほとんどがマンチェスターで成し遂げられた。しかし、ひとたびアメリカの工作機械製造業者がホイットワースの発想や原理や規格を吸収してしまえば、最前線に躍り出て世界を牽引していくのはアメリカの技術者になりそうだった。この点は、ホイットワースが一八五三年にニューヨーク万国博覧会を視察したときに、身に染みて感じたことでもあった。「［アメリカでは］労働者階級の数が比較的少ない」と、ホイットワースは帰国後に報告している。「しかし、おそらくはそのことが大きな一因となって、人員不足を補うべく産業のほぼすべての分野で機械の助けを借りようとする意欲が高い。機械に手作業を肩代わりさせられる場面があれば、決まってそれを進んで全面的に利用しようとする。……労働市場がこのような状態にあるうえ、可能な限り積極的に機械に頼ろうとする気風が存在し、優れた教育と知性に導かれている。それこそが、アメリカ合衆国が目覚ましい繁栄を遂げている主たる理由である」

ホイットワースのもう一つの功績がネジである。それも、測長機や顕微鏡や望遠鏡を動かしたり、海軍砲の砲口を上げ下げしたりするようなネジだけではない。当時製造されていた製品のすべての部品を固定するためのネジだ。

ホイットワースより前の時代、どのネジも、どのナットもボルトも一つとして同じものはなかった。だからたとえば、半径二・五ミリの雄ネジを一本手に取って、適当に選んだ二・五ミリの雌ネジにそれを入れてみたとき、うまく嵌まりあう確率は限りなくゼロに近かった。そんな時代にホイットワースは、あらゆるネジの規格を統一するという発想を推し進めたのである。ネジ山の角度はすべて（五五度に）揃え、ネジの半径やネジ山の深さもピッチ（ネジ山の間隔）に応じて固定した値に決めた。個々のネジ製造業者の足並みが揃うまでにはかなりの時間がかかったものの、一九世紀半ばの時点ではこの規格がイギリス全土と帝国の領土で受け入れられるまでになっていた。現在でも、この男の名を冠した「ＢＳＷ（ブリティッシュ・スタンダード・ホイットワース）」という規格が使用され、イングランドのカーライルからインドのコルカタまで、機械工場の重要な規格として通用している。

後年のホイットワースは、精密度の高い繊細な金属加工から、荒々しい武器の世界へと興味の軸足をやや移した。だが、腹立たしいことに、自らが開発した六角形の銃身をもつライフル(ウィンブルドンのあの夏の月曜日にヴィクトリア女王が撃ったもの)は英国陸軍に採用されなかった。当初、四五口径というサイズが小さすぎるとみなされたためである。だが南北戦争時、その銃がアメリカで「ホイットワースの狙撃銃」の名称で南軍に愛用されていると知って、ホイットワースは少し溜飲を下げた(北軍も理想的な高速銃だとして気に入りはしたが、値段が高すぎた)。ホイットワースの銃が使われた事例として最も有名なのが、一八六四年の「スポットシルヴェニア郡庁舎の戦い」である。北軍の将軍ジョン・セジウィックが遥か彼方に反乱軍の姿を認め、部下たちの先頭で馬を進めながら、「この距離じゃ奴らには象だって仕留められまい」という有名な言葉を大声で言い放った。次の瞬間、ホイットワース銃から一発の弾丸が放たれ、それを正面から頭に受けてセジウィックは絶命した。

軍事の道へ逸れたことに仮に後味の悪さを覚えていたにせよ、結局はこれがホイットワースに莫大な富をもたらした。ホイットワースは銃だけでなく、装甲板や爆発性砲弾の設計も手掛けたほか、銃の素材に適していると見られる様々な延性鋼合金の開発も行なっている。これは「ホイットワース鋼」と呼ばれて、アメリカの銃器工場で人気を博した。晩年には、立派な屋敷を何軒も自由に使えるほど財を成し、その資産を元手に奨学金制度を創設したり、寄付を行なったりしてその名と功績を後世に残した。また、マンチェスター郊外の豪邸で使うためにと、ビリヤード台もつくった。ホイットワースの玉突きの腕前がどうだったかについては歴史は何も語らないが、その台は硬くて密な鉄製で、表面が異様なまでに平らなことで有名だったと伝えられている。完璧な平面だったのだ。今日《こんにち》、誰かが「公正《レベル》な競争の場」が欲しいと泣き言を口にしたら、ホイットワースのことを思い出すといい(訳

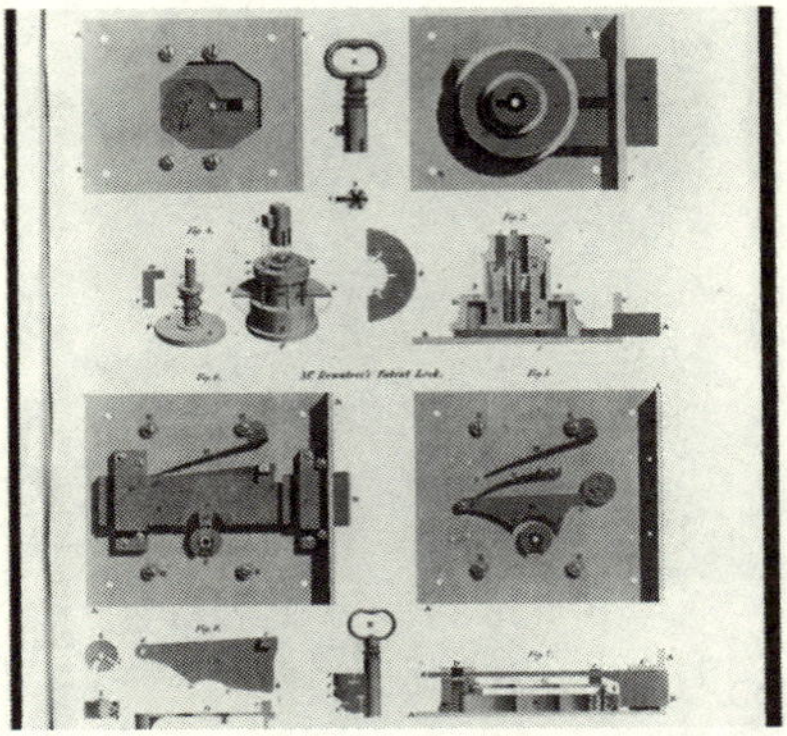

ジョゼフ・ブラマーが懸賞金をかけた「挑戦錠」は、ロンドン・ピカデリー大通りのウインドウに展示されてから61年のあいだ、１度も破られることがなかった。ところが、アルフレッド・ホッブズという名のアメリカ人がついにこの挑戦に勝った。ただし、こじあけるのに51時間を要したことから、ブラマー錠前社は実質的には盗難よけの用を成すと宣言することができた。

注　「レベル（level）」には「平坦な」という意味もある）。

それを私たちに最初に与えてくれたのは、おそらくこの男なのだから。

水晶宮でのロンドン万国博覧会の会期が残り数週間となったとき、アメリカからの展示に充《あ》てられていた一角に思いがけないものが姿を現わした。頑丈そうなガラスケースである。底には黒いベルベットが敷かれ、その上にきちんと並べられていたのは、二〇〇枚の真新しい一ギニー金貨だった。誰一人予想だにしていなかったこの金貨の登場が、一九世紀半ばの精密工学の物語の最後の一ページを飾ることになる。事の発端は、六〇年あまり前に投げかけられた一つの謎だった。

一七九〇年以降、ロンドンのピカデリー大通り一二四番地のウインドウには、ジョゼフ・ブラマーの製作した南京錠が辛抱強く置かれていた。その錠前を、一人の男が破ったのである。男はアメリカ人の錠前師で、いわば商売敵であり、大博覧会で自社の製品を展示していた。男が大西洋を渡ったとき、一つの明確な思いを胸に秘めていた。絶対にあかないといってイギリスの技術者が差しだす錠という錠を、すべてこじあけてやろう、と。

男の名はアルフレッド・C・ホッブズ。一八一二年にボストンで生まれ、両親ともにイギリス人だった。もしかしたらそのことが多少なりとも影響して、アメリカの錠前のほうがイギリス製より圧倒的に優れているのを証明したいという熱い野望が芽生えたのかもしれない。

大博覧会の会場に到着すると、中央会場の東端に第二九八区画を構えた。この博覧会には、ニューヨークのデイ・アンド・ニューウェル社の代表として来ている。この会社ではパロートプティック錠と呼ばれるものを開発していて、これは永遠に破れないとホッブズは自負していた。

一方、永遠とはいかなかったのがブラマー錠である。ホッブズは水晶宮内で自分の展示区画を確保し終えると、ブラマー錠前社に改まった手紙を書き、ピカデリー大通りの会社に伺わせてほしいと依頼した。「貴社の錠前を破った者に対して、貴社が提示すると謳《うた》っているウインドウ内の掲示文についての用件です」。ジョゼフ・ブラマー自身は四〇年近く前にすでに他界していた。自分の挑戦に応えて成功する者が目の黒いうちには現われなかったので、さぞ悦に入っていたことだろう。万博当時は息子たちが会社を継いでいたのだが、ホッブズの前評判を耳にしていたので、その不吉な手紙に戦々恐々とした。とはいえ、要請に応じて会うよりほかなかったため、裁定役となる専門家委員会を急ぎ結成した。ブラマー錠は、一八世紀イギリスが生んだ最高級の精密装置である。そこにいかなることを試みるにせよ、それが公正に行なわれ、内部機構を完全に破壊することのないよう目を光らせるのが委員会の役目である。

そしてホッブズはやってのけた。一六日間かけて全五一時間を費やしたのち、ついに南京錠の掛け金を上げて開錠したと宣言した。こうしてブラマー錠は陥落したのである。ホッブズは、このために製作したきわめて小さい器具をいくつも組み合わせて、錠前の内部に挑んだ。その器具の一つはマイクロメータの小さなネジで、故ブラマーが挑戦用の錠前を載せていた木製の台にそれを取り付けた（これが木製ではなく鉄製の台だったらネジを差し込むことができず、この器具は使えなかっただろう。木だったおかげでネジで留めることができ、ホッブズの両手があいて、長さ約五センチの錠の円筒部分に取り組むことができた。この間《かん》、その器具は、内部にある薄く小さな板状のスライダー一八枚のうちの何枚かを中に押し込んだ状態に保った）。ホッブズは拡大鏡も取り出し、特殊な鏡を使って細い光を錠の内部に反射させた。また、各スライダーがどれくらい中に引っ込んでいるかを小さな真鍮製の測定尺で測り、奥に入りすぎているものがあれば小さな鉤で手前に引き出した。かたわらに並べた器具はまるで外科医の手術用具のようであり、ただメスがないだけである。すべてはひとえにブラマー錠を破るため。そして、それを通してアメリカのほうが精密さで上を行くことを明確に示すためだ。

ブラマー社側は懸賞金の全額を支払ったものの、一言文句を言わずにはいられなかった。つまり、トランクいっぱいの器具を使って、五一時間もかけるというアメリカ人のやり口は、フェアではないということだ。暗黙の交戦規定に従わなかったというのである。この哀れな錠前に対し、まっとうな泥棒なら絶対にかけないような時間とエネルギーを注ぎ込んだのだから。

委員会の面々も同意する。すでに懸賞金の二〇〇ギニーが潔《いさぎよ》く支払われたのを重々承知しながらも、ホッブズのやり方は卑怯だと指摘した。そのうえで、力強く次のように裁定を下す。「ホッブズは、ブラマー社の錠前の評判を汚《けが》すとみなされることは何一つ行なっていない。むしろ彼があれだけ苦心したという事実は、この錠前が現実問題として難攻不落だとの見解を却《かえ》って大いに裏付けるものである」

二〇〇ギニーは水晶宮の照明を受け、その後数週間のあいだ不遜な光を放ち続けた。勝利の余韻に浸るために、その証しをその場に置いておきたいとホッブズが言い張ったからである。ただし、勝利は長く続かず、明暗の分かれる結果が訪れた。委員会の裁定者たちが語った通り、ブラマー錠が破られたからといって会社としては痛くも痒くもなかった。専門家が一六日もかけなければあかなかった錠前を求めて、店先には行列ができた。ブラマー錠前社は今もロンドンにあり、世界中に錠前を販売している。そのすべてが、一七八四年にジョゼフ・ブラマーが設計した当初のデザインを下敷きにしている。

一方、ニューヨークのデイ・アンド・ニューウェル社のほうは、大博覧会後ほどなくして会社を畳んだ。その少し前に、自慢のパロートプティック錠が破られたのである。しかも伝えられるところによれば、木の棒を一本使っただけで楽々と。こじあけた男は、精密な錠前をつくる新しい会社の御曹司ライナス・イェール・ジュニアで、のちには自らも錠前会社を創業した。その会社（訳注　創業時の名称はイェール・マニュファクチャリング社、現在はイェール社）は、現在でも世界有数の大手錠前メーカーに数えられている。

第5章　幹線道路の抗しがたい魅力
（公差＝〇・〇〇〇〇〇〇〇〇一）

T型フォードがアメリカにあまりに深甚《しんじん》な影響を及ぼし、国家のありようを……その芸術も、音楽も、社会構造も……その健康も、富も、傲慢な島国根性も……大きく変えてしまったのだから、そのすべてに責任を負うヘンリー・フォードは、この上なく実現力のある革命家というよりほかないだろう。

――L・J・K・セットライト『車で走り続けろ！（*Drive On!*）』（二〇〇三年）より

一九九八年が始まってまもない真冬のある日、私は借り物のロールス・ロイス・シルバーセラフのトランクを閉めた。そのとき、右手の人差し指に鋭い痛みを感じた。見てみると、小さな切り傷から血が一滴、丸く膨れ上がっている。傷自体はたいしたことがなく、絆創膏を貼るまでもない。だが、このロールス・ロイスは新車だというのに、切り傷をつくるほど尖った箇所があるというのは見過ごせないように思えた。なにしろシルバーセラフは、どれほどライバル車があろうとやはり今もロールス・ロイスが世界最高の車なのだと、消費者に改めて知らしめるため、いや、それを改めて証明することすら目指して設計されたものだからだ。

私は同乗者と一緒に、鏡のようになめらかな車体後部の表面にゆっくり手を滑らせてみる。これが美しいマシンであることは疑いようがない。色は深い青。トランクの床には厚いウールのラグが敷き詰められ、傘専用のホルダーまでついていた。クロムメッキの部品は磨き抜かれて重厚な輝きを放ち、ライトは大きくがっしりとしたつくりで奥まっている。ナンバープレート・ホルダーまでもが、軍艦仕様であるかのように頑丈で全天候型だ。

ところが、ナンバープレート・ホルダーの下側の縁をなでてみたとき、二本のごくごく小さなネジを見つけた。そのうちの右側の一本が斜めに傾いていたため、クロムメッキを施した鏡のような平面から鋭いスチールの縁が一ミリにも満たない分だけはみ出していた。親指でさわってみる。間違いない。これが犯人だ。何の変哲もない一本のネジを見習い工が穴に嵌めようとしたが、その穴が精密さを欠いて斜めにあけられていたために、わずかとはいえあるべき位置とずれてしまったのである。

この車は、自動車における精密工学の粋を凝らしたなどと、自惚《うぬぼ》れた謳《うた》い文句を掲げていた。しかも、たいていの人には悲しいまでに手の届かない値段を取っている。なのにこれはいただけない。許しがたいエラーであり、汚点である。私の疑念が確信に変わったのは数週間後のこと。あるロンドンの新聞で自動車の性能評価記事を担当している男が、シルバーセラフをテスト走行したときの模様を書いていたのである。駐車したあとのセラフを再び走らせようとしたとき、サイドブレーキを解除できなかったばかりか、サイドブレーキのハンドルがもげた。マシン内部のどこかで、接続ケーブルがきれいに切断されたのだ。工場の中に不注意な人間がいたことは間違いない。

偶然にもそれから数カ月とたたないうちに、長らく崇敬を集めてきたロールス・ロイス・モーターズ社は図らずも事実上の倒産となり、ドイツのフォルクスワーゲン社に売却された。このニュースに、大半のイギリス国民が衝撃を受けて動揺を隠せなかったのに対し、私はほとんど驚かなかった。

ロールス・ロイス（Rolls-Royce）は、今なおハイフンでつないだ名称で世界から知られている（財政危機や様々な悪ふざけのせいでいろいろな社名が存在してはきたが）。この会社は一九〇四年五月に、イギリスのマンチェスターに鳴り物入りで設立された。その前年の一九〇三年六月にはアメリカのミシガン州デトロイトで、フォード・モーター社がもっとひそやかな式典とともに正式に企業となっている。いずれの会社を築いたのも、機械油にまみれながら憑かれたように一心に仕事をする技術者である。ともに名をヘンリーといい、どちらも一八六三年につましい家庭に生まれた。

それぞれの志《こころざし》が固まってからは、二人は結果的にずいぶん違った目的に向かって進むことになる。ヘンリー・ロイスはごく単純に、選ばれし少数の人々のために世界最高級の自動車をつくることに全力を傾けた。それがどんなに困難であろうと、どれほど経費がかかろうと、頓着はしない。一方のヘンリー・フォードはといえば、個人を自動車で輸送するという手段をできるだけ大勢の人に届けたいと考えた。物づくりに支障を来《きた》さない程度に、可能な限りの低コストで。それぞれの夢を実現するために、ロイスが職人を集めて手作業で自動車を組み立てたのに対し、フォードは膨大な数をつくる必要から、やがて機械の力を借りるようになる。

とはいえ、どちらの取り組みにとっても、きわめて精密な機械をつくり上げることが鍵を握る。芸術家を自任する技術者が丹念かつ繊細に作業を進めるのであれ、自らを革命家と信じる技術者が有無をいわせぬ決定を下すのであれ、そこには精密さがなくてはならない。二〇世紀初頭のこの時期、すでに文化的な暮らしに欠くことのできない要素として精密さはしっかりと根を下ろしていた。この二つの会社を比べると、その精密さがまったく違ったやり方で用いられ、いずれまったく異なる結果を生むことがよくわかる。

私がこの先ロールス・ロイスをもてるほどの身分になれるとは考えにくいし、それは今に限った話でもない。それでも、この車に対しては昔から憧れを抱いてきた。大学時代、何人かの仲間と共同で、ロールス・ロイスの一九三三年式クラシックカー「20／50」を所有していたことがある。これはいわく付きの一台であり、やっつけ仕事で霊柩車に改造されていたものだった。冴えない見た目にされてはいたが、運転は簡単で、おおむねよく走った。ただ、燃費は明らかにされておらず、どれくらいになるかの予測もつかない。とにかく、大学生にとっては手に余るほどガソリン代がかかった。だから、たまに気楽なドライブに出かける以外で、この車を引っ張り出すことはなかった。その際は、友人の一人がハープシコードを持ち込んで車の後部に据え付け、道々演奏して通行人を楽しませたものである。ある日、イングランド南西部のコッツウォルド丘陵に遊びに行ったとき、車が故障した（当時のロールス・ロイス社は「進めなくなった」という言い方を好んではいたが）。修理のために何人か技術者が現われたものの、黒いフェルト製の覆いを持参してきていて、それで車の正体を隠して会社の不名誉を救おうとした。もっとも、たいした意味があったとはいいがたく、それでごまかされるような者もいなかった。見物人はフェルトのパッド越しにホイールキャップの「RR」に目を留めた。お茶を冷まさないためのティーポットカバーのような覆いから、「スピリット・オブ・エクスタシー」（訳注　ロールス・ロイス車のボンネット先端についている公式マスコット）のフードのような飾りと、その下のギリシャ神殿のようなラジエーター（放熱器）が見え隠れしているのにも気付く。どこ製の車に問題が起きたのかはたちまち知れたわけである。

　私のロールス・ロイス愛に完全に火がついたのは、それからしばらく経った一九八四年の初め。とあるロンドンの新聞社から、ヨーロッパ本土についてのエッセイを何本か書いてほしいと依頼を受けたときである。編集者が皮肉交じりに語るところによれば、平均的なイギリス人がほとんど知らず、知ろうとも思っていないような事柄をテーマにしてほしいという。それぞれのエッセイでは、数ある都市のなかから私が選んだ場所を、数ある手段のなかから私が適宜《てきぎ》決めたやり方で旅した模様を綴ることになる。そこで私はストックホルムからヘルシンキまで船に乗り、イベリア半島南端のカディスからジブラルタルまで歩くことにした。また、スイスとイタリアの国境の町ブリッグのヴィクトリア・ホテルまで、ロンドンのヴィクトリア駅から電車で向かう計画も立てた。そして、ヨーロッパ大陸の最西端から最東端までを車で走り、それをこの一連のエッセイのうちの目玉企画にしたいと考えた。つまり、大西洋に面したスペイン北西部のガリシアから、当時はまだソビエト連邦のアストラハンまでである。ここは、ヴォルガ川がカスピ海に注ぐ三角州の町だ。

　私はこの一大自動車旅行を後回しにして、先に船や歩きや鉄道の部を終えた。いよいよ最後の旅となったとき、初めは我が家の古いヴォルヴォで何千キロも走るつもりでいた。ところが、一緒に旅をするカメラマンのパトリックとロンドンの中心部で、出発前の景気付けを兼ねた昼食（やや景気が付きすぎた感もあったが）をとっていたときのこと。それが終わりに近付いた頃に私はふとつぶやいた。ロールス・ロイスを使うのはどうだろう？　きっとソ連で大騒ぎになるんじゃないか？

話はとんとん拍子に進んだ。会社の広報部にすぐさま電話を入れたところ、ものの三〇分ですべてけりがついたのである。翌朝には、（注文がキャンセルになった分の）シルヴァー・スピリットが一台、生産ラインを離れることになった。色はオーシャン・ブルー。面倒でも電車でクルーの工場にまで行きさえすれば、その車は向こう二カ月のあいだ私のものになる。翌朝、広報担当者は私にキーを手渡しながら、「無事に戻していただければそれで結構です」と言った。私たちは握手をし、カメラマンのパトリックと私は出発した。

私たちの行く手にはなんとも壮大な旅が待ち受けていたわけだが、それは本章で記すことではない。車の内部機構の精密さと、この旅に向けて念入りに準備をしてくれた人たちのおかげで、その後の一万六〇〇〇キロあまりの道中は文句のつけようがなかった。車は完璧なくつろぎと静けさを提供してくれながらも、必要とあらば、たとえばドイツのバイエルン地方では、時速約二二五キロものスピードが出る。重さ三トンの車両にしては相当なスピードだ。機械上の些細《ささい》なトラブルもいっさい起きなかった。整備士のもとを訪ねたのは一度きり。ウィーン（当時としてはヨーロッパ最東端のロールス・ロイス社代理店があった）でディーラーに会って、鉄のカーテンの向こうで予想される低品質のガソリンに対応できるよう、エンジンタイミングを微調整してもらったときだけだ。「ですが率直に言いますとね」と、ディーラーは生温かいシリンダーヘッドを軽く叩きながら笑顔を向けた。「このエンジンはピーナッツバターでだって喜んで走りますよ。本当に融通が利くんです」

一連のエッセイはしかるべく新聞に掲載され、ロールス・ロイスでの旅が予想通り巻頭記事に選ばれた。その大きな理由は、文章に付随する写真がじつに象徴的だったからである。写真の舞台はキエフの町の城門の外であり、私は臭い芝居を打っていた。見るからに強大な青い車のボンネットに腰掛け、さほど遠からぬどこかを指差しているのだ。ボンネットは磨いたばかりで、ショールーム内かと見まごうばかりに輝き、まさに豊かで俗悪な資本主義を体現している。この写真を巻頭にもってこさせた力がどこにあったかといえば、構図が巧みだったからだ。カメラマンのパトリックは、扇動と宣伝のためのレーニン同志の巨大な肖像画の前にロールス・ロイスを置いたのである。レーニンは男らしく胸を張りながら両足を開いて立ち、私と同じ角度に腕を上げて、やはり遠からぬどこかに人差し指を向けている。いったい何を差しているのか。きっとキエフの市民にとっては、ソビエト社会主義共和国連邦の輝かしく素晴らしき未来だったのかもしれない。これ以上はないという対比であり、その皮肉は嫌でも伝わる。その号の新聞はロンドンではよく売れた。キエフでは発禁になったのではないかと思う。このエッセイが一地域でつかのま大当たりを取ったおかげで、世界中のロールス・ロイス・モーターズ社の広報担当者から、その後一〇年にわたって思いがけない感謝と厚意を頂戴することになった。

同じ新聞から依頼された次の仕事は、東ロサンゼルスのギャングについてエッセイを書くことである。一九八四年のロサンゼルスオリンピックを目前に控え、地元当局は神経を尖らせているとの噂だった。早速、別のカメラマンと一緒にカリフォルニアに飛び、ウィルシャー大通りのアンバサダー・ホテルにチェックインする。と、フロント係から小さな茶色い封筒を手渡された。あけてみると、驚いたことにロールス・ロイス・ビヴァリーヒルズ支店からの手紙と、鍵が一組入っている。「滞在をお楽しみください」と手紙には記されていた。「これは私たちのおごりです」

「これ」というのは怪物級の巨大な新車で、黒と白のロールス・ロイス・カマルグだった。当時の一般市販車としては世界一高額であり、外見的な魅力のなさでも世界で一、二を争う。ツードアの巨獣で、イタリア人が設計したとのことだが、その日はよほど機嫌が悪かったに違いない。スピードが遅く、扱いにくく、しかも重たい。若作りをして失敗した年増女の典型とでもいおうか、そのせいで無用の注目を集めた。ある暑い日の午後に信号待ちをしていたときのこと。コンバーチブルに乗った二人の若い女性が車体を寄せてきた。「それってロールス・ロイス?」運転席の女性が尋ねる。「そうですよ」と答えると、女性は声を上げて笑った。「そんなクソ不細工な車、見たことない」

カマルグが誕生するいきさつからは、精密さと正確さの違いがよくわかる。技術者からすれば、製造のあらゆる面で非常に精密な新車種を、いつものように丹精込めて生み出したというだけのことだ。ところが、その仕事を依頼した者も、設計した者も、市場に投入した者も、販売した者も、それぞれの決断が正確かどうかを察するセンスをもち合わせていなかった。そのせいで、カマルグの売れ行きはまったく振るわず、ロールス・ロイス版「エドセル」ともいうべき失敗作になった(訳注　フォード社が一九五〇年代後半に発売したエドセルは、大々的宣伝キャンペーンにもかかわらず売れ行きがまったく振るわず、「企業の失敗作」を意味する代名詞ともなった)。当時のロールス・ロイス社は、ゆっくりとした凋落への道をたどりだした頃である。その十数年後には私の指に切り傷をつくってサイドブレーキのケーブルが切れ、ドイツの会社に身売りすることになる。生産されていた一〇年のあいだに、カマルグは五〇〇台あまりしか売れなかった。カマルグを二週間借りた(ビヴァリーヒルズ支店の裏の駐車場で売れ残っていた一台だったらしい)翌年の一九八五年、会社は惨状を見かねてカマルグの生産に永久に終止符を打った。

世界にもう少し正義があれば、会社の名前はロイス・ロールスになっていただろう。なんといっても自動車をつくったのはヘンリー・ロイスであって、チャールズ・ロールズはそれを単に（華々しく）販売しただけだったからだ。だが、古今を通じて最も有名なブランドの一つとして知れ渡るにつれ（これをしのぐのはコカ・コーラくらいではないかといわれている）、社名にごくわずかな変更を加えることすら長らく冒瀆行為とされてきた。たとえば、二人の名前をつなぐ「Rolls-Royce」の中央の「ハイフン」は、絶対に侵すべからざるものであるらしい。また、社名を縮めて「ロールス」とするのも言語道断に無礼なのだそうだ。普段は製品をどう呼んでいるのかと現場作業員に答えを迫ると、「ロイシズ（ロイスの製品）」という言葉が返ってきた。

ヘンリー・ロイスがピーターバラ*の近くで生を受けたのは本当に幸いだった。というのも、一八六三年にロイスが誕生した直後、蒸気機関車の修理と保守を行なう工場をグレート・ノーザン鉄道がたまたまその町に建設したからである。ロイスは貧しく（幼い頃から、鳥を追い払う、新聞を売る、電報を配達するといった様々な仕事をせざるを得なかった）苛酷な（父が救貧院で亡くなったのはわずか九歳のときだった）少年時代を送っていた。だが、叔母に先見の明があって、エンジンをつくる仕事を覚えさせればこの子は一生困らないと考えた。そこで叔母は幼いヘンリーのために、見習い期間の諸費用三年分をグレート・ノーザン鉄道の工場に支払った。その工場ではほどなく、イギリスで最高級かつ最速の蒸気機関車の組み立てと修理を手掛けるようになる。叔母が望んだ通り、甥のために

＊　この土地に何かいわくでもあったのだろうか。というのも、ロイスの生まれたケンブリッジシャー州アルウォルトン村からは、二六年後にフランク・パーキンズという男が誕生するからだ。パーキンズは技術者となり、多くの愛好家をもつディーゼルエンジンを考案した。ただし、地元の教会に記念プレートが飾られているのはロイスだけである。

と決断した費用は、自らエンジンを生み出す道へと少年を送り出すことになる。少年は工場で訓練を積み、石炭を貪り食う鉄の怪物をピーターバラの工場からいくつも世に送り出していった。最終的には、同じエンジンでも自動車のエンジンを自ら製作して大評判を博すことになる。しかし、機械の仕組みやつくりとしては、こちらのほうが蒸気機関より格段の繊細さが求められた。

じつをいうと、エンジンと、それを入れるための自動車をロイスがつくったのは、二〇年あまりのちのことだった。蒸気機関車を離れて初めて新たな冒険をしたのは、電気関係の事業でだった。友人と共同でマンチェスターのクック通りに工場を建て、照明スイッチ、ヒューズ、玄関の呼び鈴といった、時代の先端を行く製品を製造・販売したのである。すぐにロイスはそれなりの財を蓄え、身を固め、郊外に広々とした家を買い、余暇には庭いじりをしてバラや果樹を育て始めた。ガーデニング愛は生涯続くことになる。

しかし、本当にやりたかったのは電気工学ではなく機械工学のほうだったため、一〇年後にはその二つを合体させることに決める。ロイス有限会社を設立して、産業用の大型電気クレーンの製造を開始したのだ。会社には固定客がつき、高い評価を得た。なにしろつくりがしっかりしている。そのうえ、ロイスの設計による特許取得の安全装置のおかげで、命に関わる事故が大幅に減少した。当時のヴィクトリア世界では、やや高層の建築物が新たに登場し始めており、そこには悲惨な事故がつきものだったのだ。時とともに会社は大いに繁栄し、大日本帝国海軍にまで電気クレーンを販売した。ちなみに、無節操な日本の技術者たちが、「ROYCE LIMITED（ロイス有限会社）」の銘板に至るまで完全にコピーした一台をつくっている。

二〇世紀への変わり目になると、にわかにドイツやアメリカの会社が電気クレーン市場に多数参入

人生に正義があれば、ヘンリー・ロイスが1904年に生み出した自動車は「ロイス・ロールス」と名付けられていただろう。なにしろチャールズ・ロールズのほうは、セールスマンとプロモーターに毛の生えただけのような存在だったからだ。実際に自動車を組み立てている現場の技術者たちは、反骨心を込めて自社製品を「ロイシズ（ロイスの製品）」と呼んでいた。

してきて、安い製品を売った。ロイス社は屈服する寸前までいく。しかし、ヘンリー・ロイスはのちもそうであるように、困難に直面すればするほど鉄の意志を発揮する。そして、どれだけの圧力があろうと最高品質の機械だけをつくり続けた。コストも基準もいっさい下げないと宣言する。やがて、この若い会社は生き延び、安定し、高品質の技術力を有すると評判になり、価格など問題にならないほど精密な製品との評価を受けるようになっていった。

今やロイスはすっかり落ち着いて安定した生活を送り、家庭的で、銀行に蓄えもあった。その個人的な興味はしだいに自動車へと移っていく。まず一九〇二年にした最初の贅沢は、ド・ディオン四輪車を購入することだった。これは基本的に自転車を二台並べてつないだようなもので、その中央に小型の内燃機関を備えている。当時、誕生まもない自動車製造業はほとんどフランスの独占状態だった。ド・ディオン＝ブートン社、ドライエ社、ドゥコーヴィル社、オチキス社、パナール社、ロレーヌ・ディートリッヒ社などがそれぞれ少数の自動車を生産していて、その愛好家の数は増えつつあった。今に残る自動車関連用語にも、フランス語を語源とするものがいくつも見られる。たとえば、ガレージ、ショーファー、セダン、クーペなどがそうだし、自動車自体を表わすオートモービルも元々はフランス語である。

フランス製の車は見栄えがよく、つくりも見事で、職人によって手掛けられ、当時ヨーロッパの道路に登場し始めていたアメリカ車よりも遥かに仕上げが素晴らしい。それが当初のロイスの印象だった。すぐにロイスはもっと本腰を入れて自動車について調べ始め、本当の意味で自動車と呼べるものを一九〇三年の初頭に購入する。一〇馬力で二気筒エンジンの中古のドゥコーヴィル車だ。買った車が列車でマンチェスターに届いたあとは、駅からクック通りの工場までロイス社の作業員が押していかなければならなかった。

一九〇三年に「一〇馬力」といったら最先端である。あるロンドンのディーラーは最新の成果を盛んに宣伝していた。「エディンバラからロンドンまで（訳注　約五三〇キロ）止まらずに走れる！　荷物を満載しても全行程の平均時速は約三二キロ！」「ウェルベックの競技場で時速八二キロを達成！」「ドーヴィルのレースで時速一二〇キロを記録！」ディーラーによれば、平均的な状態であれば最大時速は約五六キロ。快適な四人乗りで、カバーを後部座席の上に広げることができるので、後ろに乗っていても雨から守られる。ただし、運転手を守るものは何もなく、風防ガラスも付いていなかった。ガソリンはディーラーのもとに行けば、一ガロン（約四・五五リットル）一シリングで「いつでも買える」というのが謳い文句だった。

ドゥコーヴィル車を買ってから数週間と経たないうちに、ロイスは運命を決する重大な決断を下す。その車に乗るのは楽しく、毎日のようにハンドルを握ってはいた。しかし、まずまずの洒落《しゃれ》た外観とは裏腹に、内部機構がひどくお粗末に思えてならなかった。走行音はうるさく、加速は不十分で、すぐに過熱する。信頼性など皆無である。

ロイスは早速チームの面々にこう宣言する。これからこの車を丸裸にして、基本構造を剝き出しにするつもりだ。そのうえで車輪の踏み面から何から何まですべてを設計し直し、まったく新しい種類の自動車をつくろうと思う。あらゆる点において機械として非の打ちどころがなく、全幅の信頼を置ける車を。まずは自分の空き時間を使って作業をするが、もしもそれが理想の一台となる兆しだけでも感じさせてくれるなら、ロイス有限会社の位置づけを改め、自らの再設計をベースにした新しい自動車を製造する会社にして、それを「ロイス車」と呼びたい。一〇馬力（Horse Power）のロイスだから「ロイス10ＨＰ」だ。

ロイスは労を惜しまず、鋭敏な手先と確かな目だけを頼りにこつこつと仕事を進めていく。やがて新しい車が形をとり始めた。ドゥコーヴィル車と同様にロイス車も二気筒エンジンで、それぞれの気筒口径は九五ミリ、ストローク（行程）は一二七ミリ。燃料入口はシリンダーの最上部に、排気弁は側面につく予定である。エンジンの前面には水ジャケットをかぶせ、機械の過熱を徹底的に防ぐ。ロイスは新しいタイプのキャブレター（気化器）を設計し、手づくりした。また、木のケースに収めた新しい点火コイルも製作し、手作業で先端部を純白金（プラチナ）で仕上げた。このコイルは調節も洗浄も必要がないようであり、燃料に点火するための高電圧電流を休みなく発生させることができる。一九〇四年式の自動車で一番多く問題を起こしていたのがこの点火コイルだったが、ロイスの車では、少なくともこの部分に関しては何のトラブルも生じなかった。さらにロイスはきわめて正確なディストリビュータ（配電器）を開発した。おかげで、エンジンのシリンダー内にガソリンと空気の混合気が入ってきたちょうどそのときに、確実に点火プラグに配電できるようになった。その混合気こそが、内燃機関を走らせる原動力である。

動力をタイヤに伝えるのに、チェーン駆動ではなくドライブシャフト（駆動軸）を導入したのもロイスだ。すべての歯車が完璧に噛み合うように念を入れ、惜しみなく油を差す。サスペンションも可能な限り改良して、安全さのみならず快適さも追求するのを片時も忘れなかった。なんといっても人間が乗るのである。シリンダーヘッドからの漏れを防ぐガスケット（パッキン）には、自分の革製エプロンを切って使った。フランス車で用いられていた鋲《びょう》をやめ、先細りのボルトを新たに設計しもした。消音対策では排気装置用として、度が過ぎるほど巨大なマフラー（消音器）に複数枚のバッフル板（訳注　流体中に設けて流れを阻止する板のこと）を取り付ける。排気音のうるささをなんとしても減らして、軽い雑音程度にしたいというのがロイスの強い思いだった。ギヤボックスは前進三速の設定にし、クラッチには革を張る。ステアリング装置のウォームギヤと、ブレーキ装置のブレーキシュー（制輪子）も取り替えた。この時点ではすでに何度も試験を行ない、不具合が生じればその原因を分析する。今や調べ尽くされて残骸となり果てた生贄《いけにえ》のドゥコーヴィルよりも、自分のロイス10ＨＰのほうが信頼性で上を行くようにしたい。しかも「まずまず」などというレベルを超えた信頼性をもたせたい。たとえ結果的に膨大なコスト増になろうとも。「どんなわずかな摩耗も腐食も、かずかな不具合の兆しも、あの男の目を逃れることはありません」。そう語ったのは、のちにロールス・ロイス社で働き、ロイスをしのぐ名声を得る技術者のスタンリー・フッカーだ。「そしてそれらを是正すべく努力するのです」

クック通りの工場から初めてロイス10ＨＰが姿を現わしたのは、一九〇四年三月三一日のこと。その後すぐさまさらに二台が製作されて、それらも路上に出る。回を重ねるごとに、つくりの精巧さも性能も向上していった。すると、ロイス社の新しい取締役の一人でヘンリー・エドマンズという男が、光り輝く新車の写真を撮ってロンドンの友人に送った。その友人というのがチャールズ・ロールズ閣下である。あくせく働く必要のない貴族で、ビールに似た低アルコール飲料を愛し、向こう見ずでショーマンシップが旺盛で、自動車狂でもある（自動推進型交通組合の会員も務めていた）。当時はメイフェア、ナイツブリッジ、ベルグレーヴィアといった閑静な高級住宅街に住む金持ちを相手に、プジョーやパナールといったフランス車を販売しようと目論んでいた。

送られてきた小さな白黒写真を手にしたとたん、ロールズはたちまち雷に打たれたかのような衝撃を受ける。一目で虜《とりこ》になった。ついにイギリス製の優秀な車が大陸のメーカーと張りあえる、ないしは上回れるレベルに達し、求めさえすれば手に入れられるようになったのだ。エドマンズの説明から、そしてこの一枚の写真から、ロールズはそう確信する。ロールズはロイスに手紙を書いた。初めは依頼し、次は要求し、しまいには泣きつかんばかりにして、なんとかこの非凡きわまる素晴らしい機械技師にロンドンまで会いに来てほしいと頼んだ。何通送っても、答えは決まって拒否である。

この年の四月下旬、クック通りではこんな光景が繰り広げられていたのではないだろうか。ヘンリー・ロイスの机の上にまたぞろ一通の封筒が舞い降りた。だが今回もまた、ロイスには返事をしている暇がない。ロンドンからの手紙が今こうしてマンチェスターに来ている。どうせまた、イートン校を出てケンブリッジ大学を卒業した大都会の名士が、ロイスに会いたいからロンドンに出てこいというのだろう。

だがロイスに折れるつもりはなかった。起きているあいだじゅう、自分の狭苦しい機械工場で仕事をして、ほかのことに振り向ける時間などどこにもなかったのである。

その前の週には、自ら課したこととはいえ、ほとんど不可能に近いことに全力を注いできたのだ。少なくとも私はそう思う。何かというと、鍛鉄製のクランクシャフトを機械加工する際、左右のバランスが完璧になるように努めていたのだ。そのおかげで、クランクシャフトを一度回転させたらそのまま回り続ける。どちらか片側が重いということがないので、回転を鈍らせる要素がない。ロールズ氏からの手紙が届いた日、ロイスはマイクロメータをいじっていた。不規則な形をしたクランクシャフトの寸法誤差を測定し、余計な部分を研磨したりヤスリ仕上げをしたりする。どのシャフトの寸法にも、一〇万分の一インチ以下の誤差しか出ないようにしたかった。違いが一〇万分の一インチしかなければ実質的には同一といってよく、可能な限り完璧につくられていることになる。

ロイスは自動車づくりが楽しくて仕方なかった。どの車も、最終的に試験走行や検査や耐久試験を経て手直しをすれば、ほかのどこにもない一台になると従業員には話していた。構成部品は一つ一つ丹精込めて形づくり、妥協なき正確さで機械加工してある。だから、完成した車は永久に信頼できた。しかも囁くほどの音しか立てず、きわめて高馬力である。そして、一般大衆にとってどうかはさておき、この車に専心している技術者にとっては、機械が体現し得る美しさの極致だった。

さて、クランクシャフトの製作と試験が終わった（出来栄えが完璧だったために、手で勢いをつけて回したらいっこうに止まる気配がなかった）。三台めとなる最新のロイス10HPは、いよいよ試験走行に臨む準備が整った。これは完全に自動車化された乗用車であり、純イギリス製の交通手段だ。

完成済みエンジンをシャーシ（車台）に取り付ける。ドライブトレーン（訳注　エンジンと駆動輪のあいだにある回転力伝達機構）（これもすべて手作業で組み立てる）の構成部品（午後の日を受けてきらめき輝くまでセーム皮で磨いてある）を接続した。空気タイヤを付けた車輪を車軸にボルトで留め、タンクに慎重にガソリンを注ぎ入れる。

次にロイスは、エンジン冷却用のラジエーターの下にある溝穴に、ニッケル鋼製の手回しクランクを差し込んだ。ラジエーターがギリシャ神殿のような姿をしているおかげで、その尖った最上部は自動車らしからぬ威厳と崇高さを醸し出している。ロイスはクランクを、一度、二度、三度と回す。

初めは何事も起きなかった。ロイスはレバーを調整し、刻みの付いた真鍮製のホイールを回して、バルブをもう少し開いた。すると、低い唸り声のような音が続けざまに鳴ったかと思うと、最初は驚くほどの黒い煙がエンジンから噴き出した。作業員たちは慌てて一歩下がる。エンジンがかかり、点火され、鈍く低い音とともに回転する状態にただちに落ち着いた。

エンジンは非常に静かだ。ドゥコーヴィル車のようにやかましく耳障りな騒音がない。違う。これは並みの自動車ではない。排気ガスがかすかに泡立つような音を立てている。タペット（巻末用語集参照）音はほとんどしない。カムシャフトは、十分に油を差した金属特有の絹のようになめらかな響きで、バルブを開閉している。ボンネット（エンジンルームの覆いを指すのに前年につくられたばかりの新語）を閉じて、振動するエンジンを囲むように固定してしまえば、まったくエンジン音はしない。驚きと感動で立ち尽くす技術者たちにとって、まだエンジンが何の問題もなくフル稼働していることを示すものは、伝わってくる熱と、手で感じる振動だけだった。

テストドライバーが車に乗り込む。チョーク（訳注　エンジン始動時に空気取入口を絞り、混合気を濃くするための空気吸入調節装置）を調節し、帽子のつばとマグネトー（巻末用語集参照）の位置を直してからゴーグルをかけた。誰かが工場の両開きの木製の扉を押しあけ、クック通りの左右を眺め渡して馬も人もいないことを確認する。ドライバーはトランスミッションを低速ギヤに入れ、ブレーキから足を離し、ハンドルを握って、クラッチを外す。そしてロイス手製の三台めの車はほとんど音もなく通りへと滑り出し、地平線に連なる低い丘陵のほうへ流れるように走っていった。この車にとって、これが実世界で初めての探検旅行である。

ロイスが封筒を開いたのはそのときだった。

差出人はやはりチャールズ・ロールズだったが、今回は南のロンドンまでロイスに来てくれというお願いではなかった。逆に、そちらの都合さえよければ、ロールズのほうがクック通りに出向いて、その世界最高の車を製造・販売できるかどうかを見極めたいという。この条件なら呑んでもいいとロイスは思ったのだろうか。どちらの側も、絶対的な精密さという基準のもとに優れた乗用車をつくることに重きを置き、コストを度外視している点では変わらない、と手紙にはあった。それを読んで、いつの日か手紙の差出人と自分が一緒に事業を興し、自分たちの名前を組み合わせた社名をつけるような、そんな未来を思い描いたのだろうか。

二時間の試験走行を終えて、小さな黒い車は風を切りながらクック通りに戻ってきた。エンジンは相変わらず幽霊が囁くような音しか立てず、温かいオイルにまみれていた。ドライバーはその見事な走りに驚きと喜びを隠せない。この試験走行に関するどの記録を見ても、これが天下無双の一台であることを物語っている。車はあらゆる期待を上回ってみせた。そしてその日の夕刻、新しい車の明らかな成功に気が大きくなったのか、ロイスはロールズに返事を書いた。本日より二週間後の五月四日に、万障お繰り合わせのうえマンチェスターに来られたし。いろいろあったが、どうやら一緒に仕事がてきるかもしれない、と。

マンチェスターのピーター通りにミッドランド・ホテルがある。そのエントランスの外には、真鍮の銘板が飾られている。チャールズ・ロールズとヘンリー・ロイスが、予定通り一九〇四年五月四日に初めて公式に会ったことを記念するものだ。この会合からロイスが望んでいたのは、一段と厳しい基準に則《のっと》った自動車をつくり続けるための資金を得ることのみだった。一方のロールズが何を求めていたかというと、その日の朝にロンドンを発《た》ってマンチェスターへと向かう列車のなかで、ロイス社取締役のヘンリー・エドマンズに次のように語ったという。これほど素晴らしい製作物に自分の名前も関連づけてもらい、いつかその名が誰もが知る言葉となることが望みだ、と。エドマンズはそのときの会話をこう記している。「『ブロードウッド』や『スタインウェイ』と聞けばピアノを連想するように。『チャブ』といえば金庫を思い浮かべるように」

真新しいロイス10HPを実際に目にし、生みの親であるヘンリー・ロイスが静かな誇りを湛《たた》えるさまに接したことは、ロールズに絶大な効果を及ぼした。また、短時間ながらマンチェスターの通りから通りへと、いっさい馬を驚かすことなしに（たいていの車は騒音がひどくてそうはいかなかった）、非の打ちどころのないなめらかな乗り心地を経験できたのも大いに功を奏した。その日の夜、ロールズは列車でロンドンに戻り、おそらくは食堂車でたっぷり腹ごしらえをしたのだろう。というのも、真夜中の〇時頃に表に飛び出すや、高級住宅地のベルグレーヴィアで、話を聞いてくれそうな人を誰彼構わずつかまえてはこう宣言したからだ。「僕は世界最高の技術者を見つけた！　世界最高の技術者だ！」

翌日から弁護士が作業を始め、正式な契約が交わされたのはクリスマスの二日前のこと。こうして二人の共同事業が公式に産声を上げた。新会社の名称をつけるにあたって、二人の名前をどういう順番にするかについてはじつにすんなりと決まった。ヘンリー・ロイスは自分のマシンの品質に誇りをもっており、その誇りさえあれば、名前の順序で揉めるなどくだらないことに思えたのである。だから、「ロールズ」が先で「ロイス」があとであり、それをハイフンでつないで「Rolls-Royce」とすることですぐに合意がなされた。ロールス・ロイス社の誕生である（訳注　本来Rollsの発音は「ロールズ」が正しいが、社名としては日本では長らく「ロールス・ロイス」が定着しているため、本書では社名の一部としては「ロールス」とし、人名としては「ロールズ」と表記する）。

一九〇五年、マン島を舞台に自動車レースが開催され、ロールス・ロイス車は二位を獲得した。二人の会社が結成されるや否や、自動車全体の生産は見苦しいまでの速さで勢いを増していた。だから、こうした競技会で好成績を収めることは何よりの宣伝となる。レース後の夕食の席で、チャールズ・ロールズはロイスと初めて会ったときのことを振り返った。かつてのロールズは、ロンドンの上流階級向けにフランス車を売りたいと考えていた。ところが、である。

顧客のあいだに、イギリス製の自動車が欲しいという要望が増えていることには確かに気付いていました。とはいえ、私自身が工場を始めて自分で車をつくろうという気にはなりませんでした。一つには、そうした方面の能力と経験がなかったからであり、もう一つには大変なリスクを伴う行為でもあるからです。それに、本当に好きだと断言できるイギリス車にまだ一台もお目にかかったことがなかったのも事実です。……ところがやがて、幸運にもロイス氏の知己《ちき》を得ることができ、このロイス氏のなかに長年探し求めてきた人物を見出したのです。

クック通りで生まれたごく初期の車は、品格やスピードや気取りや尊大さよりも、静音性と信頼性を追求することで知られていた。工場で最初にロイス10ＨＰが手づくりされてから一〇年が過ぎると、耐久性でも評判をとるようになる。あるスコットランド東部の農夫などは、ロイス10ＨＰで高地を一六万キロ以上も走ったのに、ただの一度も故障しなかった。しかもけっして高価ではなかった。ロイス10ＨＰは一台三九五ポンドである。六〇馬力のメルセデスが二五〇〇ポンドし、六気筒エンジンのネイピアが一〇〇〇ポンド強だった時代だ（二〇一七年の通貨相場では一〇万ポンドが一二万八〇〇〇ドル相当）。

とはいえ、けっして楽しいだけの話ではなかった。ときには後退を余儀なくされる場面もあった。あるときロールズが一台をマン島にもっていき、延々と続く丘を無謀にもギヤをニュートラルにしたまま慣性走行した。しかもさらに無謀なことに、ギヤを入れようとしたときに、そのときに出ているスピードに合わないギヤを選んでしまった。そのため、ギヤボックスが大破したのみならず、ギヤの歯がすべて欠けてただの金属板になった。もちろんロイスにとっては面白かろうはずもない。だが、奥歯を噛み締めて怒りを呑み込んだ。なんといっても会社のナンバーワンで通っているのはチャールズ・ロールズ閣下なのであり、それも謂《いわ》れのないことではなかったからである。

同じロールス・ロイス車でも、もっと新しい時代の車種のほうが車の出来としては素晴らしいとつい思いたくなる。たとえば、君主や皇帝などを載せたこともある「ファントム」はもちろん、頭に

「シルバー」を冠したきょうだいたち（「ドーン」「レイス」「クラウド」「シャドー」「スピリット」「スパー」「セラフ」）や、「シルバー」の付かない「コーニッシュ」や「カマルグ」であってもそうだ。こうした車では洗練された工夫が随所に凝らされ、新しいテクノロジーも導入されている。本質的にはたいした意味のない改良も多数加えられて、幾重にも贅沢であり快適でもある。有刺鉄線に近付かせないようにして育てたウシの傷一つない皮革が使われ、後部の燃料タンクがしだいに軽くなるのを自動的に相殺するサスペンションが搭載されている。アクスミンスター・カーペットはあくまで厚く、イヤリングを落としたら二度と見つからない。ダッシュボードの寄木細工は都会的で、この上なく優雅な応接室を思わせる。ドアトリム（訳注 ドアの室内側の内張り部品）の化粧張りは古木から切り出した板を面取りしてつくられ、まるで鏡に映したように左右が合っている。永遠と完璧を求めるヘンリー・ロイスの夢が隅々にまで反映されているかのようだ。

ところがそうではないのである。技術者という人種には華麗さや俗悪さを好む者がまずおらず、足首まで埋まるカーペットにも、バターのようになめらかな革にもほとんど関心がない。むしろ自分の技術を使って、機械でできることの限界を押し広げたいと考えている。自動車づくりの場合でいえば、より良い材料を用いて軽量化と効率化をさらに進めること。そして、機械加工するうえでの公差を一段と小さくして走行のスムーズさを高め、今まで以上に部品に磨きをかけて、嵌め合いもよくしたい。それが技術者というものだ。

一九〇六年まで、ロールス・ロイス社が生み出す車は一つ残らず、元々のフランス・ドゥコーヴィル社製の一〇馬力車を下敷きにしていた（確かに一九〇六年は会社の歴史としてはまだ日が浅いものの、これほど目に見えて速い進展を遂げている企業にとっては短い期間とはいえない）。ヘンリー・

ロイスはこの大元に手を加えて、いくつものバージョンをつくり出している。10HP、ライト20HP、ヘビー20HP、六気筒の30HP。いずれも自動車関係の新聞や雑誌からの受けはよく、かなり売れはした。しかし、限界に挑もうとする技術者にすれば、技術的にいってそれは知性の袋小路ともいうべきものだった。

今こそまったく新しい車が必要だった。ロイスの想像力のみを土台とし、いささか時代遅れになりつつあるフランス車の影響をほとんど受けない車が。そこで会社の少数の職人たちが集まった。油じみのついた薄茶色のオーバーオールを着て、ウエス（訳注　機械掃除用の屑布）を摑んだ指には機械油がこびりつき、目は半ば閉じ、眉間にしわを寄せ、首から紐でルーペを下げ、計算尺とマイクロメータと、ノギスとバーニヤと圧力計を手に、ヤニで黄ばんだ歯のあいだに年季の入ったパイプをくわえて。チームは一九〇六年に何日にもわたって夜遅くまで青写真や対数表を睨み、新しい合金のリストや、車枠にトネリコ材を使った場合の密度やたわみ率を示した図表を眺め、ネジ山やタペットの隙間やシリンダー径をどうするかを検討し……

この侃々諤々《かんかんがくがく》のなかから誕生したのが、独自開発の「ロールス・ロイス・シルバーゴースト」である。発売開始は一九〇六年で、一九二五年まで生産が続けられた。この間《かん》、八〇〇〇台近くが製造され、そのほとんどがいまだに走行可能である。シルバーゴーストはとにかく巨大なので、それを動かすにはエンジンも相当に大きくなくてはならない。結果的に、六気筒のサイドバルブエンジンで七リットルあまりを吸気する仕様に落ち着いた（一九一〇年式からはそれが七・五リットルに増加した）。エンジンに関わる何もかもがかさばり、どっしりとして、目方がある。シリンダーは三つずつ、鋳鉄製の二個のシリンダーブロックに収まっており、先端部に丸みをもたせて真鍮で仕上げてあった。カ

ロールス・ロイス・シルバーゴースト。今なおこの有名ブランドの象徴的存在とされ、一時期はアメリカ（マサチューセッツ州スプリングフィールド）でも製造された唯一の車種でもある。1906～1925年のあいだにほぼ8000台が手作業でつくられた。

ムシャフトは一本で、タペットは剝き出しになっている。銅製のパイプで燃料を送り、ガバナー（調速機）付きのツインジェット・キャブレターはハンドル中央のレバーで調節できる。排気をテールパイプ（後部排気管）に運ぶ銅製の太いパイプも通っている。クランクシャフトは研磨したスチール製で、軸受が七つあった。今の目で見てもゴーストのエンジンは、洗練されていながら無骨でもあるという、相反する不思議な魅力を放っている。まるで自動車の車枠に船舶用タービンを取り付けたかのようであり、必要とされることなどあり得ないほどの馬力と耐久性を車に与えていた。

シルバーゴーストは今もなお、比類なき車として評価されている。きわめて高い基準に適うよう、最高レベルの精密さで工学の粋を尽くせばこうなるという見本ともいえるだろう。この車種を他から抜きん出た存在にしているのはその過剰さではなく、耐久性と信頼性、そして静音性とスピードだった。ロイスの有名な格言の一つに、「完璧さは細部に宿る」というものがある。とはいえ、完璧さとはそう簡単なものではない。

なのにシルバーゴーストではラジエーターからタイヤまで、キャブレターからブレーキに至るまで、完璧さに溢れていた。

当初この車は「ロールス・ロイス40／50ＨＰ」と呼ばれていた。こんなロマンのかけらもない名前にせざるを得なかったのは、法律で定められていたからである。それは、運転の喜びに水を差す不倶《ふぐ》戴天《たいてん》の敵「自動車税」との兼ね合いだった。二〇世紀初頭の自動車は馬力に応じて課税されており、その馬力はロンドンの内国歳入庁が定める方法で計算された。その計算式は、「エンジンのシリンダー径（単位はインチ）の二乗の五分の二に気筒数（シリンダーの数）を掛ける」というものである。シルバーゴーストは六気筒で、直径（内径）は約四インチ（約一〇センチ）。四の二乗は一六で、一六掛ける六は九六だから、その五分の二はおよそ四〇なので、課税対象となる馬力数は四〇である。

その四〇が最初の数字だとするなら、もう一つのほう（この場合なら五〇）は何なのか。それは、その車が出せるとメーカーが信じる、もしくは主張する（あるときは自慢げに、たいていはさほどでもなく）数字だ。つまり、一九〇六年に発売されたこの車に関しては、課税対象の馬力数と実際の馬力数を並べた結果が「40／50」という名称につながったわけだ。これほど価値ある自動車に、よくもそんな退屈な名前をつけたものである。

その後、思いがけずマーケティングの才が発揮される瞬間が訪れた。新シリーズの一一台めとなるシャーシを組み立て終えたあと、会社の社長であるクロード・ジョンソン*が、一二台め（六〇五五一番）の車体を銀色のエナメル塗装にして、光る金具部分をすべて純銀製にせよと命じたのである。宣伝用のモデルカーにするためだ。ジョンソンはイニシャル「ＣＪ」の愛称で知られ、「肩幅が広く外交的で、パーティーを開くのが大好きな」男である。ジョンソンはその特別な一台に「シルバーゴースト（銀色の幽霊）」という名をつけた。命名の理由はその外観の色と、当人の言葉を借りるなら「異様なまでに音もなく忍び寄ってくる」ことからだという。銘板の裏側から打ち出し細工を施してその名前を浮き上がらせ、それを風防ガラスとボンネットのあいだに取り付けた。

たった一台の車が銘板をこれ見よがしに付けている、という話で終わってもおかしくはなかった。ところが、影響力の大きい自動車雑誌《オートカー》が、この製品ライン全体をその名で呼んでもいいし、むしろそうすべきだとの見解を掲載する。そこで、工場では相変わらず40／50ＨＰを手作業で生産し続けながらも、この車を買う者も愛でる者もともに「ゴースト」の名前を受け入れ、それが正式に自動車の歴史の一部となった（ちなみに、生産拠点は一九〇八年にクック通りを離れ、ダービーに新設した専用工場に移ることになる）。

宣伝用モデルカーは驚異的な性能を発揮した。製造が完了したのは一九〇七年四月一三日。まず会社の主任試験官によって約一三〇キロの試験走行が行なわれ、万事問題がないことが宣言された。そのうえで陸路ロンドンへ送られて、クロード・ジョンソンの管理下に入る。ジョンソンの手配により、尋常ではなくハードルの高い試験が次から次へと実施された。その模様を王立自動車クラブ（ＲＡＣ）の監視員が、一瞬の不首尾も見逃すまいと目を光らせている。結果的に試験はほぼすべて成功だった。ただし、数十キロ走るごとにタイヤがパンクするという不具合が起きた。もっとも、自動車に乗る人間にとっては、ガソリンを入れるために止まる程度の不便しか感じなかった。

一度、シルバーゴーストがロンドンからグラスゴーまで約八〇〇キロの道のりを走ったとき、ギヤは三速か四速のままにしておいた。これには二つの理由がある。一つは、急勾配を登りきるパワーがエンジンにあるかどうかを確かめることだ。なかでも問題になるのが、イングランド北西部ウェストモーランド地方のシャップ峠である。ここは淡紅色の花崗岩が連なる広大な丘であり、スコットランドへの主要道路が国道Ａ６号だった当時（まだ細い道だった）にはこの峠の長い登りが難所だった。シルバーゴーストは軽々と音もなく峠を上がり、北側の下り坂をスポーツカー並みのスピードで駆け下りた。一つのギヤに固定しておいたもう一つの理由は、二〇世紀初頭のドライバーたちに向けて、自動車の運転がいかに簡単かを示すことにある。当時は呆れるほど大勢の人が、車を買っておきながらギヤをどう切り替えればいいかをまったく知らなかった。そうする必要があると考えるだけで震え上がったものである（かなり最近になるまで、ロールス・ロイス社のマニュアルはお抱え運転手の存在を前提に書かれていた。曰く、「タイヤがパンクした場合には、あなたの従者に指示をして車を路肩に寄せさせてください」。「あなたの従者」ならまず間違いなく、ギヤの替え方もタイヤ交換の仕方も心得ているだろうから）。

しかし、自動車雑誌の愛読者や、かねてからのロールス・ロイス崇拝者たちを心底唸らせ、ロールス・ロイスの名を押しも押されもせぬものとして国中に轟かせることとなったのは、シルバーゴーストの耐久試験だった。つまり、一度も止まらずにどれだけ走れるか、である。始まったのは一九〇七年六月。当初は、クロード・ジョンソンが運転し、二人の同乗者とＲＡＣからの監視員一人を乗せて、

＊　ジョンソンはつねに自らを「ロールス・ロイス（Rolls-Royce）」の「ハイフン」だと公言し、「シルバーゴースト」の実質的な名付け親を自任していた。この男の信条は、会社は一つの車種だけを可能な限り完璧につくるべし、というものだった。ジョンソンはこの車の名付け親であるだけでなく、王立自動車クラブの初代事務局長を務め、イギリスでの自動車人気に火をつけた最初の立役者ともみなせる。それを思うと、ジョンソンの重要性は単に「名前をつなぐ」だけにはとうてい留まらなかったといえるだろう。

ただスコットランド北部の高地を快走しようという心積もりだった。土砂降りの雨に見舞われ、車はぶつかったり擦《こす》ったりしながらも、住む人のない広大な景色のなかを一三〇〇キロ近く駆け抜けた。耐久試験は、そのドライブの続きとして実施してみようかと、何気なく提案されて決まったものである。初日はパースへ行くためにグラスゴーから北へ向かい、悪名高いレスト・アンド・ビー・サンクフル（訳注　「休息して感謝せよ」の意）峠をうまく乗り越えた。ところが、二日めにケルンウェル峠を下るところで、デビルズ・エルボー（訳注　「悪魔の肘」の意）というダブルヘアピンカーブを曲がろうとしたとき、些細なつまずきに見舞われる。小さな真鍮製のガソリン栓が振動のせいでひとりでに閉まってしまい、エンジンに燃料が行かなくなって車がエンストしたのだ。一瞬、狐につままれたようになったが、栓を素早く回したらすべては元通りの順調そのものになった。ばつの悪い思いをしはしたが、真剣に心配しなければならないような事態とは程遠い。

それ以外はまったく申し分がなかった。スコットランドで五日間走り終えると、シルバーゴーストには数々の賞やメダルが贈られた。ジョンソンはそれを受け、どうせなら新聞にできるだけ派手に取り上げてもらおうと考える。そこで、気の毒なRACの監視員を説き伏せてそのまま乗っていてもらい、南を指してグラスゴーへ、さらには再びロンドンへと進路を切った。途中でエディンバラ、ニューカッスル、ダーリントン、リーズ、マンチェスター、コヴェントリーを過ぎ、ピカデリー大通りのRACクラブハウスに着く。それから車の向きを変えてまた北を目指す。最終的には、少なくともこれをあと二七回繰り返した。車はそれが楽しくて仕方ないらしく、いっこうにやめようとしない。RACの監視員や自動車雑誌の関係者が沿道に足を止めては、シルバーゴーストがイングランドとスコットランドを往復し、ラノリン（羊毛脂）を塗った織機のシャトル（訳注　縦糸のあいだを左右に滑らせて横糸を織り込むための舟形の道具）のように行ったり来たりするのを眺めた。

　今ではおなじみの曲芸もこのとき初めて行なわれた。ラジエーターのてっぺんに一ペニー硬貨を一枚、縦に置き、その状態でエンジンを全開でふかす。そして、硬貨がいささかも乱されることなく立ったままなのを見て、居並ぶ者はことごとく感嘆の声を上げるというわけだ。同じように、スノースタイル（訳注　グラスの縁に塩やグラニュー糖をまぶしつけてカクテルを供する技法）にしたワイングラスの縁までマティーニをなみなみと注ぎ、そのグラスをラジエーターの上に載せる。運転手は指示通りめいっぱいアクセルを踏み、六気筒の怪物がもつ最大限の破壊的パワーをこれでもかと発揮させる。グラスのほうはというと、さざなみ一つ、音一つ立てず、一滴たりともこぼれない。エンジンの怒りごときで、マティーニは揺れも震えもしなかった。のちに美味しくいただいたと伝えられている。

　40／50HPのエンジンがあまりに静かなので、ボンネットの中にミシンが隠れているかのようだと《オートカー》誌の記者は指摘した。見た目はいかつい船舶用エンジンのようでありながら、全開加速時にもシューという音しかしない。それがあたかも、軽い絹のシュミーズをロウ引きの綿糸で縫っているかに思わせたのである。とにかく、重さ二七〇〇キロあまりの自動車に、あごひげを生やした筋骨たくましい四人の乗客を乗せ、篠突《しのつ》く夜の雨の坂道を時速一三〇キロ近くで登っている音でないことだけは確かだった。

　走行テストの終了をジョンソンが宣言したのは、ようやく八月八日のことだった。四〇日のあいだ、およそ二万三一二三キロの距離を、外的な理由によって止まることのないまま走り切ったのである。唯一の例外は、スコットランドでガソリン栓が閉まってしまったときだけであり、それ以外はタイヤがパンクした場合のみで、これには閉口させられたが避けては通れないもののようだった。車の保守

・点検は、運転手が寝ている夜のあいだに行なわなくてはならなかった。とはいえ、出発前に計画していた本格的な作業は一つだけだった。それは、各種バルブを研削することであり、これには一仕事につき八時間半を要した。ロールス・ロイス車に関わる手順がたいていそうであるように、これも手作業で時間をかけて入念に、一分《いちぶ》の隙もなく実施された。

そしてマラソン試験は終了した。シルバーゴーストがロンドンで軋みながら熱を冷まして休むあいだ、ジョンソンはそれを分解して新品として組み立て直すことを命じる。パネルというパネル、ダッシュボードの一部、それから寄木細工が外された。RACの男たちが巨大なエンジンをシャーシから持ち上げ、トランスミッションの接続を車輪やギヤボックスから抜く。ブレーキを取り外し、電装品も分離した。そこへ、マイクロメータを手にした数人の男たちが入ってきて、それぞれの持ち場に散る。どの測定器も、シルバーゴーストが一一七日前の四月一三日に完成したときとまったく同じ寸法に設定されていた。

エンジンや、ギヤボックスや、ブレーキには、いささかの摩耗の痕跡すら見られなかった。エンジンの状態も、四月の時点と八月の現在とで計測可能な差異はない。つまり、自動車で最も重要な構成要素が、あれだけ明らかに酷使されたにもかかわらず当時と今とで違いがなかったということだ。元通りの状態に戻すのに必要だったのは、「前輪のピボットピン二本と、ステアリングロッドのタイピン一本、ステアリングレバーの先端に付いたボールと、マグネトーを動かすジョイント、それからファンベルト、そして燃料濾過装置を交換するだけだった。ステアリング系のボールジョイント（訳注　球状の軸受）を覆うスリーブ（訳注　筒状の部品）は修理し、バルブ類は研削し直した」

RACの報告書は、この車が個人に所有されていたらこうした作業はいっさい不要だっただろうと明確に指摘している。とはいえ、今回はＲＡＣのために行なわれたわけだから、ロールス・ロイス社から請求書を送ってもらわなくてはいけない。シルバーゴーストが二万四〇〇〇キロ近い険しい道のりを走行したあとで必要となった部品代や人件費の合計は、わずか二八ポンド五シリングだった。新聞は大見出しを躍らせ、絶賛の言葉を書き連ねる。曰く、ロールス・ロイスはつくりがしっかりしていて破壊不能なので、むしろ良い買い物だといえ、購入することが良い投資になるかもしれない。雑誌もこの車の話でもちきりで、どこに目を向けても写真や目撃談が溢れているようだった。

当初は、シルバーゴーストのシャーシ（車枠、車輪および装置類）だけを九八〇ポンドで買うことができた。生産されていた二〇年ほどのあいだ、その価格は上昇して一九二三年には一八五〇ポンドになった。合計七八七六台のシャーシが製造されている。アメリカでの人気も非常に高かったことから、マサチューセッツ州スプリングフィールドに工場が開設された。そう、すでに本書で登場したように、大量生産（車ではなく銃だったが）の始まった地である。イギリスのダービーとアメリカのスプリングフィールド。どちらの工場でも実際の製造方法はほぼ同じで、昔ながらの伝統的なやり方で行なわれた。それは、ちょうど同じ頃につくられていたフォードの自動車とは根本的に異なる方式だった。

まずは工場の床にチョークで大まかな平面図を描く。車枠の鉄の部分とトネリコ材の部分を型板の上に溶接し、ボルトで留め、鋲で固定する。どの部品も、車軸が上から下りてきてそこに車輪を取り付けるまでは、柱で支えられている。車輪が付いたら、車輪で自立させた状態でその場で組み立てが進められ、動いてしまわないように木製の車輪止めがあてがわれる。

するとき天井の走行クレーンがエンジンを運んでくる。すでに同じ工場のかなり離れた場所で、手作業であらかた組み立てを終えてある。エンジンは重く、取り扱いが難しい。クレーンでゆっくりと吊り下ろし、前輪のすぐ後ろに慎重に置く。それから、トランスミッションやギヤボックス、自在継手《じざいつぎて》（訳注　軸がある角度をなして交わっている場合に用いる継手のことで、動作中にこの角度が変化しても伝動作用に支障を来《きた》さない）やプロペラシャフト（訳注　エンジンの動力を伝える回転軸）、ならびに後車軸への接続などがエンジンの後ろ側に収まる。次に、ステアリングギヤとリンク機構を手作業で組み立てて、前輪のしかるべき位置にボルトで留め、ウォームギヤでハンドルと連結する。ハンドルはエンジンの後ろにあって、大きなギヤボックスの横に位置し、ギヤボックスにはシフトレバーと三個の（のちには四個の）前進ギヤが付属している。所定の位置にブレーキやいろいろなレバーやリンク機構を設置し、やがては細い油圧パイプもつなげられ、閉じられて液体で満たされる。バッテリーが接続されると、大蛇のようなワイヤがエンジンに巻きついたようになり、その脇にはライトやクラクションや各種指示計が配置される。

車の先頭に取り付けられるのが、ギリシャ神殿の柱を思わせるラジエーターだ。今なお最もロールス・ロイスらしい特徴として多くの人に認知されている。そのラジエーターをロウ付け（巻末用語集参照）して磨くのは、入社以来ずっとその仕事をしている一人の男だ。そのあとラジエーターは、愛情を込めて、いやむしろ畏敬の念を込めて、慎重に優しく新車の正面に運ばれ、ボルトで留められてから最後にもう一度磨きをかけられる。それを冷却装置とつなげれば、ファンがその銀色の通風孔のあいだから空気を引き込んで、エンジン冷却水が沸騰するのを防いでくれる。種類も粘度も多種多様な潤滑剤が、急速に複雑さを増していく機械の様々な場所に注入される。やがてついに燃料がタンクに注がれる。クランクを回すと新しいエンジンは咳込むような音を立てて始動し、やがて静かになって低いつぶやき声へと変わる。まだ工場の黎明期にはすべての作業員がしばし手を止めて、その心地よいエンジン音に耳を澄ませたものだ。それがまるで赤ん坊の産声であるかのように。そして自分たちチームがその親であるかのように。誇らしさと興奮が皆の胸に溢れた。

そこまで済んだらコーチビルダー（訳注　自動車の車体の製造や架装をする業者）（普通はパークウォード社、H・J・ミュリナー社、J・ガーニー・ナッティング社、バーカー社、またはフリーストーン・アンド・ウェッブ社）の作業員が現われてシャーシを運んでいき、入念に形づくった車体を載せて、飾り板やカーペットや、ガラスといったものを付け足していく。技術者にとってはほとんどどうでもいいものばかりだが、顧客にとっては大いなる魅力だ。この凝った装置を実際に動かしている部品などより、遥かに心惹かれる要素である。

あとに残るものは、工場の床に描かれたチョークの印だけ。やがて時が来れば、自分たちのつくった型板の上にまた新しい鋼鉄の骨組みが置かれ、前回と同じようにボルトや鋲で留められて車軸が通され、組み立て中のシャーシを車輪に載せ、さらなる部品が運ばれてきて新しい一台へとつくり上げられる。それが終われば、同じ工程全体がまた繰り返される。時間がかかり、骨が折れ、恭《うやうや》しい空気に満ちた、造船所さながらの工程が。こうして一台、また一台と、シルバーゴーストは工場の扉から出ていった。二〇年足らずの生産期間中、実働四〇〇〇日で約八〇〇〇台が生み出された。一日二台ほどのペースである。一日にたったの二台。

連続走行試験が見事に成功した翌年、それを巡る興奮や騒動が一段落した頃、なぜそれだけの偉業が達成できたのか、チャールズ・ロールズは自分なりの見解を満足げに語った。こんな質問を受けたときのことである――あなたの工場はあれだけ設備が整っていて人員も十分なのだから、単に何千台もの自動車をつくってしまえばいいのではありませんか？　なぜ一日に二台だけなのでしょう？　その気になれば二〇〇台だって二〇〇〇台だって不可能ではないでしょうに？

まず申し上げたいのは、ごく普通の技術作業で許容し得る程度の人間では、私たちの会社にも私たちの作業水準にもふさわしくないということです。……一点の非の打ちどころもない車を生産するには、一点の非の打ちどころもない工員が必要です。そうした工員を確保したら彼らを教育して、一人一人が自分の仕事を世界の誰よりもうまくできるようにする。それが私たちの目指すところです。……必要な屈強さをあらゆる面で保ちながらも、類似の他車より軽量の自動車をつくり上げる。それは主に金属の問題だと私たちはつねづね考えてきました。昨年の二万四〇〇〇キロ走行試験で実証されたように、ロールス・ロイス車があれほどの耐久性と維持コストの低さを兼ね備えて成功を収めているのは、すべて科学的な設計に基づいているおかげです。それはすなわち、金属に関する詳細な研究調査の賜物《たまもの》であり、その研究調査は、当社の物理学研究所において助手の力を借りつつロイス氏が最初に手掛けたものです。この研究所こそが、工場のなかで最も重要な部門だと私たちは考えています。

シルバーゴーストの生産台数は八〇〇〇台足らずだったとはいえ、ロールス・ロイスは世間に登場し、そのまま去ることはなかった。その名はまたたくまに知れ渡った。今や「ロールス・ロイス」は一つの規範、一つの基準となり、自動車の究極の姿を、自動車の頂点を、そして欠くべからざる自動車の鑑《かがみ》を表わし、この業界にとって神にも等しい存在となったのだ。この言葉は辞書の仲間入りも果たしている。『オックスフォード英語辞典』を見てみると、英語の語彙のなかでこの言葉がどんな変遷をたどったかがよくわかる。一九一六年には、とある飛行機に対して「空のロールス・ロイス」という表現が用いられ、一九二三年には新聞記事に「乳母車界のロールス・ロイス」という言及が現われる。同じ褒め言葉を頂戴した製品としては、一九七四年にイランのイスファハン産の絨毯《じゅうたん》が、一九七七年にはスタインウェイ社のピアノがあり、最近では二〇〇六年に、デロンギ社製のトースターが「電気トースター界のロールス・ロイス」と評された。これは、触れても熱くならず、一度に四枚焼けて、パンくず受けがついた製品である。チャールズ・ロールズとヘンリー・ロイスが一〇〇年以上前に合意して決めた名称が、何かの優秀さを、その揺るぎない優位を、そしてその不動の名声を指し示す万国共通の代名詞となったのだ。それもこれもロールス・ロイス車が、正確さと、厳密さと、妥協を許さぬ限りなく厳しい公差で、完璧に機械加工されていることが知られていたからである。

シルバーゴーストが誕生したのとほぼ同じ頃、六五〇〇キロ近くの彼方にあるミシガン州デトロイトの工場で、まったく異なる種類の車が形をなしつつあった。ただしそれは、手仕事の模範ともいうべきクック通りやダービーの車とは、これ以上ないというほどかけ離れたものだった。それがT型フォード。アメリカの路上に登場したのは一九〇八年一〇月であり、最初のシルバーゴーストがイングランドとスコットランドを駆け巡った翌年のことだ。

ヘンリー・ロイスは限られた少数の人々のために精密さを捧げた。一方のヘンリー・フォードは、精密さを大勢の人の手の届くものにしたいと考えた。「私は一般大衆のための車をつくるつもりだ」。フォードは一九〇七年にそう宣言している。「その車は、家族で乗れる程度には大きく、しかし個人で運転したり愛好したりできる程度には小さい。最新の工学を駆使したきわめてシンプルな設計に沿って、最良の材料を用い、最良の従業員によって組み立てられる。それでいて価格は非常に手頃で、それなりの給料を得ている者なら誰でも所有できる。そして家族と一緒に、神が与えてくださった広大な大地で楽しい時間を過ごすという、恩恵に浴することができるのだ」

だからといって、フォードの当初の狙いが愛他精神にのみ根差したものだったと考えるのは馬鹿げている。フォードはミシガン州の農家に生まれ、幼い頃から機械いじりが好きだった。その点において、フォードのたどった青春時代はヘンリー・ロイスとよく似ている。とにかくどんな機械にも夢中になった。早くも十代で、近隣住民の懐中時計を見事に修理してやるなど、並外れた器用さを見せた。機械への食欲は高まるばかりであり、やがて希望してとある職場の見習い工となる。ほぼ同じ時期にロイスが鉄道会社で腕を磨いていたのに対し、フォードの勤め先はもっと日常的なものを扱う近所の会社だった。その会社では、水弁や汽笛や、消火栓やゴングベルなどを製造し、その際に旋盤やボール盤を大いに活用していた。

父親の畑や近隣の農家では、収穫を助けるためにウェスティングハウス社製の蒸気駆動の脱穀機がときどき駆り出されてきた。少年はその威容に惚れ惚れとしたものである。とりわけ心を奪われたのが、自力推進するタイプだ。脱穀機の駆動ベルトを外して輪状にすると、移動用の車輪を動かせるようになっていた。若きヘンリーは、近隣の農家のウェスティングハウス製小型脱穀機を操縦したり、修理したりするのが非常に巧みになる。そこで、一八八二年の夏には一日三ドルの手間賃を取り、この勇猛な小型エンジンを駆って農場から農場へと巡りながら、トウモロコシの実やクローバーの種《たね》を脱穀したり、のこぎりで木を挽《ひ》いたり、飼料をすり潰したりする仕事をした。これこそが、フォード車誕生へとつながる重要な物語だったといえるだろう。エンジンを点火させるのには、古くなった柵の柱やトウモロコシの皮や、ときには石炭を使った。ひどく骨の折れる仕事ではあったが、あれほど楽しい日々はなかったとのちに言い切っている。土ぼこり舞うミシガンの田舎道をウェスティングハウスで走り回り、その単純な動力車を駆使して農家の人々につかのまの心の安らぎを与え、十代の自分も札束が稼げたのだから。*

ほどなくしてフォードは、地元のウェスティングハウス社製蒸気機関の販売店に勤め、実演と修理の仕事を始める。だが、そのすぐあとで気付いたのは、自分の大好きな脱穀機に一つ弱点があることだった。電気を使用しないのである！　そこでフォードは蒸気の世界をあとにし、エジソン照明会社で機械技師になった。そこになら電気がふんだんにある。思い切った決断ではあったが、その結果として、はからずもフォードはヘンリー・ロイスの人生をなぞることとなる。どちらにとっても知る由《よし》はなかったが、ちょうどその頃大西洋の向こうでは、フォードがデトロイトで学んでいるのと同じことにロイスがマンチェスターで取り組んでいたのだ。何かというと、機械工学と電気工学を結び付けることである。一八七〇年代、効率的な原動力を持続的に生み出すために内燃機関と呼ばれるエンジ

＊　フォードは何年も経ってから、このエンジンのために自分でこしらえたスライドバルブをスタッフに頼んで探させたことがある。記憶によれば、「３４５」と番号が振ってあるはずだった。やがて、バルブは壊れた状態でペンシルベニア州の野原に捨てられているのが見つかった。自分の六〇歳の誕生日を祝うための一環として、フォードはそれを修理させて磨き直させ、エンジンに取りつけて点火し、それを使って再びトウモロコシの脱穀をした。この「３４５」がフォードの幼く幸せな日々の象徴だったのか、ただ単に自分の製作したスライドバルブのデザインを思い出したかっただけなのか、フォード社の社史は何も語っていない。

「ティン・リジー」の愛称で知られたＴ型フォード。1908 〜 27 年のあいだに 1600 万台あまりが販売され、製造技術の効率化が着々と進んだおかげで価格は 850 ドルから 260 ドルにまで下がった。

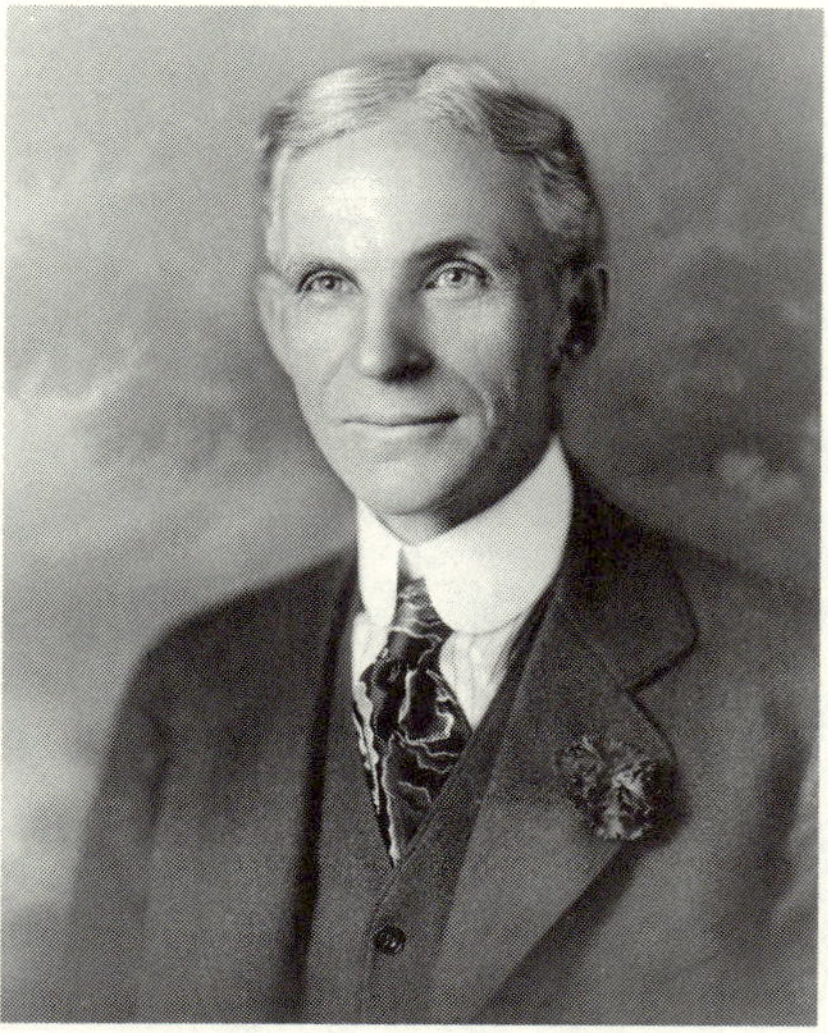

ヘンリー・フォード。ヘンリー・ロイスと同様、1863 年につましい家庭に生まれ、のちに自動車を大衆に普及させてデトロイトに史上初の自動車組み立てラインをつくった。

ンが生まれ、以後は機械の世界と電気の世界が手を携《たずさ》えるようになっていた。

フォードとロイスの尋常ならざる類似はさらに続く。ロイスは自分の最初の自動車として、ド・ディオン四輪車を購入していじくり回していた。一方のフォードは、ウェスティングハウス社とエジソン社で働くあいだに身につけた知識を生かし、空き時間を利用して自分で四輪車を組み立て、原動力として二気筒のガソリンエンジンを積んだ。それを初めて走らせてみたのは一八九六年六月四日。車を道路に出すために、作業場の扉を斧で叩き壊さなくてはならなかった。自分がどれだけ大きい車体をつくっているのか、忘れていたのである。車はすぐに故障した。試験走行は深夜に実施したにもかかわらず、フォードが手早く機械の修理をするあいだ、無遠慮な野次馬が集まってきて囃《はや》し立てた。

ロイスがド・ディオンからドゥコーヴィルへ、さらには自作へと進んでいったように、フォードが自分の自動車をつくり始めるのにも時間はかからなかった。数々の実験を繰り返し、粗削《あらけず》りなレーシングカーを組み立てもし、エンジンは二気筒から三気筒、四気筒へと増え、成功も失敗もくぐり抜け、一歩後退してはささやかな勝利を手にし、言い合いもあれば言葉に詰まることもあり、商売はといえばまったくうまくいかない（フォードがつくった二つの会社は二年を待たずに倒産し、うち一社はわずか二〇台の自動車しか生産できなかった）。それでも一九〇三年を迎える頃には、農家の若き息子にもある種の安定が訪れていた。いくつもの危機に見舞われたが、まだ倒れてはいない。自動車をこういう風につくってはだめだというのをいやというほど学んだ今、ついにフォードは新しい会社を設立できるだけの自分の能力への自信と、資金と才能と、十分な数の友人と崇拝者を手にしていた。「フォード・モーター社」の誕生である（失敗した一つ前の会社を去る際に、新会社で「フォード」の名を使ってもいいという承諾を取り付けていた）。新会社の目指すところは、とてつもない規模で一般大衆に精密工学を届けることにあった。

とはいえ、マンチェスターのヘンリー・ロイスが完璧さの虜《とりこ》になっていたのに対し、デトロイト郊外のディアボーンにいるヘンリー・フォードはとにかく生産することに夢中になった。誕生まもない二つの会社には似ている点がいくつもあり、成し得る範囲で最良かつ最適な自動車をつくることにそれぞれが全力を傾けている。それでも、両社は目的においても実践においても、設立と同時に別々の道を歩み始めていた。

ロイスの初めて手掛けた車種が「ロイス10HP」だったのに対し、フォードの第一作めは「A型」である。フォードの初期の車種はどれもそうだが、A型（色は赤のみ）の謳い文句も「わずかな部品でつくられていながら、どの部品もちゃんと仕事をしている」だった。フォードの車には座席のクッションもなければ、贅沢も興奮もない。追加料金を払えば様々な装備（後部ドア、ゴム製の屋根、照明、クラクション、真鍮の外装）を付け足すことができはした。しかし、税抜七五〇ドルで手に入るのは、非常に小さくて（前輪軸と後輪軸との距離は一・八メートルほどしかない）優雅さのかけらもない、単純な二人乗りの軽自動車にすぎない。八馬力の二気筒エンジンと、前進二速で後進一速のセミオートマチック・トランスミッション。あとはブレーキが後輪のみに付いているだけだ。この小さな赤いマシンは、時速四八キロほどで盛大なエンジン音を響かせながら走り、当てにならないことだけは当てにできた。購入する際、顧客は真面目な顔で忠告を受ける。特許侵害の訴訟が起こされた場合は、解放感溢れる運転の喜びを中断していただくかもしれません、と。そんな訴訟は無きに等しく、ただジョージ・B・セルドンという男とは法廷で争う羽目になったが、最終的にはフォードが勝訴した。A型の第一号を買ったのはシカゴの歯科医で、その後は約一七〇〇人が続いた。一台めが売れた時点で、フォードの運転資金は残り二二三ドルにまで減っていた。A型が一年の生産期間中に比較的よく売れたおかげで、会社は倒産を免れ、のちの様々な車種をつくるまでの猶予を稼ぐことができた。それが最終的に、フォードにとって初めての本当の成功へとつながっていく。社会を変えることになる驚異の一台、T型フォードだ。

「T」はアルファベットの順でいくと二〇番めの文字だから、A型のあとに一八車種が生産されたと思うかもしれない。ところが実際は五種類だけだった。B型（高馬力で高額で高級志向でエンジンを前部に搭載）、C型（A型の派手版でエンジンはA型同様に座席の下）、F型（A型の豪華版で緑色のみ）、K型（B型の豪華版だが六気筒エンジンをボンネット内に搭載）、それからN型である（安価で軽量で、初めてバナジウム鋼を用いている。この合金は、衝突して壊れたフランス製レーシングカーの残骸からたまたまフォードが見つけたもので、この先つくる車種では可能な限りその合金を使うように命じた。バナジウム鋼を用いると、シャーシの引張《ひっぱり》強度が高まるうえに著《いちじる》しい軽量化が図れる）（訳注　実際にはN型のあとにも、短期間ながらR型とS型が生産・販売されている）。N型フォードは五〇〇ドル。四気筒エンジンが搭載され、色は栗色のみで、七〇〇〇台が売れた。これはほぼ完璧な車だとヘンリー・フォードは考えた。ただ、あくまで「ほぼ」である。

改良の余地はやはりあり、それに対処した結果がT型である。「ティン・リジー」の愛称を得ることになるこの車は、フォードにとって大ヒットとなった。T型が正式に誕生したのは一九〇八年一〇月一日。T型最後の一台が生産ラインを離れたのが一九二七年五月。そのおよそ一九年の生産期間のあいだに、一六五〇万台というとてつもない台数が売れ、驚異的としかいいようのない成功を収めたのである。

ここで鍵を握るのが「生産ライン」という言葉だ。フォードの初期の車種はどれも、大西洋の向こうで（また一時期はマサチューセッツ州で）のロイス10HPやシルバーゴーストと基本的なつくり方は変わらなかった。車を構成する部品や要素はすべて生産現場の一カ所に集められ、そこで男たちが押し合いへし合いしながら溶接し、ハンマーを振るい、ハンダ付けをし、ボルトで留め、音を立てて折り、梃子《てこ》で動かし、ネジを回し、そして決まってヤスリ仕上げをする。部品同士をきちんと嵌め合わせるためには、つねにヤスリ仕上げが必要だった。やがてすべての部品が組み上がり、覚束《おぼつか》なげな新しい自動車がまぐれのように誕生して、外の世界へと鼻息荒く走り出ていく。

　ところが、フォード車はT型でこのすべてを変えてしまった。T型では最初からヘンリー・フォードの強い意向により、生産工場ではいっさいヤスリ掛けをしないことになった。なぜなら、T型に使用されるどんな断片も、部品も、構成要素も、工場に来る段階ですでに精密に仕上げられているからである。基準値からのずれがごくわずかしかないように、過酷なまでに厳しい公差で製作されている。だから、きわめて繊細な微調整すら必要ない。製造工程のその部分がしっかりと確立されたら、次はそれらをまったく新しいやり方で組み立てる方式を導入した。フォードの命《めい》により、構成要素の精密さの水準は過去にほとんど例を見ないものとなり、それを今度は過去にほとんど試されたことのない新しい製造方式と合体させたのである。そうすることによって、フォードは自らの産業のみならず、自動車製造とはまったく関係のない産業をも一変させた。そしてやがては、産業が属する世界そのものを大きく変貌させることになる。ほぼすべての場所を、ほぼすべての人を、ほぼ未来永劫にわたって変えたのだ。そう称してもいいだけの立役者は、規模は小さいながらもほかにいなかったわけではない。*しかし、現在認識できるレベルの本格的な工場生産ラインが誕生したのは、やはりT型フォードの製造が最初だったといって差し支えないだろう。

T型フォードの部品数は一〇〇個にも満たなかった（現代の車は三万個以上）。現在なら洗濯機並みの複雑さといえる。これをきちんと走る自動車に組み上げるにはどうすればいいかが、二〇世紀初めの二〇年のあいだヘンリー・フォードにとっての絶えざる挑戦となった。初期の車種では様々な製造法を試している。たとえば、作業員を一五人程度で一組にし、その全員で一台の車をつくらせたこともあった。かと思えば、たった一人の作業員だけに一台を丸々組み立てさせ、ほかの者は必要に応じて部品や道具をその作業員のもとに届けるというやり方も試した。その作業員が持ち場を一歩も動かずに済むように、ほかの者が組立キットを用意するようなものである。外科医の仕事を看護師が助けるのにも似ている。一人で担当するそうした持ち場が作業現場全体に一五カ所あった。精密に製作された適切な部品が適切なタイミングで各持ち場に届けられれば（もちろん部品を嵌め合わせるため

＊　初歩的な大量生産組立ラインであれば、すでにスプリングフィールドとハーパーズフェリーの造兵廠に設置されていた（これは非常にアメリカ的な現象であって、ヨーロッパを含む他地域ではいまだに抵抗感を抱かれている）。さらにこの頃になると、ニューイングランド地方の時計産業にも導入されていたほか、とくに金属を用いる三つの消費者製品の製造にも革命を起こしつつあった。三つとは、ミシン、自転車、タイプライターである。こうした産業や、ヘンリー・フォードが生み出した自動車製造業にとっては、互換部品を使用することがきわめて重要になってくる。特筆すべきは、T型より前のフォード車では、全面的に互換部品を利用したものが一つもなかったということだ。だがT型ではそれを徹底して行なった。一説によると、自動車の製造工程で初めて組立ラインを使用したのは、ランサム・オールズという自動車製造業者だった。ところが、オールズはなぜか互換部品を使わなかったことで産業史を混乱させている。オールズの手掛けたオールズモビル車では、金属部品を嵌め合わせるために相変わらずヤスリ仕上げをしていたのだ。

ミシガン州にあったフォード車の主要工場における組立ライン。こうした製造方式を可能にするには、すべての構成部品に絶対的な精密さが求められる。T型の部品数は100個にも満たず、現代の車の約3万個とは好対照である。たった1個でもうまく嚙み合わない部品があれば、ラインが停止するおそれがあった。一方、ロールス・ロイス車は手作業で組み立てられるので、嵌め合わせにはヤスリ仕上げが用いられた。

の道具も一緒に)、同時に一五台が一日で生産できることになる。

実験はさらに続いた。一人の作業員はそれぞれ自動車製造のなかの一作業だけを任され、その作業（ボンネットをボルトで留める、後部バンパーを取り付ける、など）を一つ終えたら、一列に並んだ次の車のところに歩いていって再びまったく同じ作業をする。部品（ボンネット、バンパー、シリンダーブロック、照明など）は、三階建ての工場の階上でほぼ同じ方法でつくられ、保管され、組立階にはシュートで送られる。つまり、床に部品が山と積まれて作業員の邪魔になることがなく、いうなれば蛇口を捻ったら常に新鮮な部品が手に入るわけだ。

どの方式にもそれぞれ利点があり、一つ試すたびに製造法に関する知識と知恵が増していった。これだ！　という瞬間がついに訪れたのは一九一三年のこと。作業員が歩き回るのではなく、作業員たちの前を工作物が通っていくようにできないか。そうすれば一人一人は工作物が目の前に現われたときに、たいして難しくはないごく平凡な作業を一種類だけ行なえばいい。そして次のものがやって来たら、自分の前にいるその短い時間のあいだにまた同じ作業をする。ほかの作業員についても同じで、自分の前に流れてきたときに各人がまったく別の種類の作業を何度も何度も繰り返す。そうこうするうちに新しい一台が完成する。まったく新しい組立方法の誕生だ。「一度に一種類の作業」を何百回、何千回と積み重ねることによって、しだいに様々なものが組み上がっていき、やがて新しい車が姿を現わす。いずれ自動車になるものが移動していくラインは、まさしく車を産むための産道なのである。

　ヘンリー・フォードの言葉によれば、組立ラインのアイデアを思いついたのは地元のブタ解体業者を訪れたときだった。ブタの死骸が粛々《しゆくしゆく》と細かく解体されていくさまを見ているうち、ふと閃《ひら》めく。切り分けて骨を取って、血を抜いて精肉加工するという分解の工程を、逆回しにしてはどうか。つまり、溶接してボルトで留めて光沢を出して塗料（速乾性の黒色のみ）を吹き付けるという、構築の工程に変えればいい。ポークチョップやハムや、内臓の煮込みやラードを手に入れるための場所に似ていながら、ここフォードの新工場では金属やガラスやゴムの部品から新品の自動車をつくりだす。そして、八〇〇ドル少々で売るのだ。

　始まってみると、この新方式の速いこと！　まさに革命的な生産性の高さ！　組立ライン式で最初に製造されたものは、T型フォードのマグネトーだった。マグネトーは一個の磁石と二個のコイルでできた単純な装置であり、エンジン内で燃料に点火するための火花を供給する役割をもつ。フォードは工場で、腰の高さに長く真っ直ぐなベルトコンベヤを敷設した。その上には、まず完成済みの簡単なスチール製の輪だけが載っている（車のクランクハンドルを回すとこの輪が回転する仕掛け）。ラインの一番端の位置にいる作業員はコンベヤの前に腰掛け、輪がゆっくりと視界に入ってきたら、そこに小さなコイルを一個取り付ける。すでに銅線を二〇〇巻きほどしてあるコイルだ。ラインの二番手にいる作業員も輪にコイルをボルトで留めるのだが、今度のコイルはもっと細い銅線で二〇〇〇回ほど巻いてある。三番手は、U字型の磁石を収めたケースを輪の内側に嵌め、四番手がそのケースをボルトで固定して、完成したマグネトーを検査に回す。

検査官が磁場の中でコイルを回転させると、二〇〇巻きのコイルからは微弱な電流が誘導され、二〇〇〇巻きのコイルからは遥かに高電圧の電流が生まれる。すべてが問題なく機能し、部品が仕様通りに精密に製作されて嵌め合わされていれば、マグネトーの両端のあいだで強力な火花が発生する。組立ライン上の検査ではなく、実際にこれがエンジンに取り付けられていたとしたら、気化ガソリンと空気が混合した可燃性の高い気体がシリンダーを満たした瞬間に、シリンダーの最上部で発火することになる。そのときに起きる爆発によってシリンダー内のピストンが押し下げられ、小型ながらも強力なフォードのエンジンが始動する。

組立ラインが登場する前、一人の作業員が一からマグネトーを組み立てるのには二〇分かかっていた。組立ラインが稼働し、一群の作業員がそれぞれ退屈きわまるたった一つの作業をこなし始めると、マグネトーはわずか五分で完成するようになった。どのマグネトーも他とまったく同じであり、作業員のむら気や金曜日のやる気のなさに左右されることがない。どれもがフォード車のエンジン内でほかの部品と正しく嚙みあい、その場所に適切に収まると確信できる。

次にラインで組み立てられたのは車軸であり、一九一五年のどこかの時期に開始された。かつては完成までに二時間半を要していたのが、新しいラインでは二六分しかかからない。その後も組立ラインを利用することで、トランスミッションの組立時間はちょうど半分に短縮された。それはフォード独特の遊星歯車式トランスミッションであり、前進三速、後退一速で、ベルトとすべり歯車を組み合わせている。複数の作業員が一〇時間かけてつくっていたエンジンも、たった四時間でできるようになった。その一助となったのが、シリンダーブロックの設計を刷新したことである。上部と下部を削り、上部にはバルブやプラグ類を、下部にはクランクシャフトや潤滑油溜めを収めるようにしたのだ。おかげでシリンダー自体も工作機械で加工しやすくなったので、より厳密に同じ深さ、同じ直径にくり抜けるようになった。やがて工場のドアからは、Ｔ型フォードが四〇秒に一台のペースで姿を現わすようになる。

組立ラインで働くのにほとんど技能はいらなかった。それにひきかえ、一人の技術者が公差を測定したり、嵌め合いのためにヤスリ仕上げをしたり、試験や再試験を行なったり、限界ゲージを使ったりするには、すべて職人技と訓練と、プラスアルファの給料が必要になる。ヘンリー・フォードは、こうした様々な問題を一気に解決できたことに気付いた。組立ライン方式を生み出したことにより、生産台数は飛躍的に伸びたのにコストは下がる。価格もどんどん安価になって、より買い求めやすくなった。Ｔ型フォードは普及し、あらゆる場所で目にするまでになる。雇う作業員の技能レベルもますます低くなっていった。もはや職人技は必要なく、それはロールス・ロイス車をつくる人間に任せておけばいい。

会社ではなく個人がどうなったかといえば、ヘンリー・ロイスが自らの努力の結果としてかなり豊かな生活を手に入れたのに対し、ヘンリー・フォードは古今を通じて地球上で最も裕福な一人となった。しかも、今日《こんにち》まで続く世界最大級の自動車会社を残したのみならず、その遺産をもとに設立された財団は、世界中で苦しむ大勢の人々に経済援助の手を差し伸べてきた。

では、二つの会社で精密さが果たした役割はどう違ったのだろうか。ロールス・ロイス社の場合、あれだけ快適・快速で洗練されていて、隅々まで記憶に残る素晴らしい車なのだから、それをつくるうえでは精密さを崇拝することがすべての中心となっていたように思うかもしれない。ところが実際は、世界中のフォード工場から次々に吐き出されてくる車のほうが、つまり低コストでたいした複雑さもなく、記憶にもさして残らないフォード車のほうが、精密さがより重要な生命線となっていた。それは単純な理由によるものである。生産ラインを問題なく稼働させるには、完璧な互換性をもつ部品が無尽蔵に供給される必要があるからだ。少し形状の違う部品が一つでも交じっていたとしよう。その不正確で精密さに欠ける部品を、組立ラインの目の前を通っていく工作物に作業員が取り付けようとする。ところが受け付けられずにうまく嵌まらない。格闘するうち、ちょうど映画『モダン・タイムス』でチャーリー・チャップリンが演じた工員のように、あるいはフリッツ・ラング作のもっと陰鬱な作品『メトロポリス』のように、組立ラインは遅れ、つかえ、最終的には止まってしまう。作業場にいる工員全員の仕事が乱れ、自動的に送られてくる部品が不格好な山をなし、自動車の供給が滞《とどこお》る。生産全体が遅延し、文字通り歯車が軋むような音を立てながらゆっくりと停止することになる。

いい換えれば、生産ラインという情け容赦のない独裁体制を動かし続けるには、精密さが絶対に欠かせないのだ。一方、手作業で車を生産する場合、かならずしも精密さを最優先にしなくていい。精密さが必要になれば、手仕事の工程のなかで対処することができる。というのも、製造を開始する時点ですべての構成要素が精密につくられていなくても、（少なくともシルバーゴーストの時代には）工程全体には支障を来《きた》さないからである。ここが皮肉なところだ。ロールス・ロイス車は高価で高級で、完璧な性能を誇る比類なき製品との定評を長らく得ている。にもかかわらず、実際には製造の全段階で絶対的な精密さが求められているわけではない。それにひきかえ、Ｔ型フォードにとっては精密さが紛れもなく命綱なのである（それをいうならフォード車に限らず、現代の自動車のように人間ではなくロボットで組み立てられ、止めどなく流れてくる部品をチャップリンのような人物たちがぼんやりした目つきで眺めているような場合はすべてそうである）。精密さを大前提としなければ、そうした自動車はつくられない。

本章の物語にはもう一つ続きがある。組立ラインというヘンリー・フォードの発明によって、一八年の生産期間のあいだにＴ型の価格はほぼ毎年下がり続けた。具体的には、一九〇八年の八五〇ドルから一九一六年には三四五ドルに、そして一九二五年には呆れるほど手頃な二六〇ドルにまで下落している。

自動車自体が変わったわけではなく、使用された材料も同じである。ただ、製造工程が圧倒的に効率化された。フォードはそれを実現するための一助として、ある要素を使用した（次いでそれをつくっている会社を買収した）。その要素を生み出したのは、じつに慎み深い一人のスウェーデン人である。それがつくられたことは、結果的に精密の世界に甚大で永続的な影響を及ぼすこととなった。

そのスウェーデン人の名はカール・エドヴァルド・ヨハンソン。現代でも、教養あるスウェーデン人でその名を知らぬ者はなく、「測定の巨匠」だといって胸を張る。ヨハンソンが考案したものは、複数個で一組の完璧に平らな金属片だ。焼き入れ鋼でできており、今日では「ブロックゲージ」として通っている。ただし、発明者に敬意を表するとともにその名を記念して、「ヨハンソンブロック」、あるいは「ヨハンソン（Johansson）」の最初の二文字を取って「ジョー（Jo）ブロック」と呼ばれることもある。一九五〇年代の半ば、精密さの本当の意味を私に教えようと、父が工場から持ち帰ってきたあの磨き抜かれた小さな鋼塊《こうかい》と同じだ。

ヨハンソンがこのアイデアを思いついたのは列車に乗っているときだった。時は一八九六年。当時のヨハンソンは、スウェーデン南東部のエシルストゥーナにある国営の小火器製造工場に勤め、兵器製造と検査の仕事をしていた。エシルストゥーナはスウェーデンの鉄鋼業の中心地であり（アメリカならピッツバーグ、イギリスならシェフィールドのような都市）、今も市の紋章には鉄鋼労働者が描かれている。元々ヨハンソンの工場ではライセンス契約でレミントン銃をつくっていた。ところが、当時はドイツ製モーゼルカービン銃の一種へと製造を切り替えている最中であり、その一環として測定方法全体も新しく見直すことになった。ヨハンソンは超精密な測定というものにつねに重きを置いていたので、ドイツのシュヴァルツヴァルトにあるモーゼル銃の工場に赴き、会社がどういう方法で測定を行なっているかを調べた。そして何らかの理由から、その方式に物足りなさを覚えた。伝えられているところによれば、見学を終えて故郷へと帰る長く退屈なはずの鉄道の旅のさなかに、近々スウェーデンで操業を開始するにあたってどんな改良を加えたらいいかをじっくりと考えた。

そして思いついたのが、測定用のブロック（鋼鉄の塊）を一組つくることだ。それを様々に組み合わせると、理論上、必要なあらゆる寸法を測ることができるというものである。問題は、そうしたブロックが最低何個いるかということと、それぞれのブロックをどういう大きさにすればいいかだった。

金属音を響かせながら蒸気機関車がエシルストゥーナ駅に着いた頃には、ヨハンソンは答えを出していた。入念に考えて大きさを決めた一〇三個のブロック（三つのグループに分かれている）を用いれば、二個以上のブロックを並べるだけで約二万通りの寸法を一〇〇〇分の一ミリ刻みでつくり出すことができるはずだ、と。

試作品第一号の一組を製作するには長い時間がかかった。ヨハンソンは妻のミシンを改造して砥石車を付け足し、それを使ってブロックが正しい寸法になるよう研削した。ヨハンソンの伝記を書いた作家によれば、この手の仕事は本人の性分に合っていたのだという。というのも、ヨハンソンは誰に聞いても控え目で出しゃ張らず、大人しく引っ込み思案で、折り目正しく我慢強く、猫背で口ひげを生やし、パイプ煙草が好きで、つねに人に優しい人物だったからである。スウェーデン中部のライムギ農家に生まれた男が、今度は世界を変えようとしていた。最終的に開発した一〇三個一組のブロックゲージは、伝記作家の言葉を借りるなら、以来「技術者、現場監督、機械工に対して道具を丁寧に扱うことを明に暗に教えるとともに、彼らを数千分の一ミリや数万分の一ミリ［といった寸法］に慣れさせる役目を果たしてきた」

ブロックゲージが初めてアメリカに伝えられたのは一九〇八年である。税関を通った最初のセットはヘンリー・リーランドのものだった。リーランドはキャデラック車の生みの親として知られ、*精密

＊　ちなみに、リンカーン車もこの男の手になるものだ。また、クランクを回すのではなく、電気で車を起動する始動電動機もリーランドが考案している。それは、リーランドの親友が、不慮の事故に見舞われたのを受けてのものだ。車の大きな始動クランクが不意に跳ね返り、それに当たって命を落としてしまったのである。

ヘンリー・フォードは、ブロックゲージの製造会社を買収した。それは、生みの親であるカール・エドヴァルド・ヨハンソンがアメリカで始めた会社だった。ヨハンソンはスウェーデン人で、今も世界の「測定の巨匠」として知られる。この通称「ジョー・ブロック」を用いると、ごくわずかな誤差であっても迅速に測定できるため、工学技術を駆使した製品の効率と信頼性をさらに高めることができた。

さに憑かれた機械工でもあった。一九世紀の英国海軍が木製の滑車ブロックを求めたときのように、新しい「ジョー・ブロック」の売上も急上昇した（どちらも「ブロック」という以外のつながりは何もないが）。というのも、新たな産業が次々に確立されていくにつれ、そのどれもがこの単純で気の利いた方法で自社の製品を測定したいと考えたからである。ついには、説得されてヨハンソン自身がアメリカで開業することになった。初めはニューヨーク市内で、その後はハドソン川を約一六〇キロ遡《さかのぼ》ったポキプシーという町に移り、三階建ての元ピアノ工場でブロックゲージのセットを製作した。新聞はヨハンソンの渡米を歓迎し、「世界で最も正確な男」「スウェーデンのエジソン」などと評した。

ヘンリー・フォードの大量生産という方式自体は、徹底した正確さなしには成り立たない。にもかかわらず、当時のフォードは自分の工場でジョー・ブロックを使用していなかった。キャデラックへの対抗意識のなせるわざか、ほかに理由があったのかは定かではない。だが、スウェーデンのボールベアリングメーカーＳＫＦ社と自社の工場長たちとの激しい応酬を知ってからは、対抗意識も無関心もたちまち霧散した。

　ＳＫＦ社は一九〇七年に創業されて以来、現在も続いている企業であり、ＳＫＦとは「スヴェンスカ・クラゲル・ファブリケン」のイニシャルである。一九二〇年代、ＳＫＦ社は自社のベアリングの寸法について、フォード社から「不当なクレーム」を受け続けていると訴えていた。一方、フォード社デトロイト工場の生産ラインにいる作業員に言わせれば、ＳＫＦ製のベアリングが基準値から大きく外れていることが多いために、作業現場で遅延や停止が起きているという。ＳＫＦ社の幹部は強く抗議し、自社のベアリングは完璧に球形であって、ジョー・ブロックによる測定でもそれが実証されていると主張して譲らない。

　事実、ジョー・ブロックで測定してみたところその通りだった。ＳＫＦ社の幹部は、文句があるなら自分たちの機械や組立ラインに言え、と吐き捨てた。そして、まさしく彼らの言い分が正しかったとヘンリー・フォードは気付いて愕然とする。緊急会議を招集し、同僚たちに向かってこう口を開いた。もしかしたらフォードの車は自分たちに対してだけ精密だったのであって、製造された部品がきちんと嵌め合わせられるのはそれ自体と互換性があるからにすぎなかったのではないか。ところが、ブロックゲージに裏打ちされた絶対的に完璧な他社の部品をフォード方式に導入したとき、その絶対的な完璧さにフォードレベルの完璧さが太刀打ちできないということなのかもしれない。つまりフォードのほうがずれていたのだ。きわめてわずかであるにせよ、間違っていたことに変わりはない。

　そこでフォードは行動を起こした。なんといっても、普通の人なら尻込みするようなことでもやってのけるだけの権力と財力と、止めどない野心をもっている。フォードはヨハンソンに連絡をとり、ブロックゲージをつくる事業を丸ごとポキプシーからデトロイトの新工場内に移してくれないかと説いた。その距離、一一〇〇キロあまりである。ヨハンソンは命じられた通りにする。さらにはフォードから容赦ないまでに掻き口説かれて、やがて自分の会社をフォード社に売った。小規模で古びていて旧式ではあるが、きわめて重要なヨハンソンの事業が、今やフォード・モーター社の一部門となったのだ。要するに吸収されたわけである。その後、一九三六年にヨハンソンは自らの意志でフォードのもとを去り、生まれ故郷のスウェーデンにひっそりと戻った。そこで待っていたものは、おびただしい数の金メダルや名誉学位、客員研究員のポスト、そして王室から授けられた数々の栄誉だった。

後年のヨハンソンは耳が聞こえにくくなり、らっぱ型補聴器を使って、それを自身の「平和のパイプ」と呼んでいた。ヨハンソンは一度エジソンに会ったことがある。エジソン自身も耳が遠くなっていて、二人で文字通り頭を寄せあいながらブロックゲージについて議論した。その思い出を、のちにエジソンは好んで語っている。当時は第一次世界大戦後の時代であり、すでにブロックゲージの誤差は一〇〇万分の一インチにまで抑えられるようになっていた。だが、それ以上の精度は可能だろうか？　エジソンは尋ねた。できます、とヨハンソンは答える。誤差は一〇〇〇万分の一インチにまで下げられます。そう言い切りながらも、具体的な方法は明かさなかった。なるほどね。論争好きで、口やかましいことで知られるエジソンは、不服げに咳払いをした。それでも、発明に関わることには口を閉ざしておくに越したことはない。

カール・エドヴァルド・ヨハンソンは一九四三年に生涯を閉じた。スウェーデンでは敬愛され、それ以外では忘れられた存在として。産業における大量生産方式は、図らずもヨハンソンの発明の力を借りて改良と拡大を成し遂げた。そして、実現可能な最大限の精密さをベースにしながら今日まで続いている。それは地上に留まらず、より危険な空中高くにおいても同様だ。そこで精密さを誤ると、想像を絶する危害がもたらされかねない。

第6章　高度一万メートルの精密さと危険（公差＝〇・〇〇〇〇〇〇〇〇〇〇一）

まさに一目惚れだった。……［フランク・］ホイットルには勝てるカードが揃っている。想像力、能力、熱意、強い意志、科学への敬意、そして実地の経験。このすべてが実を結んで、呆れるほど単純な一つのアイデアが生まれた。つまり、可動部が一つしかないのに二〇〇〇馬力を生み出せるエンジンである。

——ランスロット・ロー・ホワイト「ホイットルとジェットエンジンの冒険（*Whittle and the Jet Adventure*）」（《ハーパーズ・マガジン》一九五四年一月号所収）より

三輪車やミシンや、腕時計や揚水《ようすい》ポンプのように、文句もいわずに一定のペースで働く装置にとって、機械が完璧につくられているのはもちろん良いことである。だが、その完璧さが、生命や身体を保護するために必要になることは滅多にない。ところが、高速のスポーツカーやエレベーターや、ロボットを使う手術室であれば、精密さの有無が生死を分ける。時速一六〇キロで車を走らせているとき、高層ビルの六〇階にいるとき、あるいは心臓手術を受けているとき、精密さが足りないために機械に不具合が生じたらそれこそ命に関わる恐ろしい事態が起こりかねない。では、高速と高高度が組み合わさり、客がわざわざ金を払って硬い地表から何千メートルもの上空で不自然に浮かんでいるような場合はどうなるか。おまけに客のいるその場所では本来人間の存在が歓迎されておらず、生命の維持も不可能だとしたら。そうなれば、彼らを運んでいる航空機の装置類にはわずかな欠陥すら許されないことになる。絶対的な完璧さから少しでも逸脱したら、この上なく重大で悲惨な結末が待っていてもおかしくないのだ。ちょうど、二〇一〇年一一月四日木曜日のよく晴れたシンガポールの朝、午前一〇時を少し回った頃に世界が知ることになったあの出来事のように。

カンタス航空32便は、製造から二年が経過したエアバスA380機を使用していた。これは二階建ての「スーパージャンボ」ジェット旅客機で、当時の商用航空機としては世界最大の機種である。32便はシドニー行きの定期便であり、七時間のフライトを始めるべく離陸したところだった。乗客は四四〇人で、乗員が二九人。コックピットには、通常より若干多い五人が乗っていた。機長、第一副操縦士、第二副操縦士に加え、指導機長と指導機長の監督官もである。最後から二番めの人物は、乗組員を指導する指導教官になるべく訓練を受けている最中で、その出来栄えを最後の監督官がチェックしていた。五人合わせると合計飛行時間は七万二〇〇〇時間。その経験の蓄積が、のちに切実に必要とされることになる。

チャンギ空港から南西に向かう滑走路は二本あり、そのうちの一本（20C）から飛行機は一〇時二分前に離陸した。着陸装置はすぐに格納され、四基あるロールス・ロイス社製「トレント」エンジン900シリーズの推力は「上昇」モードに設定された。機体と積荷、そして乗客の合計五一一トンは、空気を掻き分けるようにしてひたすら上へと向かっていく。まもなくシンガポールの領空を抜けてインドネシア共和国の領空内に入り、雲一つない空を猛スピードで進んだ。マングローブの茂る湿地帯と小さな漁村を見下ろしながら、バタム島の上空約二一〇〇メートルを飛んでいたときである。突如大きな音が続けざまに二度響いた。乗員乗客のほぼ全員が、驚き、怯え、うろたえた。

機長はすぐさま自動操縦を解除して上昇を停止させ、機体を水平に保ちながら南を目指し続ける。当初、コックピットのモニターには一件の異常しか表示されていなかった。左翼の内側（胴体寄り）に搭載された第二エンジンのタービンの過熱である。ところがものの数秒でエラーメッセージは霧雨に、次いで吹雪に、ついには激しい嵐となった。光が点滅し、サイレンや警報ベルが次々と鳴り響き、航空機全体のシステムに不具合が生じたことを示している。第二エンジンの内部では、過熱が高じて炎が荒れ狂っていた。

機長はシンガポールの航空交通管制機関に対し、「パン・パン」というメッセージを無線で送信する。これは、重大な事象が起きたことを知らせるものではあるが、人命に関わる本格的な緊急事態とまではいかないことを表わす。それから機長はシンガポールに引き返すことを決め、空中待機経路に入って一息つく。そして三〇分間の安定飛行をしながら、エンジンに具体的に何が起きたのかを突き止めようとした。エンジンの不具合を機に次々と発生した様々な問題にも、どう対処すればいいかを考えなくてはならない。その間《かん》、第二エンジンの後方から燃料が噴き出しているのが確認され、翼にいくつも穴があいているのもわかった。何らかの爆発のせいで破片が飛び散り、翼を貫通したのだろう。さらに地上からの報告により、エンジンの複数の破片がバタム島の村々に落下していたのを知る。傷ついた機体からまき散らされたものに間違いない。

離陸するかどうかは自由に決めればいいが、着陸はかならずしなくてはならない、という言葉がある。乗組員たちが数々の問題に対処しているうちに三〇分以上が過ぎた。ありとあらゆる重要な部分がまともに機能していない状態で、どうやって着陸すればいいのか。たとえばブレーキは一部しか動いていないようだし、左翼のスポイラー（訳注　飛行機が着陸する際、気流を乱し、揚力を減少させて抗力を増加させる装置）は展開できない。故障したエンジンの逆推力装置は使い物にならず、接地のために着陸装置を正しく下ろすこともできなかった。となれば、十分な減速ができないまま着陸の時を迎えるしかないだろう。しかも、余計な燃料を九五トンも積んでいて、ブレーキの状態も完全ではない。そのため、機体がなかなか止まらずに、全長五キロ近い滑走路をオーバーランするかもしれなかった。空港は要請を受けて急ぎ緊急車両を配備し、巨大ジェット機の接近を待った。

最終的には無事に巨体を停止させることができた。機長は半狂乱でブレーキペダルを目いっぱい踏み込む。機体が止まったとき、滑走路の端までは一二〇メートルあまりしかなかった。ところが止まらなかったのが、左翼の外側についた第一エンジンである。第二エンジンは徹底的に破壊されてもはや動いていないのに、どういうわけかその隣のエンジンはまだ作動していたのだ（コントロールケーブルと電気系統の接続が、翼を貫通した何物かによって切断されていたことがのちにわかったにもかかわらず）。

それだけではない。第二エンジン付近の燃料タンクの割れ目からは、依然として燃料が止めどなく噴き出している。しかも何より恐ろしかったのは、高速のまま重着陸を行なったために、機体の左側に残っていたブレーキが着陸中に過熱していたことだ。コックピットの表示を見るとほぼ一〇〇〇度に達している。

これだけ悲惨な状況なのにまだ足りないとでもいうのか、タイヤがパンクしており、ホイールリムの金属部分が剝き出しのまま滑走路を何百メートルも擦《こす》っていた。噴き出す燃料がガス状になり、たとえば制御不能の第一エンジンのジェット推力で吹き飛ばされて、赤熱したブレーキや超高温のホイールリムの上を漂いでもしたらどうなるか。火花が発生して、一気に炎が燃え上がるだろう。翼の燃料タンクもそれなりに高温になっているとしたら、大爆発が起きてもおかしくない。無事に着陸できて安堵したのもつかのま、今度は動けなくなった機体が焼き尽くされるという恐怖が芽生えた。空中を飛んでいたときよりも、地上に降りてからのほうが事態は恐ろしいまでに悪化しているようである。大混乱の状況だった。

シンガポールの消防士たちが、いまだ動き続けているエンジンを三時間かけて停止させた。何千リットルという水を高圧噴射して、実質的にエンジンを溺れさせたのである。エンジンは豪雨くらいなら耐えられる設計になっていた。事実、疑似的につくり出した猛烈な暴風雨を浴びせてようやく、その高速回転が止まったくらいだ。ロールス・ロイス社製のトレントエンジンが、いかに堅牢に設計・製造されていたかがわかる。やがて、エンジンの暴走が収まったことが確認された。さらには、何トン分もの消火泡と粉末消火剤が赤熱のブレーキを黒く、そしてまずまずの低温に戻すこともできた。炎の檻に囚われていた乗客たちはすぐさま解放され、滅多に使われない右側のドアに掛けられたタラップから降りていった。乗客四四〇人の多くは怯えきっていたが、怪我人は一人もいなかった。

そのあとようやく、乗組員たちは何が問題だったのかを目の当《ま》たりにする。どれほどベテランの乗員であっても、これほどの惨状を目にすることも経験することもまずないだろう。第二エンジンのカバーは尾翼寄りの三分の一が剝がれ、エンジンのタービン部分が剝き出しになっている。破壊されて吹き飛んだエンジン部分には、大きな穴が二個口をあけていた。煤に油、焦げた配線、砕けたパイプ、それから動翼の破片があたり一面に散らばっている。

バタム島の村々で見つかっていたのは、重い金属性のローターディスクの半分ほどが爆発で飛び散ったものとわかった。高温の破片は航空機から雨のように降り注ぎ、建物に激突したものの人には当たらなかった。

それは、世界中のジェットエンジンメーカーにとっての悪夢だった。ロールス・ロイス・トレント900（正確には972-84）は三二トン近い推力を生み出し、カンタス航空に一三〇〇万ドルを支払わせていた。そのエンジンローターが、飛行中にいわゆる「アンコンテインド・フェイラー（閉じ込められない故障）」を起こしていた。これはきわめて稀なものではあるが、実際に発生するとかならず異常なまでに激しい事故となる。どういうものかというと、エンジンが破損して、その熱い金属の破片が金属ケースのなかに閉じ込められず、ケースを突き破ってまるで榴散弾のように翼や胴体に損傷を与えてしまうのである。

電線の束、燃料タンク、燃料やオイルのパイプ、油圧系統、機械系統、そして与圧された客室とその中にいる傷つきやすい人体。こうしたすべてが、高速で飛ぶぎざぎざの金属塊によって損壊するおそれがある。カンタス航空32便の場合もその多くが現に破壊され、破壊の津波は弾丸が跳ね返るようにして機体全体を襲った。関係者全員にとって幸いだったのは、きわめて優秀な（しかもいつになく人数の多い）乗組員が操縦室にいたおかげで、被害や喪失が最小限に食い止められたことである。

それでも、一つ間違えば大惨事になっていてもおかしくはなかった。では、この事故はエンジンの内側で具体的に何が起きたせいで生じたのだろうか。それを理解するには、また、超精密でありながらいまだに地獄の悪夢にも似た現代ジェットエンジンの内部に分け入るには、少し歴史を遡《さかのぼ》る必要

完全に破壊されたロールス・ロイス・トレントの第2エンジン。カンタス航空32便が上空約2100メートルでエンジンローターの「アンコンテインド・フェイラー」に見舞われ、その後無事にシンガポールに着陸したのちに撮影されたもの。

がある。そんなに遠い昔ではない。今日《こんにち》の旅客機のコックピットで見られるようなデジタルへの狂信ではなく、熱心なアマチュアがプロペラ機で空を飛んでいた時代へ、だ。

ジェットエンジンを発明したのはフランク・ホイットルである。イギリスのランカシャー州で一家の長男として生まれ、父親は綿工場労働者からよろず修繕屋に転じた経歴をもつ。ジェットエンジンの開発を目指すライバルはほかにもいた。しかし、今日ジェットエンジンとして認識されるようなもの（現代のジェット機のほとんどで採用されている空気引き込み式の内燃機関を指し、空気を取り込まないロケットエンジンとは異なる）となると、本当の意味でのライバルは二人しかいない。一人はフランスのマキシム・ギヨームで、一九二二年四月に出願番号五三万四八〇一番としてター

フランク・ホイットル。まだ若き飛行訓練生だった頃にジェットエンジンの基本構想を得ていたが、金銭的な理由からその特許を更新できなかった。ホイットルが初めてプロペラのないジェット機を飛ばしたのは1941年5月である。

ボジェット航空エンジンの特許をフランス政府から取得している。もう一人は、ドイツ・ザクセン地方のデッサウ出身のハンス・フォン・オハイン。オハインは一九三三年に「プロペラを必要としないエンジン」の実用的な設計を考案したと確信し、実際にそれがつくられるところも目にしている。

だが、フランス人の発想もドイツ人の試作品も普及するには至らなかった。なにしろ、エンジンが作動する物理的環境は極端なまでに厳しく、あらゆる部品が猛烈な高温にさらされるわけである。そんな状況下で正しく機能するエンジンをつくるには、材料の面でも工学技術の面でも、専門的な厳しい条件をクリアしなくてはならない。しかし、そのハードルは当時のヨーロッパ大陸には高すぎた。さらに特筆すべきは、アメリカの研究機関が、タービン駆動のエンジンに航空機産業での使い道があるとは不思議と考えていなかった点である。この方面に関して、アメリカは一九四〇年代になるまでほとんど研究を行なっていない。

そこで、この夢を追う仕事は小柄なフランク・ホイットルに任された。ホイットルは、プロペラ駆動のピストンエンジンは時代遅れだとの批判で知られ、その強い思いがこの男を駆り立てていた。「ピストンエンジンはもはや使い尽くされた」とホイットルは言い切った。「何百もの部品が行ったり来たりしていて、もっと出力を上げようと思えばもっと複雑にするしかない。*未来のエンジンは、可動部が一つだけで二〇〇〇馬力を生み出せるようでなければならない。すなわち、回転するタービンと圧縮機だ」

現代のジェットエンジンは一〇万馬力以上の出力をもつが、やはり可動部は基本的にたった一つである。軸を中心にして回る回転翼だ。それとともに、高い精密度で製造されたいくつもの金属部品が一緒に回転する。ジェットエンジンとは、並外れて単純な設計のなかにとてつもない複雑さを包み込んだ装置といえる。そのすべてが確実かつ適切に作動できるのは、一つには高価で希少な材料を使っているからだ。また、その材料から生まれる部品の完全性を保ち、それぞれの構成要素をきわめて小さい公差で製造しているからでもある。ホイットルがこうした難題に対処するには、一〇年に及ぶ試練の日々を重ねなければならなかった。一九二八年の夏に素晴らしいアイデアを思いついた瞬間からその一〇年のあいだ、ありとあらゆる障壁がホイットルの前に立ちはだかった。それでもこの男は挫けなかった。

ホイットルは身長一五二センチ。少しチャップリンに似た風貌で、きれい好きで、細かすぎるまでに几帳面であり、縮まったスチール製のバネでできているように見える。若い頃は怖いもの知らずで通り、飛行機の曲乗りをしたり、オートバイで暴走したりもした。教官にとっては苛立ちの種《たね》でありながら、数学では非凡な才能を発揮した。事の起こりは、イングランド中部のクランウェルにある英国航空士官学校で、空軍士官候補生としての訓練期間が終わりに近付いたときのことである。当時の士官候補生は、興味ある題材について短い科学論文を書くことが必須とされていた。そしてこのときのホイットルの論文は、以後、航空学界の伝説の一つとして語り継がれていくことになる。若さゆえの野心と傲慢さを込めて、その論文につけたタイトルは「航空機設計における未来の進展」だった。

ホイットルがクランウェルを卒業した時代、動力飛行が誕生してからまだ四半世紀しか経っていなかった。士官候補生が訓練を受ける飛行機もほとんどが複葉機である。機体は木製で、流線形とは程遠く、格納式の着陸装置や与圧室といった拡張機能も付加されていない。おまけに飛行高度は低く、時速三二〇キロを滅多に上回らないようなスピードで重たげにゆっくりと空を行く。英国空軍の戦闘機はほかの大半の国々と比べてこれでもまだましなほうだったが、平均時速は約二四〇キロにすぎず、海抜一〇〇〇メートルにも満たない高さで操縦されていた。

当時はサイエンス・フィクション（SF）が一世を風靡していた。H・G・ウェルズにジュール・ヴェルヌ、さらにはヒューゴー・ガーンズバック。そういったSF作家の小説を手当たりしだいに読

＊　ホイットルが冗談めかして語ったところによれば、自分がピストンエンジンを毛嫌いしているのはオートバイで数々の事故を起こしたせいだという。しまいにはロンドンの町外れのT字路で停止することができず、林の中に放り出された。この事故のせいで、保険契約を解除されたうえに、支払いの終わっていない壊れたバイクを金融会社に没収されてしまった。ホイットルは災難の非が自分にあると認めるような男ではなかったため、制御不能なスピードを出させた原因はバイクのエンジンにあるとしたのだった。

破していたホイットルのような読者にとって、そこに提示されている夢のような可能性（高速飛行、大量輸送、成層圏や月や大気圏外への旅！）は、単に現実との相違を示しているだけではない。ホイットルにいわせればそれは克服可能な相違でもあった。この空想の世界はすべて実現できるが、現行のピストンエンジンでは絶対に無理である。もっと優れた新しいエンジンが必要だというのがこの男の持論だった。ホイットルは伝説の卒業論文のなかで、その考えを次のように述べている。

きわめて速いスピードと、長い航続距離を組み合わせるには、高い高度を飛行しなければならないとの一般的結論に私は達した。なぜなら、そこでは空気の密度が低いために、速度を増しても空気の抵抗が大幅に低減されるからである。私が考えていたのは、空気の密度が海水面での値の四分の一未満になる成層圏を、時速五〇〇マイル（訳注　約八〇五キロ）で飛ぶというものだ。
ピストンエンジンとプロペラという旧来の組み合わせでは、私が構想するような高速かつ高高度の航空機に必要な動力装置の要件を満たせるとは思えない。したがって、動力装置に関して私は非常に広く網を張り、ロケット推進やガスタービン駆動のプロペラなどの可能性も検討してみた。しかし、当時はガスタービンをジェット推進に使用することには思い至らなかった。

一五カ月後の一九二九年一〇月、ついに閃きの瞬間が訪れる。ホイットルはすでにケンブリッジシャー州に配属され、正規の資格を得て一般任務のパイロットとして仕事をしていた。ほかの者に飛行技術を教えたり訓練したりするかたわら、航空機を電光石火の高速で飛ばせるエンジンについて憑かれたように考え、計算し、想像を巡らせていた。それまでにホイットルが考案した設計はどれも、効率を高めるために過給機を備えたピストンエンジンの域を出ていない。しかし同時に、エンジン出力を少しでも高くして航空機のスピードを上げようとすると、エンジンをかなり大きく、そして重くしなければならないことにも気付いていた。そんなに大きくて重いものを運べる航空機などない。これ以上の探求は無理かと諦めかけたそのとき、一〇月のある日突然、妙案を思いついた。ガスタービンをエンジンとして使いながらも、それでエンジンの前にあるプロペラを回すのではなく、エンジンの後ろから空気を強力に噴射させたらどうだろう？　想像を絶するほどの変容を世界にもたらすことになるアイデアは、フランク・ホイットルがわずか二二歳のときに舞い降りた。

　つい最近まで学校で学び、のちには数学の技能も身につけていたおかげで、ホイットルは気付くことができた。自分が考えているように空気の噴射《ジェット》で前進しようというのは、アイザック・ニュートンの「運動の第三法則」が実際に作用しているのを見せることにほかならないのだ、と。ニュートン（たまたまだがホイットルの配属されているケンブリッジシャー州のケンブリッジ大学を出た男）が第三法則を提起したのは一六八六年。「一個の物体に作用する力すべてに対し、それと大きさが等しく向きが反対の反作用が存在する」というものだ。この法則の通りなら、エンジンの後方から強力に空気を噴射すれば、その航空機はそれと同じ量の力で前に進む。理屈のうえではどこまでも速度を出せることになる。

　しかも理論上、ガスタービンならピストンエンジンより圧倒的に高馬力にできる。それは単純な理由によるものだ。燃焼機関にとって、きわめて重要な要素の一つが空気である。空気がエンジン内に引き込まれ、燃料と混ぜ合わされ、それから燃焼か爆発を起こす。この現象から生じる熱エネルギーが運動エネルギーに変換され、それによってエンジンの可動部が動力を得る。だが、ピストンエンジンの場合は取り入れられる空気の量に限界がある。とりわけ大きな要因がシリンダーのサイズだ。ガスタービンならその限界は無きに等しい。ガスタービンエンジンの開口部に巨大なファンを取り付ければ、ピストンエンジンの場合より遥かに大量の空気を吸い込むことができる。ホイットルの時代の初歩的なジェットエンジンであっても、ピストンタイプのざっと七〇倍だ。吸引量が七〇倍だからといって馬力も七〇倍になるわけではなく、別の様々な要因が関わってくる。それでも、出力はゆうに二〇倍になるというのが妥当な数値だろう。

だとすれば、発明や革新の歴史を研究する人々が、これを紛れもなく本物の発見《エウレカ》の瞬間だと捉えるのも無理はない。月並みな常套句に聞こえるかもしれないが、これはまさしくパラダイムシフトだったのだ。そしてその秋の日以降、飛行機を前に進められるようなガスタービンをどうやって開発するかで、ホイットルの頭はいっぱいになる。技術上の、あるいは職務上の問題が次々と現われるので、このプロジェクトを一足飛びに成功させるなどとうてい無理だった。それらを一つ一つ解決していくうちに一〇年の歳月がたち、ようやく使い物になるエンジン第一号が点火された。よくあることだが、開発のペースを加速させたのは戦争だった。

初めのうちは、興味をもってくれる者がほとんどいなかった。それでも、「航空機および他の輸送機関の推進に関する改良」の特許をどうにか出願する（そして一九三二年には取得した）。また、あの男はとてつもなく革新的で独創的なことをしていると、空軍基地の将校仲間も触れ回ってくれた。にもかかわらず、ホイットルはことごとく壁にぶち当たった。航空省などはいっさい関心がないと言ってのけ、イギリスの主要航空エンジンメーカー三社もホイットルを門前払いにする。一九三五年には特許の更新をする時期だったのに、ホイットルはその手数料五ポンドを捻出できなかった（航空省は遠回しな表現すら使わずに、国家の財源から支出するつもりはないと、取りつく島もなかった）。その時点でホイットルはもう白旗を揚げる寸前までいっており、まったく違う種類の装置をつくる計画もすでに立てていた。航空輸送ではなく、陸路での移動に関わる装置である。だから、大事な特許ではあるが失効するに任せることにした。厳しい現実を見れば、これに何らかの価値が残っているとは残念ながら思えない。ただし、特許が効力を失って、自分だけが抱えていたアイデアが解き放たれたため、世界中の誰もがその情報を入手できるようになった。そこから事態が動きだす。

というのは、一九三五年にはドイツが急速に軍国化を進めていて、ハンス・フォン・オハインと航空機メーカーのハインケル社がジェットエンジンへの興味を表明したのだ。さらには時を同じくしてやはり航空機メーカーのユンカース社でも、工場の機体部門を率いるヘルベルト・ヴァーグナーが、タービン推進に大いなる関心を抱き始めた。こうして、ターボジェットエンジンの開発がかの国で本格化していった。両者の関心が、ホイットルの特許が失効したせいかどうかはいまだ完全に証明されたわけではないものの、結果は自《おの》ずと知れていた。一九三〇年代の半ばには、ドイツが航空機用のジェットエンジンの製造に乗り出すことを表立って表明したのである。一方のイギリスは正反対で、アイデアを形にするための支援をいっさい与えていなかった。アイデアの生みの親で、特許も取得していた人物が、首都から八〇キロと離れていないところで資金もないまま新たな家族とともに暮らしているのに。しかも、英国空軍に雇われているというのに。

しかし、ジェットエンジンの開発プロジェクトに資金がつくや、こうした状況は一変した。ホイットルは自分の青写真をテスト用のエンジンに変え、ついには自分のアイデアが文字通り翼を得て空を飛べるかどうかを確かめることになる。一九三五年に最終的に資金援助という大きな賭けに打って出たのは、O・T・フォーク・アンド・パートナーズというベンチャー投資会社だった。「成層圏を飛ぶ飛行機?」同年一一月一一日、この会社の上級パートナーであるランスロット・ロー・ホワイトはそんなメモを記した。だがホワイトはこの若き将校に「一目惚れした」とのちに打ち明けている。構想への疑念がなかったわけではない。それでも、ホイットル(すでに当時は空軍から休暇を得てケンブリッジ大学の博士課程に進んでいた)との初対面は、「古《いにしえ》の宗教的な時代に一人の聖者に出会った」かのようだったとあとで妻に話したほどだ。物語の結末を知らなければ、こうした始まり方をしても最後にはどうせ悲しい涙が待っていると思いたくなるかもしれない。とんでもない。結末は勝利なのだ。聖者は期待通りの奇跡をすべて起こすのである。ホワイトはさしずめこの物語では予言者の役回りということになるだろう。ホワイトはもっと後世に名を残していてもおかしくない人物である。かつては物理学者だったこともあり、冷淡な銀行家とは対極にあったが、詳細があまり知られていないため、謎めいたところがある。ホワイトがホイットルの考えに惚れ込んだのは、それが金儲けにつながりそうだったからではない。じつに単純にして気が利いていたからだ。というのも、ホワイトはこんな信条の持ち主だったのである。「大きな飛躍がなされるときは、かならず旧来の複雑さが新しい単純さに取って代わられるものだ。それが今まさに、工学という鉄の世界で起きようとしていた」

投資会社は前金として三〇〇〇ポンドを渡し、ホイットルのために会社を設立した。パワージェッツ社である。航空関係の経験のある者は会社幹部のなかにほとんどいなかったが(主要な株主の一人は煙草の自動販売機を製造していた)、ホイットルは主任技師にして会社の唯一の従業員だった。航空省(現役の空軍将校であるホイットルの本来の雇用主)はホイットルが短時間だけ軍務を離れることに同意した。しかし、パワージェッツ社での仕事を片手間の副業としか認めず、その胡散臭《うさんくさ》い新アイデアとやらに週六時間以上割くことを許さなかった。

航空省による支援は不承不承《ふしょうぶしょう》のものであったにせよ、支援が得られたことに変わりはない。[*] それが公式の「ああそう、じゃあわかった」のお墨付きとなり、それを受けてホワイトは行動を開始した。まずはタービン製造業者のブリティッシュ・トムソン・ヒューストン社（ＢＴＨ）[**]とただちに契約を結び、ホイットルの仕様通りにエンジンの開発を進めさせた。ホイットルのエンジンは毎分一万七七五〇回転のタービンを備え、それが圧縮機を駆動して五〇〇馬力を生み出す。それだけあれば、噴射される空気で小型の郵便機を飛ばせるくらいの推進力は出る。エンジンは「ホイットル・ユニット（Whittle Unit）」、もしくはその頭文字を取って「ＷＵ」と呼ばれることになる。ホイットルの構想で

＊　想像にかたくないだろうが、戦前に国の機関で働いていた科学者のお偉方のあいだでは、ホイットルのアイデアに対して異なる見方が飛び交っていた。ハリー・ウィンペリスという男はこの発想に反対だった。パワージェッツ社への投資者の一人に対し、こんな辛辣な言葉を浴びせている。「ガスタービンのプロジェクトに投資して大損した者は大勢いたし、きっと君が最後でもないだろうよ」。ところが、ウィンペリスの上司で伝説的な科学者のヘンリー・ティザードは、ホイットルの案を大いに支持した。結果的にはティザードの見る目が正しかったとわかる。なお、ティザードとウィンペリスがのちに手を携《たずさ》えてレーダーを発明した話は有名だ。ウィンペリスがジェット推進に懐疑的だったのも一時的な気の迷いにすぎず、普段はけっして偏狭な人間ではなかった。なにしろ、ケンブリッジ大学でホイットワース奨学金を受けるにふさわしいと判断されたくらいなのだから。ホイットワースはヴィクトリア時代の偉大な技術者であり、本書の精密さの物語において一〇〇年前に中心的な役割を果たしている。

＊＊　ホイットルは何年か前にＢＴＨ社にこのアイデアをもちかけていたが、そのときはにべもなく撥ね付けられていた。今や資金の後ろ盾があるのでＢＴＨ社も納得し、一か八かに賭けて試作品をつくる決断をした。

は、数トンの郵便物を積んで、大西洋を約六時間かけてノンストップで渡れるはずだった。

八〇年あまりが過ぎた今となっては、この発想がどれだけ革新的で奇抜なものだったかを実感するのは難しい。これは偶然が生んだ発明ではない。周到に計画し、慎重に考え抜き、入念な評価を行なった結果として誕生したものであり、輸送機関を推進するためのまったく新しい手段だった。この瞬間をもって（またはこの発明、この人物をもって）、標準的な精密さのモデルは純然たる機械の領域を脱し、実体のないものの世界へと移動したのである。これから組み立てられようとしていたのは、人知を超えた美しさをもつ装置だった。人類はジェットエンジンを使って世界にろくなことをしてこなかったとの見方もあろうが、エンジン自体は当時も今もなお優美さと完全性を備え、これに匹敵する近代の創造物はそうないといっていい。

タービンエンジンの基本原理は当時もすでに十分に確立されており、タービンの製造もされていた（ＢＴＨ社のような企業に限らず世界中で）。ガスタービンを動力とする船舶も登場し始めていたし、発電や工場の運転などにも使用されていた。その大きな魅力は、基本的な考え方の単純さである。エンジン前面にある洞穴のような入口から空気を吸い込み、それをすぐに圧縮して高温にし、そこに燃料を混合して点火する。

その結果、おそろしく高温でしっかりと圧縮された空気が制御された爆発を起こし、それがタービンを駆動する。タービンはブレード（羽根）を回し、二つの仕事をする。一つには、その力の一部を使って前述の圧縮機を動かし、空気の吸い込みと圧縮を行なわせる。だが、それに振り向けられる力は全体のごくわずかにすぎず、残った莫大な力を別の仕事に割り当てることができる。たとえば、船のプロペラを回転させる、発電機を動かす、鉄道機関車の車輪を回す、あるいは工場内の一〇〇〇台の機械に動力を提供してそれらを飽くことなく働かせ続ける、といったことだ。空気と燃料を混合することで生じる化学エネルギーを、機械エネルギーに変換するわけである。船や工場の動力にするだけなら、機械エネルギーがあればたいていは事足りる。だが、発電機の動力にするのであれば、別のレベルの変換が起きる。つまり、機械エネルギーを電気エネルギーに転換するのだ。

フランク・ホイットルの関心は、化学エネルギーを機械エネルギーに変えることだけに向いていて、電気エネルギーには付け足し程度の興味しかもっていなかった。それでも、せっかくの機械エネルギーをただ軸を回すだけのために用いたくはなかった。ガスを噴射して推進力を得るために使いたかったのだ。しかも、空中で運べる程度にエンジンを軽量にするのはもちろんのこと、常識的な価格に抑えられる程度に効率のよいものにもしたかった。だとすれば、エンジンの構成部品は細心の注意を払って製造し、厳密に定めた基準に合致させ、この上なく厳しい環境のもとで稼働できるようにしなくてはならない。その目標を達成すべく、パワージェッツ社とＢＴＨ社は一九三六年に始動した。蓋をあけてみれば、それは技術的にいって極度に困難だとわかる。そのうえ、折しもヒトラーがあらゆる人々の背後に迫りつつあった。

おそらく最も厄介だったのが熱の問題である。焼却装置やボイラーの点火装置を手掛けた経験のある者でも、エンジンの燃焼室がどれくらいの高温になるかはまったく見当がつかなかった。ベアリング（軸受）も頭痛の種《たね》だった。ジェットエンジンの心臓部での高温・高圧下で作動するベアリングなど、誰もつくったことがない。ＢＴＨ社では数々の実験を行ないながらも（ありとあらゆる温度の炎を試し、破断点までベアリングを試験し、ガスの渦と危険な燃料溜まりを生み出し、その間《かん》も爆発音が絶えることなく）、そのすべてが最高機密とされていたため、何が起きているかを他言することはできなかった。

それは却《かえ》って幸いだったかもしれない。というのも、完成したエンジンで行なった最初の数回の試験は、惨憺たる結果に終わったからだ。試験が実施されたのは一九三七年四月、場所はイングランド中部のラグビーの町外れにある工場である。大惨事が起きる可能性に備えて周到な準備がなされていた。タービンの部品が破損してエンジンの外に放り出されでもしたら、人命に関わりかねない。その数週間前には、従来型のタービンが爆発し、真っ赤に焼けた金属の塊《かたまり》が三キロあまり先まで飛ばされて、数名が死亡する事故が起きていた。まずは試験用のエンジンをトラック（エンジンの始動電動機の重さが数トンあるので車輪を外しておいた）に載せ、厚さ二・五センチほどの三枚の鋼鉄片で覆う。ジェットエンジンの排気ダクトは窓の外に出し、始動電動機の制御装置は数メートル離れたところに置いてある。ホイットルが手で合図をしたら、このために雇われた勇敢な（というべきか向こう見ずなというべきか）作業員が制御装置を操作することになっていた。

このときのホイットルの報告書はベテラン試験操縦士らしからぬものであり、冷静沈着で簡潔明瞭とはいいがたかった。

私は燃料ポンプのスイッチを入れさせた。次いで、試験担当者の一人が始動装置を連結し（エンジンの主回転翼が始動電動機を暴走させたらすぐに外せるようになっている）、私は始動装置の制御盤に張りついている男に手で合図を送った。

始動電動機が回転を始めた。毎分約一〇〇〇回転の速度に達したとき、私は制御弁を開いて、燃焼室内の点火バーナーに燃料を通した。それから手動式マグネトーのハンドルを素早く回し、バーナーから放出される微細な霧状の燃料に点火した。試験を見守る一人が、燃焼室に付いた石英ガラス製の窓から中を覗き込み、口火に問題がないことを確認して「よし」の合図で親指を立ててみせた。

私は始動電動機の速度を上げるよう合図を送り、回転速度計が毎分二〇〇〇回転を示したところで主燃料制御弁を開いた。

一～二秒のあいだエンジンの速度がゆっくりと増したかと思うと、空襲警報のサイレンのような甲高い音とともにみるみる速度が上がっていき、燃焼室のケーシングの何箇所かに熱で赤くなった部分が広がった。明らかにエンジンが制御不能になっていたのだ。ＢＴＨ社のスタッフは皆、それが意味するところを悟り、散り散りになって大急ぎで工場の地下へと向かった。何人かは、近くにあった大きな蒸気機関の排気ケーシングの陰に隠れ、それを盾にした。

私はすぐに制御弁を回して閉めたが、その甲斐もなく速度は上昇を続けた。だが、幸いにも毎分八〇〇〇回転程度で加速が収まり、回転数が徐々に下がり始めた。いうまでもないが、この重大事象は私の神経をすり減らした。今まで、あれほど怖かったことはそうはない。

同様のことは翌日にも起きた。排気ダクトから火の手が上がり、継ぎ目から漏れた霧状の燃料が燃焼室内の灼熱の金属に触れて発火したのだ。炎が宙を舞う。ＢＴＨ社の作業員が消えるスピードは前日より「さらに速かった」

それでも、近くのホテルで何杯か赤ワインを飲み、その甘い香りで心を静めたあと、ホイットルはこう言い切る。事故は単純な理由で説明できるから、燃焼の問題は解決できると今のところは確信している、と。だが、その見通しは甘すぎた。その年の夏、試験を何度繰り返してもかならずどこかに支障が出て失敗に終わったのである。エンジン設計の根本的な見直しがどう考えても必要だった。しかし、その時点では資金がほとんど底をついていた。そのうえ、ホイットル自身も激しやすくなっており、このままでは計画の失敗は避けられないかに思えた。そのうえ、試験自体があまりに危険になってきた。そこでBTH社の強い意向により、以後の実験は大事をとって工場から約一一キロ離れたラターワース近郊に移し、廃棄された鋳物工場で行なうことになった。

運が向いてきたのはこのときである。すでに航空省はこの計画への多少の資金援助を決断していた。その大きな決め手となったのは、科学行政官ヘンリー・ティザードの助言である。ティザードは航空省に手紙を書き送り、自らが信じるホイットルの天分について熱烈に褒めちぎったのだ。ティザードは非常に広く信望を集めていたため、その言葉は政府の高官レベルの目にも留まった。BTH社もいくらかの資金を投入し、ホイットルが再設計したエンジンの新しい試験が一九三八年四月から始まることになる。一回めの試運転では、圧縮機のファンからエンジンに雑巾《ぞうきん》が吸い込まれてしまった。五月の試運転では毎分一万三〇〇〇回転を達成したものの、エンジンは突如停止に見舞われた。タービンブレードのうち九枚が壊れて円盤状のディスクから外れ、エンジンの外に吹き飛んだのである。じつに高くつく、手痛い失敗だった。組み立て直すには四カ月を要し、今回は燃焼室をたった一個ではなく一〇個つくった。それらで緩衝《かんしょう》用の枕のようにタービンの回転翼を取り囲んだので、エンジンの外観は大仰で重そうな左右対称になる。皮肉にもその姿は、ジェットエンジンが取って代わろうとしている星形ピストンエンジンに似ていなくもなかった。

そしてこのエンジンがついにうまくいったのである。一九三九年六月三〇日、第二次世界大戦の勃発まであと一〇週間足らずという日に、航空省の役人がラターワースまで視察に訪れた。エンジンは二八分間、毎分一万六〇〇〇回転の速度を維持して作動した。役人は決定的に重要な判断を下す。ホイットルの設計を認可し、それに沿った航空エンジンを製造しよう、と。それからすぐにグロスター・エアクラフト社*に対し、ホイットルのエンジンで飛ぶ実験機の製作を指示した。エンジンには「W1X」、飛行機には「グロスターE28／39」という名がつけられることになる（「28」は政府の発注番号を、「39」は生産された一九三九年をそれぞれ表わしている）。

新しい航空機の設計を任されたのは、グロスター社の主任設計士にしてパイプ煙草を愛する真面目なジョージ・カーターである。航空省が求めたのは、ジェットエンジンの試験機であると同時に戦闘機にもなる航空機だ。そのため、四門の銃と弾薬を積まなくてはならない。しかしカーターは、機体はせいぜい一トンあまりの小型軽量機でなくてはならないと考え、最終的に最初の二機の試作機については武器を搭載しなくてよいと政府からの同意を取り付けた。製作が始まったのは一九四〇年。すでに戦争は本格化しており、ナチス空軍はイギリスの都市を空爆することに夢中だった。グロスター社の工場も飛行場も、本社近くにあってよく目立つ。そこで同社は、近隣の都市チェルトナムにある打ち捨てられた自動車ショールーム（「リージェント・ガレージ」という名）に、この極秘プロジェクトを移すことにした。建物の外では武装警官がたった一人で目を光らせ、内側では少数の職工たちが完成に向けて汗水を流す。ドイツ人はもとより、誰一人として気付く者はいなかった。

＊　この会社は「グロスターシャー（Gloucestershire）・エアクラフト社」として一九一七年に設立された。「グロスター（Gloster）」という名に変えたのは、この綴りを読めない外国人顧客が多かったからである。

ここで指摘しておきたいのは、イギリスが初のジェット機製造に向けて進んでいるあいだに、ドイツはすでにターボジェット推進機の試験を終えていたということだ。一九三九年八月二七日、第二次世界大戦勃発の一週間前のことである。飛行機の名は「ハインケルHe178」で、エンジンの設計は一九三三年に前述のハンス・フォン・オハインが手掛けたものを下敷きにしている。ところが、ドイツ政府はこの航空機をたいしたものとは認めず、速度が遅いうえに数分間の戦闘にしか耐えられないと鼻で笑った。ベルリンは結局その後、ジェットエンジンは燃料を食いすぎるという勧告（ドイツの偉大な航空機設計者ヴィリー・メッサーシュミットからヒトラー自身に宛てられたもの）に従った。そのため、民間企業であるハインケル社の試験機は、技術的に見れば史上初のジェットエンジン飛行機だったにもかかわらず、結局は日の目を見ることがなかった。

イギリスの極秘プロジェクトがベールを脱いだのは、一九四一年の初春のことである。可愛らしい小さな飛行機が姿を現わした。なめらかな表面と、ずんぐりとした単純な形状はおもちゃを思わせる。機首には幅約三〇センチの空気取り入れ口があいていて、プロペラはない。ジェット噴射の排気ダクトが隠れるように尾部の下を通り、一対の翼と、スライド式ドアの操縦席があるほかは、たいしたものがほとんど付いていなかった。着陸装置は短く、格納式である。もはや、回転するプロペラが地面を叩くのを防ぐために、機体の位置を高くしておく必要がないからだ。要するに、グロスターE28／39は単純の極みであり、外観においても設計においても、材料の原価においても無駄がなかった。

航空機自体は、ホイットルのエンジンより数カ月前に完成していた。エンジンのほうはまだ問題を抱えていて、いくつもの微調整が必要だったのである。一度、エンジン全体を大型のウェリントン爆撃機の尾部に搭載して（砲塔のあった位置を空気取り入れ口にして）、上空でうまく働くかどうかを確かめてみた。問題がなかったので、エンジンを爆撃機から外し、トラックでグロスター社の試験飛行場に運ぶ。場所はブロックワース地区のコッツウォルド村の近くだ。ブロックワースといえば、近年では「チーズ転がし祭り」のほうで知られている。これは毎年真夏に開催され、近くの丘の上から大きな丸いチーズを一個転がり落とし、それを酔った地元民が追いかけるというものだ。そのブロックワースで、ついにジェットエンジンがカーターのつくった小型機に搭載された。操縦席のすぐ後ろに設置され、操縦士の背中とエンジンのあいだに燃料タンクが挟まれている。

一度めの試験の際、飛行機はチーズと違って水平な場所にしっかりと置かれていた。うまく地上走行ができるかどうかを確認するのがこのときの主な目的である。ところが、テストパイロットに選ばれたゲリー・セイヤーは、燃料制御装置のなめらかな動きとほぼ振動のないエンジンに自分を抑えきれなくなったのか、急に加速してエンジンを出力全開にした。機体は長さ三〇メートルほど宙に浮きながら滑走路上を二度弾み、皆は仰天する。そのときたまたまスターリング爆撃機の翼の上に立っていたアメリカ人技師は、プロペラのない飛行機が滑走路を疾走したあげくに数秒とはいえ地面を離れたのを見て、危うく翼から落ちそうになった。その技師は、目にしたものを信じないようにと言い含められた。ドイツのスパイがどこに潜んでいるかもわからない。

最終的にその航空機（当時は〈パイオニア号〉というのが半ば公式な呼称になっていたが、「E28／39」よりやや歴史を予感させる名前でありながら（訳注　「パイオニア（pioneer）」とは「草分け、先駆け」の意）、エンジンと違ってその名前の人気に火がつくことはなかった）は、クランウェルの飛行場に運ばれる。ホイットルが卒業した航空士官学校のある場所だ。こちらのほうが土地が平坦で（チーズの転がる丘が少なく）、人口も多くなく、初飛行の秘密を保つには都合がいい。

ここはイギリスなので、もはや物事を阻む厄介の種《たね》は天候だけである。試験飛行に選ばれたのは一九四一年五月一五日。その日は夜明けから曇りで寒かった。ホイットルはエンジンの組立工場に向けて出発する。それまでその工場では空軍の指示により、戦闘機に搭載する次世代エンジンの開発に取り組んでいた（その戦闘機はのちに「グロスター・ミーティア」と呼ばれることになる）。ホイットルは空に何度も目をやる。だが、ようやく十分な青空が雲間から顔を出したのを見て、夕刻には晴れると確信した。車を駆ってクランウェルへと飛ぶように戻る。

ホイットルはぎりぎり間に合った。案の定、すでにゲリー・セイヤーは、東西に長く伸びる滑走路へと飛行機を出していた。ホイットルは息を切らしながら、パワージェッツ社の同僚の元に駆け寄る。それから一緒に車に乗り込み、滑走路の中間地点あたりで止まってそこで待った。小さいながら勇敢な飛行機の機首をセイヤーが巡らし、身を切るような冷たい西風に向けるのを見つめる。

かなりの速度が出ることを予想して、セイヤーは操縦室の天蓋をしっかりと閉めた。機首を少し下に向け、フラップ（訳注　主翼の縁に取り付け、下げることで高い揚力を得るための装置）を下げる。それからセイヤーは左右のブレーキを踏み、エンジンの回転数を上げ始めた。満足のいく唸り声をエンジンが響かせ、機体がブレーキを跳ね返そうとするのを感じると、セイヤーは両足をブレーキペダルから離した。飛行機は弾むようにして前進し、雲に覆われた淡い太陽目がけて加速していく。時刻は午後七時四〇分。宵闇が迫る。ホイットルは不安気にこぶしを握り、じっと見守った。

機体は着実に加速を続け、四五〇メートルあまり走る。すでにエンジン音は力強く轟き渡り、尾部の排気ダクトからは槍の穂先のような炎がほとばしり出ていた。セイヤーは操縦桿を戻す。すると、小さな飛行機は苦もなく浮き上がり、プロペラもなく静かに夜の空へと昇っていった。翼は教科書通りにふるまい、エンジンも一度として動きが滞《とどこお》ることがない。風を切るような音を上げながら、紛れもない五〇〇馬力を生み出している。ものの数秒でパイオニア機は約三〇〇メートルの上空に達し、セイヤーが油圧アキュムレータ（訳注　流体をエネルギー源などに用いるために、加圧状態で蓄える容器）を使って着陸装置を格納するのが地上からも見えた。機体はかすかな黒い煙をなびかせていたかと思うと、なめらかな弾丸のような姿でいきなり雲の中へと消えていった。機体の後ろで雲が隙間なく閉じる。

ホイットルや同僚たちの耳に届くのは、エンジンの規則正しい唸り声だけである。いや、ただのエンジンではない。ジェットエンジンだ。精密工学を駆使して史上初めてつくられた、圧縮機ブレードとタービンブレードだ。それが、高温で噴射される燃料とニュートンの第三法則と一緒に上昇し、イングランドの空を飛んでいる。しかも、世界で初めて政府の後押しを受けて。その後の数分間、見えるものといえば頭上の雲だけだったが、音の質と大きさと方向から察するに、セイヤーは楽しんでいるようだった。昔ながらのテストパイロットの鑑《かがみ》として、飛行機のもてる能力を試しながら、今まさに「ジェット時代」の扉を正式に押しあけているのである。

それから一五分も経っただろうか、ホイットルと仲間たちは音が東の方から近付いてくるのに気付いた。機体も見えた。低くなった日の光を受けてきらめきながら、着陸の態勢に入っている。着陸装置が下りてきた。フラップとスポイラーが下げられ、速度が落ち、まもなく機体は適切な進入経路で、雨に濡れた滑走路のわずか三メートルほどの上空まで来た。あまりにゆっくりと上品に動いているので、ほとんど空中で静止しているかに見える。この時点でセイヤーはエンジンの出力を大きく落とした。こうして飛行機は処女飛行の最後の数秒を降下していき、滑走路のセンターライン上にそっと着陸した。重みで車輪支持体が弾む。それからセイヤーは、待っている車のほうに向かってきて止まり、操縦桿を停止位置に戻してエンジンを黙らせた。あたりは静けさに包まれた。管制塔とのおしゃべりを伝えるかすかな無線の音と、機体の金属が冷えて軋む音がするだけである（その夜は寒く、エンジンの部品は高温になっていた）。飛行場の草が風になびいて囁くような音を立てている。風が少し強くなったようだ。と、にわかに、紛れもなく興奮した足が駆けていく音が響いた。

皆、機体に向かって夢中で走っていく。一三年前にこのエンジンを構想し、長く苦しい闘いの果てについに完成させたフランク・ホイットルも。そのエンジンで空を飛び、歴史に足跡を残した小さな飛行機を設計したジョージ・カーターも。我を忘れて誘導路を横切り、一緒になって飛行機に駆け寄って、ゲリー・セイヤーの手を摑んで握手した。それは成功を祝う思いと、安堵の現われでもあった。時は一九四一年の春。新しい時代の幕が切って落とされた。

とはいえ、情報省の撮影隊が記録をとっているわけではなく、報道関係者もいない。ＢＢＣの記者もカメラマンもおらず、ただ素人がぼやけた一枚の写真を残しただけだ。その写真には、笑顔のホイットルが操縦室のすぐそばまで行って、祝福と感謝の言葉を伝えるさまが写っている。

それから二年と八カ月ほどが過ぎた一九四四年の一月、イギリス国民はようやくこの新しい発明について聞かされた。新時代がいつのまにか忍び寄っていたことを知ったのである。《タイムズ》紙は四面にこんな記事を載せた。「ジェット推進飛行機、イギリスによる発明の成功――長年実験を重ねた結果、イギリスはついに革命的な動力装置で推進する戦闘機を有するに至った。この完成は、航空史のなかでもひときわ輝く偉大なる一歩である。新しい方式はジェット推進と呼ばれ、従来型のエンジンもプロペラも必要としない」

フランク・ホイットルの名は四つの段落で言及されていた。それとともに、アメリカ政府が初飛行後数週間のうち（一九四一年七月）に成功を通知されていたことも明かされていた。にもかかわらず、その勘定を受けもったイギリス国民は闇の中に置かれていたわけである。それはアメリカ国民も同じで、新しいエンジンのニュースについてはイギリスと同じ一九四四年一月六日に初めて知らされた。ホイットルは最初のうちこそ厚遇を受け、それなりに尊敬されもし、国王ジョージ六世からナイトの爵位まで授けられた。しかし、戦後は意外にも幸せな人生とはいいがたい面があった。パワージェッツ社は国有化され、その主任技師だったホイットルは第一線を外されて閑職に追いやられた。その後は旅をし、講演をし、文章を書き、王立協会（訳注　英国最古の自然科学者の学術団体）のフェローに選ばれたことをことのほか喜んだ。いくつもの賞や賞金も授与された。なかでも最も高額だったのはおよそ五〇万ドルで、それをホイットルは気前よくドイツのハンス・フォン・オハインと分けることにした。オハインのエンジンを積んだハインケル社の飛行機こそが、ターボジェットエンジンで飛んだ本物の史上初だからである。ホイットルは、コンコルドが夢の計画となるずっと前から、超音速旅客機を製造すべきだとたびたび役人に掛けあった。誰も耳を貸さなかった。結婚生活が破綻《はたん》したあとは、一九七六年にアメリカに渡ることを決意し、残りの人生を首都ワシントンの郊外で送った。

ときどきは故郷に呼び戻された。一九八六年には、エリザベス女王からメリット勲章を授与されるために。また一九八七年には、かつて自分が設立したエンジン会社の創立五〇周年を巡るちょっとした騒ぎのために。さらにはロンドンを訪れたあと、息子のイアンがパイロットを務めるキャセイパシフィック航空ボーイング747旅客機で、香港までの直行フライトを楽しみもした。

これは一風変わった記憶に残る旅となった。というのも、その時代のイギリス植民地では、香港の啓徳《かいたく》空港が唯一の商用飛行場だったのだが、ここに来る飛行機の大半は最後に恐ろしい旋回をしないと無事に着陸ができない。まず飛行機は啓徳空港の西側からアプローチし、急速に高度を下げながら、山腹の巨大な岩に向かって真っ直ぐ進んでいく。当時の岩は、ご丁寧に赤と白の大きな市松模様に塗られていた。岩までの距離がわずか一キロ半ほどになり、二〇秒とたたずに衝突必至の地点まで接近したところで、パイロットは三七・五度の角度で右方向に急旋回をする。これがうまくできれば、013番滑走路に低高度でじかに進入できるというわけだ。

この方向転換のことを事前に聞かされていないと、乗客は相当に慌てふためくことになる。フランク・ホイットルはというと、それまでは操縦室の息子の後ろで落ち着いて座っていたのに、着陸準備の段になったら、岩への衝突は避けられないと思ってほんの数秒ではあったが動揺した。しかし、ベテランのパイロットたち（この日は自身の息子も含む）がこれしかないというタイミングで精密な方向転換を成し遂げ、世にも不思議なこの西からのアプローチを成功させて、まもなく機体はいつも通り正確に着地した。

このときの旅客機に搭載されていたのは、ロールス・ロイス社製のジェットエンジン四基であり、*そのすべてが申し分なく働いて劇的な方向転換を完了させた。ほぼ四半世紀ののちには、同じロールス・ロイス社製のエンジンがインドネシア上空で派手な事故を起こすことになる。こちらはもっと遥かに高馬力で、格段に大型の航空機向けに製造されたものだ。事故に関する公式報告書はオーストラリアで三年後に発表された。それを読むと、現代の高出力・高性能ジェットエンジンをつくるうえでの技術的な問題と課題が透けて見える。

よくよく眺めてみれば、現代のジェットエンジンが奇怪なほどに複雑きわまりないとわかる。だが、そうは信じがたい雰囲気をもっている。エンジンカバーはなめらかで汚れがなく、開口部にあるファンのブレードはじつに優雅にゆっくりと回り、発する音までもがフルスロットルのときでさえどこか豊かなハーモニーを響かせる。だから、内部は単純そのものなのではないかとつい疑いたくなるのだ。実際はどうかといえば、カバーを外すと内側の何もかもが悪魔のつくった迷路のようであり、ファンとパイプとローターとディスクとチューブとセンサーと、絡み合ったワイヤとで大混乱を呈している。これでは、内部でどんな金属が動いたとしても、ほかの金属部分を打ったり切ったりせずにはいられないように思える。それくらい、ほかの邪魔になるほどの危険な近さのなかにすべてが詰め込まれているのだ。ところが、実際にジェットエンジンを作動させてみると、まず間違いなくそんなことは起こらない。あらゆる部分が見事に連動するように設計・製造されていて、しかも過酷と苛烈を究める環境のもとでも繰り返し性能を発揮する。環境がどこよりも過酷で苛烈なのが、高圧タービンだ。一番太く、一番凹凸がなく、素人目にはエンジンのなかで最も害のない部品に思える。なにしろ（ファ

＊　ロールス・ロイス社が航空エンジンの製造を始めたのは一九一五年。初代の自動車を世に送り出してから一〇年あまりが経った頃である。一九四六年にはジェットエンジンにも事業を拡張し、一九五〇年代前半には英国空軍のキャンベラ戦闘機と、英国海外航空社（訳注　当時存在した国営航空会社で、現在のブリティッシュ・エアウェイズ社の前身）の悲運のコメット機（訳注　定期運航開始後ほどなくして空中分解事故を起こした）に同社のターボジェットエンジン「エイヴォン」が採用された。破産や国有化（のちに再び民営化）など数々の紆余曲折《うよきょくせつ》がありながらも、ロールス・ロイス社は一世紀以上にわたって航空エンジンをつくっており、今なおジェットエンジン市場における手強いプレーヤーであり続けている。これまでに製造したジェットエンジンの数はおよそ五万基に上る。

ンのように）動いているように見えるものはないし、（熱い排気ガスのように）多少なりとも感じたり聞いたりできるものもない。

現代のジェットエンジンの内部には、様々な大きさのブレード（羽根）が何十枚も付いている。ブレードはいろいろな方向に回転しながら数々の仕事をこなし、何百トンもの飛行機を空に浮かせて進ませる手助けをしている。しかし、何より驚異的で、工学技術の粋《すい》を究めたともいうべきものは、高圧タービン内のブレードだ。このブレードは凄まじい速度で回りながら、最大出力時には一枚一枚がF1レーシングカー並みのパワーを生み出している。しかも、ブレードを回転させるガスの流れは、ブレードの材料となる金属の融点より遥かに高い。では、なぜブレードは融けてしまわないのか。なぜ崩壊せずにいられれ、エンジンを破壊することもなければ、その動力で運んでいる人たちすべての命を奪うこともないのか。普通に考えたら、あり得ないとしか思えないのだ。常温で固体の金属が物理の法則に逆らい、融けて軟らかくなって液体に変わるような温度でも動き続けることができるのだからどうやってそれを実現しているのかが、現代のジェットエンジンをうまく作動させる鍵を握っている。

答えをごく簡単にいってしまうと、信じがたいほど精度の高い機械加工を施すことにより、ブレードを冷やしているのだ。この加工のおかげで、飛行機が空中にいるあいだじゅうブレードは過酷な環境に耐え、エンジンを出力全開で運転させることができる。どのような機械加工かというと、各ブレードにごく小さな穴を何百個とあけることに加え、ブレード内部に微細な冷却トンネルを張り巡らすことだ。そのいずれもが、わずか数年前ですら考えられなかったほど小さく、またきわめて厳しい公差でつくられている。

連結された５枚の高圧タービンブレード。単結晶のチタン合金でできており、ごく小さな穴がいくつもあけられている。低温の空気がこの穴を通るおかげで、タービン内の破壊的な高温環境下でもブレードが融けることはない。

当然といえば当然だが、こうした工夫に拍車をかけたのは商売上の必要性である（もっとも、「ダークサイド」向けに極秘の仕事をしているジェットエンジンメーカーも、爆撃機やステルス戦闘機のたぐいのためにテクノロジーを開発して貢献をしてはいる。単に、現時点では一般に認知されていないし、航空機メーカーもまだそれについて語ることができないだけだ）。タービンブレードの効率を高める取り組みは、一九五〇年代に始まった。ピストンエンジン機が世界の主要航空路から徐々に姿を消し始めた頃である。当時は、元々軍事のために開発されたジェットエンジンが再設計されて、乗客と貨物を高速で長距離輸送することで利益を得られるようになったばかりだった。バイカウント機、コメット機、ツポレフＴｕ‐１０４機、コンベア８８０機、カラベル機、ダグラスDC‐8機、そして一九五八年からは最も有名な細身のボーイング707機と、ジェット機が続々と就航して空を席巻していった。こうした航空機が搭載していたジェットエンジン（デ・ハビランド社の「ゴースト」、プラット・アンド・ホイットニー社の「JT3C」と「JT3D」、ロールス・ロイス社の「エイヴォン」「スペイ」「コンウェイ」、そして二〇〇機のツポレフTu‐104向けにモスクワが開発した謎多き「ミクーリンAM‐3」）はすべて、当時としては最先端の高精密な装置だった。

今日の水準からすると、これら初期のエンジンはかなり原始的ではある。音がうるさく、燃料を食いすぎ、出力が低くて効率も悪い。だが、そうした状況も一九七〇年代に変わり始める。飛行機の数を増やして航続距離を伸ばし、速度を向上させる必要性がますます高まったからである。もっと低コストで大型なワイドボディ機（訳注　客室内に通路を二本確保できる広胴型の機体）を求める声は、乗客の側からだけでなく、財政が逼迫する航空会社の会計担当者の側からも大きくなっていた。となると、それだけの巨体を進める推力を生み出し、なおかつそれを静かに効率よく実現できるエンジンがないといけない。また、二〇世紀後半に注目されるようになっていた環境問題への配慮も必要だ。必然的に、新しいジェットエンジンはとてつもなく大きく、信じがたいほどの出力をもつものになる。取り込まれる（毎秒一トンもの）空気を想像を絶する圧力で圧縮し、想像を絶する温度で燃料を燃やし、炎の大渦巻で内部に大惨事を巻き起こして、内側で回転するあらゆる金属片のあらゆる分子に試練を与えるのだ。

ここで重要な役どころを演じるのが、一九七〇年代の前半にロールス・ロイス社が社内に立ち上げた「ブレード冷却研究グループ」である。グループの使命はすこぶる明快だ。高圧タービンブレードが融けるのを防ぎ、誰もが必要とする出力の出せるジェットエンジンをつくれるようにすることである。というのも、タービン学の基本原則はじつに単純だからだ。エンジンを作動させる温度が高ければ高いほど余剰圧力が高まり、噴射速度も向上する。要するに、熱ければ熱いほど速くなるということだ。

だが同時に、エンジン環境が高温になればなるほど、タービンブレードに関する不具合も大きくなる。タービンブレードの第一の仕事はエンジンの圧縮機を駆動することだと思っている人がいるかもしれないが、実際はそうではない。それは副次的なものであって、最重要の仕事はただ単に壊れずにいることなのである。

ホイットルのエンジンや、その発明の直後に軍隊が製造したジェットエンジンは、うまくいくことが証明された（ビッカーズ社のバイカウント機のターボジェットエンジンや、世界初の商用ジェット機となるコメット機の純粋なジェットエンジンといった民間のエンジンも同様である）。しかし、当時はタービンブレードを壊さないことが大問題になることはなかった。

もちろん、ブレードがきわめて重要な構成部品だったことに変わりはない。ホイットルが最初につくったブレードはスチール製だったので、そのせいで初期の試作品の性能をいくらか狭めていた。なぜなら、スチールは五〇〇度程度より高温になると、その構造の完全性を保てなくなるからである。だが、すぐに種々の合金が発見されて事態は大きく改善する。以後のブレードはそうした新しい金属化合物を材料にすることで、最初期のエンジンの課題にあらかた対処できた。ブレードの形状は、周囲に激しく渦巻く特異な高温のガスをうまく受け、そこからエネルギーを引き出すように設計されていた。ブレードはディスクに固定され、そのディスクが毎分数百回という、普通なら耐えがたいような負荷のもとで回転してブレードを動かす。ブレードの形を工夫することで、タービンに入ってくる高温の圧縮空気と燃料（ホイットルの最初の研究室ではガソリンだったが、のちにはケロシン）による化学反応からうまくパワーを得られるようにもなっていた。ただし、融けるようなおそれはない。当時のエンジンの作動温度はおよそ一〇〇〇度であり、ブレードの材料であるニモニック（ニッケルとクロムからなる特殊合金）は一四〇〇度まで堅牢さや硬さを失うことがなかったからだ。ガスの温度とブレードの融点のあいだに十分なゆとりがあったわけである。しかしそれは一九六〇年代から七〇年代にかけて変わることになる。ゆとりが少しずつ小さくなっていき、ついには完全に消えてしまったのだ。

そこにはこんな背景がある。すでに当時は次世代エンジンの必要要件として、燃焼室から轟音とともに吐き出されてくる混合気を一六〇〇度くらいにまで熱することが求められていた。とはいえ、その頃に使用されていた合金は、どんなに優れたものでも一四五五度前後で融解する。それより低い温度であっても、合金が強度を失って柔らかくなり、形が様々に変化したり膨張したりしやすかった。それどころか、一三〇〇度以上の熱にブレードを長時間さらし続けることは、困難であり危険を伴うと当時の研究者にはみなされていた。誰かがブレードを低温に保つ方法を考えつけば話は別だが。

ロールス・ロイス社の十数名の技術者チームは、早速この問題に取りかかった。彼らの結論は、ブレードの冷却は可能なはずだ、というものである。きわめて精密な機械加工と、高性能コンピュータの計算能力を用いれば、比較的低温な空気のごく薄い膜をつくることができる。それが回転中の個々のブレードを包み、地獄の業火のような熱から守る。冷たい空気の膜は、一ミリ未満の薄さでなければならない。しかし、ブレードが回転しているあいだもどうにかその膜が破れずにいられれば、それにくるまれたブレードのほうも壊れることはない。

だが、ジェットエンジンの内部でどこから冷たい空気を得ればいいのか。その答えはすぐ目の前に隠れていた。熟考と実験を重ねた結果、エンジン前部のファンで吸入される大量の大気から、比較的低温の空気をじかに取り出せることがわかったのである。取り込まれる空気のほとんどはエンジン本体を迂回するのだが（本章の扱う範囲を逸脱するので、その理由には触れない）、迂回しなかったかなりの量の空気は、呆れるほどに複雑なブレードの迷路に送られる。回転しているブレードもあれば、固定されて静止しているものもある。それらがジェットエンジンの比較的低温の前部を構成していて、そこで空気が約五〇分の一に圧縮される。ファンが一秒間に吸入する一トンの空気の体積は、通常であればスカッシュコートいっぱいに広がる程度だ。それが圧縮の結果、普通サイズのスーツケースに収まるまでになる。その空気は高密度で高温で、やがて派手な見せ場がくるのを待っている。

この圧縮空気のほぼすべては真っ直ぐ燃焼室に送られ、そこで霧状のケロシンと混合される。さらに、いくつもの電子マッチのようなものによって点火されて爆発し、回転するタービンブレードのところにそのまま入ってくる。このブレード（現代のジェットエンジンの場合、高速回転するディスクの外周に九〇個あまりのブレードが付いている）を通ったあと、空気はタービンの残りの部分を進んでいき、迂回してきたファンからの低温の空気と合体し、エンジン後部から激しく噴き出すことで機体を前進させる。

この「ほぼすべて」というのがミソだ。ロールス・ロイス社の技術者チームが気付いたのは、圧縮された低温の空気の一部を燃焼室に届く前に脇にそらし、ブレードが取り付けられたディスク内のチューブに送り込むことができるということだ。ブレード自体の内部に機械加工でトンネルのような通路を張り巡らせておけば、低温の空気はそこに入って広がっていく。そうすれば、ブレード内は低温の空気で満たされることになる。もっとも、「低温」というのはあくまで比較の問題で、圧縮されただけでも空気は六五〇度近くにはなる。それでも、燃焼室から出てくる混合気よりは一〇〇〇度近く低い。この低温の空気を利用するため、ブレードの表面には信じがたいほど細かい穴があけられた。この穴はコンピュータによって配置を決められ、きわめて精密かつ繊細に穿孔《せんこう》されている。どの穴もブレードを貫通して、低温の空気で満たされたトンネルに通じるようになっている。そのため、内部の低温の空気は瞬時に外へと溢れ、熱に輝くブレードの表面に触れる。

　数学的な計算が正しくなされて（一九六〇年代後半以降に利用できるようになったコンピュータの素晴らしい能力がここで本領を発揮し、欠かせない活躍をする）、微小な穴がすべて適切な位置にあけられていれば（あるものはブレードの先端に、あるものは太く短い本体に、またあるものはブレードの後縁に）、この比較的低温の空気はとてつもなく薄い膜となってブレードを包み、回転するブレードの表面を断熱材のようにして覆う。この仕組みがあるからこそ、燃焼室から突進してくる混合気の灼熱にもブレードは耐えることができるのだ。*

　ジェットエンジンのタービンブレードを実際に目にし、多少なりともその仕組みについて知識のある者にとっては、このタービンブレードが工学の生む至高の詩のように思えるにちがいない。最高級のロールス・ロイス車に似ているといってもいいだろう。八〇年前のシルバーゴーストがそうだったように、現代の良質な航空エンジンにはいくつもの完璧さがつくり込まれているのだ。ロールス・ロイス社のジェットエンジンでは、ニッケル合金のブレード一枚一枚（衝撃的なほど強いが、ほとんど空洞なので四〇〇グラムほどしかなく、手のひらに楽々収まる大きさであり、手といえば現在は基本的に手作業で製作されている）が、イングランド北部のロザラム近郊にある極秘工場で鋳造されている。針で突いたような数百の穴の形状や配置の複雑さは確かに凄い。だが、ブレードに関して企業秘密というべき独自開発の技術はじつはそれではなく、驚くべきことにニッケル合金の単結晶（訳注　一つの結晶のどの部分をとっても結晶軸の方向が同一であるもの）を成長させてブレードを製造している点だ。こうするとブレードはきわめて強靭になる。そうでなくては困るのだ。なにしろ高温のなかを回転し、約一八トン（ロンドンの二階建てバスの重さに相当）もの遠心力がかかるのだから。

ところが、ブレードの製造には皮肉めいた面白い面がある。何かというと、誰もが想像する通り、この上ない精密さと計算能力に裏付けられた高い技術力が必要でありながら、じつに古風な製造手法

＊　一九六〇年代後半にロールス・ロイス社が初めてこの種のブレード冷却を採用したのは、「RB211」エンジンにおいてだった。結果的に開発費がかさみすぎて会社は破産し、七年間イギリス政府によって国有化された。開発の初期段階での問題は、主となる外部ファンにカーボンファイバー製のブレードを使ったことが原因だった。法令により、外部ファンはバードストライクに対する耐性を試験する必要がある。だが、重さ二キロあまりのニワトリを大砲から打ち出し、回転するブレードに衝突させたところ、ブレードは瞬時に粉々になって関係者全員が肩を落とした。結局は圧縮機用ブレードと同じチタン製に交換されたものの、それには時間と費用がかかり、しばらくのあいだ会社として生きていけなくなる結果を招いたのである。

しかし、最終的にはRB211のほうが、アメリカの主な競争相手であるプラット・アンド・ホイットニー社製「JT9D」エンジン（初期のジャンボジェット機に使用されたもの）より性能が優れていたことがわかった。NASA（米航空宇宙局）の統計によると、一九七〇年代、JT9Dは一回の大西洋横断飛行につき平均一基のエンジン停止を起こしていたのに対し、RB211のほうは一〇回の横断飛行につき平均一基のエンジン停止だった。航空機はエンジンを四基搭載しているので事なきを得、乗客もいっさい知らぬまま終わったのは幸いだった。

も組み合わされているのだ。それは「ロストワックス鋳造法」と呼ばれ、「精密」という概念のなかった古代ギリシャ時代にすでに知られていた。* タービンブレードの場合でいうと、内部に冷却用のトンネルをつくるのにこの手法が役立つ。まず、空洞部分と同じ形にセラミックのコアをつくり、それをピンで固定する。その周りにロウを注ぎ、ロウの周囲をセラミックの鋳型で覆ってから、古代ギリシャの頃と同様に熱でロウを溶かし出す。その直後に、融けた合金を鋳型に流し入れて最後にセラミックのコアを除去すれば、ブレード内部に込み入った空洞のネットワークができて、のちに低温の空気がそこを通ることになる。

手のかかる長い製造工程のこの段階で、ブレードの単結晶構造の成長が促される。それがロールス・ロイス社の最重要機密でもある。ごく簡単にいうと、融けた金属（ニッケル、アルミニウム、クロム、タンタル、チタン、および会社がとぼけて語ろうとしない五種類の希土類元素でできた合金）を鋳型に流し込むのだが、鋳型の基部には不思議な形にねじれたチューブが付いている。ブタのしっぽに似ていなくもない。このブタのしっぽが水冷プレートにつながっている。融けた金属を鋳型に満たしたら、炉からゆっくりと引き出し、金属が時間をかけて固まるに任せる。

その際、温度の低いブタのしっぽのほうから凝固が始まるが、鋳型の基部は細く絞られているために、成長の最も速い面心立方構造と呼ばれる結晶だけがそこを通り抜けることができる（その理由は複雑で、冶金《やきん》学の奥義《おうぎ》を学んだ者でないとわからない）。そしてこの冶金学の魔術により、ブタのしっぽに沿ってできた一種類の結晶のみでブレード全体が構成され、すべての分子が均一に並ぶ。金属が単結晶になると、この種の金属片が通常なら直面する様々な物理的問題への抵抗力が大きく高まる。強度が格段に増すのだ。強烈な遠心力のもとで作動するわけだから、そうでなくては困る。

単結晶のブレードをつくり終えたら、次はコアの部分に残っている物質を解かし去り、放電加工という手法で何百もの微小な穴をあけて冷却トンネルに通じさせる。放電加工で用いられるのは、一本のワイヤと火花だけだ。ワイヤは細く、火花は小さい。プロセス全体はコンピュータの指揮で進み、でき上がったものを人間が高性能顕微鏡で検査する。この工程は静かさとは程遠く、穴をあけるというより融かすというほうが近い。

しかしながら、本書の物語にとって重要な瞬間がここで訪れる。いや、すでにひそかに物語に忍び込んでいたといっていい。

高圧タービンのブレードを製造するには、作業員のチームが一〇〇パーセントの集中力で取り組むことが昔から求められてきた。手と目を連携させる経験を何十年と積み、並外れた手先の器用さをたゆまず身につける必要があったのだ。こうした男女は何年もかけて、複雑で風変わりな冷却孔穿孔装置の操作を学んできた。エンジンが複雑になればなるほど、一枚のブレードの様々な面にもっと多くの穴が必要になる。ロールス・ロイス社の「トレントXWB」エンジンでは、約六〇〇個の穴が摩訶《まか》不思議《ふしぎ》な形状に配置されている。そうしないと、ブレードが硬さと固体性を保ちながらできるだけ低温でいることができない。

しかし、乗客と乗員の命は、エンジンが飛行中に自己破壊しないことにかかっている。きわめて少

＊ ただし、第1章で取り上げた「アンティキティラの機械」をつくった者たちは、この手法を知らなかったのかもしれない。アンティキティラの機械は見るからに高精度でありそうなのに、不思議と正確さを欠いているのだ。とはいえ、二〇〇〇年以上前に製作されたことを思えば、咎め立てするのは気の毒というものだろう。

ロールス・ロイス社の「トレント」エンジン。2階建てのエアバス A380 スーパージャンボジェット機に4基搭載されている。現代のジェットエンジンは、一見すると途方もなく複雑に思えるが、可動部は基本的に一つしかない。すなわちローターだ。それが、エンジンの端から端まで（前部のファンから尾部の排気口まで）を貫く軸を中心に回転している。

ない件数とはいえその種の事故が起きたとき、その原因は、人間がつくったエンジンブレードの完全性が損なわれたからであることが多い。ブレードが計り知れないほど重要であることには疑問の余地がない。その完全性は冷却孔の形状によるところが大きく、その形状を計算し測定し、検査するのは熟練技能をもつ人間だ。ブレードの製造工程に限っては、いっさいのエラーを許容することができない。なぜなら、ジェットエンジンのこの部分に不具合が生じれば、たちまち大惨事へと発展しかねないからである。

ブレードが完璧かどうかに人の命がかかっているのを明確に認識したことは、この産業にとって重大な瞬間だった。本書で物語ってきた精密さの歴史においても、おそらく初めてとなる決定的な展開である。精密さの概念を生み出したジョン・ウィルキンソンやジョゼフ・ブラマー、あるいはヘンリー・モーズリーやジョゼフ・ホイットワースといった技術者たちには、いやヘンリー・ロイスその人でさえ、こんな事態になろうとは想像もしていなかっただろう。つまり、この分野を皮切りに工学技術があまりに発展した結果、精密さに対する現代の要求基準が高度になりすぎた。史上初めて、人類の能力では対処しきれないレベルに達してしまったのである。

それまでは、決まって何らかのかたちで人の手が介在した。シリンダーや錠前や銃や車をつくるのであれ、中ぐりであれフライス削りであれ研削であれ、ヤスリ掛けだってそうだ。旋盤の操作やネジ締めも、平面度や真円度や平滑度を測定するのもしかりである。ところが今や、公差はますます小さく設定されるようになった。それにつれて、どれほど磨き上げた人間の技術でもそこに追いつけなくなり、オートメーションが人間に取って代わるようになった。それはこの分野が手始めではあったが、ほかにもいくつもの分野が続くことになる。ロールス・ロイス社の「先進ブレード鋳造施設」では、すべての作業（ロウの注入、合金の単結晶の成長、冷却孔の穴あけ）を行なうことができ、しかも雇われているのは熟練工の男女数名だけだ。施設では年間一〇万枚のブレードを生産でき、そのすべてに誤差がない。少なくとも知られている限りでは。

かつては、精密機械を導入した結果として、労働者が不要になることが最も厄介な問題だった。お払い箱になった人々は当然ながら腹を立てた。最近では、人命に関わる工学分野で監督役の人間の数が比較的少ないことが、それ以上に切迫した懸念材料となりつつある。

「われわれの従業員は素晴らしい技量を有しています」と語るのは、先進ブレード鋳造施設の製造部長。「でも彼らは人間です。シフトの始まりと終わりで、同じ仕事の質を保てる人間はいません」。この産業分野ではとくに、精密工学がある種の限界に突き当たってしまったように思える。そこでは、かつて精密さを維持するうえで必要不可欠だった人間が、今やときとして足を引っ張る。そのことを如実に示したのが、カンタス航空のジェットエンジン事故に関する調査結果だった。

事故直後、カンタス航空は自社が保有するエアバスA380六機の運転を見合わせ、事故のせいで被った商業的損失に対してロールス・ロイス社を訴えると息巻いた。しかし、事故調査は怒りとは無縁であり、オーストラリア政府運輸安全局の主導で粛々《しゅくしゅく》と原因究明が進められた。事故からほぼ三年後の二〇一三年六月に公式報告書が発表されると、そこには強い調子で糾弾の言葉が綴られていた。現代の高性能ジェット機ではどの構成部品を製造するにも絶対的な精密さがつねに必要であるにもかかわらず、それをないがしろにしてきた企業文化に非がある、と。

というのも、このエンジンの、この飛行機の、そしてこの乗員乗客の運命も、また航空会社とエンジンメーカーの評判も、すべてはたった一本の短い金属パイプの働きにかかっていたことが判明したからである。そのパイプは長さがせいぜい五センチ程度で、半径は七・五ミリ。イングランド中北部にある工場の誰かがそのパイプの内側を削って穴をあけたとき、誤って正しい寸法からほんのわずかにずれていたのだ。

そのパイプは滑油供給スタブパイプと呼ばれている。どんなエンジンの周囲にも、スチール製の細いチューブがヘビのようにくねっているものだが、このスタブパイプは、細くて長いヘビのようなパイプの根元にあって少し幅が広く、高圧タービンディスクと中圧タービンディスクのあいだにある灼熱の空気室内に位置していた。滑油供給スタブパイプの目的は、高速回転ディスクの付いたローターのベアリングに油を供給することにある。スタブパイプの内側にはフィルターを嵌め込む必要があるため、フィルター周囲の金属リングが確実に収められるように、パイプの根元部分は口径が少し広く

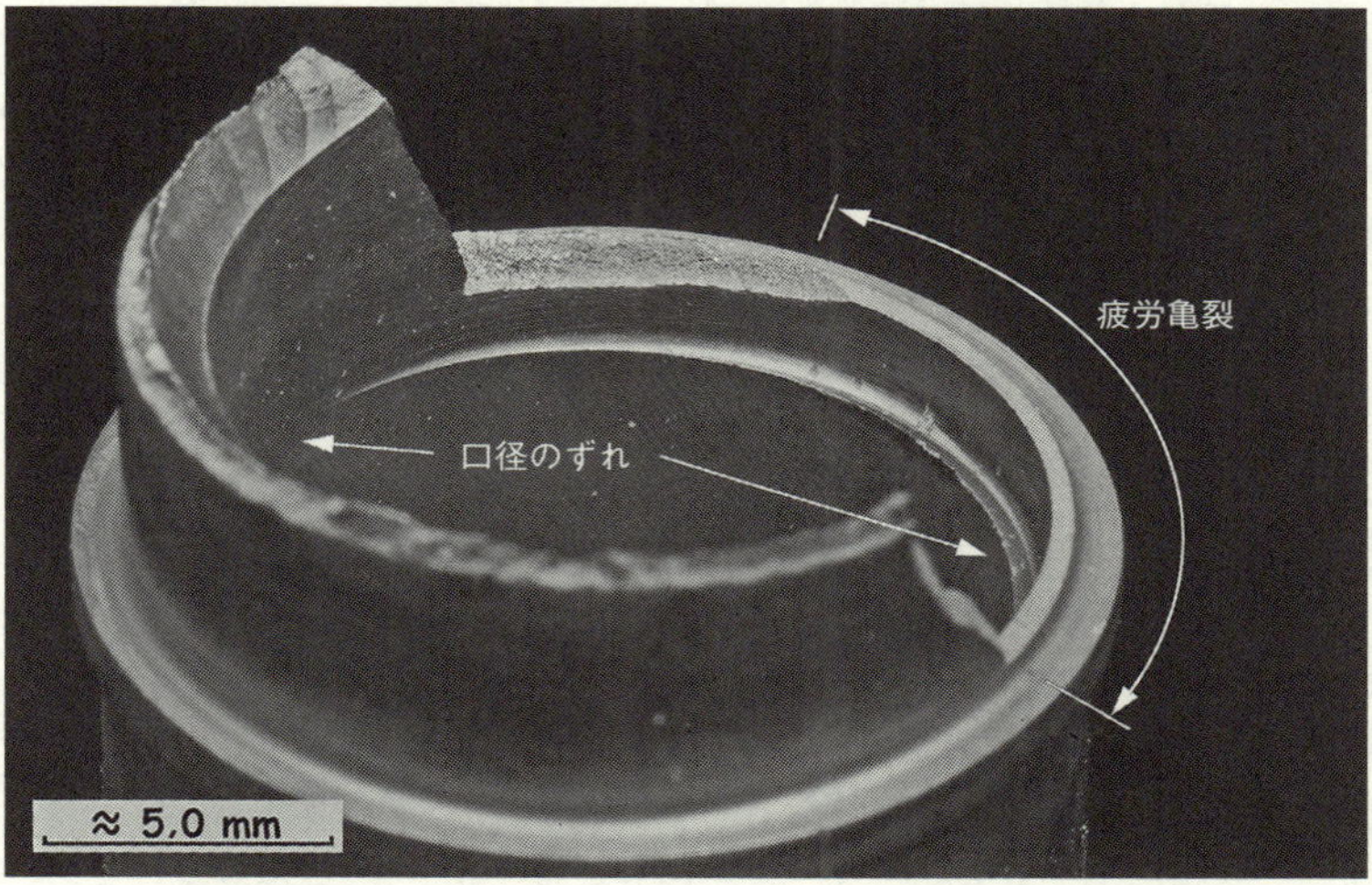

破断した滑油供給スタブパイプ。機械加工が若干ずれたせいでパイプの片側がわずかに薄くなったために、金属疲労を起こしたのが破断の原因である。おそらく疲労亀裂はロサンゼルスを離陸した直後に始まり、ロンドンを発ったあとで悪化したのだろう。シンガポールを飛び立って１分後にパイプは割れ、高速回転するローターに高温の油が多量に飛び散った。

なっている。

くだんのスタブパイプとその周辺の組立品が製造されたのは、ロールス・ロイス社の工場の一つ、ハックナル・ケーシングズ・アンド・ストラクチャーズだった。時期は二〇〇九年の春である。通常の状況下であれば、フィルターを嵌めるためにパイプに機械加工を施すなどごく平凡で簡単な作業だったろう。所定の厳しい基準に合致させるのも、わけないことだったはずだ。しかし、事故を起こしたこのエンジンの場合、高圧タービンと中圧タービンを隔てるハブ部分全体を先に組み立てることが決まっていた。そしてこのときに限って、この組立品にスタブパイプを取り付けてから、そのあとで設計の仕様の通りに口径を広げるためにドリルで削ることになった。だが実際にやってみると、これは非常に難しいとわかる。組立が完了したハブのほかの部品や、新たに溶接された様々な断片が邪魔になって、技術者にとってはスタブパイプの一部が見えにくくなっていたのだ。

技術者たちはできる限りのことをしたものの、結果的には機械加工が適切に行なわれなかった。小さなスタブパイプは不良のままエンジンのタービンに装着され、そのエンジンがカンタス航空のエアバスA380の左翼に搭載された。具体的には、加工作業をしたドリルの刃の位置がずれたために、スタブパイプの外周のごく一部分が基準より〇・五ミリほど薄くなっていたのである。

おそらくは、ドリルで削っているときに組立品全体がかすかに動き、そのせいでスタブパイプの片方の壁面にドリルの刃がわずかに近付いてしまったのだろう。結果的に、そこが危険な薄さになって破断が起きたと考えられている。そのこと自体よりさらに恐ろしいのは、このエラーが見逃されたことだ。工場の品質管理部門も、重要部品すべてが基準に適合しているかをチェックするコンピュータ駆動の装置も、そのスタブパイプを問題なしとして合格させてしまったのである。不良品があるなら、様々なかたちで危険を知らせる赤旗が上がらなくてはいけなかった。廃棄されるべきだったのだ。これが高圧タービンのブレードであれば、エンジンのなかでも重要きわまりなく安全の鍵を握る部品なので、このスタブパイプより遥かに軽微な不良であっても捨てられて粉砕されていたに違いない。

にもかかわらず、ロールス・ロイス社の巨大な生産部門におけるこの特定の施設では、報告書で婉曲に「文化」と呼ばれたものが大きく災いして、問題のスタブパイプがすべての点検をすり抜けた。そして、脆弱である可能性を孕んだまま供給され、ついにはエンジンに組み込まれ、いずれ破断してエンジン全体の破壊につながるという不可避の運命を待つこととなった。検査の段階で失敗の烙印を押されるべきだったのにそうはならず、現実世界で失敗してしまったのである。

直接の原因となったのが金属疲労だ。問題のエアバス機は事故前に八五〇〇時間を飛行して、一八〇〇回の離着陸を繰り返していた。この離陸と着陸のサイクルが、航空機の機械部品を消耗させる。具体的には、着陸装置、フラップ、ブレーキ、そしてジェットエンジンの内部部品だ。高速や急角度の離陸を行なうたび、あるいはハードランディングが起きるたびに、こうした部品には瞬間的に負荷がかかる。その負荷は、ジェットエンジン内部の高温・高圧にさらされる以上に大きい。

推測によれば、スタブパイプ壁面の脆弱な部分がしだいに疲労亀裂へと進行した。最初にごくわずかなひびが入ったのは、シンガポール離陸の二日前にロサンゼルスの短い滑走路から飛び立ったときだったと調査官たちは考えている。亀裂は広がっていき、ロンドンに着陸したときに亀裂の隙間が大きくなった。シンガポールに向けてヒースロー空港を発った際にさらなる負荷を受け、チャンギ空港に着陸したところで再び負荷がかかった。そしてその数時間後に、シドニーに向けて出発したのである。

午前一〇時頃にチャンギ空港を離れてから九〇秒後、機体が急角度で上昇し、全出力の八六パーセントでエンジンが稼働して三〇トン近い推力を生み出していたとき、ついに亀裂の入った部分からスタブパイプが破断した。たちまち高温の油がほとばしり出て、高圧タービンと中圧タービンのあいだの空間に音を立てながらまき散らされる。空間の温度はすでに四〇〇度ほどになっており、油の自然発火温度は二八六度だ。噴き出した霧状の油は強力な火炎放射器となって、高速で回転する大きくて重いタービンディスクに炎を浴びせた。

猛烈な炎に数秒間さらされたあと、ディスクは膨張し、原形を失い、激しく揺れ始めてついには割れた。その破片は時速数百キロの速さで吹き飛び、エンジンを突き抜け、外側のケーシングも破り、左翼の二カ所と、胴体下部の一カ所をそれぞれ貫通した。左翼内部では瞬間的に火の手が上がったが、幸いにも広がらなかった。それでも、破片によって油圧系統と電気系統が損傷した結果、航空機システムに重大な不具合が次々と生じた。結果的に大事に至らなかったのは乗組員の尽力によるところが大きいと、オーストラリア政府の報告書は指摘している。

しかし、指摘はそれだけではない。ロールス・ロイス社内部の数々の失敗についても糾弾されている。きわめて重要な部品を適切に機械加工できず、適切な記録を残せず、適切な検査を怠り、いわゆる「不良品」を弾《はじ》くことができず、不具合を見逃して不良部品を働かせ、人命に関わりかねない事態を招いた、と。この不良エンジンが納品された先はカンタス航空だけではない。事故直後に急いで調べただけでも、通常より壁が〇・五ミリ薄い滑油供給スタブパイプがハックナル工場から何十個も出荷され、すでに使用されていることがわかったのである。最終的に判明したのは、シンガポール航空とルフトハンザ航空で使用されている四〇基ものエンジンと、カンタス航空の残り五機のエアバスに搭載されているエンジンすべてが、使用を中止して修理する必要があるとのことだった。

ロールス・ロイス社にとってはじつに手痛い失態である。なにしろ、高い修理費、人員の配置変更、手順の改革、広報関係の悪夢といった社内的な影響はもちろんのこと、カンタス航空に対して約八〇〇〇万ドルの損害賠償金を支払わざるを得なかったのだ。同社のその年の事故後のバランスシートを見ると、七〇〇〇万ドルの純損失となっている。こうした間違いが再び起きる見込みはないとロールス・ロイス社は主張し、ハックナルでもそれ以外の工場でも必要な予防措置はすべて講じたと断言している。

オーストラリア政府による大部の事故調査報告書に、埋もれるようにして記された一つの段落がある。現代の機械類の精密さが高まるにつれてもっと広範な問題が生じていることが、その段落からはとりわけ強く読み取れるように思う。全二八四ページの報告書の大半がそうであるように、この段落にも難解な用語がちりばめられているものの、いわんとすることは明確である。

……大規模な航空宇宙組織は複雑な社会技術システムであり、組織化された人々が、現代の航空機のような複雑なシステム向けのきわめて専門的な製品を生産することによって成り立っている。そうした複雑な社会技術システムは、元々内在する性質により、絶えず監視されていなければ自然と後退するという傾向をもつ。しかも、監視を強めていてもそうなる場合がある。この自然後退が起こり得るのは、重圧が加わったときである。その重圧は、世界規模の経済的要因や、株主のために発展的成長を遂げて利益と市場占有率を確保する必要性……によってもたらされる。

「複雑なシステム向けのきわめて専門的な製品」とはお役人的な表現であるが、要は「超精密機械」ということであり、トレント９００シリーズのジェットエンジンもその一つだ。現代のある種の機械はあまりに複雑で、あまりに精密につくられすぎていて、その製造に人間が参画するのは分別を欠いた行為なのではないか。この事故をそういう目で捉える者もいるかもしれない。実際にそうなのだとしたら、当然ながら一つの疑問が湧いてくる。今私たちが目にしているものは、私たちが能力の上限に達しようとしている姿なのではないか。いい換えるなら、自分たちが必要と考える精密さを、自力では手なずけられなくなってきたのではないだろうか。

もしくは、精密さ自体が何らかの限界に到達し、寸法を生み出すこともできなければ測定することもできない域に入ってしまったのか。つまり、人間の能力が足りなすぎるからではなく、工学が対象とするスケールがどんどん小さくなるにつれて、物質の固有の性質が手に負えないほど曖昧になってきたからなのかもしれない。ドイツの理論物理学者ヴェルナー・ハイゼンベルクは、一九二〇年代に量子力学という概念を生み出した。その過程で数々の発見と計算を行ない、極微《きょくび》の世界の現実がそうした曖昧なものである可能性を初めて示唆している。何かというと、物質を構成する最も小さな粒子（いわば最も小さな公差）を扱うとき、精密な測定の通常の規則が当てはまらないのである。原子に近いレベル、ないし原子より小さい亜原子のレベルでは、物質の固体性など単なる幻想に成り果てる。物質は波であるか粒子であるかのどちらかであるが、それを区別することも測定することもできない。この上なく優れた頭脳の持ち主であっても、おぼろげにしか理解できない領域なのだ。*

今日の巨大なジェット機向けにきわめて小さな部品をつくる分には、量子力学的な物の見方が必要なほどの限界に達しつつあるとはいえない。しかし、私たちは本書の物語のなかで初めて、自分たちに限界があるかもしれないと気付き始めた。その延長線上で考えれば、完璧さを追い求める私たちの旅にも終点が待っていることになる。ブラックホールではないが、事象の地平線（訳注　物質も光も脱出できないブラックホールの周囲にある境界）が見えてくるかもしれないのだ。だとしたら、世界のジェットエンジンメーカーで実施されている作業は、過酷なまでの精密さが求められるという意味で、今後私たちが向かう先を指す道しるべの役割を果たしているのではないか。終わらしきものが視野に入ってくるかもしれないと、警鐘を鳴らしているのだ。

技術に関するこうした予感はおそらく的中するだろう。ただしそれは、人間レベルの活動にじかに用いられる機械や装置を製造する場合だ。そこを越えて別の世界、別の宇宙を相手にすれば、人類に迫っているように思える能力の上限はもっと遥か高くまで押し上げられるかもしれない。そうした別世界ではまだ精密さに磨きをかけることができ、どこまで行っても限界が見えてこない可能性がある。たとえば宇宙空間に出れば、すべてがまったく違ってくるかもしれない。

＊　物理学者のリチャード・ファインマンは、二〇世紀の知の巨人として人気が高く、一九六五年にはノーベル物理学賞を受賞している。だがそのファインマンでさえ、「量子力学を理解している人は一人もいないといって差し支えないと思う」と語ったのは有名な話である。

第7章　レンズを通してくっきりと
（公差＝〇・〇〇〇 〇〇〇 〇〇〇 〇〇〇 一）

未来のロケットに積まれるものが天文学者の望遠鏡か水爆かによって、人類文明の運命が決まる。
――バーナード・ラヴェル『個人と宇宙』（一九五九年）（共立出版）より

この上なく卑劣な殺人が起きたのは、ある静かな夏の夜。ロンドン南部の緑豊かな公園でのことだった。だが、たまたま誰もそれに気付かなかった。事件がようやく明るみに出たのは、一人のファッション・カメラマンが暗室で黙々と作業をしていて、少し前にその公園で撮った何の変哲もない白黒写真を拡大したときである。木立の陰に隠れるようにして、銃を握った手と草に横たわる体が写っているのを見たのだ。少なくとも見たと思った。

今のはすべて、ミケランジェロ・アントニオーニ監督の作品でアカデミー賞にもノミネートされた映画『欲望』（一九六七年）からの一シーンである。問題の写真の画質は粗《あら》く、拡大したのでぼやけてはいたものの、その画像は今も私たちの脳裏に焼きついている。映画自体には殺人事件以外の要素もたくさん盛り込まれていたのだが、このシーンは一つのことを改めて気付かせてくれた。それは、ときにまったくの偶然から無作為に切り取られた瞬間を、歴史的な真実に変える力が間違いなくカメラには備わっているということである。私自身、それを痛感する出来事が最近あった。

私の仕事場は木造の古い納屋《なや》である。元々はニューヨーク州北部に一八二〇年代に建てられたもので、かつては穀物倉として使われていた。購入した当時は今にも倒れそうなあばら家だったため、私の住まいがあるマサチューセッツ州西部の丘陵地帯の僻村まで、納屋の柱や梁《はり》をトラックで運んだ。そして二〇〇二年の夏、その村に納屋を移築したのである。慎ましやかな小さな建物であり、約四・五メートル上の二階の廊下からは、散らかった私の机が見下ろせるような間取りになっている。

崩れかけた古い納屋の構造に新しい命を吹き込んで、現代のニューイングランド地方の生きた景色の一部として甦らせる。その行為が興味を惹いたのか、ある日の午後に一人のカメラマンが現われた。納屋の再生に関する本を製作中だという。喜んで自由にさせてやったところ、男性は何時間かかけて写真を撮っていった。そのなかには、二階の廊下から見た私の紙だらけの机を写したものも何枚かあった。

やがて、納屋の再建についてのなかなか素敵な大型写真集が刊行され、私の納屋の写真も収録されていた。お礼にと一冊献本してもらったので、ある晩それを感嘆しながら眺め（というより、我が慎ましき元穀物倉より遥かに立派な納屋を羨ましがることしきりだったが）、あとは棚にしまって、それ以上その本について考えることはなかった。

ところが、私には何の面識もない人物がやはりその本を一冊買っていて、六一ページに載っていた小さな書斎の構造が気に入ったらしい。『欲望』のファンだったかどうかは知らないが、この書斎の持ち主がどこの誰かを突き止められるのではないかとその人物は思った。

というのも、机の上を捕らえた写真には、《ニューヨーク・レビュー・オブ・ブックス》誌の表紙が写っていたからだ。散らかった雑誌や本や書類のせいでその半分は隠れていたものの、《レビュー》誌の右下に宛名のラベルが貼ってあるのにその人物は気付く。といってもじつに小さいものなので、たいていの人は気にも留めないだろう。だがこの御仁《ごじん》は、そのラベルから情報が得られるかもしれないと考えた。つまり、この写真を撮ったレンズが高倍率のものであれば、大きく拡大することでラベルの文字が読めるだろう、と。

そこで男は、乱雑な机の上から《レビュー》誌の表紙部分だけを切り抜いて、どんどん拡大していった。小さく不明瞭だった文字はしかるべく大きくなっていき、拡大を四~五回繰り返したら私の名前と住所が読めるようになった（ただし、印刷されていた画像の画素数の関係で、あとで多少の混乱は生じたのだが）。この謎の人物は一瞬にして、誰が納屋の持ち主なのか、誰が納屋を改造して住んでいるのかを知ったのである。そして私に連絡してきた。

今にして思えば、そんなことをするなんて覗き魔めいているし、かすかな悪意すら感じられなくもない。だが、実際はまったくそんなことはなかった。意志が強く、いささか執念深く、最近の言い方をするなら「自閉症スペクトラム」を思わせるところはあったものの、じつに愉快で興味深い人物だったのである。男はかつて脈管神経を専門とする神経外科医だったが、すでに引退していて、写真撮影を趣味にしていた。並外れた好奇心の持ち主であり、何についても際限なく知りたがる。相当な博識家といってもいいかもしれない。とりわけ夢中になっていたのが、犯罪捜査に用いられる精密な光学装置の素晴らしい能力である。そして、こうしたものについて学ぶことで、知的満足が得られるのが嬉しくてならないのだった。

イングランドの学童がたいていそうだったように（おそらくほとんどの国で同じだと思うが）、少年時代の私の暮らしのなかでレンズは少なからず重要な位置を占めていた。私が初めて手にしたレンズ（一九四〇年代当時はプラスチックの質が悪く、ポリカーボネートもほぼ未知の存在だったので、レンズのほとんどはガラス製だった）は、両面凸レンズの虫眼鏡だった。初めのうちは、他愛のない目的やいたずらのために使ったものである。オタマジャクシの体を観察したり、美しい自然を取り上げた雑誌を広げて写真の細かいところを覗き込んだり（たいして大写しにはならなかったが）、キャンプで火をおこしたり、うかつにも日なたで眠ってしまった友達の目を覚まさせたり。剝き出しの腕に虫眼鏡でほんの短時間でも日光を当ててやれば、どんなに深く眠っていようとすぐに飛び起きるものだ。

もっと高品質のレンズが欲しいと思うようになったのは一〇歳くらいの頃。ナナフシに夢中になっていたときである。当時、庭の生け垣のヨウシュイボタノキの葉を取ってきて、母親の使い古した密閉式広口瓶に詰め、その中でナナフシを育てては、一度につき三ペンスでクラスメートに売っていた。ナナフシは、肉眼だけでは見えにくいおかしな問題を起こすことがよくあった。自分が生まれた卵の殻を足（昆虫なので六本）から振り払えないときがあるようなのだ。そんな場合は、針と、細いピンセットと、頼りになる自分の一〇倍虫眼鏡を使って、顕微手術を行なえばたいていは解決した。

そのあとは収集期がやってきた。私は切手を集め始め、さらには虫眼鏡も何種類か揃えた。小型の切手を余すところなく見るための四角いレンズももっていたし、宝石用ルーペを片方の目に嵌めて切手シートの目打ち（穴）を数えたり、消印の打ち間違いを探したりもした。また、見た目がペーパーウェイトのような重いガラス道具は、切手アルバムのページの上に滑らせるとコレクションを拡大してくれるので、興味のありそうな人が通りかかるたびに披露してみせた。

精密な光学装置に興味をもち始めたのは、ようやく一四歳くらいになってからにすぎない（精密光学はいわば高額な光学なので、当然ながら親に資金援助を懇願する必要がある）。その頃、自分には顕微鏡が必要だと思ったのである。小遣いはいつも足りなかったが、中古品店や露天商を探し回りながら、最終的にはいくつかの顕微鏡を手に入れることができた（ネグレッティ＆ザンブラ社製、ボシュロム社製、カールツァイス社製など）。いずれも立派な木製ケース入りで、ケースには交換用の接眼レンズをしまう場所や、拡大レンズを収める小さな溝が付いていた。今日《こんにち》でいえば他人の画素数を羨むのと同じ現象が、一九五〇年代にもあったのを思い出す。皆で、誰の顕微鏡の倍率が一番高いかを競いあったものだ。とはいえ、私たちが顕微鏡でしていたことは、せいぜい池の水からミジンコを探すとか、海の水からナメクジウオの細く尖った体を見つけ出すといった程度だ。ガリレオやファン・レーウェンフックが後世に残してくれたような世界にまで分け入るには、知識も装置も足りない。それを思うと、三〇〇倍より倍率が高くてもほとんど意味がなかったのである。私がもっていたレンズのなかには一〇〇〇倍というのがあったと記憶しているが、私の不器用な手には余る代物《しろもの》だった。なにしろ覗いた瞬間に、ロケット並みのスピードで対象が視野から吹き飛んでしまうのである。学校の顕微鏡クラブの年若いメンバーのなかには、自分の精子を見たことがあると言い張る者もいた。当時の私には、そんな話は眉唾だし悪趣味な気もしたが、それが本当なら、きっと信じられないほど高い倍率が必要なのに違いないと感心しもした。

それから私はカメラを買った。最初はコダック社の「ブローニー127」で、プラスチック製のダコンレンズが付いていた。レンズは絞りがｆ値一四で固定、*焦点距離は六五ミリ、シャッター速度も五〇分の一秒で固定である。撮影済みのフィルムは、私の寄宿学校のあるドーセットという市場町の小さなドラッグストアに持っていった。店の人は白黒の写真を現像して引き伸ばし、よく褒めてくれた。私の作品に多少の見るべきところがあったからなのか、あるいは（こちらのほうが可能性が高いが）店にあるささやかな品揃えのカメラを私に売りつけたかったからなのか。結局私はおだてに屈し、その店で三五ミリのフォクトレンダー社製カメラ**を買った。それがきっかけで、以後愛用することに

＊　レンズの「ｆ値」が何かは滅多に説明されることがないが、簡単にいえば、外界からレンズを通ってカメラの内部にどれだけの光量が入るかを示す尺度である。数値の計算はじつに単純で、レンズの焦点距離（レンズの中心から焦点までの距離）をレンズの有効口径で割ればいい。ブローニー127のレンズは焦点距離が六五ミリなので、ｆ値が一四になるためには固定絞りの直径が約四ミリでないといけない。

＊＊　亡くなった父は、このカメラを買うことに大賛成だった。というのも、ヨハン・フォクトレンダーの創業したこの会社は初めこそウィーンを本拠地にしていたが、一八四八年革命に伴うオーストリア帝国の政変を受けて、ドイツのニーダーザクセン州にあるブラウンシュヴァイクという都市に会社を移していたからだ。父は昔からこの町に愛着を抱いていたのである。第二次世界大戦末期に、そこで捕虜として拘束されていたにもかかわらず（いや、だからこそ、かもしれない）。「ザクセン人って奴らは、めっぽう腕のいい技術者なんだ」と言うと、わざとらしく咳払いをしてから私に一〇ポンドを渡してくれたのを覚えている。私はその小遣いでカメラを手に入れ、三五ミリフィルムに終生忠誠を誓うことになったわけだ。一九世紀後半に製造されたフォクトレンダーのレンズは、数学的計算に基づく最大級の精密さでつくられ、非常に速くてじつに正確だった。この先駆的な企業が一九七二年に会社を畳まなくてはならなかったのは、今なおドイツの写真技術にとって悲劇の一つといえる。カメラとレンズは、ライセンス契約を結んだ日本企業により、今も「フォクトレンダー」の名で製造されている。

なるいくつものカメラはすべて三五ミリフィルムになる。カメラのほとんどは元々が日本製で、ペンタックス、ミノルタ、ヤシカ、オリンパス、ソニー、ニコン、キヤノンといったメーカーのものだ。

そしてとうとう一九八九年のある日、当時住んでいた香港で、広東人の若いセールスマンが私を掻き口説いた。あなたに本当に必要なのは、静かでコンパクトで、信頼性が高くて超精密で、非常に頑丈な三五ミリフィルムのカメラであり、それが放浪の外国特派員という先の読めないあなたの仕事には最適なのだ、と。それには「ライカM6」だとセールスマンは続ける。装着されているレンズはじつに素晴らしく（当時の私は不案内だったが、知る人ぞ知る伝説的レンズだった）、その小さな黒い円筒形は堅牢でありながら繊細で、画期的な軽さと驚異の速さを兼ね備え、空気とガラスとアルミでできた珠玉の逸品なのだという。三五ミリでf値一・四の「ズミルックス」である。

そのレンズはそれから四半世紀あまりにわたって私と一緒に各地を旅し、新聞や雑誌向けに様々な仕事をするのを助けてくれた。その後、短期間ではあったが、私が購入した別の新しいライカのボディに収まったこともある。最終的にはカメラに詳しい知人の勧めで、後継機種である三五ミリでf値一・四の「ズミルックスASPH」を買った。これは非球面レンズで、いわゆる「フローティング機構」（訳注　撮影距離に応じてレンズの一部を移動させることで収差（一点から放射された光が、レンズ・鏡などを通過したあとに正確に一点に集まらず、点像を生じない現象）を補正する機能）が組み込まれている。この文章を書いている時点では、汎用広角レンズとしておそらく世界最高峰であり、大衆向け高精密光学装置の決定版といっていいだろう。

光学の超精密な世界にはいくつか不変の真実がある。その一つが、最高級のライカレンズは今もこれまでも他の追随を許さない品質を備え、光学の芸術品として注目を浴びるにふさわしいということ

原型となった「ウル・ライカ」。ライツ社の従業員だったオスカー・バルナックが1913年に開発した。小型で軽量で、シャッターはほぼ無音であり、24×36ミリのフィルムフォーマットを用いていた。

だ。これについてはほぼ異論がない。一世紀あまりにおよぶ進化の歴史が幕をあけたのは一九一三年。技術者のオスカー・バルナックが初めての三五ミリフィルムと、のちに「ウル・ライカ」と呼ばれることになるライカカメラ第一号を製作したときである（伝えられるところによるとバルナックは喘息もちで、軽量のカメラを必要としていた）。それがやがては今日《こんにち》の至高のレンズへとつながるわけだが、光学における進歩の軌跡は、もっと全般的な精密さの進歩と呼応するところが大きい。ただ、本書に登場する様々な装置と違って、最良の結果を得るためにかならず透明な材料が使われるところが違う。

光学が歩みを始めたのは、さらにその一世紀近く前に遡《さかのぼ》る。

人類が明るさと暗さを感じるようになったのは、最初の目が開いたり閉じたり、まばたきしたりした瞬間だったはずだ。だとすれば、光学現象を不思議に思う気持ちはそのすぐあとに芽生えたに違いない。影や反射、虹、池の水に棒を入れると曲がって見えること、色の明暗や濃淡や色合い。こうしたもの正体は何かという疑問がまず先にきて、のちに鏡や集光レンズや、瞬く恒星と瞬かない惑星がどのような仕組みになっているか、さらには眼球がどのような構造になっているかを考えたのではないだろうか。こうした内容に関する記述は、少なくとも三〇〇〇年前から文書に登場する（ギリシャ語、シュメール語、エジプト語、中国語）。エウクレイデスが『オプティカ』（『エウクレイデス全集　第4巻』〔東京大学出版会〕所収）を書いたのは紀元前三〇〇年である。これは専門的な著作で、主に有角透視図法に関する幾何学的な考察と、物が見えるのは「眼の中の火」が外に光を送り出すからだという考えを説いている。この著書は、五世紀後のプトレマイオスの理論の土台となったほか、天文学を超然として洗練された学問とするのに一役買った。屈折と反射に関する高度な理論などは、今日でもかなりの部分がそのまま通用する。

眼球の手術を通して、内部にレンズが存在することはすでに明らかになっていた。レンズは虹彩のすぐ後ろにあって、見るものすべてを拡大している。あるスイス人の医師は、人間の眼球のレンズを初めて展示し、それに名前をつけた。その名前は、古代ローマで何世紀ものあいだ用いられていた言葉で、視力の弱い人が物を見る際に助けにするガラス片を意味していた。ラテン語の「ペルスピシラム（perspicillum）」である。この言葉は後世には、望遠鏡（遠くの物を近くに見る）のことか、粗雑なつくりの間に合わせの眼鏡（近くの物にくっきりとピントを合わせたり文字が読めるようにしたりする）のことを指すようになる。

皇帝ネロは比喩的にも文字通りにも近視眼だったため、ちょうどいい具合に湾曲したエメラルドを通して剣闘士の試合を観戦したといわれる。初めて本物の眼鏡が登場するのは、一四世紀のイタリアで描かれた絵の中だ。当時の眼鏡はたぶん単純なレンズだったのだろう。だが、それを必要とする人にとっては人生を変えてくれるものであったし、遠方にある未知のものを発見するのにも役立った。それからガリレオ、ケプラー、ニュートンが登場し、光に関する理論は一段と複雑になる。それとともに、「眼の中の火」といった曖昧な考え方が厳密な幾何光学（訳注　光を線として扱う光学の一分野）に取って代わられていった。さらには顕微鏡、望遠鏡、双眼鏡が発明された。ベンジャミン・フランクリンは二重焦点レンズを考案したとされている。二重焦点レンズとは、眼鏡の中央に金属製の仕切りが入っていて、それより下半分はレンズをより凸状にして近くの文字が読めるようにし、上半分は湾曲を少なくして遠くが見渡せるようにしたものだ。発明された時期は一七八〇年代の初頭か、近年の研究によればそれより五〇年も早かった可能性がある。やがて、様々なグループの化学物質がもつ光

エルンスト・ライツが大勢のユダヤ人従業員をドイツ国外に逃がした話は有名だが、ライツ社のカメラはヒトラーの軍隊で大いに使用されていた。写真は、2個の「ライカⅢc」を首に掛けたドイツ海軍の水兵。

感度が明らかになっていった。それを受けて、フランスの科学者で発明家のニセフォール・ニエプスが、ついに史上初の写真をパ、シャ、リ、と撮影する。そして、慎ましいながらも光輝溢れる瞬間を永遠に封じ込めた(もっとも、その瞬間は写真のタイトル「ル・グラの窓からの眺め」に劣らず平凡なものだったのだが)。

いや、実際は「パシャリ」だったとはとうていいいがたい。ニエプスが使用したのはカメラの原型である「カメラ・オブスクラ」という箱型の仕掛けだ。箱の奥の壁には、瀝青《れきせい》と呼ばれるアスファルトの一種が薄く塗られている。この瀝青は、光を受けると硬くなることをニエプスは発見した。光が強く当たった箇所はより硬化し、光が弱かった箇所は固まらない。しかも瀝青は、石油とラベンダー油の混合液で洗うと部分的に溶けることがわかり、硬いところはそのまま残るが、柔らかいところは簡単に消えることにもニエプスは気付いた。つまり、明と暗に対するこの化学反応の違いを利用して、ニエプスは写真を撮ったのである。その写真は、石のブロックでできた屋上のテラスを写したもので、中央に木立があり、その少し右には遠くの地平線に緩やかな丘陵の輪郭がおぼろげに見える。わかりにくく不明瞭なのは確かだが、初歩的なカメラが写し取った画像であることに変わりはない。

この写真が撮影されたのは一八二六年の夏のこと。フランス中東部にあるサン・ルゥ・ド・ヴァレンヌ村がその舞台だ(現在は聖地巡礼の一環として世界中の写真家が訪れる)。露出には何時間も、いやおそらくは何日もかかったことだろう。写っている像には精密さも正確さも皆無だが、そこはかとない美しさが不思議と感じられる。現在はテキサス大学オースティン校のガラス陳列ケースの中で厳重に守られながら、世界初の写真にふさわしい大いなる敬意をもって鑑賞されている。

とうに消えたそのうだるような夏の日にニエプスがどんな種類のレンズを使っていたのか、知りたいところだがよくはわかっていない。面の粗いガラスでできていたのか、研磨されたガラスだったのか。研削された水晶だったのか、はたまた川床で見つかった琥珀のかけら？　想像はできても断言はできない。カメラの箱にしっかり嵌め込まれ、単一の要素でできたレンズだったことは確かである。単一の透明な物質だ。たぶんレモン形の両面凸レンズだったろう。撮影された画像を詳しく調べると、初期の写真術につきものの様々な制約がすべて現われている。一点に焦点を合わせられず、十分な量の光を捕らえることができず、光が多く当たった場所と端のほうには歪みも生じている。どこをとっても精密さを主張してはいない。それでも、意図的に創造した作品であることは間違いなく、一度見たら忘れがたいこの画像がまったく新しい芸術形態の到来を告げていた。

ニエプスの先駆的な作品以後、レンズには画像を損なういくつもの技術的な問題のあることが明らかになっていった。代表的なものに、色収差、球面収差、コマ収差、非点収差、像面湾曲、ボケにまつわる問題、錯乱円などがある。* それを受け、果てしない実験が重ねられた末に誕生したのが、非常に複雑な複合レンズである。複合レンズを用いれば、そうした数々の問題を修正できるだけ

＊　ぼやけていることを指す「boke（ボケ）」と、ぼやけ方の質を意味する「boke-aji（ボケ味）」は、日本語からきた言葉である。近年、ボケは写真の特徴の一つとして盛んに追求されるようになってきた。ピントの合っていない部分をレンズがどう処理しているか、それが写真に魅力を添えているのか、それとも適切でないのか。そういった点が問題となる。現代の写真家がボケに魅了されているのを見ると、鮮明であることが良いレンズの最も重要な条件ではないことに改めて気付かされる。レンズの軽さ、多機能性、速度、ボケといった要素は、細かい部分までありありと写った写真を撮るより、写真の芸術性にとっては大きな意味をもっている。「錯乱円」も関連する技術用語で、被写界深度（訳注　被写体の前後のピントの合う範囲）に影響を与える要素の一つである。

でなく、高速で軽量で、夾雑物がなく正確で、想像し得る限り技術的に最も完璧な画像に近付けてくれる。一八二六年のニエプスから、一九六〇年のライカ初の三五ミリf値一・四ズミルックスの誕生まで、一三四年に及ぶ探求の旅は、単純から高精密へと至る光学の大いなる軌跡を示したものだ。それは、あらゆる像が曖昧にならざるを得なかった過去から、望めばすべての像を鋭く明瞭にできる今日までの時代の変遷を映してもいる。明瞭だからといって、かならずしも美しさが増すわけではないものの、犯罪捜査にとって有益なのは間違いない。一瞬を切り取って、それをきわめて詳細かつ正確に記録して保存することができ、その正確さから、かなりの拡大にも耐えられる。

こうしたことが成し遂げられたのは、数学と材料によるところが大きい。角《かく》のような数学的概念は非常に重要である。たとえば屈折角や分散角などがそうで、どちらもレンズに使用されているガラスの種類でおおむね決まる。屈折とは、レンズが光をどれくらい曲げるかということだ。分散とは、光の波長（つまり色）によって屈折率が異なるために、波長ごとに光線が別々に分離されることをいう。古い時代のレンズ設計者は、なんとかして球面収差と色収差（屈折と分散が大きすぎる結果として目に見えて現われるもの）を少なくしようと、素晴らしいアイデアを思いついた。異なる材料でできた二枚のレンズを研削して、隙間なく嵌め合わせるのである。こうして一八三〇年代の後半に、初めての多要素レンズが誕生した。*

以来、複数の要素を用いるのが高級レンズづくりの主流となる。だが、当初はかなり原始的で、二枚のレンズを合体させただけのものだった。当時は、屈折特性の異なる二枚のレンズを組み合わせるのが一般的だった。たとえば、一枚はクラウンガラスと呼ばれる屈折率の非常に低いもの。もう一枚は、化学的性質のまったく異なるフリントガラスを用い、こちらは屈折率が大きくて分散性が非常に低い。これらを、互いを相補う形に研削して張り合わせれば、いわゆる接合レンズのでき上がりだ。

対象に光を当て、その反射した光線がこの接合レンズを通ると、カメラの後部にあるフィルム上に焦点を結ぶ。すると、往年の単レンズカメラでは像が不鮮明で縁がぼやけ、ところどころ無作為に形がいびつになっていたのに対し、こちらのほうはもっと鮮明で統制がとれ、実物さながらの画像が得られる。クラウンレンズで一つの問題を解決し、フリントレンズで別の問題に対処しているわけだ。二枚を合わせて完璧な研削を施してあるので、光学上は一枚のレンズとして働き、二つの要素を様々に調節した結果として一つの物理的作用を光に及ぼす。

以来、高品質カメラのレンズでは、複数の要素をいろいろなかたちに組み合わせたものが主流となっている。今日の光学設計者はオーケストラの指揮者のようなものだ。化学的性質や光学特性の異なる様々なガラスを少量ずつ慎重に形づくり、精巧に研削して、匠《たくみ》の技で寄せ集めて配置する。そして、そのレンズに求められる仕事をこなすために、最も調和のとれたかたちで心地よく光の処理ができる構成をつくる。レンズの形状はじつに多種多様であり、レンズの材料となれば輪をかけてそうだ。希土類元素をごく少量加えるだけで、透明な物質の分散性や吸収性や、屈折率は変わる。また、ガラスではない物質（ゲルマニウム、セレン化亜鉛、融解石英）は、特定の種類・波長・強度をもつ光に対

＊　ニエプスとその仲間は一種類の要素、おそらくはガラスだけにこだわっていて、当初使っていたのは単なる両面凸レンズだったと思われる。しかし、瀝青とラベンダー油での初実験から二年後には、メニスカスレンズの使用に熱を入れるようになった。これは外に面した面が凹レンズで、フィルムに近い面が凸レンズになったものである。また、ニエプスは自分のカメラ・オブスクラのピンホールを非常に小さくして、それがレンズの中央にくるようにもした。こうすると、収差の生じないレンズ中心部分だけを使って光を集め、像を写すことができる。

してとくに相性がいい。

レンズの役割は、光を捕らえてそれをカメラのフィルムやセンサーに与えることだ。カメラやフィルムやセンサーの性能が向上するにつれて（シャッタースピードが上がり、きめが細かくなり、デジタルの場合は画素数が増え）、レンズの製造にはますます多くが求められるようになり、内部のガラスの配置も複雑さを増していった。たとえば、人物撮影用のポートレートレンズの場合、初期のものは四枚のレンズ要素で構成されていた。うち二枚は張り合わせ、残り二枚は一群にするものの、あいだに空気を挟んでおく。風景撮影用のレンズの場合は、配置がまったく異なっていた。ほかにも、広角レンズ、クローズアップレンズ、望遠レンズ、接写レンズ、魚眼レンズ、ズームレンズなど、種類によって要素の配置は大きく違う。可変ズームレンズを例にとると、多いものでは一六枚もの要素で構成されている場合がある。その要素のなかには、動けるものもあれば固定されたものもあり、複数の要素がひとかたまりになっている箇所もあれば、かなりの（しかしきわめて正確に定められた）距離で隔てられているところもある。結果的に誕生するレンズは、扱いにくくて当惑するほどの長さをもち、レンズだけを支える三脚が必要になることも少なくない。まるで、カメラ本体は片端に付属した付け足しであるかのようだ。

ライカというブランド名は、エルンスト・ライツ社の創業者の苗字である「ライツ」と、その製品である「カメラ」を合体させたものである。ライカが精密光学の分野に参入したのは一九二四年のこと。前述の通り、オスカー・バルナックは初の三五ミリカメラを考案した人物で、一九一三年には二台の「ウル・ライカ」を組み立て、さらに一九二五年には「O《オー》シリーズ」カメラを世に送り出した（ここで間隔があいたのはもちろん第一次世界大戦のせいである）。しかし、初期のレンズの品質には不信の念を抱いていた。Oシリーズに搭載されたレンズを設計したのは、忘れられて久しい光学の天才マックス・ベレークである。レンズには五枚のガラス要素があった（三枚を貼り合わせたトリプレットレンズと単レンズが二枚）。このレンズで撮影された二〇×二五センチの写真が何枚か郵送されてきたとき、バルナックは一目見るなり却下した。三五ミリの画像を拡大したものを送ると相手は約束していたはずなのに、これが拡大版であるはずがなかったからである。しかし、いわずもがなだが実際はそうだったのだ。一〇倍に拡大されているにもかかわらず、その過程で鮮明さがいささかも失われていなかった。この写真を撮影したレンズは、のちにアナスチグマート（訳注　球面収差、コマ収差、非点収差、像面湾曲をすべて除去している複合レンズ）の「エルマックス」五〇ミリとして発売され、何世代ものあいだレンズの決定版とされた。現在では非常に貴重なコレクターズ・アイテムとされている。

その後も時とともにレンズは進歩していき、様々なコードネームがつけられたが、いずれもライカと深く結び付いてきた。「エルマー」「アンギュロン」「ノクチルックス」「ズマレックス」、何枚もの要素で構成された「ズミクロン」。そして三種類の焦点距離（三五ミリ、五〇ミリ、七五ミリ）をもち、珠玉ともいうべき超高速レンズ「ズミルックス」だ。いずれもf値一・四で、絞りを全開にしてもきわめて厳密で正確な画像を提供できるように設計されている。

こうしたレンズに共通するライカの水準は、他に類を見ないものだった。現代のカメラメーカーのほとんどが、業界水準である一〇〇〇分の一インチの公差で製造しており、キヤノンとニコンは機構部分で非常に厳しい一五〇〇分の一インチの公差を採用している。それに対し、ライカのボディは一〇〇〇分の一ミリ（約二五〇〇〇分の一インチ）の公差でつくられている。レンズに関してはさらに基準が高い。ライカの光学ガラス製品の屈折率は±〇・〇〇〇二パーセントの許容誤差で計算されており、分散の大きさを示す数値（いわゆるアッベ数）は許容誤差±〇・二パーセントで測定されている。一方、業界が合意する国際水準は±〇・八パーセントだ。機械を使ったレンズ自体の研磨と研削は、光の波長の四分の一に相当する公差で、またレンズ表面の機械加工は五〇〇ナノメートル（〇・〇〇〇五ミリ）の公差で作業されている。絞りを大きく開放したときでも球面収差を圧倒的に起こしにくくする非球面レンズの場合は、レンズ表面の機械加工の交差が〇・〇三マイクロメートル（〇・〇〇〇〇三ミリ）だ。

私が現在使用している後継機種の三五ミリf値一・四「ズミルックスASPH」は、こうした厳しい水準をすべてクリアしている。これは最新のフローティング機構付きの非球面レンズだ。九枚のレンズ要素のうち、カメラ本体に近い四枚のレンズ群が一緒に自由に移動できる構造になっていて、じつに印象的な素晴らしい画像を生み出す。このレンズはおそらく、過去につくられたすべての光学ガラス製品のなかで、広角レンズとして最も高い評価を受けているといってよさそうだ。これまでのところ絶賛のレビューが寄せられている。

この種のレンズ（わずか三〇〇グラム足らずのアルミニウムとガラスと空気）を手にすることは、現代の耐久消費財のなかで最も精密な製品を手にしているのと同じといってほぼ間違いない。特筆すべき例外としては、いうまでもないがスマートフォンだ。この手持ち式機器の内部では（のちの章でも見る通り）、機械の厳密さと、この上なく厳しい公差で仕上げられた様々な構成要素がしっかりと組み合わされている。しかも、そこには圧倒的な電子的精密さも加わっていて、無数の構成要素が集められていながらも可動部がない。したがって、完璧な性能を常時発揮できるように設計されている。

スマートフォンにしろ、大小様々な類似の機器にしろ、現代の暮らしに甚大な影響を及ぼしている。それらを動かす電子回路を製作する過程で、正確さや精密さの概念はまったく新しい領域へと足を踏み入れることになった。だが、その話はのちの章ですることとしよう。

しかし、機械的な精密さは、これほど高く厳しいレベルになるとつまずくことがある。ごくわずかなエラーが起こり得るのだ。エラーは蓄積し、共鳴を起こし、合わさって大きなエラーとなり、それがひいては設計者が想定も想像もしなかった問題へと発展する場合がある。

二〇〇九年に、あのイギリスのノッティンガムシャー州ハックナルの工場で、ジェットエンジンの小さな滑油供給スタブパイプを正しく機械加工できなかった作業員にしてもそうだ。まさか一年後に自分たちの些細《ささい》な手違いから火災が起き、エンジンが自己破壊して、一時は四七〇人近い人命がインドネシアの上空二一〇〇〇メートルで危険にさらされようとは、夢にも思ってもいなかっただろう。

現代の精密機器に要求されるような公差は、基本的に過ちを許さないレベルになっている。しかし、精密な製品の製造に人間が依然として関わっている以上、人的ミスがときとして忍び込んでくるのは避けられない。精密さを欠いた人間の失敗が、無人の世界のためにつくられた精密なメカニズムと交差したらどうなるか。その一番最近の典型的事例にハッブル宇宙望遠鏡がある。それは、打ち上げられ、不具合が白日の下にさらされ、最終的には素晴らしい成果を収めた物語だ。

「劇作家の名前を一人挙げてみろと誰かに訊いたとします」。ＮＡＳＡの宇宙物理学者で、ハッブル計画の主席科学者であるマリオ・リヴィオはそう述べた。「ほとんどの人はシェイクスピアと答えま

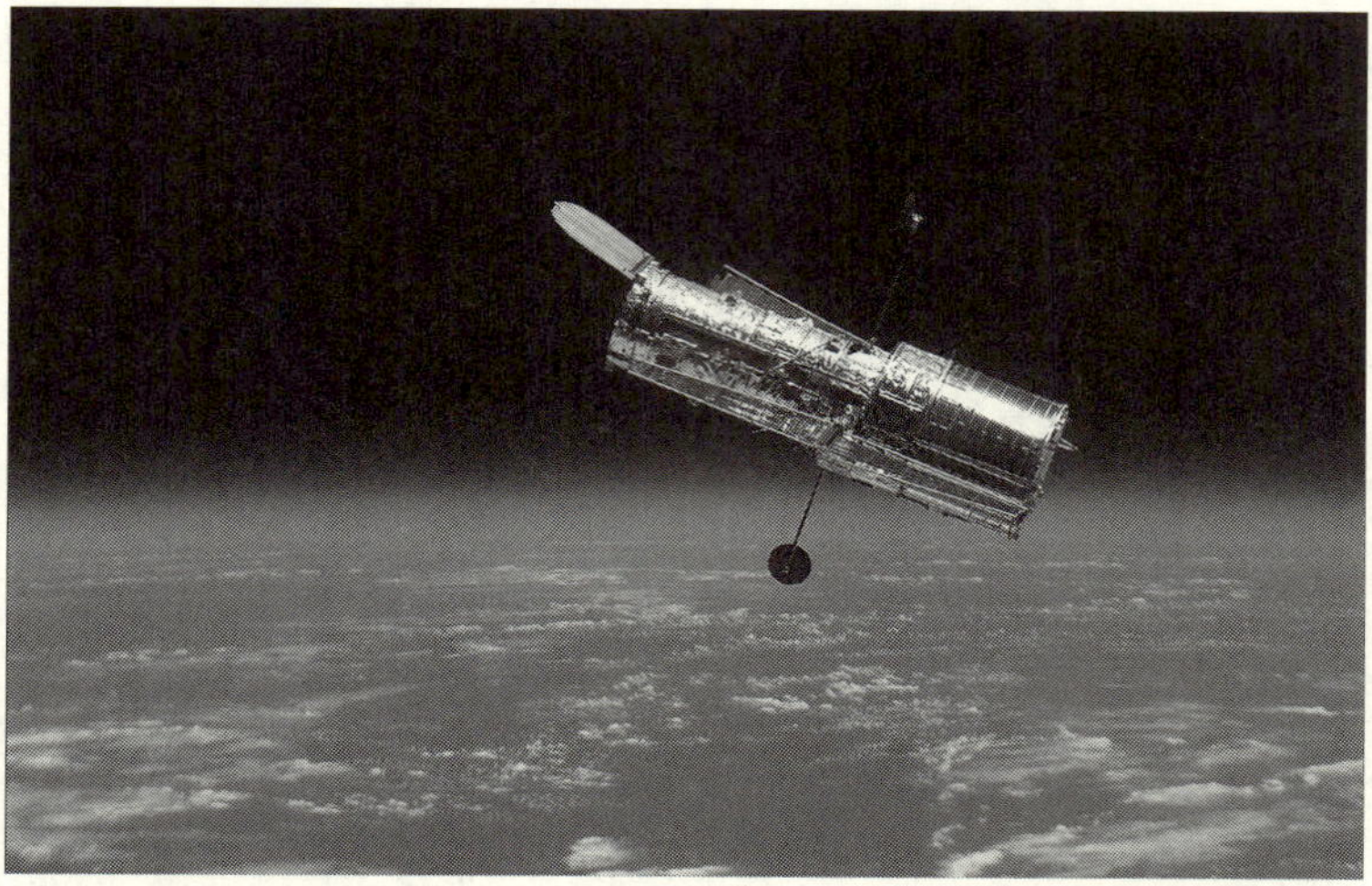

ハッブル宇宙望遠鏡は1990年4月24日に打ち上げられ、高度約610キロの軌道上に投入された。まもなくその主鏡に欠陥のあることが判明し、1993年12月に宇宙空間で修理が行なわれた。以後、ハッブルはほぼ完璧に作動を続け、恒星間空間の息を呑むような写真を地球に送り続けている。

す。科学者の名前なら、たいていはアインシュタインです。望遠鏡の名前を尋ねたら——誰もがハッブルと口を揃えるでしょう」*。この望遠鏡に対しては、一般市民も明らかに畏敬の念を抱いている。それは、近年にハッブルから地球に送られてくる画像のあまりの素晴らしさによるところが少なくない。しかしなかには、別の意味でハッブルに愛着を感じている者もいる。その脆弱さを、その困難の物語を、そして多難な門出から不死鳥のように甦ったことを知っているからだ。

ハッブルが高度約六一〇キロの軌道上にそっと置かれたのは、一九九〇年四月二四日のことだった。望遠鏡の名前の由来となったのは、アメリカの偉大な天文学者で深宇宙研究の先駆者だったエドウィン・ハッブルである。宇宙が膨張している可能性を初めて指摘し、哀れなほどに小さな私たちの銀河系の外に広がる宇宙を研究した人物だ。望遠鏡が打ち上げられる時点では、すでにハッブルが亡くなって四〇年近くが過ぎていた。宇宙空間に望遠鏡を設置するというのは、打ち上げの四半世紀あまり前から計画されていたことだった。遥か彼方の恒星や銀河、星雲やブラックホールについて、さらなる探求を推し進めることが計画の目的である。**したがって、この望遠鏡はハッブルの名を記念して、というより、その研究を継続するためのものだった。

宇宙空間であれば地球の大気の歪みや汚染に影響されないうえ、地磁気や重力の容赦ない引力からも快適に遠ざかることができる。その宇宙空間へとハッブルを連れていったのは、スペースシャトル

＊　もっとも、ヨーロッパならハーシェルの名が挙がってもおかしくない。望遠鏡を巧みに使いこなしたこの驚異の一家が、天文学に大きな足跡を残したことに異議を唱える者は今日ほとんどいないだろう。ドイツ出身で、近衛連隊楽団のオーボエ奏者にしてかつては庭師だった男から始まり、その後の三世代はイギリスに移り住んでほとんどの天体観測をそこで行なった。兄のウィリアムと妹のキャロラインが、ハーシェル家で最初に名声を得た。兄は一七八一年に天王星を発見したからであり、また妹は、それまではまったく無学な女中だったのだが、兄が数十個の彗星と約二五〇〇個の星雲を発見するのを手伝った。二人が夜ごとレンズや鏡を研削・研磨し、一八世紀半ばに成し得る限りの精密さを実現しようとしていた光景は、今なお天文学の歴史の魅力的な一ページといえる。ウィリアムの息子のジョン・ハーシェルは、博識家であったがとりわけ夜空の探索に優れ、科学者として多大な尊敬を集めた。そのため、ウェストミンスター寺院でアイザック・ニュートンの隣に埋葬されている（一般市民は、ジョンがカメラに興味をもっていたことに感謝するといいかもしれない。「ポジ」「ネガ」「スナップショット」「フォトグラファー」といった用語はすべてこの男が生み出したものだ）。ジョンは子宝にも恵まれた。（一二人きょうだいの）五番めに生まれた二男のアレクサンダーは、自身が非凡な天文学者だっただけでなく、のちには教授となり、王立協会のフェローに選ばれ、隕石研究に関する第一人者となった。

〈ディスカバリー号〉だ。当時はこれが七度めのフライトだった。ディスカバリー号のミッションは、短期間（五日間）で行って帰って、望遠鏡を置いてくることである。このフライトには「ＳＴＳ‐31」という記号が割り振られた。だが、五機あるスペースシャトルを使ってＮＡＳＡがミッションを行なうのは、実際はこれが三五回めだった。ただし、ハッブル打ち上げ時には、シャトルの数は四機に減っていた。

この残酷な引き算が意味するところのせいで、その暖かいフロリダの春の朝にディスカバリー号の打ち上げを見つめていた人々は、いつになく緊張して手をきつく握りしめていた。四年前、姉妹機である〈チャレンジャー号〉が離昇の七三秒後に空中分解し、乗組員全員が死亡する事故が起きていたからである。三年にわたる追悼と調査と、波紋と改良の末に、事故後初となるフライトをディスカバリー号に託すことをＮＡＳＡは決めた。そのミッションは一九八八年九月に実施されたが、科学的に重要な成果を上げるというよりも、自信を回復するという色合いの濃いものだった。ディスカバリー号がフロリダから飛び立ち、四日間かけて地球を巡って、何のトラブルもないまま絵に描いたように見事な着陸でカリフォルニアに降り立ったとき、国中が安堵の溜息を漏らしたものである。

その後もディスカバリー号は、二度のフライトを一九八九年の三月と一一月に行なっている。その頃には、チャレンジャー号を破壊した問題（打ち上げ日が真冬で気温が氷点下だったためにゴム製の密閉材が硬くなり、固体燃料補助ロケットから燃料が漏れた）は解決されたと、国全体がおおむね確信できるようになっていた。それでも、このＳＴＳ‐31はきわめて高額なミッションである。望遠鏡の本体はロッキード社が、光学系はパーキンエルマー社がそれぞれ製作した。それらは、スペースシャトルのカーゴベイ（貨物室）に寄り添うようにしてつつがなく収まっていたが、そこまでですでに約一八億ドルの税金が注ぎ込まれていた。当然ながら打ち上げ前からかなりの不安が渦巻いており、離昇に成功したあとも不安はほとんど消えなかった。どうしようもない重苦しさが取り除かれたのは翌日のこと。乗組員がカナダ製のロボットアームを操作して、バス大のペイロードをカーゴベイから外に出し、そのソーラーパネルとテレメータ（遠隔計器）と無線アンテナを設置し、いわばスイッチを入れて、ハッブルをついに軌道上に放出したのだ。これが、NASAのいわゆる「グレート・オブザバトリー計画」における大望遠鏡群の第一号となる。***

製作中は巨大（五階建ての家の大きさ）だったハッブル望遠鏡も、宇宙の広大な無の中に浮かんでいるとあまりに小さく見えた。外観はけっして美しいとはいいがたい。どこか不格好で、十代の若者のように調和のとれていないところがある。喩えるなら、かつては丸々と太っていた全身銀ずくめの少年が、急に成長期に入って背が伸びたかのような違和感がある。なのに母親から新しい服をもらえず、少ししわの寄った無様な姿で、自分の新しい形に戸惑いながら一人きりで漂っているという感じなのだ。しかも、端の部分には蝶番《ちょうつがい》式の蓋が付いていて、そこから円筒の内部に光を取り込むのだ

**　現在NASAは、ハッブルより圧倒的に強力な（そして八〇億ドルも余計にコストがかかった）後継機「ジェームズ・ウェッブ宇宙望遠鏡」をほぼ完成させている。フランス領ギアナにあるヨーロッパの宇宙港から二〇一九年四月に打ち上げられる予定だ（訳注　二〇一八年六月に見つかった不具合により、打ち上げは二〇二一年三月に延期されている）。この望遠鏡は、地球の上空約一五〇万キロに浮かぶことになるので、スペースシャトルで修理チームを送り込める距離を超えている。したがって、その製造や、観測の開始前に成功させなければならない宇宙空間での操作の計画が、予行演習として現在何度も繰り返されており、最も細かい部分まですべてが滞《とどこお》りなく機能できるように念を入れている。

が、それがまたいかにも洗練されていない。ちょうど、キッチンのゴミ箱の蓋が開きっ放しになっているかのようで、どこかに足踏みペダルが突き出ているのではないかとつい探したくなる。ペダルの代わりにあるのがソーラーパネルだ。四角形で、望遠鏡の高度や位置に応じて温度が変化すると、畳んだり広げたりすることができる。

見た目の可愛らしさは足りないにせよ、この望遠鏡をつくった二つの企業も、買い手であるNASAも、それが並外れて強力なキットであることを知っていた。いろいろな面でじつに単純な望遠鏡ではある。形式としては「カセグレン式反射望遠鏡」と呼ばれるもので、裏庭から星を眺めるどんなアマチュア天文愛好家にもよく知られている。円筒の内部では二枚の鏡が向かいあっている。まず、主鏡が光を集めて、それを小ぶりな副鏡に反射させ、その光がまた跳ね返って主鏡中央の穴を抜け、多種多様な観測機器(カメラ、分光計、紫外線から可視光線を通って近赤外線までの様々な波長に対応した感知器)の設置された場所へと向かう。感知器類は主鏡の後ろにあって、電話ボックス大の箱の中に詰め込まれている。集められたデータは、テレメータを通じて信号として地球に伝送される。

ハッブル宇宙望遠鏡の場合は特殊なカセグレン式設計で、二枚とも特定の形をした鏡が用いられた。それは双曲面鏡《そうきょくめん》と呼ばれるもので、とくにコマ収差(彗星のように尾を引いてぼやけた像になる)と球面収差(レンズが球面であるために端のほうに当たった光がほかより手前で焦点を結んでしまう)を起こしにくくする効果をもつ。このようにハッブルでは光学上のあらゆる歪みや収差を考え抜き、予想し、それを回避する処置がとられている。だから、一九九〇年の五月にひとたび宇宙空間に落ち着くと(ディスカバリー号が逆推進ロケットに点火して軌道を離れ、望遠鏡だけを静かに残して地球に帰還したあと)、ハッブルは天文学の可能性に満ち溢れているかに思われた。

ところが六週間後、予期せぬ悪夢が露わになり始める。事故を起こしたチャレンジャー号の場合、凍えるような低温下で打ち上げることのリスクを知る技術者たちが、遠隔会議の場で必死で打ち上げを中止しようとした。しかしハッブルのケースでは、ありがたいことにどこにも異常は見当たらず、誰もが安心し、満足していた。それが結局は過信につながった。

すべては定石通りに始まった。望遠鏡が軌道に乗ってから三週間後の五月二〇日、すでにフロリダの海辺の暖かさが抜けて、ハッブルが新しい周囲温度と同じになったと誰もが確信した頃である。宇宙管制センターは信号を送り、蝶番式の前扉をあけて光を取り込み始めた。

ついにハッブルが稼働を開始した。無数の星々からの最初の光が望遠鏡の円筒部に押し寄せる（このことから、新造望遠鏡の初観測のことを「ファーストライト《ファーストライト》」という）。光はそのまま主鏡に向かい、副鏡とのあいだで行きつ戻りつしたあと、感知器に捕らえられてデータとなって地球に送られる。

＊＊＊　この計画は、全部で四基の大望遠鏡を運用するというものである。四基を合わせると、電磁スペクトルのかなりの領域を通して宇宙を見ることができる。まず、最も有名なハッブルは紫外線から近赤外線までを調べることができ、可視光線スペクトルについては全域をカバーできる。「コンプトンガンマ線観測衛星」は一九九一年にスペースシャトルで打ち上げられ、ガンマ線バーストを放つような激しい高エネルギーの宇宙現象を観測した。一九九九年にはスペースシャトルによって「チャンドラX線観測衛星」が軌道上に投入され、ブラックホールやクエーサーからのX線を捕らえている。そして最後が、二〇〇三年にデルタロケットで太陽周回軌道に乗せられた「スピッツァー宇宙望遠鏡」で、赤外線領域を担当している。赤外線は波長が可視光線より長い（約〇・八マイクロメートル～一ミリ）ため、人間の目で見ることができない。コンプトンガンマ線観測衛星は大気圏に再突入させられたので、現在は使用されていない。だが、残り三基は素晴らしい働きをしている。

それを首を長くして待っていたのが、遥か下のメリーランド州ボルチモアにあるジョンズ・ホプキンズ大学内の宇宙望遠鏡科学研究所だ。伝送は完璧だった。データは予定通り次々と流れ込んでくる。しかし、届いた画像をエリック・チェイソンという名の天文学者が調べていたとき、本人の言葉を借りるなら突如「腸が完全にしぼんだような感覚がした」

何かがひどく、とてつもなく間違っていた。何もかもがぼやけていたのである。

二週間後、約五〇キロ離れたNASAのゴダード宇宙飛行センターで、当時主席科学者を務めていたエドワード・ワイラーは、ミッションの初期段階が成功しているらしきことに満足していた。すると、急を告げる一本の電話が入る。ボルチモアの管制室に詰めている同僚の一人からだ。同僚は気が動転した様子で、ハッブルから送られてくる画像が一枚残らず完全にピンボケであり、現在は状況の改善に努めていると伝えた（ただし、ぬか喜びを誘う残酷ないたずらか、一番最初の一枚だけはじつに鮮明だった）。

管制室は敢えてこの件を表沙汰にせず、副鏡を少しずつ動かすという微調整を何日もかけて進めた。なんとかして主鏡から鮮明な画像を引き出すためである。管制室の天文学者たちのあいだでは、この程度の画質なら地上設置型の望遠鏡と遜色はないし、むしろ優れているくらいだとの声が大勢《たいせい》を占めた。しかし、本来あるべき姿とかけ離れているのは間違いない。それに、皆の言い分も事実ではなかった。希望的観測にすぎなかったのである。厳然たる真実は、どれだけ手を尽くしてみても、使い物になる鮮明さを備えた画像をただの一枚も得られないということ。どの一枚をとってみても、大きな失望を禁じ得ない。価値がなく、使い物にならないのだ。状況を総合するに、ミッションはにわかに屈辱的大失敗と判断せざるを得なくなった。

この恐ろしいニュースが世界を駆け巡ったのは、打ち上げから二カ月後の一九九〇年六月二七日だった。NASAの官僚が何人かスーツを着て並び、誰もが沈痛な面持ちである（当時はふくよかだった金髪のエドワード・ワイラーも、ほかの面々と同様に意気消沈した様子だった）。彼らの前にはいぶかしげな顔をした記者たちが詰めかけ、宇宙の残骸を写したような写真を全員が掲げている。この敗北宣言ともいうべき記者会見を見ていた人々にとって、それは忘れがたい光景となった。失敗は事実である、とNASAの男たちは語った。なかには言葉に詰まる者もいた。直径二・四メートルの主鏡が、当時としてはかつてないほど精密に製作されたはずだったにもかかわらず、縁の部分が平たく研削されすぎていたらしきことがわかったのである。

誤差はごくわずかで、人間の髪の毛の太さの五〇分の一程度でしかない。それでも、光学的に悲惨な結果を生むには十分だった。この小さなミスのせいでコマ収差と球面収差が起き、それがほぼすべての観測結果を無価値でぼやけたものにしていた。遠方の銀河は膨れて輪郭がなく、マシュマロのようである。恒星はおしろい用のパフに見えた。星雲に至っては、単なるでたらめな色染みとしかいいようがない。この程度の凡庸な画像であれば、曇り空のオハイオ州でアマチュア天文家が裏庭から観測しても、二〇センチ口径の望遠鏡があれば捕らえられたのではないだろうか。二〇億ドル近くを注ぎ込む必要も、欧米（NASAのみならず欧州宇宙機関との共同プロジェクトであるため）やその他の国々の男女が二〇年のあいだ苦心して研究する必要もなかったことになる。

メディアは意地悪なまでに思いやりがなかった。不人気で悪名を馳せたフォード社の失敗車「エドセル」とハッブルは、たいして変わりがないということで多くの意見が一致する。昔の漫画に出てくる近視のキャラクター「ミスター・マグー」が望遠鏡を設計したのではないか、との声もあったし、宇宙にレモンが浮かんでいる絵が新聞の漫画に多数登場しもした。ＮＡＳＡが発見したのは、テレビの放送終了後に映る砂嵐だけであり、ハッブルの捕らえた宇宙には無意味さが詰まっているとの論調もあった。ＮＡＳＡは「テクノロジーを駆使した無用の長物」をつくることに勤《いそ》しんでいるようだ、と発言したのは、メリーランド州選出の怒れる上院議員である。悲惨な画像が送られてきたからといって誰が死んだわけでもないのだが、国中の狼狽と屈辱感があまりに大きすぎた。激しやすいタイプの政治家などは今回の不手際を、飛行船〈ヒンデンブルク号〉の爆発・炎上事故や、ドイツ軍に撃沈された豪華客船〈ルシタニア号〉に匹敵する惨事とみなした。

それどころか、史上最も高額な民生衛星が性能を発揮できなかったことで（しかも新たにソーラーアレイの欠陥も明らかになっていて、そのせいで望遠鏡全体が振動してしまい、本格的な研究を成功させられる見込みが薄くなっていた）、さらに過激な議員たち（最終的にＮＡＳＡの財布の紐を握っている人たち）は、これがＮＡＳＡ自体の将来に関わる問題だとの見方を示した。わずか四年前、ＮＡＳＡの無能のせいでチャレンジャー号が爆発している。そして今度はこれだ。ＮＡＳＡの従業員二万五〇〇〇人と、無数の請負業者と供給業者の未来が、にわかに危うくなったかに思われた。

問題はどこにあったのかといえば、すべて一つの企業に起因することが明らかになる。その会社は当時はパーキンエルマー社と呼ばれ、ニューヨーク市から車で北に九〇分のコネチカット州ダンベリーに本拠を置いていた。パーキンエルマーは一九六〇年代の後半以来、一連の極秘スパイ衛星向けに鏡の研削やカメラの製作を行なっていた。「ダークサイド」（アメリカ軍向けの研究や製造）という謎めいた影の世界では、経験豊富な大手企業として知られていた。数々の精密製品にアメリカ軍が果たしている役割については、認識されてはいるものの詳細に語られることはほとんどない。ダンベリーの町外れにある丘の上には、窓のないコンクリートのビルが建っていた。その中にある研磨機や研削機が生み出したものは、長年にわたって陸軍や海軍や様々な諜報機関に利用され、上空から世界中の森や畑や、基地や家々を見下ろすのに役立ってきた。彼らはそうやって、地上の誰にも気付かれないままに情報を得てきたのである。

一九七五年、パーキンエルマー社は新規の契約を勝ち取った。新造の大型望遠鏡向けに主鏡の成形・研削・研磨を請け負う仕事である。それを、七〇〇〇万ドルという故意に安い価格で入札した。* 一九七八年の秋には、コーニング社のガラス工場から未加工の巨大な円盤状ガラスが届く。とはいえ、作業は出だしから幸先が悪かった。コーニング社の品質管理検査官が危うくガラスの上に落ちそうになり、同僚が素早くシャツの裾を摑んだおかげでどうにか事なきを得るという出来事が起きていたの

---

* 金銭の問題は本章で扱う範囲をいささか越えてはいるが、一つだけ記しておきたいことがある。それは、汚名を着たパーキンエルマー社の従業員が今日に至るまで、資金不足のために安上がりに済ませようとしたことがミスの一番の要因だったと主張している点だ。この仕事を本当に七〇〇〇万ドルでできるのかNASAには不安もあったが、安い提示額を呑んだ。どれくらい安かったかというと、パーキンエルマー社より高値をつけたコダック社とは三五〇〇万ドルもの開きがあったのである。それでもNASAは故意の安値に目をつむった。あとになれば議会にうまいことを言って、いくらでも追加の資金を引き出せると高を括《くく》っていたのである。ところが、実際にあとになってみると議会は渋った。パーキンエルマー社は自社の資金で賄《まかな》わねばならなくなる。極端な安値をつけたのは、入札に勝って世評を高めるという、ただそれだけが目的だった。だがのちに露呈したように、結局それとは正反対のことが起きる。会社の名声は地に堕ち、自らの不手際の償いとしてNASAに多額の賠償金を支払わなくてはならなかった。同社は二度の買収（訳注　および親会社の合併）を経て、現在はユナイテッド・テクノロジーズ社の中に統合されている。

だ。さらに、主鏡をつくるために三枚の構成要素を「サンドイッチ」する工程では、明らかに失敗した。三六〇〇度の炉が内部構造を融合させたとき、のちの研磨の過程で亀裂が入りそうな不具合を生じさせてしまったのである。コーニング社の作業員が三カ月かけて、歯科用の道具と酸を使って融合部分を取り除かなくてはならなかった。

コーニング社がこれほど難しいガラスをつくったことはそれまでになく、パーキンエルマー社がこれほど厳しい指示事項を与えられたことも一度としてなかった。NASAとの契約書によれば、完成した溶融石英ガラスをパーキンエルマー社が研削・研磨し、その過程で最低でも九〇キロ分を取り除かなくてはならない。そのうえで、巨大なガラス盤を精密な凸状に成形して、表面はかつて達成されたことも望まれたこともないほどの平滑度に仕上げる。どの部分をとっても、基準値から一〇〇万分の一インチを超える誤差があってはならない。表面をどれくらいなめらかにしなければならないかというと、仮に主鏡が大西洋くらいの大きさだったら、あらゆる部分が海水面から七~一〇センチ以上突き出さないようにする必要がある。また、このガラスをアメリカ合衆国と同じ大きさに広げたとすると、表面に六センチ程度の凹凸しかないようにしなくてはならない。

コーニング社からガラスが届くとすぐに、パーキンエルマー社はコネチカット州ウィルトンの工場で粗い研削作業を開始した。ところが、作業が始まったばかりだというのに、様々な問題が起きて工程は遅れざるを得なくなる。とくに担当者たちを苦しめたのが「ティーカップ問題」だ。亀裂や割れ目がクモの巣のように広がったティーカップ大の領域が、ガラスの奥深くに見つかったのである。おかげで、まるで脳外科手術のように、その箇所を切り出して除去し、再度溶融させなければならなかった。ようやく一九八〇年五月になって、すでに九カ月遅れではあるが主鏡の基本的な成形が完了し、巨大なガラスはダンベリーの町外れにある秘密工場へと慎重にトラックで運ばれた。そこで本格的な研磨がスタートする。

　主鏡がゆっくりと下ろされた先は、苦行僧のベッドさながらに一三四本のチタン製の釘が突き出た台だ。ハッブル望遠鏡がいずれ稼働することになる無重力の環境を大まかに再現したものである。コンピュータ制御のアームが現われて、主鏡の上にやって来た。アームの先には回転する布パッドが取り付けられていて、その布に研磨剤が塗られている。その研磨剤は、工程が進むにつれてしだいに研磨力の弱いものへと変わっていく（ダイヤモンドスラリー〔訳注　ダイヤモンドの砥粒を液状にしたもの〕からベンガラ〔訳注　レンズ・金属の研磨に用いる酸化第二鉄の粉末〕へ、さらには酸化セリウムへ）。研磨パッドが主鏡の表面に下がってきて、コンピュータ制御のもとで余計なものを取り除き、磨き、表面をなめらかにしていく。研磨のプロセスだけで三日三晩を要した。三日間の研磨が終わったら、検査室に移動する。その後、検査官の測定結果に基づいてコンピュータが新しい指示を出す。たとえば、この箇所はこの圧力で、この研磨剤を用いてこれだけの時間研磨し、別の箇所は別の圧力で、まったく違う研磨剤を使ってだいたい同じくらいの時間をかけて研磨せよ、といった具合だ。それをまた三日間で終えたら新しい検査が実施され……と、これが何週間も繰り返されていく。研磨の担当者は、一〇時間勤務のシフトを二連続でこなすこともままあった。検査はたいてい夜間に行なわれた。それは、日中に国道七号線を列をなして通るトラックの振動を最小限に抑えるためである。検査中は同じ理由で、エアコンのスイッチも切られる。社員全員が細心の注意を払って仕事をし、どれだけ細かい点も見逃さない。そうした自社の評判を、社内の誰もが信じていた。

　しかし、ときとして些細《ささい》なミスを犯すことはあった。というより、機械への指示を間違えたために、

ハッブル宇宙望遠鏡の直径2.4メートルの主鏡が、コネチカット州ダンベリーにあったパーキンエルマー社の極秘工場で研磨されているところ。測定ミスが見逃されたために、人間の髪の毛の太さの50分の1だけ厚みに誤差が生じ、ハッブルから送られてくるほぼすべての画像を使い物にならないぼやけたものにしてしまった。

機械が要求に応じて指示通りの些細なミスを起こすのである。熟練の鏡職人が経験の染み込んだ親指を表面に走らせるだけで、その精密さに確信のもてた時代はもはや遠い昔である。すでにそうした測定はすべて機械によって行なわれるようになっていた。ある日、ダンベリー工場の一人の技術者が、端末に〇・一と入力すべきところを一・〇と打ち込んでしまった。そして、研磨用の工具がガラスの縁で溝を掘り始めたのを戦慄とともに見つめた。幸いにも、緊急停止スイッチを手にした監視員が近くにいて、削られ始めたのに気付いて瞬時に研磨作業を止めた。その小さな溝が完全になくなる

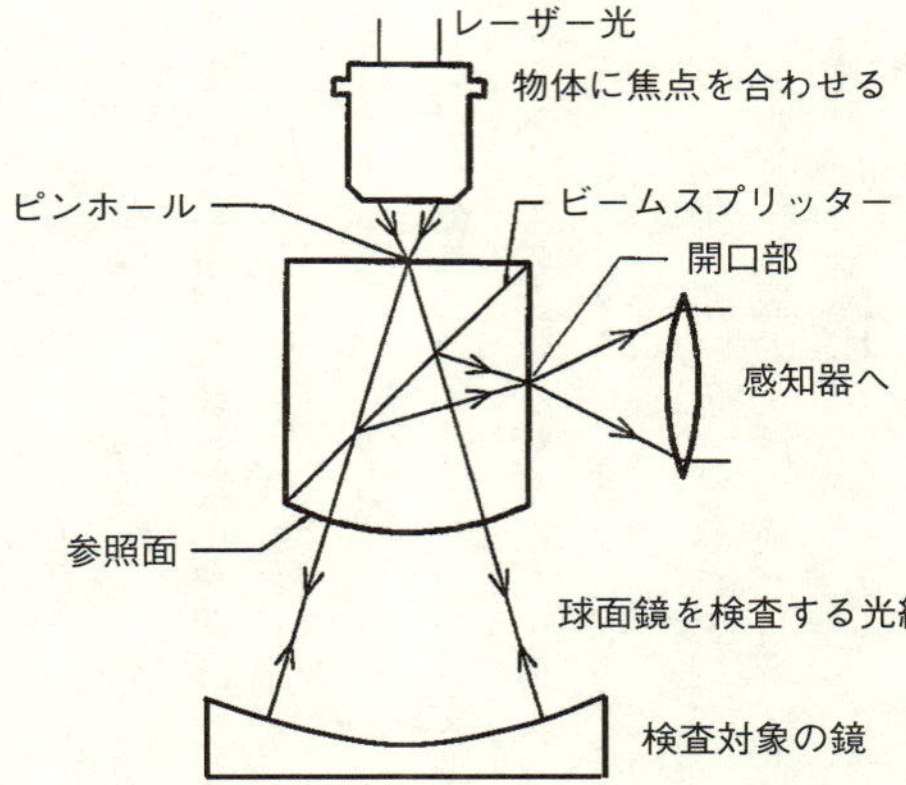

測定棒の塗装が一部剝がれたことと３枚の小さな座金が原因で、ハッブルの主鏡の形状についてヌル補正装置が誤った結果を導き出した（訳注　上はきわめて簡略化された模式図）。

ことはなかったものの、それなりになめらかになるまで研磨されたので、忘れずに天文学者にきちんと伝えれば対処できるはずの問題だった。

致命的なエラーが発生したのは検査室である。しかも、けっして些細なミスではなかった。というのも、鏡面の平滑さや表面の精密さは妥協なき確かさで生み出されていたにもかかわらず、その測定法がまったく間違っていたからである。ダンベリー工場の作業員が不正確な計測機器を製作してしまったのだ。その際に彼らが使用したのは直定規に似た器具である。なぜそれを使ってミスをしたかというと、たとえばその定規の長さは三〇センチだと明記されていたし、使っていた誰もがその通りだと思っていたのに、実際にはそれが三一センチだった、というようなことが起きたからだ。技術者たちはその差異に気付かぬまま、完璧だが完全に不適切なものを測定・製造していたのである。不精密な主鏡を精密につくっていたわけだ。

主鏡の測定用に彼らが製作した機器は「ヌル補正

装置」と呼ばれる。それ自体は少しも珍しいものではない。金属製で、ビア樽大の円筒形をしており、二枚の鏡と一枚のレンズで構成されている。レーザー光を二枚の鏡のあいだに反射させ、それをレンズを通して導いて、研磨済みの主鏡の表面に当てる。それは跳ね返って再びレンズと二枚の鏡に戻り、光源のあるところに返ってくる。研磨が完璧であれば、出ていく光と戻ってくる光の波長は完全に一致し、感知器に真っ直ぐな平行線のパターンが表示される。一方、主鏡の形と平滑度があるべき姿とずれていた場合、光の波が互いを干渉しあって、感知器には干渉を示すパターンが現われる。ハッブルの主鏡に用いたヌル補正装置は、この目的のためだけに一〇〇万ドルをかけてつくられたものであり、本質的には干渉計と変わらない。適切に設置されていれば、主鏡表面が絶対的に精密であることを確認することができる。

ただしそれには条件があった。ヌル補正装置内の二枚の鏡のうちの下側にある鏡から、装置基部のレンズまでの距離が厳密に測定されていれば（この「れば」がきわめて重要）、である。

そしてダンベリー工場の補正装置の場合、それがなされていなかった。しかもその理由というのが、考え得る限り最も愚かしくてつまらなく、精密さのかけらもないものだったのである。

ヌル補正装置の下側の鏡とレンズとのあいだの距離を定める際には、求める長さであることを厳密に計測した金属棒が必要になる。そこで、そうした棒を三本（二本は予備）、熱膨張係数の小さいインバー合金でつくり、長さを測定して切断した。そのうちの一本をヌル補正装置の中に入れ、棒の先端部にレーザーを向ける。それから専門技術者が特殊な顕微鏡を使い、レンズが最終的に正しい位置に来るようにレーザー干渉計で距離を決める。慎重な操作が求められる作業ではあるが、けっして不可能なほどのレベルではない。それに、作業がやりやすいように測定棒の先端には特殊なガイドキャップがかぶせられていて、レーザー光線の幅にごく小さな穴があけられている。棒のまさしく先端にレーザーを当てられるように、そこが狙う目印になっているわけだ。

肝心なのは、キャップ自体にはレーザーを反射しない素材を用いることだ。そうしておけば、レーザーはキャップにではなく、穴を通してしか見えない金属の先端に焦点を結んでくれる。ところが、パーキンエルマー社が使用した測定棒では、キャップの塗装のごく一部が剝がれていたために、レーザーは穴を通した棒の先端ではなく、その剝がれた部分に当たってしまった。キャップの表面は棒の先端よりきっかり一・三ミリ高かったので、レーザー干渉計はその一・三ミリの分だけ距離を不正確に弾き出した。

その結果、レーザーが指示する通りの場所にレンズを取り付けることが物理的に不可能になった。レンズを支えるブラケットが一・三ミリ出っ張ってしまうのだ。なんとかしてそれを一・三ミリ下げないといけない。このために新しいブラケットをつくり直している時間はなかった。

そこで、専門技術者にたびたび求められる臨機応変さを発揮して、彼らは決断を下した。ヌル補正装置の中に家庭用の座金《ざがね》（訳注　ボルトを締めるときにナットの下へ入れる薄い金属板）を三枚差し込んで、小さなレンズを無理やり一・三ミリ下げたのである。なぜそんなことをしたかといえば、レーザーが間違えるはずはないからだ。レーザーはきわめて精密で、けっして嘘をつかない。冷静な信頼性をもって、絶対の真実を語る。だから三枚の座金をハンマーで叩き、三枚合わせてちょうど一・三ミリの厚みになるようにした。それをレンズの上に入れ、ようやくレンズはレーザーの指示通りの位置に落ち着いたのだった。

その後、ヌル補正装置は完成したものの大きな欠陥を抱えたまま、王家の宝玉を扱うかのように極端なまでの慎重さで運ばれ、主鏡の上の所定の位置にセットされた。失敗するはずのないその電子装置を使って、技術者たちは繰り返し測定を行ない、ついに主鏡の大きさも形状も構造もNASAの注文と寸分たがわぬことを確認して満足した。

だがそうではなかったのである。ヌル補正装置によれば問題はなくても、その装置自体が間違っていたのだ。NASAによる調査でもその点は裏付けられた。というのも、パーキンエルマー社はヌル補正装置を検査室に置きっ放しにし、その検査室をほぼ一〇年前に主鏡の最終測定を実施したままの状態にしていたからだ。* 測定棒の些細なエラーがヌル補正装置の欠陥につながり、それが測定値を変え、主鏡の縁の部分が二・二マイクロメートル分(今や有名になった「人間の髪の毛の太さの五〇分の一」)だけ、当初の設計より平たくなっているという結果を招いた。文字通り肉眼では確認できないこのエラーのせいで、一九九〇年の初夏に宇宙から送られてきた画像はまったく使い物にならなくなり、ハッブルは嘲笑の的になったのである。

「打ち上げの前夜に、ケープ・カナベラルに詰めている技術者と科学者全員にアンケートをとって、その時点で懸念していることのトップ一〇を調べたとしましょう」。主席科学者だったエドワード・ワイラーはしばらくあとでそう語っている。「ハッブルのどこが壊れるおそれがあるかとか、どこが機能しない可能性があるとか、そういったことだったと思います。主鏡の形が違っていて、そのせいで球面収差が起きるだなんて、回答する者は一人もいなかったに違いありません。家でも何でも賭けたっていいです。そんなことは誰も心配していませんでした。なぜって、光学会社の連中はこう言ったんです。われわれは地球上でかつて誰も成し遂げたことがないほど、完璧な鏡を研削した、と」

確かに完璧な主鏡をつくり上げたが、鏡が完璧だと告げたのは不正確な計測装置だったのであって、それ自体の基準に照らせばその言い分に間違いはない。しかし、その基準自体が悲惨なまでに完璧さに欠け、不正確で、誤っていたのである。

「釘一本足りないために……王国が滅びる」という古いことわざがある。** この場合は、インバー合金棒の先端で塗装が剝がれていたために、そして困り果てた専門技術者の軽率な無頓着さと、予算の逼迫した経営陣がそこに組み合わさったために、王国は（もちろん）滅亡しなかったもののドミノ倒し的に出来事が連鎖していった。そして、危険を孕《はら》んだまま事業を実施して、結局は修復のためにさらなる税金が投入される羽目になった。

のちにハッブルは修理されて、性能は向上した。それどころか、あまりにも素晴らしい働きをして

＊　主鏡が完成してから実際に使用されるまでに、何年も経っていたことはつい忘れがちになる。チャレンジャー号の惨事が起きたうえ、数々の技術的な問題のせいで望遠鏡の残りの部分の製造が遅れたために、打ち上げの予定は大幅に延期された。その間《かん》、主鏡と関連装置はロッキード社の倉庫に保管されていた。

＊＊　このことわざが初めて世間の目に留まったのは一七世紀半ばのこと。イングランドの詩人ジョージ・ハーバートが編纂したことわざ集『賢者の矢（*Jacula Prudentum*）』に収録されていたことによる。ハーバートは（裕福な）聖職者でもあり、大聖堂で有名な都市ソールズベリーから数キロ離れたファグルストーン・セント・ピーターという古風な名前の村で、教会の牧師をしていた。このことわざの全文は、「釘一本足りないために、片方の靴をなくす。靴がないために、馬を失う。馬がないために、乗り手がいなくなる。乗り手がいないために、戦《いくさ》に敗れる。戦に敗れるために、王国が滅びる」というものである。同じことわざ集のなかには、荒くれ者に対する表現である「吠えるほどには噛まない（訳注　「あいつは見かけほど悪くない」というほどの意味）」も載っている。それまでは、吠えれば噛むものと考えられていた。

いるので、史上最も価値ある科学機器だとたびたび称されるまでになる。なにしろ、天文学者が夢にも思わなかったほど遠方の宇宙を探求できるようになったのだ。確かに欠陥は修復され、ミスは見事に克服された。しかし、それを成し遂げることができたのは、そもそも最初にミスを犯したのと同じくらい不可能に近い出来事だったのである。

修理は宇宙空間で行なわなくてはならなかった。ハッブルを地上に下ろして工場に運べる見込みはまったくない。ミスを修正するための光学装置を望遠鏡に取り付ければ、主要な問題は解決するはずだった。いわば、強度の近視の人にコンタクトレンズを与えるとか、レーシック手術を受けさせるのに似ている。それでも様々な技術的問題から、修復作業には困難が予想された。望遠鏡の円筒部は幅が狭く、大量の機器やパイプやワイヤが詰まっている。宇宙飛行士が酸素ボンベを背負い、レンチとドライバーと新しい光学修正装置を手にしたまま宇宙遊泳していって円筒の中に入るのは、様々な理由から著《いちじる》しく難しいことは間違いなかった。

すると一人の男がこの重大問題を解決した。既成の枠を外れた思いがけないところから、ふと解決策が下りてきたのである。ドイツ南部に滞在中、ミュンヘンのホテルのバスルームでシャワーを浴びて、真っ裸で立っているときのことだった。

男の名はジム・クロッカー。当時はハッブル計画の上級光学技術者の一人であり、仲間たちと同じく最悪の気分だった。欧州宇宙機関の緊急会議のためにドイツに集まった人々がほとんどそうだったように、クロッカーもなんとかして修理をしなければという思いが頭から離れずにいた。会議の場では、ハッブルという空に浮かぶ厄介の種《たね》をどうしたらいいかと、誰もがほかの誰かにすがるようにして解決策を模索していた。必要なのは、鏡やレンズなどの光学修正装置を円筒内に挿入する手段を見

NASA の光学技術者だったジム・クロッカー。ドイツのホテルでシャワーを浴びているときに妙案を思いついた。それは、ドイツ式のシャワーフックに似た器具を使ってハッブル望遠鏡の円筒内を探り、光学機器を修理するか、または修正装置を設置するというものである。NASA はその案に賛同して必要な器材をハッブルに送り、望遠鏡の不具合はたちまち完全に修復された。

つけることである。それを主鏡の前面、つまり主鏡と副鏡のあいだに設置することはできなかった。なぜなら、ＮＡＳＡが知る限り最も痩せている宇宙飛行士でさえ、円筒部を出入りするのは無理だからである。となれば、修正装置を取り付ける場所は一カ所しかない。主鏡の後ろ側、感知器類が置かれた空間だ。だが、どうすれば修正装置を適切な位置に設置できるのか。これはさすがに不可能に思えた。

そんなときにジム・クロッカーはシャワーを浴びた。ほとばしる湯を受けながら物思いにふけり、ふと、クロムメッキに輝く金属部品に見るともなしに目をやった。その部品はドイツ式のシャワーに特有のものである。思わず二度見して、それからもっとじっくり眺めた。

目の前には太さ二・五センチほどの長い棒が立っていて、そこに沿って動く締め具が付いており、それがシャワーヘッドを支えている。つまり、客の背丈や好みに合わせて好きな位置にシャワーヘッドを上下に移動させて、そこで固定できるわけだ。しかも、そのシャワーヘッド自体も上下左右に首を振る。シャワーを掛けたい場所が頭なのか、肩なのかなどによって、角度を変えられるのである。ホテルのメイドはシャワーヘッドの位置を棒の一番下にまで下げていた。また、シャワーヘッド自体を畳んだ状態にしていたので、それは壁と平行になっていた。だからシャワーを浴びるとき、まず頭の高さにまでシャワーヘッドをスライドさせ、畳んであるのを開いて、湯が髪に当たるようにする必要があった。

ずぶ濡れで体が一段ときれいになったわれらが技術者はこう考えた。ハッブルの修正用鏡をこういう棒に取り付けたらどうだろう？　それを平たく畳んだ状態で棒で中に滑り込ませてから、あらかじめ精密に定めておいた位置まで自動的に伸長させて、そこでシャワーヘッドのように鏡を開いて正しい角度や向きになるようにしたら？

そうした修正用鏡は五組いる。一個ではなく、五組のシャワーヘッドだ。それぞれが、ハッブルに搭載された五つの主要な機器群のために働く。五組つくるのも一組つくるのも、難しさはたいして変わらない。どの修正用鏡も機能は同じだ。副鏡に反射して主鏡の中央の穴を通り抜けてくる光線を遮《さえぎ》ることである。そのうえで、コンタクトレンズか矯正用眼鏡のようにその光線に働きかけ、光の通り道を変え、計算し直し、改めて正しく焦点を結ばせてから様々な感知器に送る。そうすれば、不具合な鏡の不具合さなど、初めからなかったように完璧で鮮明な画像になるはずだ。

じつに単純な計画に思え、修復作業に携《たずさ》わる技術者たちはすぐこのアイデアに飛びついた。全員がただちに作業を開始し、自分たちのシャワーヘッドづくりに取りかかる。もっとも、このシャワーヘッドはよくあるように湯を浴びせるのではなく、複数の小さな（一〇セント銅貨か二五セント銀貨大の）鏡を宇宙に運ぶのが仕事なのだが。

そして実際にその仕事をやり遂げてみせた。修正装置はＣＯＳＴＡＲ（コスター＝宇宙望遠鏡軸交換修正光学系）と名付けられた。なぜ「軸」かといえば、この装置は主鏡の後ろ側に位置して、望遠鏡円筒部の中心軸を通ってきた光に働きかけるからである。ごく簡単にいうと、ＣＯＳＴＡＲは電話ボックス大の箱型容器で、すでにハッブルに搭載されている機器の一つとまったく同じ寸法でつくられている。それは、後部に四台ある感知器のなかで最も重要性の低い「高速測光器」と呼ばれるもので、今や折り畳み式の鏡の付いた箱を収める場所を空けるために、取り外されることになった（高速測光器の管理責任者から抗議の怒声が上がったのは無理からぬことである）。

大勢の技術者が群がるようにしてＣＯＳＴＡＲを手作業でつくり上げていった。失敗は許されない。一〇枚の鏡（最終的にはクロッカーのシャワーヘッドのように畳まれていたものが開くのではなく、伸縮可能なアームの先に付いていてそれが放射状に水平に広がる方式に落ち着いた）が一マイクロメートル（一メートルの一〇〇万分の一）程度の誤差で正しい位置に展開されなければ、ハッブルの既存の（恥辱にまみれた）鏡からの光を適切に遮ることができない。

一つ大きな問題となったのが、ＣＯＳＴＡＲに向かうはずのものとは別の光を、ハッブルの後端ではなく側面に搭載された機器へと正しく入れることである。その側面の機器は、それ自体の鏡に不具合があって全面交換が予定されていた。その機器は「広域惑星カメラ」と呼ばれ、カリフォルニア州パサデナのジェット推進研究所（ＪＰＬ）で莫大な費用をかけて製作されたものだ。切り分けたケーキのような形をしており（といっても大きさはグランドピアノくらいだが）、ハッブルのカーブした側面に取り付けられている。ハッブルの修理ミッションは全部で五回実施することがあらかじめ計画されており、そのどこかでこのカメラを新しい改良版に取り替えられるものと天文学者はかねてから期待していた。第一回めの修理ミッションが近付くにつれ、二つの重要な作業を一度にやってしまおうという案が浮上する。高速測光器をCOSTARと交換すると同時に、JPLの広域惑星カメラ（愛称「ウィフピック」）も取り外して、主鏡のエラーを補正できる修正装置付きの改良版と入れ替えるのである。

あとは、宇宙飛行士が宇宙空間に上がって必要な修理を実施してくれさえすれば、ハッピーエンドが迎えられる。ハッブルは完全に修復され、当初約束されていたようにどこをとっても価値ある天文学装置となるのだ。そのためには、修理ミッションが計画通りに進み、とくにCOSTARや改良版ウィフピックの小さな鏡に人がけっして触れないことが求められる。たとえ軽くでもさわってしまったら、修復されたはずのハッブルの画像がまたピンボケになってしまう。

このきわめて重要な修理ミッションに選ばれたのは、スペースシャトル〈エンデバー号〉*である。このミッションは、シャトルのメンバーからは「STS‐61」と、またハッブルのチームからは「HSM‐1」（「HMS」は「Hubble Service Mission〔ハッブル修理ミッション〕」の頭文字、「1」は第一回）と呼ばれた。打ち上げられたのは一九九三年一二月二日。夜明け少し前のことで、フロリダの夜は熱気に包まれていた。シャトルが携えていく計画と機器類（このために製作された約二〇〇種類の特殊な工具も含む）があれば、半ば視力を失った振動する望遠鏡という、四四カ月に及ぶ悪夢に終止符が打たれる。この間《かん》ハッブルは、ほぼ使い物にならない状態でひたすら地球の周りを回っていたのだ。改良版ウィフピックとCOSTARはシャトルのカーゴベイに収められた。必要な修理を終えるにはかなり長時間の船外活動が見込まれていて、宇宙飛行士は相当に消耗することが予想された。ハッブルには初めから三一個の足固定具と、長さ約六〇メートルの手すりが備え付けられている。船外活動の資格をもつ宇宙飛行士は、そのことを知っていた。だが、自分たちでもさらに追加の固定具と何本もの命綱を持参していき、人や装置が永遠の無へと漂い消えていくことの絶対にないよう準備をした。

ミッション三日め、エンデバー号の乗組員が高倍率の双眼鏡でハッブルを確認する。それからゆっくりと時間をかけながら慎重に近付いていき、残り二〇メートルを切ったあたりでカナダ製のロボットアームを伸ばす。そして重さ約一一トンの（ただし宇宙空間では羽根のように軽い）望遠鏡を摑み、洞穴のようなシャトルのカーゴベイのほうに慎重に引き寄せた。続いて七人の乗組員は一連の宇宙遊泳（NASAは相変わらず「船外活動」という味気ない呼び方をしているが）を開始し、それぞれに割り当てられた様々な仕事をこなしていく。宇宙遊泳その一（正確には船外活動その一）では、不具合の生じた（六個あるうちの）三個のジャイロスコープを交換した。この作業には、自分たちが相手にしている患者のサイズと規模にチームを慣れさせるという役割もある（彼らはこのミッションのた

＊　エンデバー号を英語で書くときは「Endeavour」とイギリス式の綴りを用いる。それは、一八世紀にジェームズ・クック船長が、南太平洋への第一回探検航海を行なった際の旗艦船の名を記念したものだからだ。このスペースシャトル（事故で失われたチャレンジャー号に代わるものとして製造された）の名称は、全米の小中学校が参加したコンテストによって選ばれたもので、採用された名前を提案したのはミシシッピ州とジョージア州の学級だった。

めに一一カ月のあいだ、こうしたすべての活動を水中で行なう訓練を受けてきた。宇宙空間の無重力を多少なりとも再現するためである)。

宇宙遊泳その二では、二人の乗組員がソーラーアレイの修理と交換を行なう。ハッブルが震動しているのは、その欠陥のせいだと見られていた。ただでさえピンボケの状況があるのだから震動がプラスになるはずはないが、一番の問題点に比べたら重大性は低い。本格的に面白くなってきたのはその翌日である。古いウィフピックを改良版と取り替えるという、慎重を要する作業にチームが取りかかったのだ。改良版では先端部分から鏡が一枚突き出しているのだが、それが非常に壊れやすく、位置も精密に決められている。それでも、鏡にもウィフピック自体にも何事も起きることなく、装置全体が順調に所定の位置へと正確に収まり、前任者が四年間暮らしていた空洞の窪みや湾曲にすべての部分がしっかりと接続された。

ミッションの山場となる作業にも、大きな問題は何も起きなかった。巨大な高速測光器を取り外し、サイズは同じだが目的のまったく異なるCOSTARを設置する作業だ。無能をさらしたパーキンエルマー社は、この光学装置の製作にいっさい関与できなかった。コロラド州に本拠を置くボール・エアロスペース社(ジャムの密封瓶製造で有名な企業の子会社)というまったく新しい会社がNASAの信頼と忠誠を勝ち取り、代わって契約を与えられたのである。ボール・エアロスペース社は見事な仕事ぶりを見せた。すべての測定値に問題がなく、すべての嵌め合いが模範的で、すべての公差が達成されている。COSTARを取り付けるのには一時間もかからなかった。あまりにつつがなく進んだため、拍子抜けするほどだった。ミッションの最終日は片付けや、自分たちの手仕事の外観を整えることに充《あ》て、そしてハッブルを再び準備の整った状態にした。

ハッブルに対する最後の処置として、乗組員たちは望遠鏡前部にある開口部の扉（例のゴミ箱の蓋）をあけた。それから巨大な望遠鏡をロボットアームで摑み、持ち上げて、エンデバー号の船体からそっと離した。クック船長の乗組員がもやい綱を解いたように、スペースシャトルの乗組員も望遠鏡とシャトルをつないでいた綱を外す。次いで、ロケットエンジンに点火してつかのま軌道に猛烈な炎を浴びせたあと（これはさすがにクック船長の乗組員には想像の外だろう）、地上へと戻っていった。

こうしてハッブル宇宙望遠鏡は依然として秒速七・五九キロで移動しながらも、軌道を意図的にほんのわずか高くされた状態で、独りぼっちで放っておかれる状態に戻った。そして銀色にきらめきながら、地球を巡るほぼ終わりのない旅を続けた。

修理はうまくいったのだろうか。ハッブルはきちんと機能するようになるのだろうか。恥辱の時は終わって、この非凡な装置の真価がついに発揮されるのだろうか。

望遠鏡の運用を再開するゴダード宇宙飛行センターのミッション運用センターと、さらに重要なボルチモアのジョンズ・ホプキンズ大学・宇宙望遠鏡科学研究所に、世界中の目が注がれた。宇宙望遠鏡科学研究所では、ハッブルからの新しいデータがダウンロードされてそれが画像に変換されるので、修理が吉と出たか凶と出たかはすぐにわかる。

ハッブルが遥か昔に初めて宇宙を垣間《かいま》見《み》た瞬間は、ファーストライトどころか「大失望《グレート・ディスアポイントメント》」とでも名付けたくなるものだった。当時ボルチモアにいた天文学者のエリック・チェイソンが、初の画像群を前に「腸が完全にしぼんだような感覚がした」という有名な言葉を吐いたあの瞬間である。

今や、そのときから一三〇〇日ほどが過ぎた一九九三年一二月一八日である。ファーストライトのときは夏だったが、今回のセカンドライトは冬の夜だ。ボルチモアは暗く寒く、静まり返っていた。科学運用センターでは一人の天文学者が、装置に搭載された小型電気モーターに指示を送った。ＣＯＳＴＡＲ内部の修正用鏡を外に広げて精密に定められた位置につかせるためである。これでハッブル内部の光の流れが変わる。さらには、改良版ウィフピックのシャッターを開いた。この装置にも、独自の修正装置が巧みに配置されて奥深くに埋め込まれている。ゴダードはそれを受けて、実りの多そうな空の領域に巨大な望遠鏡を向けた。皆が固唾《かたず》を呑んで待つなか、画像がモニターの上から下へと徐々に姿を現わし始めた。

　ファーストライトのときに恐ろしい電話を受け取ったＮＡＳＡのエドワード・ワイラーもそこにいた。やはり皆と同じく、食い入るようにモニターを見つめている。それからの三秒間は人生で一番長い三秒だったと、のちにワイラーは振り返った。

　と、にわかに拍手喝采と歓声が沸き起こった。画像が画面の下まで届いて、皆の目に鮮やかな星の海が飛び込んできたのである。見事にピントが合っている。ちょうど中央の一個の星などは、モニターの一ピクセル分を占めているだけだ。一ピクセルに一個の星である。

　画像は鮮やかとしかいいようがなかった。一点の非の打ちどころなく、まさしく鮮明である。不明瞭な箇所はもはやない。マシュマロも、ぼやけた輪郭もない。この計画がまだ数名の天文学者の頭の中にしかなかったときに望んだ通り、すべてが厳密で、文句のつけようがなく、あるべき姿に整っていた。地上に設置された光学望遠鏡ではとても太刀打ちできないレベルである（たとえハワイやチリやカナリア諸島の山頂の天文台や、空気が薄くて澄んだ場所に建てられた天文台であっても）。

　なぜかといえば、どんなに薄くてもそこには空気が存在するからだ。空気は重く、風にもなり、汚染され、様々な分子が舞い踊って歪みを起こしやすい。だが、対流圏も成層圏も、中間圏すら遥かに越えて、現在では外気圏と呼ばれる六〇〇キロあまりの上空では、ときおり水素分子が漂うだけだ。空気がなければ歪みもない。そしてついにその場所で、知恵と費用を傾けた新装置のおかげで、宇宙を観測するための曇りのない目を人類は初めて手に入れた。

構想から半世紀（宇宙望遠鏡の基本概念は早くも一九四〇年代に提唱されていた）、最初の設計から二〇年。ダンベリーの極秘工場でコンピュータの指示により、最初のアームが石英ガラスの上に移動してきて、表面の研削と研磨を開始してから一四年。そして、平らになりすぎた直径二・四メートルの主鏡が、周りを包む宇宙の最初の光を長い胴体で呑み込んでから一三〇〇日あまり。新しい精密光学機器で修正された望遠鏡は、遥か彼方の深宇宙を、宇宙の遠い過去を、明瞭に捕らえられるようになったのである。

以後のハッブルの物語は今も継続中だ。現在までにさらに四回の修理ミッションが、かなり前に計画された通りに実施されている。どのミッションも、愛しき銀色の働き者に、つまりＮＡＳＡの大望遠鏡群のなかで最も偉大な望遠鏡に、新たな命を吹き込んできた。外観は相変わらず魅力的とはいいがたいものの、予想を超える寿命の長さで今や敬い尊ばれている。この先、少なくとも二〇三〇年までは飛び続ける予定であり、もしかしたらそれより一〇年延びる可能性もある。ハッブル宇宙望遠鏡が、現代における最も成功した科学実験であることに誰も異存はないだろう。いや、古今を通じてもこれに匹敵するものはないかもしれない。これまでにハッブルから送られてきた何万枚という画像は、見る者すべてを魅了してきた。直径二・四メートルの鏡はけっして完璧ではないが、宇宙の生き生きとした姿を鮮やかに捕らえ、科学者にも門外漢にも等しく驚異と歓喜を与えている。

第8章　私はどこ？　今は何時？
（公差＝〇・〇〇〇 〇〇〇 〇〇〇 〇〇〇 〇〇〇 〇一）

オックスフォード大学の塔という塔から、さながら滝を水が転がり落ちるような心地よい不一致で、時計が一五分おきのチャイムを次から次へと響かせる。

――ドロシー・L・セイヤーズ『学寮祭の夜』（一九三五年）（東京創元社）より

二つの場所のあいだで最も長い距離は時間である。

――テネシー・ウィリアムズ『ガラスの動物園』（一九四四年）（新潮文庫）より

沖合で操業する石油掘削プラットフォーム〈オリオン〉は、二隻のタグボートに曳かれてゆっくりと北海を移動していた。オリオンは重さ九〇〇〇トンの不格好な金属の塊《かたまり》であり、身を落ち着けて掘削を始める新しい場所を探していた。そのとき私は、先導するほうのタグボートのブリッジにいた。タグボートは〈トレイルブレイザー号〉という名のオランダ船であり、小型ながら並外れたパワーを備えている。ジャッキアップされたオリオンの四本の脚は掘削やぐら自体より高くそびえ、波のうねりを受けて危うげに揺れていた。オリオンは八キロほど先の海底で、天然ガス田の掘削を成功裏に終えたばかりだ。今向かっているのは、シカゴ本社の地球物理学者が選んだ場所である。海底の地形から判断して、そこが有望そうだからだ。

時は一九六七年の三月。早春の海上には北東からの風が吹き付け、肌を刺すように寒い。私はオリオンの上でちょうど一カ月間働いていた。掘削プラットフォームは一〇〇〇万ドルの値打ちがあり、アモコ石油社が一時間八〇〇〇ドルで借りているものである。そんな大事な装置を正しい場所へ正確に導く仕事を、なぜか当時まだ二二歳の私が担当することになっていた。

オリオンを正しい場所に確実に着底させるにはどうすればいいのか。私はほとんど説明を受けてもいなければ、何かの装置類ももらっていない。双方向無線で、プラットフォーム上にいる作業監督と話すことはできた。また、北海のこの海域をカバーする英海軍本部の海図番号一四〇八（ハリッジからロッテルダムまで、クローマーからテルスヘリング島まで）ももっていた。さらには、この海域の海底の様子を示した大縮尺の地球物理学図も支給されていた。これは機密資料だ。アメリカの海底探査チームが製作したもので、大きな赤い×印がつけられている。シカゴで計画を立てている人たちが、次にオリオンを向かわせようとしている場所だ。×の横には鉛筆で、「53°20′45″N, 3°30′45″E」というような座標が記されている（実際には、秒には小数点一位か二位までの数字が書かれていた）。

重要なのは、タグボートの船長もやはり特殊な海図をもっていたということだ。その海図には、当時としては最先端の電波航法システムから得た曲線が（赤、緑、紫で）書き込まれている。これは「デッカ航法図」と呼ばれるものだ。当時は、沿岸海域を航行する船舶の船長のほとんどが、この航法図を大きな受信機と組み合わせて使用していた。受信機はデッカ社からレンタルしているもので、頭の高さにある回り継ぎ手に取り付けられていた。受信機には四つの計器盤があり、そのうち三つは時計の針に似ていて、夜でも数値が読めるように蛍光塗料が塗られている。

デッカ社は、イギリスとドイツの北海沿岸地域の岬や崖の上に、複数の無線局（主局と従局）を設置していた。船上の受信機は、そこから発信される強力な電波を受けるためのものである。信号は決まって短いパルスで、まず主局から発せられ、そのすぐあとで個々の従局が同じパルスを繰り返す。主局からのパルスと従局からのパルスを受け取る時間差がどれだけあるかは、個々の従局から受信機がどれくらい離れているかによって変わってくる。つまり、複数の従局との距離が異なることをもとにして、受信機内の初歩的なコンピュータが海図上での現在地を割り出すのだ。次に受信機上の計器盤を見ると、位置を示すいろいろな線（赤、緑、紫）に沿って自分たちの小さなタグボートがどれくらい進んでいるかがわかる。そうしたら、デッカ航法図からその位置に該当する線を探し出し、三つの曲線が交わったところが自分たちの現在地ということになる。デッカ社の触れ込みによれば、誤差は約一八〇メートルだという。

私が言われていたのは、定められた地点のちょうど真上に来たと判断したら、無線で作業監督に「脚を下ろせ！」と指示することだった（とはいえオランダ人船長の話では、北西に向かう速さ六ノットほどの表層流があるらしい。それも考慮に入れないと、着底しようとしているあいだにプラットフォームが十数メートル流されてしまう）。そうしたら監督はただちに四組のボルトを外すように命じる。そして、今は頭上高くにそびえている四本の脚は、巨大な水しぶきを上げながら海に垂直に沈んでいき、誰にも止められない凄まじい勢いで深さ約六〇メートルの海底に着く。そこで柔らかい表層部に杭を打ち込んで自らを動かないようにし、のちにはさらに複数の錨も落とすことで、次の掘削を行なう何週間ものあいだプラットフォームをしっかりと固定しておく。

私たちは少しずつ目標地点に近付いていった。音響測深機が数秒おきに音を立て、タグボートの竜骨から海底までが一貫して三二ファゾム（約五九メートル）であることを告げている。シカゴの専門家が「ペルム紀の岩塩ドーム」と呼ぶ箇所が徐々に迫ってきた。ドームといわれても、私には地球物理学図上の線がつくる曖昧なパターンにしか見えないのだが、シカゴの専門家にいわせればドームらしい。ともあれそれは少しのあいだ、デッカ航法図が示すプラットフォームの現在地点の真下に位置しているように思えた。私は緊張する指で無線マイクの送信ボタンに触れ、ボタンを押し、掘削プラットフォームを見上げると、マイクに向かって大きな声を放った。もうすぐ二三歳になる人間にできる限りのいかめしく厳しい口調で、「脚を下ろせ！」

次の瞬間、赤みがかった錆が四つのかすかな煙となって噴き上がった。鉄管でできた巨大な格子づくりの塔がたちまち自らの中に潰れたように見え、あっというまに視界から消える。甲高く恐ろしい金属音が響き渡り、うねり渦巻く海に大きなあぶくが一つ浮かんだ。プラットフォーム上の船員に指示して、私たちのタグボートの牽引ロープを解かせ、後方のタグボートについても同じようにさせる。二隻のタグボートは方向転換し、大騒ぎの現場から遠ざかった。二キロ近く離れたあたりまで来て、プラットフォームの監督がジャッキアップの手順開始を命じるのを見守る。再びもの凄い騒音。建設現場で手持ち式のドリルを使っているような音だ。するとプラットフォームは、今やしっかりと根を下ろした足の上で少しずつ高くなっていく。上へ、上へと向かって行って、ついには海面からゆうに一二メートルを超える高さにまでなった。ここまで来れば、下で起きる嵐やうねりや大波の影響をほとんど受けない。プラットフォーム上の誰かが機械を止め、あたりは急に静かになった。聞こえてくるのは、いや増す風の低く絶え間ない唸りと、波が打ち当たる音ばかりだ。

作業監督から無線が入った。ちょうど水深測量の結果に目を通したところだという。「万事良さそうだ。海流に蹴られて多少ずれたかもしれんが。理想より六〇メートルばかり離れている。でも初めてにしては上出来だ。シカゴも文句は言うまい。十分だ。少し寝るといい」

作業チームはその日の夜遅くに本格的な掘削を開始し、その後三週間にわたって昼も夜も掘り続けた。やがて深さ一八〇〇メートルあまりでガス田に当たり、六〇年代には恵みとされた生の炭化水素が力強くほとばしり出た。一週間後にはガス田に蓋をする。今度はあとからやって来る作業員が、ガス生産の現場とガス田をつなぐ仕事をする番だ。オリオンと乗組員は別の強力な二隻のタグボートに曳かれ、さらなる猟場を求めて海に出た。

やがて私は掘削プラットフォームの仕事を離れ、それからアモコ石油社も辞めて、最終的には石油地質学者という仕事自体に見切りをつける。だが、波立つ大洋の只中で、九〇〇〇トンの掘削プラットフォームを「ペルム紀の岩塩ドーム」の上まで導き、しかも及第点の正確さで無事にガス田を掘り当てるのを助けたのだとの思いは、その後も長いあいだ消えることはなかった。

私たちは的から約六〇メートルの地点にたどり着き、当時の私にはそれは立派な数字に思えた。しかし、海図の×印から六〇メートルずれているなど、今日《こんにち》の基準でいったら考えられないほど正確さを欠いている。現代なら完全な失敗とみなされるだろう。地表上の位置は今やセンチメートル（近いうちにはミリメートル）単位で特定できる。なぜそんなことが可能かといえば、一つの技術が開発されたからだ。のちにその技術は、デッカ、ロラン、ジー、トランシット、モザイクといったかつての独占的な電波航法に取って代わることになる。さらには、六分儀*や羅針盤やクロノメーターといった、位置を決めるのに何世紀も前から使われてきたブリッジの器具をも無用の長物に変えていく。

その技術の名は「ＧＰＳ（全地球測位システム）」だ。

この新技術の基本原理は、まったく別の研究をしているときに思いがけなく生まれた。事の発端は一九五七年一〇月七日の月曜日。メリーランド州のボルチモアで、二人の若き科学者ウィリアム・ガイアーとジョージ・ワイフェンバックが、ジョンズ・ホプキンズ大学の応用物理学研究所（ＡＰＬ）に出勤してきた。そのときはすでに史上初めて「人工の月」が地球の周りを回っており、二人もアメリカ人科学者の例に漏れずそのことに興奮を隠せなかった。

人工の月とは世界初の人工衛星〈スプートニク1号〉である。前の週の金曜日にソビエト連邦が打ち上げたものだ。重さ八三・六キロ、直径五八センチの球体で、磨き抜かれたチタン合金でできている。アメリカ国民が悔しさに歯噛みするなか、スプートニクは一周およそ九六分のペースで地球の軌

＊　デッカやロラン以前、そしてＧＰＳより遥かに昔、熟練の船乗りは六分儀と優秀なクロノメーターを組み合わせることで、海上の自分の位置をかなり正確に把握することができた。私は一九八五年にインド洋で、非常に未熟な船乗りとして小型スクーナー（訳注　二本以上のマストに縦帆を備えた西洋式帆船）に乗り込み、ディエゴグラシア島からモーリシャス島まで二〇〇〇キロあまりの距離を独力で航海したことがある。オーストラリア人のベテラン船長の監督のもと、ただその種の道具と優れた海図一式を用い、速力を簡単に割り出すために船尾から丸太を曳いただけである。航海中は毎日たいてい四～五キロの誤差があって、お世辞にも正確とはいえないものだった。だが、何もない海を一〇日かけて渡ったあと、ある夜遅くにようやくプラット島の白い灯りが舳先の左舷側から四つ見え、モーリシャス島の北わずか十数キロのところにいると知った。あのときの光景は今も目に焼き付いている。その二〇年前の石油掘削プラットフォームでの体験と同様、航海が成功した思い出として忘れることができないのだ。

ときに派閥抗争の様相も呈した長年にわたる論争の末、現在ではバーモント州出身のロジャー・イーストン（左から3人め）が、首都ワシントンの海軍研究試験所に勤務しているときにGPSを発明したことが認められている。

道を巡っていた。《ニューヨークタイムズ》紙の日曜版は、（全三六〇ページの一九三ページめで）衛星に搭載された小型送信機から絶えず電波信号が放たれていると報じていた。ガイアーとワイフェンバック（ともにコンピュータの専門家で、最近の仕事はそれぞれ水爆のシミュレーションとマイクロ波分光）は、その電波信号を録音して分析すれば、衛星の位置を正確に突き止められるのではないかと考えた。

二人は専用につくった電波受信機をスプートニクの周波数に合わせ、規則正しい鼓動のようなその電波（一秒間に二回より少し速い間隔の甲高い発信音）に聞き入りながら、それをハイファイテープに録音した。そのうえで信号の周波数を分析したところ、果たして時間とともにそれがわずかに変化することがわかる。衛星が地平線から昇り、ボルチモアの研究所の真上を通り、再び地平線に消えていくのにつれて変動するのだ。この変化はドップラー効果と呼ばれるもので、通り過ぎていく列車の警笛などが典型的な例である。ドップラー効果が衛星からの信号でも検出・測定できることを示したのは、この二人の物理学者が初めてだった。

そのすぐあと、当時入手できるようになっていた強力なコンピュータ（ＡＰＬにはレミントンランド社製の真新しいＵＮＩＶＡＣ《ユニバック》があった）を用いることにより、二人は信号をデジタル化した。さらに、今や数字に変換された周波数の変化から、スプートニクが軌道上のどこにいるかをかなりの精度で計算することができた。衛星が自分たちの真上にいるときの周波数が信号の真の周波数である。真上に近付いてくるときと、遠ざかっていくときにどれくらい変動するかをもとにすると、衛星が自分たちからどれくらい離れているかを割り出せるのである（一周するのに要する時間から、衛星が秒速約八キロで地球を回っていることがわかっていた）。

計算をするには、コンピュータを何週間も稼働させる必要があった（アメリカが宇宙開発競争に参入してからは同じ計算を使って、アメリカ初の人工衛星〈エクスプローラー１号〉の軌道上の位置を推測して的中させている）。その作業から、のちに重大な結論が導かれることになる。若い二人が図らずも見出したものは、世界中で利用できる可能性を秘めたシステムだったのだ。翌年の三月、ＡＰＬの研究センター長を務めていたフランク・マクルーアがそのことに気付いた。

マクルーアは二人を自分のオフィスに引っ張ってくると、ドアを閉めるように指示してからこう告げた。地上にいる人間が、宇宙空間における衛星の位置を正確に把握できるのなら、逆もまた可能なはずだ、と。衛星がどこにあるかをもとにすれば、地上で観測している人や機械の厳密な位置を計算できるというのである。

あとから振り返ってみれば明々白々だったものの、当時はガイアーもワイフェンバックもそのことに思い至らなかったし、それが何をもたらすのかもすぐには呑み込めなかった。だが、この単純なドップラー効果の原理に基づく衛星測位システムを開発できれば、かつて六分儀や羅針盤やクロノメーターが何世紀にもわたって果たしてきた役割を肩代わりできる。そして、まさにその瞬間にもロランやデッカやジーがやっていることに取って代わることができるのだ。その新測位システムが誕生したら、船舶やトラックや列車はもとより一般市民に至るまで、移動していようと静止していようと自分の現在地がわかる。しかも、どこかに行きたいときにどちらの方向に向かえばいいかも教えてもらえる。マクルーアは、ガイアーとワイフェンバックの功績を指摘した有名な覚書のなかに、こう書き記している。「二人の研究を土台にすれば、比較的単純でおそらくはかなり正確な測位システムがつくれると、ふと思いついたのだ」

確かにかなり正確だった。ＡＰＬの研究に多額の出資をしているアメリカ海軍が大まかな計算をしてみたところ、十分な数の衛星があれば人や物（船や潜水艦など）の位置を誤差八〇〇メートル程度の範囲内で特定できるとの認識に至る。デッカが保証する約一八〇メートルには及ばないものの、新システムにはそこ以外の部分に大きな利点があった。それは、冷戦の時代にあって当時深まりつつあった問題にとりわけ関係してくることである。何かというと、その頃の船舶や、石油掘削プラットフォームの位置を決めるトレイルブレイザー号のようなタグボートは、デッカなどの電波航法を利用していた。しかし、その送信基地局はすべて地上にあった。したがって、抜け目ない敵国人が一人いれば、簡単にその発信を止めることができた。ところが、宇宙にある人工衛星を使えば、当然ながら外部からの干渉や混信を遥かに受けにくく、偵察活動や破壊活動も免れやすい。目下の敵であるモスク

トランシット・システムで使用された初期の衛星。アメリカ海軍のために1950年代から60年代にかけて打ち上げられたもの。ドップラー効果に基づく測位法により、アメリカが戦略的に配備した潜水艦の位置を誤差約90メートルの範囲内で特定することができた。トランシットは、最終的に現代のGPSにつながるシステムを最初に稼働させた例とされている。

ワも手出しがしにくいだろう。いや、衛星の使用目的を突き止めるのさえ難しいかもしれない。

当時のアメリカ海軍は、自国の原子力潜水艦に弾道ミサイル〈ポラリス〉を搭載しており、その位置を、絶対確実かつ正確に把握する方法を模索している最中だった。こうして誕生したのが、ドップラー効果を利用した衛星測位システム「トランシット」である。第一号となる衛星の打ち上げは一九六〇年に成功した。そして、マクルーアの覚書から六年足らずで（スプートニク1号の打ち上げから七年後）、何基ものトランシット衛星が地球の軌道を回るまでになる。真の意味での衛星測位システムが堂々と稼働し始めたのだ。

一五基の衛星が製造された。外観は昆虫に似て、あまり優美とはいいがたい。ソーラーパネルの翅を四枚もち、送信機から伸びた細長い棒がアンテナを絶えず地球方向に向ける働きをしている。地球の上空約一〇〇〇キロの高度で、少なくとも三基が同時に極軌道を回った。下で世界が回転していくあいだ、衛星は太陽のように地平線から昇ったり沈んだりを繰り返しながら、陸地や海の上を飛び、地上の受信機に信号を送る。その信号はドップラー効果の影響で、発信機に近付き、真上に到達し、また遠ざかっていくのにつれて周波数が変化する。地上の基地局には巨大なコンピュータが設置されていた。その磁気テープドラムがせわしなく動きながら各衛星の正確な軌道を予測し、その情報を船舶や潜水艦に無線で伝えて、それぞれが世界のどこにいるかを知らせる。煩雑でスピードの遅いプロセスであるうえ、当初は数時間に一回しかデータが得られなかった。しかし、このシステムのおかげで世界中のアメリカ海軍艦が、自らのほぼ正確な位置を摑むことができた。どこにいようと、いつ何時《なんどき》であろうと、どんな天候であっても関係なく。

通過する衛星を一五分間追うだけで、船は自分の位置を九〇メートル程度の誤差で把握できる。戦略配備されたポラリス搭載潜水艦の場合は、より高性能で極秘バージョンのソフトウェアを使える特権に恵まれていたため、自身の位置を誤差二〇メートル足らずで特定できるといわれていた。デッカやロランのような地上無線基地局を利用するライバルたちに比べると、圧倒的に堅牢なシステム*であることは間違いない。しかも短命には終わらなかった。結局トランシット・システムは一九九六年まで、三〇年あまりにわたって使用されている。一九六七年には商船もこのシステムを使えるようになり、最盛期には八万隻もの民間船舶に利用された。計画責任者の一人の言葉を借りるなら、それは「船舶搭載用のクロノメーターが開発されて以来の、測位法における最も大きな一歩」だったのである。

とはいえ、世界の動きは以前に増して速くなっていた。核兵器の危険性も一段と大きくなり、敵国の策略はますます狡猾になっている。重要なインフラを守る必要性も高まる一方だ。いくら海軍が

「ピンポイントの正確さ」を謳っても、また実際に誤差はどんどん小さくなっていても（一八〇メートル、九〇メートル、六〇メートル、一八メートル）、現状では名実ともにピンポイントとはいいがたい。そのうえ、位置情報が送られてくるのは一時間に一度きりで、しかもそれを読み解いて数値を得るのに一五分もかかった。それだけではない。位置を知るには地上の追跡局と、何列にも並んだ遠方のコンピュータ、さらには少数の海軍職員が必要だった。職員も人間である以上、どれだけ優れた訓練を受けていても人的ミスを起こすリスクを孕《はら》んでいる。

新しい世界秩序が求めているのは、より良くより迅速で、信頼性と安全性に優れ、格段に精度の高いシステムだった。ドップラー偏移に基づく測位システムがけっして悪いわけではなく、信頼性も低くはない。ただ、動きが速く脅威に満ちた新しい環境のもとでは、どう見てもうまく対処できそうになかった。すると一九六四年、バーモント州の田舎町で医師の息子として生まれたロジャー・イーストンが、その対処を確実に可能にする方法を考案する。その方法の鍵を握るのは、時間と、時の経過

＊　いくらシステムが堅牢でも、政府の姉妹組織である原子力委員会（ＡＥＣ）にずさんな計画を実行されてしまったら、なすすべがない。海軍のトランシット・システム４Ｂ衛星は一九六一年六月に打ち上げられ、予定通りの軌道を滑るように静かに進みながら、非の打ちどころのない規則正しさで信号を送っていた。ところが一年あまりあと、ＡＥＣは強力な水素爆弾を先端に搭載したロケットを発射し、ハワイ沖約六四〇キロの上空で計画通り水爆を爆発させた。だが、事前の確認を怠ったために、哀れなトランシット４Ｂ衛星をついでに空から弾き飛ばしてしまったのだ。その夏の夜には、ほかにも数基の人工衛星が損傷や破壊の憂き目に遭っている。ホノルルでは街灯が壊れる被害も出た。喜んだのはニュージーランド空軍だけである。なぜなら、爆発のおかげで南太平洋が一定の時間明るく照らし出されたため、演習中の空軍機が標的の潜水艦を見つけることができたからだ。演習の計画を立てた人物は、それは不正行為だとあとで文句を言った。

を記録する時計だ。その物理学的な原理は「受動測距」と呼ばれ、根幹にある考え方は呆れるほど単純なものである。

たとえば、完全に信頼できる時計が二個、まったく同じ時刻を表示しているとしよう。一個の時計はロンドンに、もう一つはデトロイトにあってビデオストリームでつながっており、どちらもスカイプやフェイスタイムやワッツアップといったリアルタイムの通信アプリを備えている。こうした状況であれば、二個の時計の厳密さと正確さに全幅の信頼を置くことができるうえ、どちらも同じ時刻にセットされ、したがって同じ時刻を示していると一〇〇パーセント確信がもてる。

ただしこれが当てはまるのは、それぞれの時計と同じ部屋の中で時計を観察している人たちに限られる。ロンドンにいる人間が、ディスプレイに映ったデトロイトの時計の映像を見たとしたら、ごくわずかではあれ差が生じている。一秒にも満たない時間（実際にはほぼ五〇分の一秒）だけ、ロンドンの時計と比べてデトロイトの時計のほうが遅れているように見えるのだ。しかし、両方とも同時刻を指していることはわかっているし、両者を結ぶ信号の速度は光速なので一定のはずである。だとすれば、差を生んでいる要因は何か。それは、このシナリオのなかで唯一明らかになっていない変数、つまりロンドン‐デトロイト間の距離である。

当時、ロジャー・イーストンは首都ワシントンにある海軍研究試験所に所属していた。アメリカの領空を通過するあらゆる人工衛星の位置を把握するため、検出器を大量に並べて悪名高き「スペースフェンス」の原型を構築したのはこの男である（訳注　現在のスペースフェンスは空軍の管轄下にあるが、当初は「米海軍宇宙監視システム」と呼ばれていた）。二個の時計の時間がずれて感じられるという単純な事実から、貴重な情報が得られることにイーストンは気付いた。そのずれから、二点間の距離が計算できることである。光速はつねに一定して秒速約三〇万キロなので、（この場合の時計で生じたずれに相当する）五〇分の一秒なら約六〇〇〇キロ進んだはずだ。つまり、時刻のずれをもとに計算すると、ロンドン‐デトロイト間は約六〇〇〇キロということになり、それは実際の距離とおおむね合致する。

そこでイーストンはただちに簡単な実験を考案し、海軍の上級士官二人を見学に招いた。ただし、この実験では時計は使用しなかった。一九六〇年代半ばの当時にも非常に正確な原子時計が発明されてはいたが（これについてはのちの章で）、今考えているような実験に使うには大きくて扱いにくすぎる。代わりに用いたのが水晶発振器だ。しかも、ただの水晶発振器ではない。水素メーザーと呼ばれる高額で複雑な（ただし都合よく小型の）装置が付いている。これにより、全面的に信頼できて確実に一定した周波数標準が得られる。

イーストンはこうした装置を二個つくった。一個は、マット・マルーフという名の技術者の友人に預け、オープンカーのトランクに入れさせた。もう一個は、自分のいる試験所に置いておく。実験室に掛けておいたオシロスコープの画面を皆が見つめるなか、イーストンはマルーフに車を発進させ、コロンビア特別区道二九五号線をできるだけ速いスピードでなるべく遠くまで走るよう指示した。二九五号線は当時はまだ開通前だったので、ほかに車はない。車が猛スピードで遠ざかるあいだも、トランクの発振機は忙しく信号を送り、試験所の発振器がそれを受信する。

車と試験所のあいだの距離が増すにつれて、双方の発振器のずれも大きくなっていった。ほかのすべての要素（二個の装置の周波数と信号伝達速度〔つまり光速〕）はまったく同じなのだから、これはひとえに距離が離れたせいである。海軍の士官たちは、吸い込まれるように画面を見つめている。計算結果はほぼ即時に入ってきて、それを見ればマルーフの車が具体的にどれだけ遠くにいるか、どれくらいのスピードを出しているか、あるいはいつ方向を変えたかもわかる。士官たちがとりわけ感嘆の声を上げて驚きを隠せなかったのが、今や遥か彼方を走るマルーフが車線変更をしたときだ。それが目に見える数字の変化となって現われたのである。この実証実験は大成功だった。時刻の差を利用する測位システムが原理として使い物になり、しかも想像以上に簡単であることが示されたのである。

　海軍はさらなる研究を進めさせるべく、ただちに予算を割いた。といっても微々たる額である。人工衛星を打ち上げて、軍隊が好んで口にする「実世界の環境」でアイデアを試すまではいかなかった。その頃、アメリカ中の研究所では、別の方法で位置を特定する方法の研究も進められていた。これは、ドップラー効果を基礎にしたシステムと、時計ベースのシステムとの決闘であり、どちらかが斃《たお》れるまでは終わらない。その構図がはっきりしてくるまでには、相容《あいい》れない技術と、様々な人物と、組織間の対立が渦巻いて、混沌とした様相を呈していた。海軍のロジャー・イーストンを支持するグループと、歴戦のタフな空軍将校ブラッドフォード・パーキンソン*に肩入れするグループ（パーキンソンこそがＧＰＳの生みの親だと考えている）は、今日に至るまで敵対関係にある。パーキンソン側の「ＧＰＳ派閥」についての黒い噂が今なお囁かれているし、両陣営による怒れる文章をいまだ目にすることがある。だが、結局は時計ベースのシステムが勝利を収めた。一九七三年にはアメリカ空軍が、衛星システムの構築を開始する。空軍は、海軍の計画発案者からシステムの運用管理業務を取り上げることで一矢《いっし》報いていたのだ。やがてこの衛星システムが核となって「ナブスター全地球測位システム」が誕生し、やがてその呼称が簡略化されて今や誰もが知る「ＧＰＳ」となる。勝利の冠をかぶったのはロジャー・イーストンだった。のちには「アメリカ国家技術賞」を初めとする数々の栄誉を授与され、GPSの中心的な生みの親として「全米発明家殿堂」入りも果たしている。

提案されたシステムには技術的な問題がいくつもあった。そこでそれを解決するため、世界中をカバーするのに必要な一群の人工衛星（これを「衛星コンステレーション」という）を何ブロックかに分けて打ち上げた。ブロック1の一〇基の衛星は、一九七八年から八五年にかけて軌道に投入された。運用可能なシステムとしてGPSが正式にスタートしたのは一九七八年二月である。当初はもっぱらアメリカ軍によって使用されていた。いくつかの軍事攻撃（リビアへの軍事介入など）では、GPSを使って標的を破壊している。兵器や爆弾にはGPSが組み込まれるようになり、それらは「誘導爆弾」（「スマート爆弾」とも）と呼ばれるようになった。やがては戦争全体で（一九九一年の湾岸戦

＊ブラッドフォード・パーキンソンの空軍におけるキャリアは、「自動化戦場」構想と深く関わっていた。パーキンソンがとくに関心を寄せていたのが、恐ろしい武力を備えた「AC‐130」攻撃機だ。機銃を複数搭載した固定翼機の最高峰として、「ターミネーター」（訳注　「終わらせるもの」の意）の異名をもつ。パーキンソンがGPSと関わるようになったのは一九七三年のことである。同年のレイバーデイ（訳注　「労働者の日」ともいうアメリカの祝日。九月の第一月曜日に当たるので週末が三連休となる）の週末には、「ロンリー・ホールズ・ミーティング」と呼ばれる伝説の会議に出席している。これは、ほぼ人気《ひとけ》のないペンタゴンで開かれたものであり、空軍将校の精鋭メンバーだけが集まってGPSの構造上の方式について概要を話しあった（訳注　これは空軍側の言い分であり、イーストン側は、GPSの誕生につながるレイバーデイの会議はヴァージニア州のモーテルで開かれたと主張している）。パーキンソンはGPSの重要性を、航空機が「同じ穴に爆弾を五発落とせる」ようになる能力として捉えていた。一方のロジャー・イーストンは、自分の研究についてロマンチックな見方をしている。二世紀前に正確な時計に取り憑かれた、ジョン・ハリソンの仕事を受け継ぐものと捉えていたのだ。GPSの場合は、ただ時間と空間を結び付ける技術が近代的なだけだと考えていた。

アメリカ空軍大佐のブラッドフォード・パーキンソン。GPS発明者の称号を巡ってイーストンと争った。いわゆる「自動化戦場」に関する取り組みでも知られる。パーキンソンはGPSを軍事利用する構想を抱いていたのに対し、イーストンはもっとロマンチックに、18世紀に正確な時計と経度測定に挑んだジョン・ハリソンの功績を継ぐものとしてGPSを捉えていた。

争がおそらく最初)、計画や戦術に欠かせない要素としてGPSが活用されるようになる（縦隊を先導してクウェートに入った戦車にはすべてGPS受信機が搭載されていた）。以来、地球の中軌道（高度約二万キロ）に七〇基のGPS衛星が送り込まれてきた。そのうち三一基が今も軌道を回り、そのすべてがロッキード・マーティン社かボーイング社によって製造されたものである。ほとんどが「アトラスV《ファイブ》」ロケットを使ってアメリカ空軍によって打ち上げられ、ほとんどがフロリダ州のケープ・カナベラルから出発し、ほとんどが一九九七年以降に運用を開始した。したがって、なかにはかなり高齢の衛星もある。その三一基が合わさって、今や誰にとっても必要不可欠とみなされるシステムを支え、そのシステムは公益のためにアメリカ政府から完全無償で提供されている。

実際それは本当の意味で公益に適《かな》っている。理由は単純だ。アメリカ政府が所有しているにもかかわらず、現在のGPSはほぼ無制限に民間で使用できるようになっているからである。初めは、戦略的核兵器に関わる重要な要素としてスタートした。つまり、核爆弾を積んだ爆撃機や、核弾頭ミサイルを搭載した潜水艦が、つねに自らの位置をかなりの精度で知ることができ、標的の位置も誤差数メートルの範囲で把握できるようにするためのものだったわけだ。その後、一九八三年に大韓航空機撃墜事件が起きる。アンカレッジからソウルに向かっていた大韓航空007便が、図らずもサハリン島上空でソ連の領空を侵犯し、ソ連の爆撃機に撃ち落とされた。これを受けて時のロナルド・レーガン大統領は、民間の使用者にも（当初は航空機のみだったがのちには一般の民間人にも）等しくGPSのサービスを開放すると約束する。自らの位置を正確に突き止める手段が存在するのに、それをわざと使わせないようにするのは倫理にもとるとみなしたのだ。軍は、この情報を隠しておくほうが戦略的優位に立てると訴えたが、レーガン政権はその軍を敵に回してまで決定を貫いた。また、当時のソ連は崩壊の瀬戸際にあって、ソ連版の全地球測位システムを開発するのに忙しかった（そのシステムは現在も存在し、「GLONASS（グロナス）」と呼ばれている。ほかにも汎《はん》ヨーロッパ版の「ガリレオ」や、中国版の「BeiDou（北斗衛星導航系統とも）」が稼働を開始していて、遠からぬうちにGPSと同様、世界的に利用できるようになると見られている）。とはいえ、今のところGPSが最も重要であることに変わりはなく、悪意あるハッカーがアメリカの防御を突破しない限り、この先もしばらくは最高のシステムであり続けるだろう。

GPSが民生用に解禁されてからかなりの年月が経ったあとも、警戒心の強いアメリカ国防総省は、一般人に大統領執務室の正確な位置を知られるのはまずいと気を揉んでいた。ましてや誤差一～二メートルの範囲などもってのほかだと考え、空軍に命じてGPSに意図的なエラーを組み込ませた。これによって精度が若干劣化し、民間の利用者は水平方向に約四五メートル、垂直方向に約九〇メートル以下の誤差で位置を特定することができなくなった。だが、「選択的利用性」と呼ばれたこの制限は、ビル・クリントン大統領の命《めい》によって二〇〇〇年に解除される。以来、GPS受信機は自動車から電話機まで、腕時計から携帯端末まで、様々なものに搭載されて世界中で利用されてきた。狩りに出かけるのでも、週末にヨットを楽しむのでも、わずか数メートルの誤差で位置を把握できる。ある調査チームが特殊な受信機を使い、複数の衛星が視野に入ってきたところで測定したところ、わずか数ミリの誤差で位置が突き止められるとの結果が出た。まともな数値を得るには、最低四基の衛星が受信機の視界内にあることが必要である。また、さらに待てば一二基の衛星とも通信可能だとの調査結果もある。

現在、厳重な警備のもとでGPS全体の運用を担当しているのは、コロラド州のシュリーバー空軍基地だ。州中部のコロラドスプリングズ近郊にあり、ロッキー山脈の風下側（東斜面）の土ぼこり舞う平原に位置している。近くにあるシャイアン山の地下に、核攻撃にも耐える巨大施設が冷戦時代に建設されたのは有名な話だ。シュリーバー基地では、国防総省が所有する衛星数百基ほぼすべての運用管理を行なっている。その大半は極秘の諜報衛星で、頭上を飛んだり上空で停止したりしながらありとあらゆる怪しげな仕事を実行している。しかし、空軍組織の奥深くに、そして幾重にも厳重に守られた巨大基地自体の奥深くには、「第二宇宙運用中隊」に所属する男女がいる。その任務は、いかにもアメリカ的な「平和への道」というモットーのもとに、アメリカのGPSを構成する三一基の衛

コロラド州のシュリーバー空軍基地。ロッキー山脈風下側の平原に位置する。ここでは厳重な警備のもと、アメリカ国防総省が所有するGPSの管理と制御が行なわれている。

星コンステレーションを維持管理することがほぼすべてだ。ここがＧＰＳの主制御局であり、地平線から昇ってくるあらゆる衛星の健康状態をチェックしている。また、世界中の一六の監視局からなるネットワークでは、多数の電子機器や超高速コンピュータの力を借りながら、いついかなる時でも最低三人の目が個々の衛星を監視している。

監視局ネットワークのうちの四局は複雑なアンテナを備えており、それで衛星に情報を送信することができる。その情報の一つが肝心で、各衛星に搭載された原子時計を一〇〇万分の一秒単位で較正《こうせい》するためのものだ。というのも、各衛星がその正確な位置情報を発信するのはもちろん大事だが、何より重要きわまりないのは超正確な時報を発することだからである。それができるからこそ、ＧＰＳは単に航行を助けるだけに留まらない役割を果たせている。現代の世界経済はほとんどＧＰＳの時計で動いているといっても過言ではなく、おかげで世界経済はごくわずかな時間誤差で正確に機能できている。

つまり、ＧＰＳ衛星群に数々の有用性があるとはいえ、それを煎じ詰めれば時刻の問題になるのだ。信号の「送信時刻」を「受信時刻」と瞬時に比較すれば、その差が信号の「伝搬時

アメリカ空軍第2宇宙運用中隊の運用室で働くオペレーター。この中隊が31基のGPS衛星を管理し、衛星群は世界のほとんどの地域にきわめて正確な航行情報と位置情報を提供している。

間」となる。四基の衛星からの伝搬時間がわかれば、（その数値を光速で割ることで）四通りの距離が得られる。そうすれば、三角測量によって受信機の正確な位置を割り出すことができる。一般に、誤差は五メートル以内といわれている。もっとも、時計の精度がますます上がり、時間の計算もより精密になれば、位置の正確さも増していくだろう。基本となる幾何学に関しては、アメリカのGPSも、ロシアやヨーロッパや中国の姉妹システムも、明快なまでに簡潔だ。だが、それぞれのシステムの心臓部にはきわめて高度で精巧な装置が存在する。それが正確な情報を提供するからこそ、GPSをベースにする仕事が驚くべき精密さで遂行できるのである。

しかもその仕事は、船を港まで安全にたどり着かせたり、ラッシュアワー時のウランバートルで渋滞を縫って車を走らせたりするだけではない。携帯電話、農業、考古学、構造地質学、災害救助、地図作成、ロボット工学、天文学など、時間と場所を知る必要のある人間の活動であれば、導いてくれるGPS情報の精度が高まることでまず間違いなくより良いものとなる。*

少なくとも、私たちはそう信じることになっている。しかし、装置や技術は精密さを増す一方であり、それに対する人類の依存度も高まるばかりだ。そういう現実を、哲学的に、道義的に、心理的に、知的に、そして（敢えていうが）霊的に捉えると、そこには厄介な側面も見え隠れする。一七世紀に機械を打ち壊した人や、のちに職人技が失われつつあることを嘆いた人、あるいは目に見えないエレクトロニクスの魔法に今日でも恐怖に似た当惑を覚える人は、皆同じ疑念を抱えているのであり、それはいまだに消えてはいない（精密さがもたらす実際の恩恵と感じられる恩恵については、のちの章でまた取り上げたい）。

しかし、私個人に関していえば一つ確かなことがある。あのとき掘削プラットフォームの位置を約

＊　一九世紀には地図の作成に関していくつもの重要な成果があったが、それをGPSベースの現代のデータと比べてみると驚くほど正確なのがわかる。地理学者のジョージ・エベレスト（Everest）卿は、一八三〇年から一三年かけてインド亜大陸の三角測量事業を完了した。そのときは何千人もの男たちに鉄の鎖と経緯儀（訳注　測量器械の一種で、目標点の水平角および高度を測定するための装置）を持たせ、氷河やジャングル、湿地や荒地で測量をさせた。そして、ヒマラヤ山脈からインド最南端のコモリン岬に至る、約二二五〇キロの子午線弧を基準に用いた。二〇〇三年にレーザー装置と衛星を使って子午線弧の再測量を行なったところ、ヴィクトリア時代の測量は〇・〇九パーセントずれているだけだった。しかも、水平方向の測量に劣らず垂直方向の測量も優れていた。ジョージ・エベレストのチームが、ヒマラヤ山脈の最高峰（当時は「ピーク15」と呼ばれていた）の高さを八八四〇メートルと計算したのに対し、のちの測量ではそれが八八四八メートルであることが示されたのである。その山にはやがて「エベレスト（Everest）山」という英語名がついた。ちなみに、山の名前は「エベレスト」と発音されるが、ジョージ卿の実際の苗字は「イーブレスト」と発音するのが正しかったそうだ。エベレスト山は、ヴィクトリア時代の測定技術の精密さを強く偲ばせる存在として、今日もそびえ立っている。

六〇メートルずらしてしまったのが、半世紀が過ぎた今もなお悔しいということだ。もちろん掘削は結局うまくいき、ガス田を見つけはした。それでも、当時を思い返すたびにあの六〇メートルが、あの距離のずれが、私の心を苛《さいな》む。あれは正確ではなかった。精密ではなかった。最近では、あの時代にGPSが利用できたら、などとつい思ってしまう。なんといっても当時はすでに、ボルチモアの物理学者たちがスプートニクの成功を受けて、のちのGPSにつながる技術について議論を始めていたのだ。その技術さえ使うことができたら、目標地点の三メートル以内にプラットフォームを着底させてみせ、誰もが満足しただろう。もっとも、ボルチモアですでに一〇年間も衛星測位システムの議論がなされ、システム構築に向けた一歩もすでに踏み出されていたとはいえ、システムを運用するための衛星群が発射されるにはさらに二〇年を待たねばならなかった。その段階に達しなければ、私や、私に似た大勢の人たちがいくらより良い仕事をしたくても、その望みを叶えてくれる道具は存在しなかったのである。

それに、実際問題として、六〇メートルより三メートルのほうが本当に優れていたのだろうか。あのとき作業監督が語ったように、結局は六〇メートルでも「十分」だったのだ。

私には日本人の友人がいて、北西太平洋のなかでもとりわけ奥まった海域で深海調査船の航海長として働いている。その船のブリッジにあるGPS表示器は、一二基のGPSと通信しているそうだ（たいていのiPhoneは三〜四基）。その結果、茫漠たる海の上でも、自らの位置を誤差数センチの範囲内で把握することができる。ヤードでもメートルでもフィートでもない。センチだ。しかも波だけがうねる孤独な大洋の只中で。

アモコ石油社の作業監督が六〇メートルでも十分だと認めてくれたことは、今も心に残っている。

その日本人の友人に、監督のおおらかな態度について話してみると、友人は声を上げて笑った。もちろんそれは六〇年代だったからさ、と。だが、精密さとはそういうものではないと友人は語る。「十分だ」では絶対に十分ではないのである。

友人は一段と声を張って言葉を継いだ。今にきっと、センチですら十分ではなくなる時がくる。海上の位置をミリ単位で把握しなければならない時が。「精密さに限界はない。絶対的な完璧さを求める思いに終わりはないんだ」

友人の言葉は今も頭の中をこだましている。まるで新しい宗教の、あるいは新しいカルトのマントラのように。

第9章　限界をすり抜けて（公差＝〇・〇〇〇〇〇〇〇〇〇〇〇〇〇〇〇〇〇〇〇〇〇〇〇〇〇〇〇〇〇〇〇〇〇〇〇一）

極微《きょくび》の粒子の運動に関しては、それを決める二つの重要な因子、すなわちその位置と速度を、どちらも完璧な正確さで知ることは絶対にできない。一個の粒子の位置と方向と速度を同時に正確に決定することは不可能である。

——ヴェルナー・ハイゼンベルク『原子核の物理』（一九四九年）（みすず書房）より

二〇一八年の夏以降、数週間に一度のペースで、ＫＬＭオランダ航空の大型貨物輸送機三機がアムステルダムのスキポール空港を離陸している。貨物機はボーイング社製で、７４７型機を改造した窓のないタイプが多い。貴重な積荷が最終的に向かう先は、アメリカ西部の乾燥地帯、アリゾナ州のチャンドラーである。州都フェニックスの郊外にある避寒地だ。積荷はいつも同じ。各機が九個ずつ白い箱型コンテナを積んでおり、どれも人の背丈より高い。コンテナは非常に重いため、フェニックスの空港から目的地まで三〇キロあまりの距離を運ぶ際には、一八輪トラック十数台が連なっていく。チャンドラーに到着してようやく荷を解かれたら、すべてのコンテナの中身をつなぎ合わせ、重さ一六〇トンの一個の巨大な機械へと組み上げる。いや、機械というより、実際には工作機械だ。ジョゼフ・ブラマー、ヘンリー・モーズリー、ヘンリー・ロイス、ヘンリー・フォードといった技術者たちが、かつて考案し、また使用していたものの直系の子孫である。

このオランダ製の巨大な工作機械も、鋳鉄製だった先祖たちと同様、機械をつくるための機械だ（全部で一五台が発注されており、一台完成するごとに届けられてくる）。ただし、金属を精密に切り出すことで機械を製作するのではなく、考え得る限りで最も小さい装置を製造するためのものだ。その装置はすべて電子的に作動し、目に見える可動部が存在しない。

本書ではこれまで、およそ二五〇年にわたる精密さの進化の歴史をたどってきた。そしてここが、その旅の終着点である。ここまでは、ある程度の精密さで製造しなければならない考案物や創造物は、ほぼすべてが金属製だった。また、何らかの物理的な運動を通して様々な機能を果たしてきた。ピストンは上がり下がりした。錠前は開いて閉じた。ライフルは発火した。ミシンは布を押さえて縁を縫ったりかがったりした。自転車はよろめきながら小道を抜けていった。車は幹線道路を走った。ボールベアリングは回転した。列車は轟音とともにトンネルから出てきた。飛行機は空を飛んだ。望遠鏡は展開した。時計はカチカチと音を立てるか、ブーンと低い音を響かせた。そしてその秒針は正確に一秒ずつ前へ前へと進み、けっして戻ることはなかった。

するとコンピュータが登場し、それからパーソナルコンピュータ（パソコン）が、次いでスマートフォンが、さらにかつては想像すらできなかった最新のツール類が現われる。この慌ただしい技術革新とともに、過渡期が訪れた。最先端の精密さが自らを追い越し、純粋に機械的で物理的な世界を脱したのだ。そして、まるで見えない戸口をくぐり抜けたかのように、動きのない静かな宇宙へと足を

半導体チップのように限りなく小さいものを製造するには、巨大な装置を必要とする。写真は、ツインスキャン技術を用いたEUV露光装置「NXE：3350B」で、オランダのASML社が開発したもの。これ1台を組み立てるには、貨物機3機分の部品が必要になる。世界最大のチップメーカーであるインテルは、1台1億ドルもするこの手の装置を多数購入している。

踏み入れている。その宇宙では、鉄や油やベアリングや、潤滑剤やトラニオン（訳注 本体支持のため本体から左右に突き出た短軸のこと）や、パラダイムシフトをもたらした互換部品という概念が、電子と陽子と中性子に取って代わられている。また、その宇宙の構成要素は、強い光を放ったり、強烈な熱波を送ることはあっても、一つの部品が別の部品に対して物理的な意味で動くことはない。あらゆる構成要素を厳密に測定しなければならないような機械も存在しない。今や精密さは、原子に近いレベルでのみ意味と有用性をもつ段階に達したのだ。そうした精密さを必要とする装置はもはやほぼすべてがエレクトロニクス製品であり、以前とは異なる規則に従い、かつては考えてもみなかった仕事をすることができる。

　アリゾナに送られてくるのもその種の仕事をする装置で、組み立て終えて完成品になると狭いアパートの一室くらいのサイズになる。正式な名称は、ＥＵＶ露光装置「ＮＸＥ：３３５０Ｂ」だ。この装置を製造しているのは、一般にはあまり知られていないが重要きわまりないオランダの会社、ＡＳＭＬ社である。アリゾナから注文された装置は一台が一億ドルほどする。一五台を合計すれば約一五億ドルだ。

装置の買い手は、チャンドラーに巨大な施設をもつ企業である。その施設は特徴のない大きな建物が寄り集まってできていて、業界用語で「ファブ」と呼ばれるものだ（「fabrication plant（製造工場）」の略）。世界秩序が新しくなったのと足並みを揃えるように、金属製品をつくる「工場」はエレクトロニクス製品をつくる「ファブ」に置き換わりつつある。* この企業にとって一五億ドルなど高い買い物ではない。企業の正体は、創業五〇年のインテル社。現代のコンピュータ業界を支える屋台骨であり、目下の流動資産はゆうに一〇〇〇億ドルを超える。事業の中心となるのはマイクロプロセッサの製造だ。つまり、世界中のほぼすべてのコンピュータに搭載された頭脳の部分であり、それをつくるインテルのファブは世界中に点在している（チャンドラーのものは「ファブ42」と呼ばれる）。ＡＳＭＬ社製の巨大装置を使うと、ただマイクロプロセッサのチップが製造できるだけでなく、そこに膨大な数のトランジスタを詰め込むことができる。しかも、処理速度と性能の向上を求める現代のコンピュータ業界から、非現実的なまでの精密さと微細さを際限なく要求されても、それに応えるこ

＊　「ファンドリー（foundry）」も同様だ。元々は、一七世紀の粗雑な鋳物工場を指していた言葉である。それが今やじつに二一世紀的で、エレクトロニクスの繊細さをまとった言葉として使われている。「委託製造専門の半導体メーカー」という意味だ。

フェアチャイルドセミコンダクター社を経営していたゴードン・ムーア（左）は、1965年に一つの法則を提唱した。それは、集積回路の処理能力が18カ月ごとに2倍になるとの予測を述べたもので（のちに自ら慎重に下方修正して2年ごとに2倍としている）、今のところはまだ通用している。ただし、そろそろ限界に達しつつあるとの見方が大勢を占めている。

とができるのだ。

チップの製造と、それをつくる機械の製造という二つの仕事は、どのように行なわれているのか。それは、精密さに関する近年の物語のなかでも特筆すべきものであり、両者は複雑に絡み合っている。現在、インテルとＡＳＭＬを結び付けているテクノロジー*は極微のレベルで用いられるものであり、その公差は不合理なほど小さい。ほんの数十年前であっても、実現はおろか想像も及ばなかったレベルだ。おかげで精密さは、ほとんど信じがたい世界へと移行しつつある。だが、その世界を信じないわけにはいかない。なにしろ、現代人はその世界から多大な恩恵を被り、その生存を助けてもらっているといっても過言ではないからである。インテル社もＡＳＭＬ社も、その言い分にはすぐに頷くはずだ。

エレクトロニクスの世界に超精密を求める傾向を生んだ人間を一人名指しするなら、おそらくインテル創業者の一人ゴードン・ムーアだろう。ムーアはトランジスタをどんどん小さくして、一個のマイクロプロセッサ・チップ上に数百万個を、のちには数十億個を詰め込む方法を考案して莫大な富を築いた。マイクロプロセッサは、現在製造されている情報処理装置の心臓であり魂でもある。だが、ムーアの名を最も知らしめたのは、その予測だ（これは一九六五年に発表したもので、当時のムーアは三六歳の前途有望な若手経営者だった）。予測というのは、今後は一・五年ごとに重要な電子部品の大きさが半分に、そして計算速度と処理能力が二倍になるというものである。

この予測は同僚によってすぐに「ムーアの法則」と名付けられ、以来その修正版は「聖なる言葉」とみなされてきた。なぜなら、それがおおむね正しいことが確認されているからである。予測は不気味なまでに正確だったのだ。もっとも、ムーア自身が指摘しているように、その法則はコンピュータ業界の発展を客観的に述べたものというよりは、その発展を促す役目を果たしてきたといえる。というのも、半導体チップをつくっている昨今の企業は、ただムーアの法則を生かし続けたいがために、これ以上ないというほど小さくなっていく公差での製造に没頭しているように思えるからだ。

近年のエレクトロニクス関係の専門誌は、ムーアの法則が最初に広まってから三〇年、四〇年、五〇年経った今も、なおそれが通用することを指摘する記事に溢れている。そのことは、この新しいチップが、その新しいプロセッサが、あるいはあの新設計のマザーボードが示している、と。まるでム

＊　二社は相互依存の度合いを深めており、二〇一二年にはインテル社が四〇億ドルでＡＳＭＬ社の株式の一五パーセントを取得した。ＡＳＭＬの研究者がその資金を使って、さらに精密で経済的なマイクロプロセッサ製造装置を開発してくれるものと期待してのことである。

ーアが、知らず知らずのうちとはいえハーメルンの笛吹きめいた賢者となって、自らの予言を成就させるだけのために業界を先導し、もっと速く、もっと小さく、もっと性能の高い装置をつくらせてきたかのようだ。だが、じつは大勢の消費者が、そこまでしなくてもいいと思っている可能性は大いにある。そういう考え方は異端でラッダイト的かもしれないにせよ、どこかで落ち着くことを、穏やかな時間を、心の安らぎを得たいと消費者は願っているかもしれない。ムーアの法則に後れをとらないためだからといって、最新のｉＰｈｏｎｅや、最新・最速のマイクロプロセッサ搭載マシンを買わなくてはいけない気にさせられることを（マイクロプロセッサが何かもよくわかっていないのに）、喜ぶ者ばかりではないのではないだろうか。

いろいろな数字を見ると、すでに途方もない領域に突入している。今や地球上で作動しているトランジスタの数（約一五×一〇の一八乗＝一五 〇〇〇 〇〇〇 〇〇〇 〇〇〇 〇〇〇個）は、世界中の木の葉の枚数を合わせたよりも多い。二〇一五年に半導体メーカー大手四社が製造したトランジスタの数は、毎秒一四兆個だった。また、個々のトランジスタのサイズもほぼ原子レベルまで小さくなっている。

この最後の事実を考えると、いずれ物理学の不変の原理が働いて、自《おの》ずと事態の沈静化が図られていきそうな予感がする。従来型のエレクトロニクスは何らかの物理的な限界に到達しつつあるような、そんな様相を呈し始めていると指摘せざるを得ない。そしてムーアの法則は、この目まぐるしい五〇年のあいだ正確な予言であり続けたあとで、ついに停止するときが近付いているかに思えるのだ。だからといって、コンピュータ業界がまったく新しい後継テクノロジーを開発できなくなるわけではもちろんない。現にそうした動きは今まさに進行中である。その新テクノロジーにもムーアの法則が当てはまっていくのかどうかは、今後を待たねばならない。

ゴードン・ムーアは一九二九年に生まれた。父親はカリフォルニア州北部にあるサンマテオ郡の保安官だった。ムーアの職業人生で圧倒的な位置を占めることになるトランジスタは、その頃はまだ一人の男によって原型が構想されたばかりであり、ムーアがその人物と会うことはついぞなかった。その男、ユリウス・リリエンフェルトはドイツの物理学者で、一九二〇年代にライプツィヒからアメリカのマサチューセッツ州に移り住んだ。リリエンフェルトの頭にあったのは、まだまとまりも確信もないアイデアではあれ、完全に電子的な手法で電気が出入りできる仕組みを生み出すことである。つまり、当時「半導体」として知られていた物質を利用して、低電圧電流を通すような部品をつくることだ。そうした部品があれば、もっと遥かに強い電流を制御できるとともに、好きなように電流を流したり流さなかったり、あるいはそれを増幅したりすることもできる。しかも、そのすべてを機械的な可動部なしに、法外なコストもかけずにやってのけるのだ。

それまでその種の仕事ができたのはガラス管だけだった。だが、ガラスは壊れやすく費用もかかるうえ、(作動中は)非常に高温にもなる。いわゆる二極真空管や、のちの三極真空管である。リリエンフェルトが夢見たのはそれのソリッドステート(固体)版だ。いつの日かそれが誕生すれば真空管に取って代わることができ、結果的にエレクトロニクスは冷たく小さく、安価なものになる。リリエンフェルトはこのアイデアの特許を一九二五年にカナダで取得し、「電流を制御する方法と装置」の図も描いた。しかし、その構想は完全に概念だけのものだった。当時利用できる技術と材料では、とてもそんな装置をつくることはできない。ただリリエンフェルトがそうした着想を得、それを新たな原理として発表しただけだった。

時が流れても、そのアイデアが色褪せることはなかった。リリエンフェルトの構想が実を結ぶには二〇年を要したものの、実際に作動するトランジスタは本当に誕生し、若きムーアがカリフォルニアでサンノゼ州立大学に入った頃にはかなり開発が進んでいた。ムーアは有能な学生ではあったが、とりたてて天賦《てんぷ》の才に恵まれているようには見えなかった。

一九四七年のクリスマスの二日前、ベル研究所の三人の物理学者、ジョン・バーディーン、ウォルター・ブラッテン、ウィリアム・ショックレーが、使い物になる初めてのトランジスタを公表した(ショックレーは気難しい男で、後年には優生学を熱心に擁護して大きな非難を浴びることになる。日本本土上陸作戦を決行した場合の死者数をショックレーが冷徹に計算したことが、トルーマン大統領の考えを支持する方向に局面を変え、広島と長崎に原子爆弾が投下された)。三人はこの功績により、一九五六年のノーベル物理学賞を受賞する。ショックレーは講演のなかで、その発明をもとにすれば「現在では予測もできないような数々の発明がなされる可能性が高い」と述べた。だが、実際にどれほどまでのことになるかはわかっていなかったのである。

三人が考案したものにはまだ「トランジスタ(transistor)」という名前がついていなかった。その言葉が使われるようになるのは一年後のこと。「トランスファー(transfer=信号を伝える)」と「レジスタ(resistor=抵抗器)」という電気的特性を兼ね備えていることから、その二つの単語を合体させて生まれた。三人のトランジスタに使用されているのはワイヤと様々な部品、そして何より重要な半導体のゲルマニウムである。ゲルマニウムは銀色の軽金属元素で、それまではたいした価値があるとは考えられていなかった。この初めてのトランジスタは「小ささ」とは程遠い。現在、その原型がベル研

（左から右に）ジョン・バーディーン、ウィリアム・ショックレー、ウォルター・ブラッテン。3人は「トランジスタ効果」の発見により、1956年のノーベル物理学賞を共同受賞した。バーディーンは超電導に関する研究で1972年にも同賞を授与されている。ノーベル賞を2度獲ったのは、バーディーンを含め史上4人しかいない。

究所のベル型の容器に保存されているが、幼い子供の手いっぱいを占めるほどの大きさがある。

ところがものの数カ月で、トランジスタ効果を利用する装置は格段に小型化されるようになり、一九五〇年代の半ばには世界初のトランジスタラジオが発売された。また後年には、ガラスのコップを伏せたような形の部品から三本のワイヤ（一本は「ゲート」と呼ばれ、トランジスタにゲート電圧を導くためのもの、残りの二つはそれぞれ「ソース」と「ドレイン」といい、ゲート経由で電圧が加わったときのみ活躍する）が突き出したその姿が広く知られるようにもなっていく。

こうした初期のトランジスタは小さいながらも奇跡のような働きを見せはしたが、超小型と呼べるレベルにはとうてい達していなかった。超小型化が理論として可能になるのは、シリコン（ケイ素）ベースのトランジスタが一九五四年に開発されたことに加え、一九五九年に完全に平らなトランジスタ（これを「プレーナ型」という）が誕生したことが何より大きい。その頃にはすでに若きゴードン・ムーアもこの分野に足を踏み入れていた。

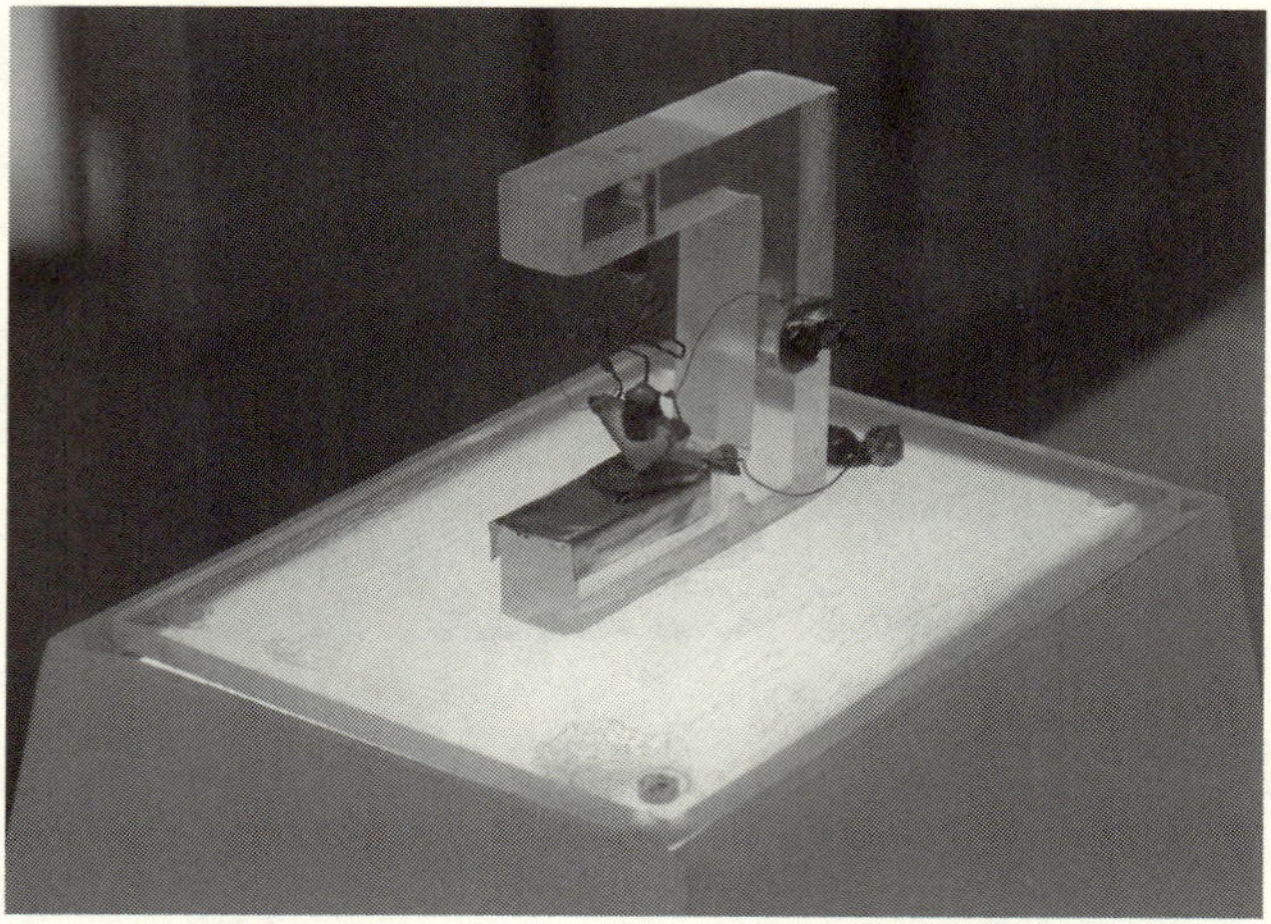

1947年のクリスマスの少し前に、ニュージャージー州のベル研究所で発明された最初のトランジスタ。20世紀の発明で、これほど大きな影響を及ぼしたものはほかにないといっていいだろう。精密さの物語においては、トランジスタの誕生は「動く機械」から「動かないエレクトロニクス」への移行を意味し、ニュートンがアインシュタインに道を譲った瞬間でもあった。

初めは、カリフォルニア大学バークレー校、カリフォルニア工科大学（カルテック）、ジョンズ・ホプキンズ大学と進みながら研究漬けの日々を送った。だが、その後は学術的な研究の世界を離れてビジネスの世界に入り、誕生まもない半導体産業でどんな事業ができるかを探り始めた。この転身の背後には、ウィリアム・ショックレーのたっての依頼がある。ショックレーは一九五六年にベル研究所を去って西へ向かい、カリフォルニア州パロアルトで自身のショックレー半導体研究所を立ち上げていた。研究所とはいうものの実際には半導体の開発・製造会社であり、自らが予言した「予測もできないような数々の発明」の第一号を模索することを目指していた。

この会社設立が、のちの「シリコンバレー」が築かれた瞬間といっていいだろう。当時はまだ完成していないとはいえ、来《きた》るべき半導体信仰の殿堂となる場所である。ショックレーはノーベル賞を受賞して研究者として高い評価を得ていたことから、自分の好きな人間を雇えるだけの財力があった。そこで、すぐにたぐい稀な科学者たちを集めた。ムーアを主任化学者として、ほかにも同じくらい優秀な若き物理学者や技術者を何人か迎え入れたのである。

　ショックレーはたちまち全員を激怒させた。専制君主のような態度をとり、物事を隠し立てするうえ、偏執狂的なふるまいもする（さらにはシリコン半導体の開発を打ち切るという不可解な決断を下しておいて、何の説明もしない）。最初に雇われたうちの八人は不満を爆発させ、一年もしないうちに会社を飛び出した。ショックレーがこれを裏切り行為と捉えたことから、のちにこのグループは「八人の反逆者」として知られるようになる。やがて八人は一九五七年に自分たちの会社を設立し、それがその後のすべてを変えることになる。この新興企業《スタートアップ》＊はフェアチャイルドセミコンダクター社という。この会社は、シリコンをベースにした数々の製品を生み出すとともに、それをどんどん小型化して、ついには強力な計算能力をその製品に与えた。同じ能力を一昔前に達成しようと思ったら、空調の効いたいくつもの部屋に巨大なマシンを並べる必要があっただろう。

　平らなプレーナ型のトランジスタを開発したことは、フェアチャイルド社の二大功績の一つといって間違いない。プレーナ技術が誕生したことで、トランジスタの小型化が急速に進んだ。また、ムー

＊　フェアチャイルド社（ショックレーのもとを離れた八人が五〇〇ドルずつ出しあって設立した）の時代にはまだ、「スタートアップ」という言葉は生まれていなかった。この言葉が認知され始めるのは、一九七〇年代に入ってからのことにすぎない。一九七六年にガレージで産声を上げたアップル・コンピュータ社が、スタートアップの典型例である。

アがかの有名な法則を発表することにもつながる。プレーナ技術を生み出した男は、名をジャン・アメデー・ホーニ（訳注　英語読みでジーン・ハーニーとも）といった。半導体産業という限られた世界以外では今やほぼ完全に忘れ去られているものの、ショックレーを捨ててフェアチャイルドに走った八人のうちの一人である。ホーニは理論物理学者で、スイスの銀行家の家系に生まれ、三二歳でフェアチャイルド社に加わった。ロッククライミングと登山を愛し、物事を深く考える人間でもあった。

ホーニの編み出した見事な技術により、トランジスタの製造法は一変する。それまではいわば機械的な作業でつくられていた。シリコン基板の表面を化学薬品で腐食させて（これをエッチングという）細い溝を刻み入れ、導体であるアルミニウムをその溝に接着させる。その後、不要部分を取り去って断面を見ると、凹凸が西部の砂漠によくあるメサ（訳注　頂上が平坦で、周囲が急傾斜した卓状地形）のような形になる（そのためこの種のトランジスタは「メサ型」と呼ばれる）。それを小さな金属製の容器に収め、そこから三本の脚（ワイヤ）を突き出させていた。

このタイプはまだ少し大きくて扱いにくい代物だった。当時はスプートニクの打ち上げが成功した直後とあって、アメリカの宇宙産業は超小型で信頼性が高く、安価なエレクトロニクス部品を切に求めていた。だが、フェアチャイルド社のメサ型トランジスタはあまり信頼性が高くなかった。エッチング工程のあとで、樹脂やハンダやほこりがわずかに残ってしまうのである。それが金属のケース内で動き回るために、トランジスタの作動にムラができたり、まったく働かなかったりした。もっと小型で完璧に機能するものが必要だった。

そのとき新しいアイデアを思いついたのが、気分屋で、一人を好み、妥協を許さないジャン・ホーニである。純粋なシリコン結晶の上に酸化シリコンの膜を形成し、それをトランジスタの不可欠な要素として（絶縁体として）用いるというものだ。凹凸もメサもないので、トランジスタが必要以上にかさばることがない。構想通りのものが生まれたら、メサ型より圧倒的に小型で信頼性の高いものになるとホーニは自信を見せた。それを証明するため、専門技術者に試作品をつくらせた。それは、ペンで書いた丸い点ほどの小ささで、直径が一ミリしかない。するとホーニは芝居がかった仕草でその上に唾を吐きかけ、人間がどんな不品行を働こうともその機能に何の支障もないことを実演してみせた。そのトランジスタは申し分なく作動したのである。超小型で、きちんと機能し、しかもほとんど破壊不能であるように思える。少なくとも、侮辱をものともしないのは確かだ。おまけに安価に製造できるので、たちまちこのプレーナ型がフェアチャイルド社の主力製品となる。

だが、業界を一変させたフェアチャイルド社の製品はもう一つあった。その製品は、会社のノートに四ページにわたって綴られた一つのアイデアをもとに誕生したものである。*アイデアを記したのは、やはりショックレーのもとを逃げ出したロバート・ノイス。ノイスが考えたのは、プレーナ型トラン

＊　フェアチャイルド社では、頭脳明晰な大勢の社員がそれぞれのオフィスに閉じこもり、自分のノートにアイデアを綴っていた。そこで会社の弁護士は、特許を取る価値のあるアイデアが生まれたときにそれが誰の功績かを明確にするために、ノートに記したアイデアはかならず証人として誰かに見てもらったうえで、その人に署名してもらうよう求めていた。たとえばロバート・ノイスは、プレーナ型トランジスタに関するホーニのノートの該当箇所に目を通し、証人としてサインをしている。ところが、一九五九年一月に書かれたノイスの四ページのメモについては、不思議なことに証人のサインがない。そのため、メモの中身である「集積回路」の概念がどうやって誕生したかについては、正式な合意が得られることはなかった。人の話を総合すればノイスであることに間違いはないのだが、公式かつ法的にはそう断言できないのである。

ジスタが現実のものになろうとしている今、本格的な電子回路のその他の要素（抵抗器、蓄電器《コンデンサ》、二極管《ダイオード》など）も平たくして、同じ酸化シリコン膜の上に載せられるのではないか、というものだ。いい換えれば、回路を集積できないか、である。

仮にそれが可能であって、すべての要素を超小型化することができるなら、そしてもっと重要なのはそれらをほぼ平らにできるなら、シリコン基板の上に写真のように回路を焼き付けることも不可能ではない。その際の原理は、写真の引き伸ばし機と同じである。

この暗室の引き伸ばし機の原理が、ノイスのアイデアの土台となった。通常の引き伸ばし機は、セルロイド（たとえばカメラの三五ミリフィルム）に映った小さな陰画をレンズで大きく拡大し、それを印画紙に焼き付ける。この同じ原理を逆転させればいい、とノイスはノートに綴っていた。まず、何か透明な媒体の上に一個の集積回路の大きな図を描く。それから、引き伸ばし機に似た装置を使って、ただし像を拡大するのではなく著《いちじる》しく縮小するようにレンズをつくり直したうえで、元の図を基板の酸化膜の上に印刷するというわけである。

この技術はフォトリソグラフィーと呼ばれ、同様の作業を行なえる装置もすでに存在していた。たとえば凸版印刷機がそうだ。ノイスのメモと同じ頃に、印刷業界ではポリマー製の版に切り替え始めていた。これは、鉛製の活字を手作業で集めるのではなく、印刷機でページに文字を打ち込む。それをフォトリソグラフィー装置に送ると、柔軟性のあるポリマーシートにそのページが再現されて出てくる。その際、すべての文字や記号が（活版印刷の時代には拾い間違いやすかったpとqも正しく）ポリマー版の表面よりも出っ張っている。したがって、それをたとえば平圧印刷機で紙に押し付ければ、古風な活版印刷と同じ外見と味わいを備えたページが刷り上がる。そういった装置を改造して、文学ではなく回路を、紙やポリマーではなくシリコン基板に印刷できるようにしたらどうか。ノイスはそう考えた。

それを実現するための具体的な作業は、恐ろしいほどに難しいことがわかる。印刷する像はどれもきわめて小さく、すべての作業が最小の公差と最大の精密さを要求する。初めのうちは、何度試してもほぼすべてが失敗に終わった。それでも、一九六〇年代の前半に何カ月もかけて取り組むうち、ノイスとムーア、そしてフェアチャイルド社のチームは、構成要素を集合させてそれらをプレーナ型にすることに成功した。つまり、すべてを平らにして体積を減らし、電力消費と熱放散を低減させ、それを平たい基板の上に配置して集積回路として発売したのである。

これこそが真に画期的な一歩だった。ユリウス・リリエンフェルトが一九二〇年代に初めてアイデアを思いつき、ベル研究所のショックレーとノーベル賞受賞チームが覚束《おぼつか》ない足取りながらも最初の一歩を踏み出した。それからホーニがプレーナ型トランジスタを考案し、内部を個々の要素としてではなく薄い層として配置できるようにした。そこからにわかに回路の微細化が可能になった結果、エレクトロニクス製品は速度と処理能力が向上の一途をたどり、同時にサイズが縮小され続けるものとなったのである。

集積回路内のトランジスタは、微弱な電力を加えるだけでスイッチのオン・オフをきわめて迅速に、絶え間なく実行することができる。新たに登場したこのおもちゃのような小さなシリコンが、コンピュータの製造に欠かせないものとなった。コンピュータがアナログ計算をする場合も、のちのようにデジタル計算をする場合も、その根本にあるのはトランジスタの「オンかオフか」という二つの状態である。トランジスタが十分な数だけあって、オン・オフを十分な速さで行なうことができれば、そのコンピュータは非常に高性能で、著しく高速で、魅惑的な低価格となる。要するに、集積回路ができれば、それは必然的にパーソナルコンピュータにつながり、ひいては数え切れないほどの電子機器を生むに至るわけだ。そうした機器の心臓部には、小型化と高速化を続ける回路があって、それを初めて構想・設計したのがフェアチャイルド社の優秀な研究者チームだったのである。

とはいえ、フェアチャイルド社は財務面で厳しい状況にあった。そこには、テキサスインスツルメンツ社*のような新興企業が参入してきたという理由が大きい。どれも、潤沢な資金や気前のいい親会社に恵まれている。創業者たちのなかでもとくに意欲に燃えたメンバーは、フェアチャイルド社の競争力のなさに業を煮やし、再び会社を去って自分たちの新会社を設立した。半導体の設計・製造だけに特化する企業である。ゴードン・ムーアとロバート・ノイス（「フェアチルドレン」と呼ばれた）が一九六八年に立ち上げたこの会社こそが、インテル社だ。

設立から三年後には、世界初のマイクロプロセッサ（いわばチップに載ったコンピュータ）の発売を正式に発表した。それがインテル４００４、かの有名な「よんまるまるよん」である。この新しい種類の技術に用いられた新しい種類の精密さを示すかのように、長さ二・五センチほどのマイクロプロセッサの奥深くには幅一二ミリの四角いシリコンが収められ、その上には二三〇〇個ものトランジスタからなる驚異の集積回路が刻まれていた。一九四七年、トランジスタは幼い子供の手いっぱいに載るほどの大きさがあった。二四年後の一九七一年、マイクロプロセッサ内のトランジスタは幅わずか一〇マイクロメートル。人間の髪の毛の太さの一〇分の一しかない。手から毛へ。「小型」は「微小」となったのである。世界に深甚な変化が訪れようとしていた。

当初のインテル４００４は、ビジコン社という日本の計算機メーカー向けにカスタムメイドで開発されたものだった。ビジコン社は財政難に陥っていて生産コストを下げる必要があったため、自社の計算機にマイクロプロセッサを導入してはどうかと考えてインテル社に打診したのだ。インテル社で語り継がれているところによれば、日本の古都・奈良のホテルの一室でブレーンストーミングの場を設けたとき、今はもうその名が残っていない一人の女性が計算機の基本的な内部構成を描いてみせたという。その図に促されるようにして、独自の新しい微細化技術をもつインテル社は、求められている小型の情報処理ユニットをつくることになったのである。

　くだんの計算機はやがて製造され、一九七一年一一月に発売された。製品の広告では、世界で初めての集積回路を使った卓上計算機を謳っている。その心臓部となる一枚の小さなチップには、部屋いっぱいを占めた伝説のＥＮＩＡＣ《エニアック》コンピュータ（訳注　一九四六年にペンシルベニア大学で開発された世界初の真空管式コンピュータ）と同じ処理能力があった。一年後、ビジコン社はインテル社に対し、チップの価格引き下げを依頼する。当時は一枚が約二五ドルだった。インテル社はそれを受け入れる代わりに、自社の発明品を開かれた市場で販売する権利を得たいと条件をつける。ビジコン社はその要求を渋々呑んだ。以後、４００４は、アメリカのゲーム機メーカーであるバリー社のコンピュータ制御ピンボールマシンに組み込まれた。ほかに、ＮＡＳＡ初の木星探査機〈パイオニア10号〉にも搭載され

＊　テキサスインスツルメンツ（ＴＩ）社も独自に集積回路をつくり出した。ただし、フェアチャイルド社のようなプレーナ型ではなく、もっとかさばるメサ型トランジスタだった。それでも、同社のジャック・キルビーがその功績を認められ、二〇〇〇年のノーベル物理学賞を受賞している。ロバート・ノイスはその一〇年前に鬼籍に入っていた。キルビーは受賞スピーチのなかで礼を尽くし、ライバル会社にいたとはいえノイスが集積回路の共同発明者であると認め、同じ賞に値すると述べた。

たといわれているが、これは間違いである。NASAは使用を検討しはしたものの、まだ新しすぎると判断した。結局はチップなしになった宇宙船は、一九七二年に打ち上げられてから三一年間漂いながら太陽系を進んでいき、やがて二〇〇三年、地球からおよそ一一三億キロ離れたところでついにバッテリーが切れた。

４００４の評判は広がり、インテル社は以後の主力事業をマイクロプロセッサの製造と定める。一・五年ごとにトランジスタの大きさは半分に、そして計算速度と処理能力は二倍になるというムーアの法則（最初に発表された一九六五年は、実際に初の４００４が誕生する六年前のことなので、ムーアの先見の明がうかがえる）に導かれるように、微小だったものは顕微鏡でないと見えないものへ、さらには普通の顕微鏡では確認できない極微のものへ、そしておそらくは原子のレベルへと移り変わっていくことになる。ムーアは４００４を設計する際の作業や困難さを目《ま》の当たりにして、自らの主張を「二年ごと」に下方修正した。その予言は、一九七一年以後今日に至るまでほぼ正確に成就してきている。

こうして、幾何級数的といいたくなるほどの微細化プロセスが進んでいき、マイクロプロセッサ・チップはますます小さく、そしてますます精密になっていった。チップの製造を決めたすべての会社（もちろんインテル社も含む）の会計担当者は、二つの明らかなメリットに気付く。一つは、チップが微細化されればされるほど製造コストが下がること。もう一つは、それにつれてチップの効率が高まることだ。つまり、電力消費が少なくて済み、操作の速度も上がる。したがって、操作する側も以前より安価にできるようになるわけだ。

小ささを好む業界（たとえば腕時計メーカー）は数あれど、小さいことを安いことと結び付けたところはほかにない。薄型の腕時計は、厚みのある腕時計より製造コストが遥かにかかるものだ。ところが、チップの製造には幾何級数的な要素が内在している。つまり、一本の線上に詰め込めるトランジスタの数は、それをチップ全体に読み換えると自動的に二乗されるため、個々のトランジスタの製造コストが下がるのだ。たとえばシリコンの線上に一〇〇〇個のトランジスタを置き、同様の線を並べて真四角のチップをつくったとすれば、大きな追加コストが必要ないままに一〇〇万個のトランジスタの載ったチップがつくれる。明白な不利益が見当たらないビジネスモデルだ。

チップの処理能力を測る尺度は「プロセスノード」と呼ばれる。ごく簡単にいうと、隣接した二個のトランジスタ間の距離のことだ。それがトランジスタからトランジスタへと電気インパルスが伝わる速度の目安になる。この数字を見て、回路の処理能力と速度を具体的にイメージできるのは半導体の専門家くらいだろう。業界の外から眺めている者にとっては、やはりチップ上のトランジスタ数のほうが遥かにわかりやすい。もっとも、そのトランジスタのうちかなりの数は、性能とは何の関係もない機能を果たしているのだが。

ノードの数字はほぼムーアの予測通りに小さくなっている。一九七一年、インテル4004上のトランジスタ間の距離は一〇マイクロメートルだった。霧粒の直径ほどしかない間隔で、基板上の二三〇〇個のトランジスタが隔てられていたわけである。一九八五年、インテル80386ではそれが一マイクロメートルにまで下がった。標準的な細菌の大きさである。その時点では、一般的なプロセッサには一〇〇万個以上のトランジスタが搭載されるまでになっていた。それでもなお、新世代のチップが登場するたびにその数は増えていき、トランジスタ間の距離は短くなっていく。一九九五年の「クラマス」、一九九九年の「カッパーマイン」、そして二一世紀最初の一五年間に誕生した「ウルフデール」「クラークデール」「アイビーブリッジ」「ブロードウェル」といった名前のプロセッサはどれも、終わりがないかに見える競争に加わってきた。

最近のマイクロプロセッサでは、ノードの単位がマイクロメートルではもはや価値がないも同然だ。単位はナノメートルでないと意味がない。これは一マイクロメートルの一〇〇〇分の一、一メートルの一〇億分の一である。二〇一五年に登場したブロードウェルのチップ群では、以前なら想像もできなかった一四ナノメートル（最も小型のウイルスのサイズ）という小ささにまでノードが短くなっている。チップに詰め込まれているトランジスタ数はじつに七〇億個だ。この文章を書いている時点で、インテル社が製造している「スカイレイク」チップのトランジスタは、可視光の波長の六〇分の一の幅しかない。これでは文字通り不可視である（４００４のトランジスタは、子供用の顕微鏡があれば簡単に見ることができた）。

現在開発中のチップともなればさらに驚きの数字を誇る。トランジスタの数はさらに増え、ノードは一段と小さくなり、そのすべてが一九六五年のムーアの法則が示した条件内に依然として収まる。ほぼ半世紀前に誕生した半導体チップ産業は、小さくすればするほど経済的になるというからくりにけしかけられるように、その法則を視野にしっかりと据え、それを達成し、あるいは上回るべく、この先も当面は全力を尽くしていくだろう。インテル社のある経営幹部は、自信に溢れた口調でかつてこう語った。二〇二〇年に登場するチップ上のトランジスタは、人間の脳のニューロンの数を超えてもおかしくない、と。それが何をもたらすことになるのかは、まったく予測がつかない。

二〇一八年にアリゾナ州チャンドラーのインテルのファブに届き始めた巨大な一五台の装置は、そ

ムーアの法則——集積回路チップ上のトランジスタ数（1971〜2016年）

ムーアの法則とは、集積回路上のトランジスタの数がおよそ2年ごとに2倍になるという、経験上の規則性を表わしたものである。こうした前進がなぜ重要かといえば、このテクノロジーの別の側面（処理速度やエレクトロニクス製品の価格）がムーアの法則と強い相関を示すからだ。

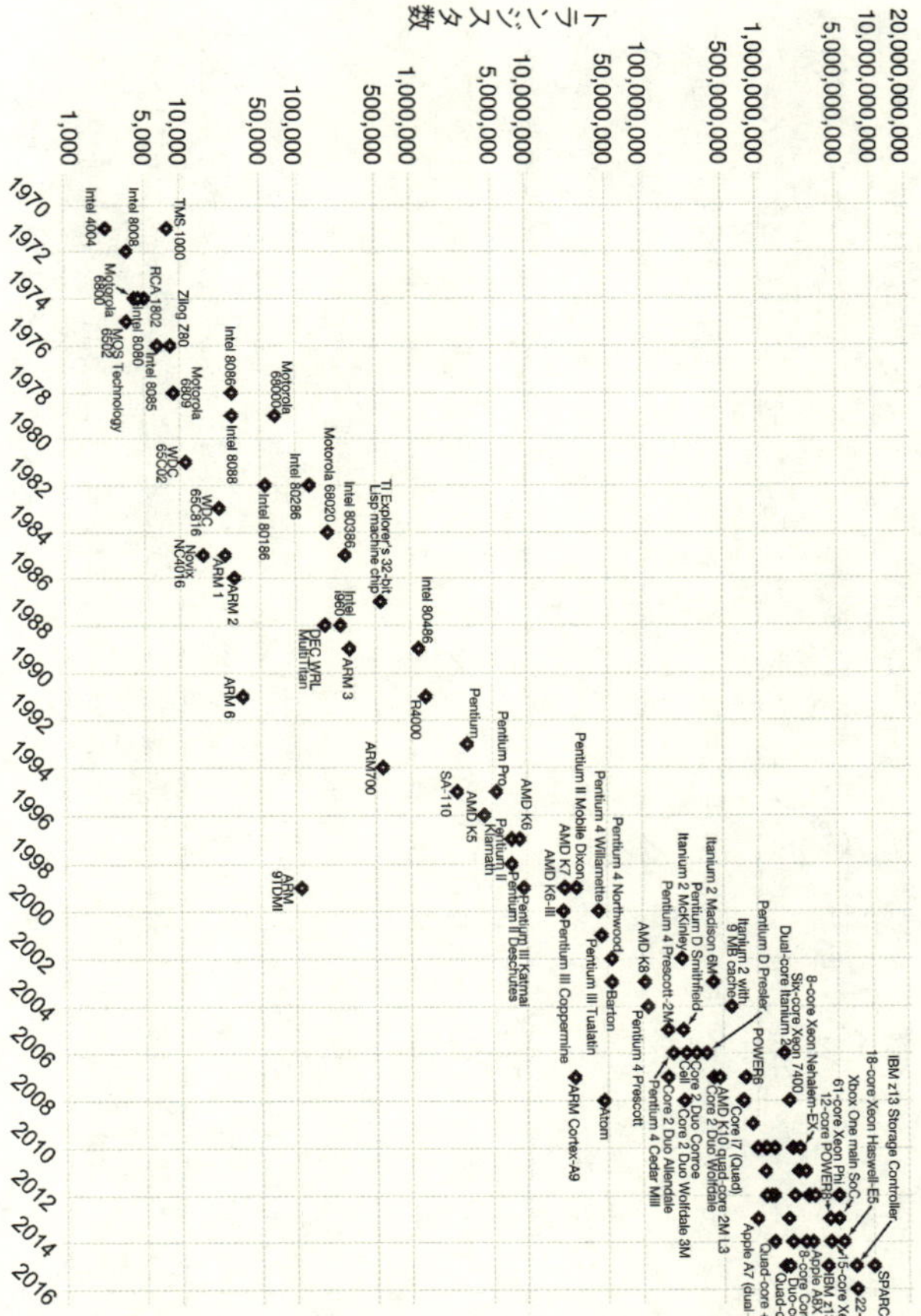

出発点となったインテル4004では、幅12ミリの銀色のシリコン基板上に2300個のトランジスタが搭載されていた。今や最新のチップでは100億個を超えるトランジスタが、もっと遥かに微細なチップ上に詰め込まれている。このグラフは、ムーアの法則の執拗なまでの正しさを示している。

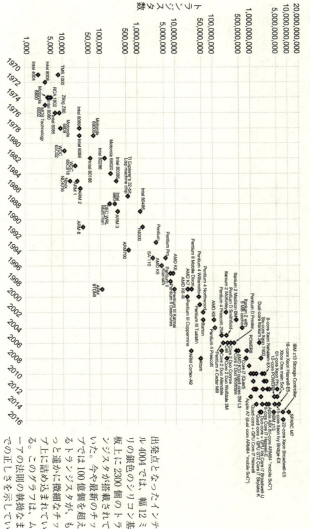

の目標を確かなものにするために用いられるものだ。装置の製造元であるオランダのＡＳＭＬ社は、元々の名前をＡＳＭリソグラフィ社といい、アドバンスト・セミコンダクター・マテリアルズ・インターナショナル社とフィリップス社（もともと電気カミソリや電球で有名だったオランダの会社）の合弁会社として一九八四年に設立された。照明とのつながりは重要だった。というのも、当時の集積回路では、チップ上の感光物質に強い光線を当ててパターンを焼き付けていたからである。のちには、トランジスタがますます微細化されるにつれて、レーザーなどの強烈な光源が用いられるようになった。

一枚のマイクロプロセッサ・チップを完成させるには全部で三カ月を要する。まず、溶融したシリコンの純粋な結晶を成長させて、重さ約一八〇キロの円筒形（非常にもろい）にする（これをインゴットという）。次に、細いワイヤーソーでインゴットをスライスして、ディナー用大皿くらいの大きさの薄片（これをウェーハという）に切り分ける。各ウェーハの厚みは約〇・七五ミリだ。続いて、化学物質と研磨機を使って各ウェーハの上表面を研磨し、鏡面仕上げをする。研磨の終わったウェーハはＡＳＭＬ社の露光装置にかけられ、長く単調な工程を経て使用可能なチップとなる。最後にそれぞれのウェーハは格子の線に沿って正確に切断され、一枚のウェーハから一〇〇〇個の四角いチップ（これをダイという）を切り出す。一個のダイには数十億個のトランジスタが詰め込まれ、それが現代の地球上にあるあらゆるコンピュータ、携帯電話、ビデオゲーム、ナビゲーションシステム、計算機、それから地球外にあるすべての衛星や宇宙船に搭載されることになる。

ダイを切り出す前の段階でウェーハに施す工程には、ほとんど想像を超えるレベルの微細化が必要だ。まず、トランジスタを集合したトランジスタ・アレイを設計し、融解石英製の透明なフォトマスクにそのパターンを慎重に描画する。次に、それを原版として、一連のレンズや長い鏡などでレーザー光線を反射させてそこに当て、さらにレンズを通して、最終的には元のパターンを高度に縮小したものをウェーハの正しい位置に露光する。こうして元のパターンが厳密に再現され、これを何度も繰り返す。

露光が完了したらウェーハを装置から外し、念入りな洗浄と乾燥を行なう。それから感光剤を塗布し、ウェーハを再び装置に戻す。そこで、さらなる極微小のパターンをレーザーで焼き付ける工程が繰り返され、パターンの描かれたごく薄い層（どの層も、どの層の一部も、複雑な電子回路の集合体である）が三〇枚、四〇枚、あるいは六〇枚もウェーハ上に重なっていく。最後の処理が終わってウェーハが装置から出てくるとき、まっさらなウェーハとして装置に入った三カ月前と厚みはほとんど変わらない。この装置はそれほど微細なレベルで作業をするのだ。

何より重要なのは清浄な環境をつくることである。レーザーでフォトマスクにパターンを描画しているときに、ごくごく小さなほこりのかけらがマスクの上に落ちたらどうなるか。たとえそのほこり粒子自体は可視光の波長より短くて人間の目には見えないとしても、その影が鏡やレンズを経由してウェーハ上に大きな黒いしみをつくる。そうなれば、チップになるはずだった何百枚もがだめになり、数千ドル相当の製品が永遠に失われる。だからこそ、ＡＳＭＬ社の箱型装置の内部は外界より数千倍も清浄である。

様々な製造プロセスの清浄さを測るのには、よく知られた国際基準がある。たとえば、メリーランド州にあるＮＡＳＡのゴダード宇宙飛行センターで、ジェームズ・ウェッブ宇宙望遠鏡の組み立てが行なわれたクリーンルームなどは、さぞクリーンだろうと思うかもしれない。ところが実際には「ISO7」という基準に準拠しているにすぎず、直径〇・五マイクロメートルの粒子が空気一立方メートルあたり三五万二〇〇〇個存在しても許される。一方、オランダのASML社施設内のクリーンルームは、それより圧倒的に清浄だ。遥かに過酷な「ISO1」の基準に従っているからである。その場合、わずか〇・一マイクロメートルの粒子ですら一〇個までしか漂ってはならず、それ以上大きいものは限りなくゼロに近い。人間が暮らしている通常の環境には、それより五〇〇万倍も汚れた空気や蒸気が満ちている。現代の集積回路の宇宙にはそこまでのことが求められているのだ。もはや精密さは完全に非現実的な、そしてほとんど信じがたい世界に達しつつあるように思える。

現在利用できる最新の露光装置を使うと、膨大な数のトランジスタが詰まったチップをつくることができる。一個の回路に七〇億個のトランジスタが搭載されているとすれば、チップの面積一平方ミリメートルあたりに一億個のトランジスタがひしめいていることになる。だが、こうした数字は警告のサインだ。間違いなく限界に達しつつある。一九七一年に始発駅を出発した列車は、ほぼ半世紀の旅を終えてまもなく荘厳な終着駅に着こうとしているのかもしれない。その可能性は時を追うごとに高まっている。なぜなら、トランジスタ間の距離がさらに短縮されれば、個々の原子の直径に急速に近付くからだ。そこまでになると、一個のトランジスタの何らかの特性（電気的、電子的、原子的、光子的、または量子関連の特性）が別のトランジスタの領域に漏出する現象が、遠からぬうちにかならず訪れるだろう。いわば、電気回路でいう「ショート」が起きるわけだ。火花も散らず、華々しさもないショートではあれ、誤発火であることに変わりはない。となれば、チップや、それを心臓部に抱えもつ電子機器の効率や有用性に影響が及ぶことになる。

ジェームズ・ウェッブ宇宙望遠鏡の主鏡。直径が約7メートルあり、地上約150万キロの高度に置かれる予定だ。これが稼働すれば、人類はこれまで以上に宇宙の彼方を覗き込めるようになり、宇宙が誕生した瞬間についての理解を深めることができる。

　このように、警鐘はすでに鳴らされている。それでも、筋金入りのチップ中毒（つまり、ムーアの法則を厳密に守って、その予言に一字一句たがわず従っていけば世界はより良い場所になると本気で信じている人たち）は、「もう一回、もう一回だけやってみよう」という言葉を呪文のように唱えている。もう一回、処理能力を二倍にしよう。もう一回、大きさを半分にしよう。この業界だけは「不可能」を語らず聞かず、顧《かえり》みないでいよう、と。だが、分子レベルの現実がまもなく新たな規則を課そうとしているかもしれない。その規則は、これまで通用してきたあらゆることと衝突する。そして、新しい規則を遵守するなら、コンピュータの世界ではもはや野心が役に立たない。手の届かないところにまで自らの守備範囲を広げたくても、その夢は叶えられなくなる。

チップ製造装置のメーカー（とくに、この産業に何十億ドルも注《つ》ぎ込んできて、それをどうしても無駄にしたくないオランダの企業）は、技術的に無理としか思えないメーカーの夢を実現すべく全力を傾けている。確かに彼らの新世代装置は、チップメーカーにさらなる小ささを追求させる能力があるように見える。可能だとも常識的だともいえそうにない世界にまで、手を伸ばさせる力があるかのようだ。

最新の露光装置はもはや可視光レーザーを使用しておらず、極端紫外線（ＥＵＶ）と呼ばれるものを用いている。波長は一三・五ナノメートルだ。ＥＵＶを使えば理論上、トランジスタを原子レベルの小ささにまで微細化することができる。採算が取れる範囲を保ちつつも、これ以上はないというぎりぎりの最先端をゆく超極微の精密さをなくすことなく。

とはいえ、ＥＵＶを扱うのはけっして簡単ではない。真空中のみを伝わる放射線だからだ。おまけにレンズで焦点に集めることができず、一般的な鏡で扱うこともできない。そのため、多層からなる「ブラッグ反射鏡」という高価な装置を使うしかない。そのうえ、ＥＵＶ光はプラズマから発生させる必要がある。プラズマとは、融けた金属が高温の気体となったもので、適切な金属に通常の高強度レーザーを照射して生成する。

あるアメリカ企業（のちにＡＳＭＬ社に買収された）は、この特殊なＥＵＶ光を発生させるための独自の方法を開発した。その手法を見て、ほとんど「狂気の沙汰」だと呆れる者もいた。それも無理はない。

まず、非常に純粋な金属のスズを熱して融かし、その高温の液体を真空室のなかにジェット噴流のようにしてほとばしらせる。すると、その流れは連続しているように見えながら、じつは毎秒五万個ものスズの液滴が移動している。その液滴に第一のレーザー光を当てると、液滴は一瞬パンケーキのように平たくなって表面積が大きくなる。そこへ第二の非常に強力な二酸化炭素レーザーを照射すれば、液滴は瞬時に超高温のプラズマとなって、目当ての極端紫外線を放つというわけだ（このとき「デブリ」と呼ばれる不要な汚染粒子も発生するので、それが固まらないように、適切な位置から水素ガスを噴出させて払いのける）。

この地獄のような環境で生まれたＥＵＶ光を、複雑なトランジスタ・アレイ（つまり超微細な集積回路）の描画されたフォトマスクに通す。それをブラッグ反射鏡の階段状の導波路に沿って移動させ（どの反射鏡も、恐ろしいまでの精密さで製作されている）、最後にシリコンウェーハ上に導いて、七マイクロメートルないし、場合によっては五マイクロメートルという公差で仕事を始めさせる。すべてが順調に進めば（この文章を書いている時点では進みそうに思えるが）、この奇怪な方法で製造された超複雑なチップの第一号が二〇一八年以降に発売されることになりそうだ（訳注　「ナノメートルＥＵＶチップ」などと呼ばれている次々世代ＧＰＵのこと）。そしてムーアの法則が、発表から五三年を経ても的を外していないことを再び証明するのである。

とはいえ、皆の疑問は「あとどれくらいそれが続くのか」だ。確かに、ＥＵＶ露光装置を使えば、法則はもうしばらくのあいだ命脈を保てるかもしれない。しかし、そうした装置もいずれ間違いなく全速力で限界にぶち当たり、停止せざるを得なくなる時がくる。つまりは早晩、万事休すになるのだ。スカイレイク・チップのトランジスタは、原子一〇〇個分程度の厚みしかない。トランジスタのスイッチがオン・オフになることで1と0を生み出すというのがコンピュータの原動力であり、それだけ薄くてもその作業は通常通りに行なえるだろう。しかし、そこまで微細な部品には原子がわずかな数しか含まれていない。となると、その1と0を記憶して使用するのがしだいに難しくなっていき、徐々に不安定さが増す。この限界を回避するための案はいくつかある。一つには、チップ自体を立体にすれば、「従来型」のチップからでもどうにかもう数バージョンはつくれるのではないか、という考え方だ。どうやって立体にするのかといえば、チップを縦に重ねて、超精密に並んだ極細のワイヤで接続するのだ。こうすれば、個々のトランジスタを小さくしなくても、チップあたりのトランジスタ数をしばらくは増やしていけるだろう。

別の素材、別の基本構成を用いる案もある。たとえば、「グラフェン」と呼ばれる不思議な物質を使ってチップをつくる話が出ている。グラフェンは原子一個分の厚みしかなく、純粋な炭素原子が平面状に結合してできている。ほかにもシリコンに代わる材料として、二硫化モリブデン、黒リン、リンとホウ素の化合物などが候補に挙げられている。それによってさらなる微細化を推し進め、求められる用途に何であれ応えようというのだ。また、量子コンピューティングという魅力的な方式が、次のステップとして盛んに喧伝されている。これは、一九二七年にヴェルナー・ハイゼンベルクが発表した不確定性原理にもあるような、亜原子世界の奇妙な曖昧さを利用して計算を行なおうとするものだ。

だが、これほど極微のレベルになると、確たる測定はしだいに困難になる。曖昧さが正確さに取って代わって、精密さはパラドックスの世界へと迷い込む。限界は意味をなさなくなり、量子に満ちた霧の中へと数字が消えていく。ただし、深刻に受け止めなくてはいけない数字もいくつかある。おそらくとりわけ重要なのが、いわゆる「プランク長」だ。これは、計算によって求められた固定の長さである。それより小さくなると古典的な時空の概念は消え失せ、物理的な大きさという考え方そのものが意味をもたなくなる。

プランク長には実際の数値がある。少なくとも、私たちの既知の宇宙における二つの確かな定数、つまり光速と万有引力定数が絶対不変だと信じるなら、そういうことになる。その数値は、一・六一六二二九（三八）×一〇のマイナス三五乗（〇・〇〇〇 〇〇〇 〇〇〇 〇〇〇 〇〇〇 〇〇〇 〇〇〇 〇〇〇 〇〇〇 〇〇〇 〇〇〇 〇一六 一六二二九（三八））メートル。水素原子の直径より小数点にして二七桁も小さい。長さがわかれば時間も割り出せる（やはり前述の二つの定数が絶対不変と信じるなら、だが）。実際に計算はなされ、一個の光子がプランク長を移動するのに要する時間（これをプランク時間という）は五・三九一 一六（一三）×一〇のマイナス四四乗秒とされている。

精密さの物語がまさしくめちゃくちゃになるのはこの時点だ。ある一点に達したら、それを超えて小さくなるのはまったく不可能になるのである。一部の国家計量標準機関や、世界の少数の精力的な国立研究所や大学の研究所では、原子の限界の向こうに多少なりとも入り込む技術の研究を進めている。たとえば「光スクイージング」と呼ばれる手法を用いると、原子レベルの寸法を実際にある程度測定（プランク長やプランク時間のような「計算」ではなく）できる。それでも、物事が測定不能になり、したがって製造不能になる限界が存在することに対してはほとんど異論がない。

ほぼ原子レベルの微細な世界に下りていくことには、証明された本物の限界があるとしても、反対側の領域についてはまだ可能性が残っている。そこでなら、超精密な装置や機器を完成させるのもけっして無謀なことではない。具体的にいうと、遠くを調べることに関しては、超精密な装置や機器をつくることに価値がある。ジェームズ・ウェッブ宇宙望遠鏡のように、宇宙の果てを覗き込む装置類を精密に仕上げるのだ。また、現代人の想像力を掻き立てるような大きな宇宙論的問題に取り組むことにも、有用性と意味がある。

このため現在では、最も厳しい精密工学の限界を試す作業が、ワシントン州とルイジアナ州にある（近々インド西部の平原にも設立予定の）ＬＩＧＯ《ライゴ》の巨大な計測器の建設を通して行なわれている。ＬＩＧＯの規模は集積回路とは正反対に、あらゆる意味でとてつもなく大きい。一方は数キロにわたって延び、もう一方はわずか数ナノメートルの幅を占める。それでも、製造の際に清浄さや厳密さが重んじられる点においてはどちらもほとんど同じだ。いや、辺境の地に位置することを思うと、ＬＩＧＯのほうがその度合いが際立っているかもしれない。ＬＩＧＯはその人里離れた土地から、宇宙に関する最も根本的で、最も古い謎の一つに取り組んでいる。

アインシュタインは一世紀あまり前、宇宙の遥か彼方で何らかの事象が生じれば、それが時空の素地をさざなみのように伝わってくるはずだと予言し、それを「重力波」と呼んだ。また、重力波が地球をかすめたり貫通したりすると、地球の形が変わるとも予想した。ＬＩＧＯの施設は、世界の形が本当にそのようにしてごくわずかに変化するのかどうか、そして変化したときにそれを測定できるのかどうかを確かめるために建設された。

それほど微々たる変化の存在を証明するには、巨大で超高感度の干渉計が必要である。そこで一九九〇年にLIGO（レーザー干渉計重力波観測所）が誕生した（もっと正確にいうなら予算が政府に承認された）。観測所内には、「人類がこれまで手掛けたなかで最も精密な物体」を標榜する機器類が設置されている。原子に近い微細さの限界を調べたりつくったりするだけでなく、外宇宙の茫漠たるスケールと果てしない彼方の物体を相手にする場合にも、究極の精密さが求められることをその機器類は物語っている。

古典的な干渉計では、波長が明らかになっている単色（たとえば赤色）の強力な光源を用いる。そしてレンズを通してその光をハーフミラーに当てる。ハーフミラーとは半透鏡ともいい、入ってきた光のちょうど半分を反射し、ちょうど半分を通過させるように加工されている。こうして二つに分割された赤色光は、それぞれに対して九〇度の角度を成す二本の通路（アーム）に沿って導かれ、突き当たりの鏡に反射してハーフミラーのところに戻ってくる。そこで二本の光線は再び合流し、重ね合わされて検出器に向かう。

二本の光線の長さがまったく同じであれば、再び合体した赤色光の丸い像は増幅され、分割される前と同じ明るさを示す。一方、二本の光線の長さが異なれば、互いを打ち消すように干渉しあい、検出器には年輪のような色の輪が現われる。それを観測・解析すれば、長さの違いがどれくらいかがわかるという仕組みだ。

一言でいえば、LIGOもこれと同じじつに単純な設計の干渉計であり、ただ規模が非常に大きいだけだ。その巨大な干渉計が、現在アメリカで二つ運用されている。一つはワシントン州中南部の乾いた大地の上に、もう一つはルイジアナ州南東部の緑豊かな森を縫って、それぞれが全長八キロのL

字型で横たわっている。干渉計を使ったことのある人なら、一目でそれが何かがわかるだろう。二本の長いアーム（ほぼ地下鉄のトンネルくらいの大きさで、先の見えない遥か彼方へと延びている）が合流するところには、大きな建物がある。おそらく中には光線を分割するハーフミラーが設置されているはずだ。付属する小ぶりの建物には一方に光源が、他方には検出器と解析装置が収められている。低木しか生えないアメリカ北西部の乾燥地帯にしても、ブナやモクレンの茂る南部の森にしても、外界の邪魔が入らない静かな場所であることをうかがわせる。長く真っ直ぐなアームがそれぞれの風景を切り裂いているさまは、まるでナスカの地上絵のようだ。なぜこんなものがここにという、強烈な場違い感を醸し出している。

ＬＩＧＯで行なわれている実験の目的は、その二本のアームの長さが一致しなくなるときがあるかどうかを確かめることにある。なぜなら、もしも長さが異なれば、たとえごくわずかな違いだとしても、それは重力波の通過によってもたらされた可能性があるからだ。

計測器類は二本のアームが接続するところに設置されている。工業レベルの複雑きわまりない大型装置や、エレクトロニクス機器が低い唸りを上げているわけだ。ここでは、エンジンオイルを用いる技術と、シリコンを用いるテクノロジーが見事に共存している。真空ポンプが空気を排出し、レーザー発生器はレーザー光を生み出し、サーボモーターはわずかな微調整を行なう。制御室のコンピュータは昼も夜も稼働し続け、鏡のあいだを毎秒何百回も行きつ戻りつするレーザー光線の競争からデータを得て、それを解析する。そのすべては、レーザーが駆け抜ける二本のトンネルの長さがときおり不一致を起こさないかという、かすかな望みに賭けるためだ。

そして、実際に二本の長さがずれる瞬間が二〇一五年九月一四日の月曜日に訪れた。アインシュタインがほぼ一世紀前に予言した現象を、科学者が初めて観測したのである。ルイジアナ州リビングストンの制御室でコンピュータがそれに気付いた。信号の変調に、ずれに、不一致に。検出したのはその日の朝五時五一分。ルイジアナの日の出の三〇分前であり、入り江のワニがまだ眠っている時分だ。リビングストンの観測者は疲れ切っていただろうが、この取り組みは「ＬＩＧＯ科学コラボレーション」と呼ばれる巨大な研究ネットワークを通じて進められている。だから、世界中の元気《げんき》潑剌《はつらつ》とした研究者たちも目を留めた。しかも、結果的に時差の関係でもっと早い時刻に。ワシントン州ハンフォードでは真夜中の三時五一分だったが、ライプニッツでは一二時五一分、デリーでは一七時二一分、東京では二〇時五一分、そしてメルボルンのモナシュ大学では二二時五一分である。

ほかにも、この分野に関わっている世界中の人々がこれに気付いた。突然の信号の増大がリビングストンで観測され、ハンフォードの検出器でもまったく同じことが起きたのだ。すべての検出器が作動中だったわけではない。両観測所は「工学運転」をしている最中だったからである。これは、一度に何カ月もかけて、システムの様々な構成要素が精密で正確かどうかを丹念にチェックするためのものだ。通常であれば（重力波の世界にどれほどの「通常」があるかは定かではないが）、観測者が目を光らせるのは正式な「観測運転」のあいだだけである。しかし、過去一三年間に何一つ見たり聞いたりできておらず（初期型のＬＩＧＯは一九九〇年代の後半に建設され、二〇〇二年から観測を開始した）、巨額の貴重な税金が注ぎ込まれてきたのに何も成果を示せていなかった。だから、当時の研究者たちのあいだには、静かな絶望ではないにせよ、少なくとも結果を求める思いがみなぎっていた。

そのため、ドイツの研究所にいた観測者から「ＥＲ（「工学運転」の略）８で非常に興味深い事象」と題した電子メールが送信されてきたとき、重力波の研究者たちは一斉に聞き耳を立て、それから懐

LIGOはアメリカに2カ所の観測所を運用している。一つはルイジアナ州。もう一つがこの写真（空から見たところ）で、ワシントン州南東部の荒地に位置している。第3の観測所がインド西部の乾燥地帯に建設予定である。

疑の嵐が巻き起こった。

そんなはずはない、と皆は考えた。装置は試運転中なのだから、ときに誤ったデータを発信してもおかしくはない。それに、重力波の観測においてはシステムの一環として、研究者に警戒態勢を取らせて正しく検証作業が行なわれるかを抜き打ちテストするために、人や装置が偽のデータを秘密裏に紛れ込ませる（これを「インジェクション」と呼ぶ）ことが行なわれていた。

数日が過ぎ、やがて数週間、数カ月と経つあいだ、世界中の研究者が質問を受けた。インジェクションを送った？否定する答えが続々と返ってくる。その間《かん》、アメリカの二つの観測所とその他の小規模な観測施設で得られた結果は何度も何度も精査され、技能と知識と知恵を高めてきた解析者や数学者によって解析が進められていった。その懐疑はしだいに消えていった。ＬＩＧＯの専門家たちは、語るべき物語を自分たちが手にしたことを知ったのである。そのうち、彼らは権威ある《フィジカル・レビュー・レターズ》誌に論文を発表し、その後の二〇一六年二月一一日、多数のメディアが詰めかけるなか首都ワシントンで記者会見を開いた。そして、科学界はもちろん、一般社会のかなりの部分にも衝撃を（少なくともどよめきを）与える発表を行なったのである。

記者会見ではまず、アメリカ国立科学財団（重力波観測の取り組み開始から四〇年のあいだ、一一億ドルを拠出するという財団史上最も高額なリスクを冒してきた）の理事長から丁重な前置きの言葉があったあと、ＬＩＧＯの当時の統括責任者だったカルテックのデヴィッド・ライツィが、同僚の理論物理学者キップ・ソーンを叔父のように隣に座らせて正式に発表した。これまでにつくられたなかで最も精密な計測機器を用いることにより、ついに重力波が発見された。より正確にいうなら、その存在が示された、と。

「私たちはやりました」とライツィは語り、会見場に拍手喝采が弾けた。天文学の新時代が幕をあけ、魔法にも似た宇宙の複雑さを暴《あば》くための新しい手段がもたらされたのである。しかもそれは平和的な新時代である。この発表の瞬間は、四〇〇年ほど前にガリレオが初めて望遠鏡を覗いたときに似ているとの声も聞かれた。喜びと誇りの涙がそこにあった。

ここに面白い皮肉がある。オランダのＡＳＭＬ社がつくった重さ一六〇トンの装置は、手の爪ほどしかないシリコンウェーハ上に七〇億個のトランジスタを搭載することができる。一方のＬＩＧＯの装置は、航空機の格納庫か鉄道の駅を思わせる広大な範囲に広がり、ある作家が「重力の囁き」と呼んだものを検出すべく設置された。その両方を間近で見たことのある人なら、その皮肉はすぐに見て取れるだろう。

何かというと、それぞれの装置類は、きわめて微細でかすかな原子や宇宙の世界を扱うものでありながら、どちらもヴィクトリア時代を彷彿させる壮大な設計と規模をもっているということだ。過去の大型機械と比べても遥かに大きい。精密さが曖昧な一歩を踏み出した頃に使われたような、蒸気や鉄や旋盤や、ネジや調速機やはずみ車や、絶えざる騒音や熱や振動が関わる機械とは比べ物にならない。かつての精密さは、小さな機械を用いて大きなものをつくり出していた。今や精密さは、巨大な装置を使用してきわめて小さなものを生み出したり観測したりするものになっている。

皮肉はそれだけに留まらない。

自らを精密と呼んだ初めての機械は、鉄の塊《かたまり》を中ぐりしてシリンダーをつくる工作機械だった。産業革命黎明期の一七七六年に、イングランド北西部の鉄職人ジョン・ウィルキンソンが、ジェームズ・ワットの蒸気機関のためだけに製作したものである。そして現代、ＬＩＧＯのデヴィッド・ライツィが会見で「これまでにつくられたなかで最も精密な計測機器」と呼んだものもまた円筒形である。それはウィルキンソンの筒と違って中空ではなく、融解石英製で重さ四〇キロの円筒形の鏡（テストマスと呼ばれる）だ。テストマスは、そこにぶつかる光子を三三〇万個中一個の割合でしか吸収しない（あとは反射する）ようにできている（訳注　光源が赤外線レーザーであるため、吸収しすぎると熱を帯びて鏡の形が変わり、精密な計測に支障を来《きた》すため）。石英は形づくられ、切断され、表面を完璧な平面になるまで研磨される。完成したテストマスは受け台に入れられ、太さ四〇〇マイクロメートルの石英繊維をより合わせたもので吊り下げられ、ガラスや金属や磁石やコイルの錘《おもり》でバランスをとっている。こうした仕組みがあるおかげで、二本のアームの端にあるテストマスに一瞬のうちにレーザーが二八〇回打ち当たり、アームの長さを測定することで重力波が通過したかどうかがわかる。この文章を書い

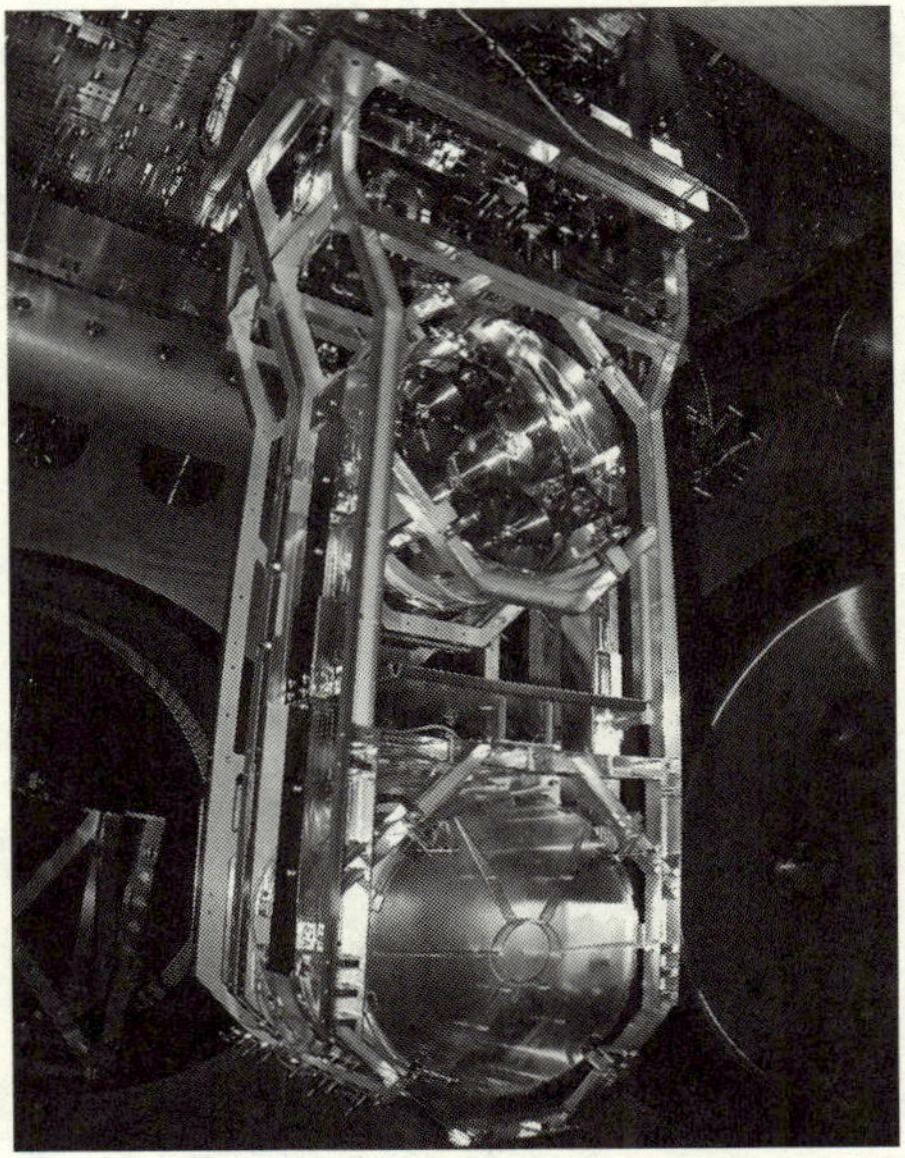

精密に製造されたLIGOの「テストマス」（複雑な減衰システムの中に吊り下げられた超精密な鏡）。融解石英製で、長さ４キロの完全に真空のアームの突き当たりに設置されている。照射された高強度レーザー光をテストマスが反射することにより、アームの長さの微々たる変化を検出し、それによって重力波が存在することを示せる。

ている時点で、重力波は四度観測されたことが発表されている（訳注　二〇一八年一二月三日の時点で、ブラックホールの衝突による重力波が一〇回、中性子星の合体による重力波が一回、合計一一回観測されたことが発表されている）。

ウィルキンソンのシリンダーがワットの蒸気機関のピストンと見事に嵌め合わされたとき、シリンダーの寸法の誤差は一シリング硬貨一枚分の厚みしかなかった。約二・五ミリである。これほどの精密さがかつて達成されたことはなかった。だがそれ以後、世界は一度も振り返ることなくひたすら前進していった。

それから二世紀半、ＬＩＧＯ

の技術者たちはやはりテストマスを円筒形にした。こちらの円筒は融解石英でできているのだが、石英とはいってみればきわめて純粋な砂である。ウィルキンソンが使った鉄と同様、文字通りの意味でも比喩的な意味でも基本的な物質だ。

ＬＩＧＯのテストマスは非常に厳密な手法で製造されているため、アームの長さの変化が陽子の直径の一万分の一であっても測定することができる。これがどれくらい小さいかといえば、太陽系から最も近い恒星であるケンタウルス座α星Ａまでの距離（四・三光年＝約四一兆キロ）が、人間の髪の毛一本の太さより小さな変化を起こしただけで検出できるのと同じなのだ。精密さはそこまでのレベルにきている。

第10章　絶妙なバランスの必要性について

第一級の知性をもっているかどうかは、対立する二つの考えを同時に心に抱きながら、それでも本来の活動に支障を来《きた》さずにいられるか否かで決まる。

——F・スコット・フィッツジェラルド『崩壊』（一九三六年）（荒地出版社）より

だがしかし。身の回りのごく普通の品々まで精密さの度合いを増す一方である現状を見ると（そしてそれが現代科学の真実を追求する者たちにとってはきわめて重要だとみなされていることを思うと）、哲学的な問いが次々と頭をよぎらずにはいられない。完璧さを求めることは、本当に現代人の健康と幸福に欠かせないものなのだろうか。私たちが生存するうえで必要不可欠な要素なのだろうか。近年の人間の生活と社会に精密さが忍び入っていることは、明らかに短所も伴っている。それでも、その短所を明確に上回るだけの利益を精密さはもたらしているだろうか。精密さを所有し、日常生活のなかで用いることによって、集団としての私たちの魂はより満ち足りて幸せになっただろうか。厳密さを際限なく高める必要があると教えてくれた先人たち（ウィルキンソン、ブラマー、モーズリー、ショックレーなど）を私たちは崇め敬い、彼らに感謝を捧げるべきなのだろうか。

疑問はこれだけに留まらない。世界のどこかの社会や国では、精密さの利点について少し違った見方を堅持し、それが望みを達成するための理想的な道だという考えに疑問を抱いているのではないか。精密さの対極にあるものにどうしても惹かれてしまう人たち、いい換えるなら、精密でないものにも心からの愛情を傾ける人たちがいるのではないか。精密さと不精密さという二つの概念を同時に大切にしながら、社会生活のあらゆるレベルで優れた能力を発揮できる人たちがいはしまいか。

私は、日本こそがまさにそういう場所だと思う。

日本は古来から今日《こんにち》に至るまで、厳格なまでに完璧さを重んじてきた。おそらく最も有名な例は京都に数ある古い寺社であり、まさに一分《いちぶ》の隙もない建築術の宝庫である。梁《はり》も切妻《きりづま》も、塔も木の門も、どれ一つとっても見事な設計と彫刻だ。それを手掛けた古代の人々は、永続させるためには完璧さが必要不可欠だと考えた。おかげでその遺産は今も残り、幸運にも目にする機会を得た者は畏怖の念に言葉を失う。

古代だけではなく現代でもそうだ。今の日本に対してほとんどの人が抱くイメージは、妥協なき正確な製品をつくる技術で世界を圧倒する国、そして精密さの代名詞ともいうべき国、というものである。レンズは完璧に研削・研磨され、カメラは並のメーカーでは太刀打ちできない公差で製造されている。エンジンや計測機器や、宇宙ロケットや機械式時計も、ほかの国々（とくにドイツとスイス）が羨む品質を備えている。日本国内ではさらに徹底している。あらゆる物事に精密さが行き渡っているのだ。なかでも、日々の鉄道運行の時間厳守ぶりはもはや伝説的なレベルに達している。二〇一七年後半には、急行電車が定刻より二〇秒早く発車したとして鉄道会社が謝罪したほどだ。ここまでになると、日本という国にとって精密さは一種の宗教だとも思えてくる。

しかも、京都の寺社が十分に示しているように、精密さを崇めるこの姿勢は今に始まったものではない。数世紀前の侍の刀は、多くの日本人にとって技術の粋《すい》を究めた逸品だ。そういう意味では、ニコン、キヤノン、セイコー、ミツトヨ、京セラといった会社がつくる近年の製品となんら変わりはない。だとすれば日本では、機械加工による現代的な正確さと、古《いにしえ》の職人の手仕事の両方ともが、最大級に尊ばれているのではないだろうか。

それを確かめるべく、私は東洋へ向かった。東京に着いたあとは、謎を探るために東北の二つの町に向けて出発した。東京駅近くのホテルに一泊し、翌日二本の電車を乗り継いで本州の田園地帯を目指す。最初の目的地は、地方の大都市である盛岡の郊外にあるセイコー社の腕時計工場。そこで何らかの答えが得られるのではないかと私は睨んでいた。

盛岡市は日本の北部にある都市である。いかにも火山然とした岩手山の裾野に広がり、人口約三〇万人が暮らす。市の中心となる駅には土産物店があって、この地方で最も大切にされている品物が買える。丸く膨らんだ鋳鉄製の「鉄瓶」だ。地元の鋳物師たちは何百年も前からこの生活用品をつくってきた。美が日常のありふれたものに（少なくとも日本では）宿ることを思い出させてくれる。

現代の日本人の大半は、最新テクノロジーによる高精密な驚異の世界に浸りきっている。よく知られた例は光り輝く超特急だ。非の打ちどころなく製造されていてなめらかに走り、静かで速くて安全で信頼性が高い。しかも判で押したように定刻通りに運行されている。その一方で、かなり多くの人々が伝統工芸に敬意を払い、そのことに対する誇りを言葉や態度で表わす。傍《はた》から見たらどれほど平凡で不完全に思えても、古典的な美しさに溢れた品物をつくったり、売ったり買ったり、あるいは集めたり、ただ単にそれを選んで自分のものにしたりする人に強い憧れを抱いているのだ。盛岡で手づくりされている鉄瓶にしても、その品質とデザインは全国に知れ渡っている。それを買ってきた人を見たら誰もが褒めるし、その人がどこに行ってきたかもたちどころにわかる。

だが、鉄瓶は過去から受け継がれてきた品だ。最近の盛岡市はもっと現代的な製品で知られている。その製品には、手づくりの鉄瓶と正確な鉄道が共存しているのと同じように、たぐい稀な品質を重んじる日本の興味深い二面性が現われている。何かというと、一九七〇年以来、セイコーの腕時計製造拠点が盛岡に置かれているのだ（訳注　正確には、盛岡セイコー工業株式会社は岩手県岩手郡雫石《しずくいし》町にある）。製品に対するこの会社の努力と姿勢にも二面性が存在する。それを目の当《ま》たりにしたければ、工場のメインとなる建物の二階に上がり、簡素な壁を挟んだ両端を見てみればいい。

会社創業の神話はじつに魅力的なものである。創業者の服部金太郎は、一九世紀後半に東京の中心部で生まれた。幼い頃、国家は急速に深甚《しんじん》な変化を遂げつつあった。その結果として服部自身も、まったく異なる二種類の生活様式と習慣の影響を受けることになる。服部が生まれた一八六〇年、のちに明治天皇となる睦仁《むつひと》*はまだおぼろげな存在で、遥か彼方の京都で俗世から隔離されていた。天下は依然として、当時は「江戸」と呼ばれた日本の首都から幕府が治めていた。ところが、服部少年が八歳のときに日本は一変し、つまずきながらも近代化への道を歩み始める。最後の将軍は政権返上を余儀なくされ、天皇は「東京」と改名した東の都に移り、いたるところで改革と近代化が進められた

（近代化とは、少なくともしばらくのあいだは西洋化を意味することが多かった）。

そうした改革の一つに、十代になった服部の心をとりわけ惹き付けるものがあった。時の経過である。少年は時計に並々ならぬ興味を抱いていたが、当時の日本にとってそれはきわめて複雑なテーマだった。というのも、それまでの日本の時法は一風変わったものだったからである。時計職人は、日本を訪れたイエズス会士から機械式時計製作のいろはを学んでいたものの、時間を記録するうえでの日本独特のやり方には聖職者たちも閉口した。なぜなら、かつての日本では一時間の長さが一定ではなかったからである。時を告げる鐘は、西洋人の感覚からすると乱れているとしかいいようがない。日没には鐘が六回打ち、真夜中には九回、それから八回、暁前《あかつきまえ》に七回、といった具合なのだ。季節によっても時間の長さが変動するので、時計の内部には少なくとも二種類の機構を組み込み、数枚の文字盤を備える必要があった。旧来の時法に西洋式が入り込み始めると、最大で六面をもつ時計まで登場している。新しい定時法を使いたい改革主義者と、古い不定時法で時を知りたい人々の両方に対応するためだ。若き服部は一八七三年から銀座の時計店に丁稚奉公《でっちぼうこう》に出た。こうして、一定しない正確さと、新旧二つのシステムのぶつかり合いという動乱のなかに身を投じたことが、当時は想像も及ばなかったほどのちの人生に役立つことになる。

一八八一年、それまでの貯えと実家からの多少の援助をもとに、服部は時計と宝飾品を扱う店を京

＊　天皇の名は生前にしか使われない。死後にはその天皇が治めた時代の名称で呼ばれるため、睦仁は「明治天皇」と称されるようになった。同様に、嘉仁《よしひと》は「大正」に、裕仁《ひろひと》は「昭和」となり、本書執筆時点での天皇である明仁《あきひと》もいずれは「平成天皇」となる。

橋に開業した。服部時計店である。さほど遠からぬ場所には、まだ新しい新橋駅がある。日本で初めて鉄道が開通したのは一八七二年。イギリスの技術援助を受けて新橋・横浜間を結ぶもので、一日九本が運行された。日本は西洋式の時刻表示も導入し始めていた。服部が店を開くと、嬉しいことにほぼその日のうちに和時計の修理を持ち込む客が来た。だが、やがて服部は西洋式の（一二時間と六〇秒を表示する）時計や懐中時計を売ることのほうにもっと大きな喜びを感じるようになる。そして、若い時計職人にとって幸運だったことに、それがにわかに大流行となった。まだ世間全体が豊かだとはいえなかったかもしれないが、東京に住む中流階級なら懐中時計を買うくらいの余裕はたいていあった。実業家もほとんどは着物ではなく洋服を身につけ始める。江戸時代の古い習慣に敢えて逆らうことへの満足感も手伝って、チョッキのポケットから懐中時計を取り出して西洋式に時を告げることを好んでいたのである。

服部時計店は繁盛した。四年と経たないうちに、スイス製やドイツ製の最高級時計を輸入するようになる。数年後には自ら時計を製造する会社を立ち上げ、「精工舎《せいこうしゃ》」と名付けた。「精巧な工作をする家」とでも訳そうか。慎重な設備投資と、ゆっくりながらも着実な拡大の結果（さらには垂直統合という事業理念を堅持し、部品や原材料の供給業者のほとんどを一社で所有または統括することによって）、服部は我が世の春を謳歌したといっていいだろう。

その成功物語には息を呑むものがある。服部は、およそ二世紀前にニューイングランド地方で実現された「互換部品」の概念を用い、アメリカ式の時計量産工場を建てた。一九〇九年の時点では垂直統合の考え方をさらに推し進め、あらゆる時計のあらゆる部品を自社の所有する会社でつくるようになった。それは今日まで続いている。二〇世紀が幕をあける頃、精工舎は国内最大の時計量産メーカーとなっており、主に中国向けに掛け時計の輸出も始めていた。置き時計・掛け時計のあとは、いよいよ懐中時計を量産する体制の確立である。懐中時計シリーズのなかでもとくに有名なのが、一九一〇年に発売された「エンパイア」だ。今にして思えば、このネーミングを不吉な予兆だったと見る向きもあるかもしれない（訳注　「エンパイア（Empire）」とは「帝国」の意）。一九一三年には、もっと罪のない響きの「ローレル」（訳注　「月桂樹」の意）が登場する。これは会社初の腕時計であり（訳注　初の国産腕時計でもあった）、兵士にとってもありがたい道具となった。塹壕から一斉出撃する際のタイミングを計れるからである。

服部は、東京のショッピング街である銀座に大きな建物を構え、小売り部門の本店兼ショールームとして自社の製品を展示した。その建物は、おそらくは日本で初めての時計塔を備えたものだった（訳注　実際には明治初期から時計塔は建てられていた）。通行人が時計を見上げ、時刻を確認するたびに「服部時計店」の文字を目にする。そうなれば、大きな宣伝効果があると服部は踏んだのである。

しかし、東京の多くの地域がそうだったように、この立派な建物も一九二三年の関東大震災（とその後の火災）によって破壊し尽くされた。これを受けて、服部はただ単に再建に取り組んだだけではなかった。現セイコー社の幹部によれば、顧客から修理で預かっていながら焼けてしまった一五〇〇個の懐中時計すべてについて、同等の新品と取り替える決断を下したのだ。東京の東部にある「セイコーミュージアム」では、金属がくっつき合ったような塊《かたまり》の画像を見ることができ、それは修理中だった懐中時計が融けて固まったものとされている。すべて無償で交換したという。再建なったセイコーの本店建物は、今も銀座の最も賑やかな地区に建っている。持ち主はとうに高級小売店に替わったとはいえ、地域の顔の一つである時計塔は鮮やかな照明に映え、「ＳＥＩＫＯ」の名前を表示し続

「セイコー（精工）」とは日本語で「精巧な工作」を意味し、「精密」と訳される場合もある。1960年代に世界初のクオーツ腕時計を実用化したのがこの会社である。20世紀前半に建造された同社の建物の一つは時計塔を備えていて、今は高級小売店として銀座の顔の一つとなっている。この時計はGPS電波修正方式を採用しており、下を通る大勢の通勤者や買い物客に正確な時刻を提供している。

けるという永久契約が交わされている。初めは短期間ながら「精工舎」の文字が、その後は「服部時計店」の文字があったが、以後は「ＳＥＩＫＯ」で十分だとみなされた。

関東大震災の数年後、セイコーの懐中時計は正式な「鉄道時計」として認定された。あの羨ましいほどに時間厳守の、広大な鉄道網である。銀座地区や周辺部では、優雅な和光本館ビル（向かって左にはグッチ、右の先には真珠で有名なミキモト）にそびえる時計に今なお腕時計の時刻が合わせられていることを思うと、現在の日本のすべてがセイコーの時間で走っているといっても過言ではないだろう。「精工」という名前から多くの日本人が「精密さ」をイメージするのも無理からぬことだ。なんといっても、これ以上精密な国はどこを探しても絶対にあるはずがないのだから。

それでいて、二面性は確かに残っている。言葉にはされないものの、日本人の精神の奥深くには二つの対立する考え方が潜んでいるようだ。一方では、完璧を求める現代ならではの必要性を理解しつつも、他方では、断ち切りがたい愛着を不完全なものに対して抱いている。だから、それぞれを社会がどれくらい重視しているかについて、穏やかな議論が交わされることもある。日本語には、自然で粗削《あらけず》りで、機械加工に依存しないものを好むことを表わす言葉がある。「わび・さび」だ。非対称なものや無骨なもの、あるいは儚《はかな》いものに対して、的確で完全で精密なものに対するのと同じくらい重きを置く美意識のことである。私が東京から北に向かったのは、まさしくその点をもっと深く探りたかったからだ。精密さ自体が公益に適《かな》うものなのか、それとも第三の道ともいうべきものが存在するのかを確かめるために。

とくにセイコーの社内では、この穏やかな対立が完全に表面化した。そのきっかけとなったのが、同社の（というより二〇世紀の世界におけるといってもいい）偉大なる発明品の一つ。一九六九年のクリスマスの日に発売された世界初のクオーツ式電子腕時計「アストロン」が、この対立を白日のもとにさらしたのである。

クオーツとは水晶（石英の結晶）のことであり、電場に置くと一定の周波数で振動する性質をもつ。

一秒間に何回振動するかも明確にわかっているので、この性質を利用すれば時の経過をきわめて正確に表示することができる。現に、一九世紀後半にこの現象が発見されたのち、一九二〇年代前半には水晶振動子（水晶片に電極を取り付けた発振器）が開発され、同じく二〇年代後半にはそれを用いた時計も製作されていた。ただし、当時のその種の時計は、電話ボックス大の箱に収めなければならなかった。

ところがセイコーは、一九五〇年代からクオーツ技術をひそかに研究していた。一九五八年には放送局用の水晶発振式時計を開発して納入に漕《こ》ぎ着けたものの、それは大型ロッカーほどの大きさがあった。だがその後、「59A」というあまり夢のないコードネームのもとに、小型化を進めるプロジェクトを立ち上げた。そして一九六〇年代の初めには、初代新幹線の運転台に搭載できるほどの小型化に成功する。一九六四年に開催された東京オリンピックでは、セイコーが公式時計を提供する契約を勝ち取った。その頃にはセイコーの技術者たちのあいだで、腕時計に収まるサイズのクオーツ機構を早晩つくれるようになるとの確信が高まっていた。そして、実際にその通りのことがオリンピックの五年後に起きる。「アストロン」の誕生だ。文字盤は目に心地よいレトロなアナログ式でありながら、中身は歯車もゼンマイもない電子式だ。この時計は、期待されるすべてを備えていた。壊れにくく、衝撃や熱や水に強く、人間わざとも思われない正確さをもつ。しばらくのあいだは、それまでにつくられた時計のなかで最高の精密さを誇っていた。

先ほど「衝撃」といったのは、純粋に物理的な意味のみである。だが、この発売によって世界中の腕時計メーカーのあいだに経済的・社会的な衝撃が駆け巡った。五年と経たないうちに、スイスの腕時計産業は壊滅寸前までいく。毎日時刻を合わせなければいけないような重くてカチカチうるさい腕時計を、突如として誰も買いたがらなくなったようなのだ。その代わりに、ゼンマイを巻く必要がなく、それまでは研究所にしかなかったような正確さが手に入る。一九六九年のクオーツ革命（クオーツショックやクオーツ危機と呼んでもいいかもしれない）が起きる前、スイスには約一六〇〇軒の腕時計工房があった。一九七〇年代が終わる頃にはその数はわずか六〇〇ほどに減り、この仕事に従事する人の数も四分の一になっていた。

しかし、セイコーは自社の発明に関して特許を取得することができなかった。同社の研究者であっても、クオーツ時計の機構は生みの親が大勢いることを躊躇《ちゅうちょ》なく認めただろう。特許として囲い込まずに、打撃を受けた他社が巻き返しを図れるようにすることに、セイコーは特段の不満を抱いていなかった。そして実際に巻き返しは起きる。一九八三年の発売とともに「スウォッチ」ブームが始まると、スイスは咆哮とともに息を吹き返した。だが、その頃のセイコーはすでに業界内に確たる地位を築き、恐ろしいペースでクオーツ腕時計を量産して凄まじい利益を上げていた。

このことが会社の経営陣（当時はまだ服部金太郎の子孫が社長を務めていた）に「良心の呵責」ともいうべきものをもたらす。時計づくりの技を重んじる企業理念にそぐわないとの思いが芽生えたためだ。

二つの価値観による板挟みは、この時計メーカー一社のなかにありありと現われただけでなく、日本全体に関わる問題でもある。ＬＩＧＯからシアトルの空港まで乾いた大地を延々と車で走っていたときに、私の頭に浮かんだ哲学的な問い。それに答える手がかりは、このジレンマについて考えることで得られるように思う。

その問いとは、広く世界を眺めたときに、じつのところ物事が精密になりすぎてはいまいか、とい

セイコーのクオーツ腕時計は正確さと手頃な価格で知られ、製造拠点である盛岡工場のロボット組立ラインで毎日2万5000個あまりが生産されている。

うことだ。物理的な正確さにのみ邁進する今日の風潮のせいで、人間のありようにおける大切な何かが、精密さとはまったく異なる何かが覆い隠され、結果的に消えるに任されているのではないだろうか。

盛岡工場を訪ねたのは初秋のことだった。ここはセイコーの腕時計製造の拠点である。当日は雨が降っていて、いつもなら見事な眺めを誇るはずの岩手山は低い雲に覆われていた。上級幹部の一人が東京からの電車に同行してくれ、天候のことを詫びた。私は東京でサウナに入ったあとだったので、まったく爽快だと答えた。工場は盛岡の町からかなり西の竹林の中にあり、霧雨の涼しい風を受けて木々が雫をしたたらせている。細い小道が誘うように霧の中に消えていた。

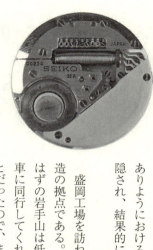

工場は近代的で、簡素で飾り気がなく、静謐《せいひつ》な空気に包まれていた。一階の受付ロビーでも、説明のために連れていかれたいろいろな部屋でも、すべて異様なまでに静かである。まるで実際はその日が休日で、皆は私と話をするためだけに出社してきたかのように。

だが、妙な心配は無用だった。二階に上がり、実際に腕時計が製造されている場所に来ると、人と機械が溢れていた。それでも非常に静穏なのである。耳栓やマスクが必要な部屋は一つとしてなく、どこを見ても静けさと清潔さと、効率の良さというイメージが支配している。工業製品の製造施設というよりはどこかの学院のようであり、工場という卑俗なものよりは、腕時計製造という宗教の殿堂というのに近かった。

四人の案内役がまず私を連れていったのは、工場の電子的なほうの部門である。クオーツ腕時計の製造工程を見学するためだ。長い廊下に大きな嵌め殺し窓が付いていて、見学者はそこから生産ラインを眺めることができる。ラインはすべて人の腰の高さで、ロボットが部品を組み立てていた。ライン自体は倉庫大の部屋の中をヘビのように曲がりくねっており、部屋内の場所によって異なる腕時計モデルをつくっている。とはいえ、製造のプロセスは基本的に同じだ。投入口に入れられた部品がレール上に置かれていて、必要とされるまさにその瞬間に組立ライン上に送られる。まるで、動く線路上に車両を載せていくかのようだ。未加工のブランク上にその部品が置かれたことを重量センサーが感知すると、ラインのあちらこちらに配置された工具が細かい作業を行ない、個々の部品を時計内の正確な位置に固定する。一個めの部品が取り付けられたらブランクは次の地点に進み、二個め、三個めと、どんどん部品が足されていく。延々とヘビのように連なる機械類を監視するのは、複数の若い男女だ。白い作業着を身につけ（部屋は可能な限りほこりのない状態に保たれている）、こちらの装置を調整しては、あちらの装置に潤滑油を一滴。そうしてたびたび少し腰をかがめながら、けっして止まることのないラインの世話をしている。

組立ラインは昼も夜も休みなく動き続ける。セイコーが築いてきた巨大な輸出市場の飽くなき需要を満たすため、毎時一〇〇〇個あまりの腕時計がつくられ、それは今や会社の利益の最も大きな部分を占めている。組立ラインを一望していると、まるで部屋いっぱいに配置された大きな鉄道模型を眺めているような気分になった。数々の機械がいろいろな音を立てながら切断し、プレスし、加熱し、刻み目を付け、穴をあけ、バリ（訳注　形からはみ出た部分のこと）を取り除き、ネジを締め、機構に盤面を固定し、文字盤の上にガラスを嵌め、かん穴《あな》にバンドをとりつけ、完成した時計を箱に入れる。そのさまには確かに目を奪われるものがあった。しかし本音をいえば、本当に時計をつくっているようには見えなかったのも事実である。たぶん案内役たちは私の浮かぬ顔に気付いたのだろう。一人が微笑みながらこう告げた。「この次の壁の向こうに、ご覧になりたいものがありますよ」

一九六〇年、まだセイコーが機械式腕時計だけを製造していた頃、腕時計の最上位モデルとして「グランドセイコー」をつくった。この時計は厳密な基準に沿って手作業で製作され、古風な趣《おもむき》がある。わざとレトロに見せているわけではなく、設計した人々が昔かたぎの人たちだったのだ。グランドセイコーはよく売れ、いささか偉そうなスイスの認証団体からもありとあらゆる認定書を授与された。とはいえ海外で販売されることはなく、日本以外ではほとんど無名のままだった。

その後、例の革命が起きる。一九六九年にセイコーが世界初のクオーツ腕時計を生み出し、アストロンとその後継機種を総力を挙げて生産し始めたのだ。それがすぐさま成功を収めたために、セイコーはいってみれば自縄自縛《じじようじばく》になった。機械式時計のグランドセイコーはたちまちお払い箱になる。高価だったというのが一つ。もう一つは正確さだ。クオーツ腕時計が一年に数秒しか狂わないのに対し、機械式時計は遥かに高額にもかかわらず、一日に五秒ずれなければ幸運なほうである。日本中が、そしてセイコーの社内全体が、グランドセイコーへの興味を急速に失った。売上は落ち込み、生産は打ち切られ、この時計を何年も手掛けてきた年配の男女は解雇され、とうとう一九七八年にグランドセイコーは姿を消した。

ところが、一〇年も経たないうちに経営陣は生産の再開を決める。これは決定的な瞬間だったように思う。職人技への愛着というかにも日本らしい気風が、再び浮かび上がるのを許されたのである。一九八〇年代の後半には、うわべだけ現代的に見えるようにグランドセイコーのクオーツ版をつくる試みもなされたが、あまり身が入らないうちに結局はそれも頓挫する。それを受けて経営陣は（アンケート調査やフォーカスグループなどという胡散臭《うさんくさ》い手法に頼ることなく）思い至った。日本人は手づくりの機械式腕時計に対して断ち切りがたい愛情を抱いているのであり、それを復活させるのに必要な職人技を支えるためなら大金も惜しまない、と。

一九八〇年代半ばに管理職にあった人々は、解雇した時計職人全員の名前と住所を控えていた。販売済みのグランドセイコーの修理が必要になったときのためである。職人たちのもとに復職してほしいとの要請が伝えられ、彼らはすぐさま大挙して仕事に戻った。まだ十分に働ける年齢の者はできる限り仕事を続け、再び手作業で時計を組み立てた。そのかたわら、若手の育成にも力を注ぎ、そのとき訓練を受けた時計職人たちが現在の工場で働いている。クオーツ式の生産ラインとは、壁を挟んだ同じ階の反対端にある工房で。

そこには見渡す限り、生産ラインもロボットもない。こちらにも嵌め殺し窓があり、その前に置かれた大きなソファからは、一つ一つ区切られた約二〇のワークステーションが目に飛び込んできた。個々のワークステーションは焦げ茶色の低い壁で囲まれていて、それぞれの正面に作業机が、右横にキャビネットが、各人を取り巻くように九〇度の角度で配置されている。各ワークステーションには、現代の時計職人に欠かせないあらゆる機器が備えられていた。強力な照明、拡大鏡、コンピュータの画面。キャビネットの中には、ピンセットや細いネジ回し、ピンバイス（訳注　きわめて小さな穴をあける手回しドリル）、研磨器、塵を払うブラシ、ペンチ、顕微鏡、超音波洗浄機、微細な宝石の入った箱、軸棒、歯車、主ゼンマイ、時間計測器などが収められている。こうした宝物のような大切な道具類は見事に整理整頓され、すぐ手の届くところに置かれている。時計職人の男女は白いキャップと白い作業着を身につけて、手作業で腕時計を組み立てていく。全員がカスタムメイドの椅子に座り、椅子の肘掛けは各人がちょうど前腕部や手を快適に置ける高さに設定されている。

私がその窓の前に来たとき、時計職人たちは一人残らず黙々と目の前の照明レンズを覗き込んでいた。レンズの向こうにあるのは、やがて腕時計となる部品であり、信じがたいほどに小さい。ここの時計職人たちは十分な訓練を積んでいるので、一〇〇分の一ミリの公差で（場合によってはもっと小さい公差で）時計を組み立てることができる。往復回転運動をするテンプからヒゲゼンマイまで、輪列板からガンギ車まで、リュウズからアンクルまで、部品はすべて同じ建物の別の壁の向こうで手作業で製作されている。時計職人たちは小さなピンセットを使い、ごく小さな穴や、肉眼では見えない隙間や、微小なネジ溝に様々な部品を嵌め込んでいく。ほとんどが前かがみになり、目下の作業に一心に集中している。ときおり顔を上げ、通りかかる見学者に目をやって一瞬だけ微笑むこともある。そして再び背をかがめ、作業に取りかかるのだ。

毎時、工房全体で一〇分間の休憩をとって体操をする。職人たちは立ち上がり、体を伸ばしてほぐしてから、また作業机に向かう。彼らが手仕事で仕上げているものは、控え目ながら史上最高級といっていいほどの素晴らしい腕時計だ。確かにパテック・フィリップや、ロレックスやオメガほどの知名度はないかもしれない。しかし、優れた時計に贈られるスイスの賞を何度も受賞しており、他に並ぶ物のない知る人ぞ知る品質を誇っている。

時計職人の一人が休憩時間に外に出てきた。やや丸顔で、じつに愛想のいい四五歳の男性である。

安価な腕時計を機械で製造する部屋と同じ階には、少数の熟練時計職人たちが機械式腕時計の「グランドセイコー」を手作業で組み立てている。そのチーム（写真は所定の休憩時間に体操をしているところ）は1日に約100個の腕時計をつくっており、使用する部品は針からヒゲゼンマイに至るまで、すべてセイコーが製作した純国産品である。

名前を伊藤勉といい、自らをヒゲゼンマイのエキスパートだと名乗った。触れたときに、しなやかに揺れるさまが大好きなのだという。もちろん、それが完璧に製作されていれば、の話だ。伊藤は人生の大半をセイコーでの時計づくりに捧げてきた。これからも、手か目が酷使されて悲鳴を上げない限り、この仕事を続けるつもりだと語る。今のところ、そんなことが起きる気配は皆無だ。伊藤は「ＩＷマイスター」という最難関の称号を認められている。これは、機械式腕時計に関する最高の技能をもつことを示すもので、この資格を取得しているのは社内で伊藤を含め二人しかいない。

セイコーに入社した当時は電子式腕時計の部門に配属され、生産ラインの維持管理に携《たずさ》わっていた。だが、機械式腕時計の工房で働いてみたいという夢がいつも頭にあった。なぜなら、ここの工房で何より求められるのは人間としての完璧さであり、クオーツ時計の生産ラインのようなロボットの効率ではないからである。現在は、一日にわずか二個か三個の腕時計を仕上げる。夕刻にはフライフィッシングに出かける。もちろん疑似餌《ぎじえ》は自作だ。世界中の高級腕時計も収集しているのだという。私の手首のロレックス・エクスプローラーに目を留めたが、その品質については何も口にしなかった。伊藤はクオーツ腕時計が好きなのだろうか？　まあ、自分がつくる時計より遥かに精密なのは間違いありませんね、と伊藤は答える。自分でもつけてみようと思う？　伊藤は首を横に振り、考えるだにぞっとするといった表情を浮かべた。それから立ち上がって微笑み、自分の手首の機械式腕時計「グランドセイコー・ダイバーズウォッチ」に目をやった。そして、そろそろ仕事に戻らなくてはと言う。ヒゲゼンマイを一本調整しなければならないのだが、それがことのほか手のかかる代物《しろもの》らしい。残業はしたくないので、定時までに作業を終えたいのだと。私たちが握手をしたとき、伊藤は私のロレックスに目を落とした。そのとき、ほんの少しあざけるような笑みを浮かべたように私には見えた。

セイコーは週に一日の休みもなく、毎日約二万五〇〇〇個のクオーツ腕時計を生産している。一方の伊藤と同僚の約二〇名は、月曜から金曜まで機械式腕時計を組み立て、作業がかなりはかどった日でも仕上がるのはせいぜい一二〇個程度だ。受付ロビーには小さなガラスケースがあって、最新のモデルが展示してあった。そこには、受付に申し出ればケースをあけることができる、とも書いてある。Ｖｉｓａカードも使えるという。ほんの一瞬、グランドセイコーの秒針が一つ進むくらいのあいだ、私は迷った。このロレックスと交換じゃだめですか？　そう訊いてみたところ、ロビーにいた案内役の面々は緊張が解けたかのように笑い声を爆発させた。それは「ノー」ということだと受け取って、暖かい雨のそぼ降る外に出る。何本か竹の小道が見え、そのうちの一本を覗き込むと、得もいわれぬ美しい景色が秋の霧のなかへと消えていた。

その数日後、再び東京から北に向かった私を待っていたのは、遥かにわびしい光景だった。今回の目的地は沿岸の漁業の町、南三陸町《みなみさんりくちょう》である。二〇一一年三月一一日の東日本大震災で甚大な被害を被った町の一つだ。それから六年あまりが経っても、町はまだ復興の途上にあった。

あの寒い日の午後に津波が襲いかかってくるまで、南三陸町は（その人口や重要性は徐々に減少していたとはいえ）漁港として栄えていた。町は、荒波から守られた大きな湾の奥に位置しており、ほとんどの漁師は太平洋の大海原へとわざわざ乗り出すことがなかった。その必要がないのである。岬の断崖のすぐ向こうで暖流と寒流がぶつかり合うため、魚介類の宝庫ともいうべき環境ができていたからだ。

地元の漁師はタコを獲るほか、カキやホタテやサケ、それから「ホヤ」と呼ばれる生き物を養殖している。ホヤはじつに風変わりで不格好なのだが、チャレンジ精神旺盛な東京のシェフのあいだでも人気があるらしい。収穫されたホヤは毎晩列車に載せられてまず仙台に向かい、そこで特急列車に積み替えられて、約三五〇キロ離れた東京に着く。築地の朝市では高値がつくという。こうした海の幸に恵まれているおかげで、南三陸町の人々は暮らし向きがよく、満ち足りて落ち着いた生活を営んでいた。もっとも、岬の向こうには大洋が広がっていて、それがときとして猛威を振るうのを忘れたことはなかった。現に一九六〇年には、津波で大きな被害を受けていた。その津波の原因がチリ地震だったことから、チリ領であるイースター島のモアイ像が、タコと並んで町の魔除けのマスコットになっている。

二〇一一年三月一一日の金曜日、地震発生から一時間と経たないうちに、あれほど長らく平穏だった南三陸町は流木の破片と、ねじれた鉄筋と、溺れて損傷した遺体の集まりと化した。表面的には、東北地方沿岸の北から南まで数々の市町村が同様の大惨事に見舞われてはいたが、南三陸町では一つの悲劇が起こったために、ほかの多くの地域よりも世間の注目を浴びることとなった。当時二四歳だった遠藤未希《みき》は、町役場の危機管理課に所属しており、災害時に避難を呼びかけるのも仕事の一つだった。そしてあの寒い三月の日、凍るような冷たい水が自分の周囲に上がってきているのに、任務を忠実に果たすべく町の防災対策庁舎に残った。〈タイタニック号〉に乗っていた音楽家たちが最後まで演奏を続けたように、サイレンを鳴らし、津波の高さや到達場所について防災無線で放送し続けたのである。ついには水が電源をショートさせて、拡声器は静かになった。

当時の模様を映した動画を見ると、三階建ての庁舎を水がしだいに高く高く這い上がっていき、平らな屋上に人々が身を寄せあっているのがわかる。何人かが無線アンテナによじ登ったが、最後には一人か二人しか残らなかった。その人たちは水位が下がり始めるまで、何時間もアンテナにしがみついていたのである。ある場面ではその背後で、町の病院の階上の窓から、灰色の水が巨大な滝のように噴き出している。まさにこの世の終わりともいうべき光景だ。静かになった拡声器は、溺れた遠藤の運命を物語っている。自らの命が尽きるまで避難を呼びかけたとして、遠藤は今も南三陸町のヒロインであり続けている。

遠藤が命を落とした防災対策庁舎は、赤く錆びた鉄骨の骨組みだけの状態で今なお建っている。現在、震災を忘れないためにそれを広島の原爆ドームのように保存すべきか、取り壊すべきかで激しい論争が起きている。解体を望む地元民は多い。町はまだ最終的な判断を下していない（訳注　その後、二〇三一年まで宮城県が県有化することが決まった）。

南三陸町は人口一万七〇〇〇人あまりの町だったが、震災によって遠藤を含む約六〇〇人の犠牲者を出している。かつて町には松や杉や竹の林が点在していた。そこに住んでいた人々は、漁港を囲む急勾配の丘に避難するか、高台に向かって必死で車を走らせるかした。通常ならタイヤチェーンが必要な道であり、実際に当日の午後も雪は降っている。ただし、幸いにもわずかだった。自分たちの町に七度にわたって大津波が押し寄せ、元の面影もないまでに破壊し尽くすのを、人々は高台からなすすべもなく見守った。水が引き、丘から下りると、皆は不平も言わずに辛抱強く瓦礫《がれき》を片付け、やがて仕事に戻っていったと伝えられている。

とはいえ、どんな仕事をする必要があったのか、と思うかもしれない。波が静まったあとに何が残っていたというのだろう。精密につくられたものはほんのわずかしか生き延びなかったのは間違いない。

チタンやスチールやガラスでできたものは、南三陸町ではほとんど残らなかった。超精密なエンジンで動く船は大破した。精密な機器や装置の詰まった車は、もみ殻のように波にもてあそばれた。心臓部にマイクロプロセッサを抱えもち、膨大な数の超小型トランジスタの搭載された電子機器は、すべて動かなくなった。遠藤未希がいたようなビルは倒壊し、ねじ曲がり、錆びるに任された。どれほど精密なものも永久には続かないことが、いたるところで露わになったのである。

いかにも完璧な樹木然とした杉や松は、裂けたり倒れたりした。幹の下敷きになって命を落とした人もいる。瓦礫と化した大量の流木とともに引き波にさらわれて、二度と戻らなかった人も大勢いる。しかし、精密でないものは残った。町の周りにはまだ竹林が生い茂っていた。杉や松は完膚なきまでに破壊されたのに、竹はまだそこにある。精密さも完璧さもないが、生き残っている。

竹は中国と日本の日常生活に密着した植物だ（籠、衣類、道具、扇子《せんす》や団扇《うちわ》、矢、帽子、具足の材料や、建材などとして）。イネ科の植物なので厳密には草なのだが、一般には強靭で成長の速い樹木だとみなされている。竹の最大の特徴は、その回復力の速さと柔軟性だ。あと何回津波に襲われようとも、かならずや再び成長して生い茂り、様々な用途に加工されて人間の役に立つ。竹はしなり、跳ね戻り、また伸びていく。南三陸町では竹はまだ生きている。たわみ、悲惨な状況にまみれたかもしれないが、けっして折れることはなかった。日が昇り、春の大地に再び暖かさが染み込んだら、新たに芽を出して日に一メートルずつも大きくなっていき、すぐに実用に供される。数学的な観点からは不完全でも、実用性では非の打ちどころがない。

二〇一七年の秋に私が日本へと発《た》つ頃、ニューヨークのメトロポリタン美術館では日本の竹細工のみを扱った展覧会が開かれていた（展示に印象的な工夫が凝らされていたため、人気を博して大盛況となった）。展示品には純粋に実用的なものは少なく、ほとんどが装飾品だった。多数の花籠や茶道具、贈答品を入れる箱、それから少数の帽子類などである。だがこの展覧会を通して、日本に「人間国宝」と呼ばれる存在がいることも来場者は知った。これは、非常に優れた手工芸品を生み出すなどして、その功績が評価されて表彰された人々のことである。

そうした職人の栄誉を公式に讃える制度があること自体、この方面に関しては言葉に尽くせないほ

現代日本の職人の手仕事による繊細な竹細工。2017年にニューヨーク市で開催された展覧会に出品された一つ。日本は高精密な製造に長けた国として知られてはいても、手づくりの不精密なものにも誇りを抱いていることがこの作品からうかがえる。

どの違いが日本にはあると気付かされる。この場合でいえば、一般の人々が寸法の完全さをどう捉えているかがいかにも日本独特のものであり、そのことがこのユニークな制度から透けて見えるのだ。というのも、日本は確かに国全体として精密さを尊んでいるものの、一方で職人技の世界に計り知れない値打ちがあることも知っている。そしてその手仕事や、融通無碍《ゆうずうむげ》な不精密さにも本物の価値があることを、国民が公式に認めているのである。

存命の人間国宝たちは選りすぐりの男女であり、たいていは高齢である。皆、漆器や陶器、あるいは木工品や金属細工といった芸術品を生むために、生涯を捧げて技能に磨きをかけてきた。どれも、敢えて精密さに逆らうような品々ばかりだ。そういう人たちが、社会のなかで公式に名誉ある地位を授けられている。

彼らの技能の中核を成すのは忍耐の美徳である。その技を習得するのに求められる忍耐と、作品をつくり上げるのに必要な忍耐だ。

そのいい例が、古来から続く伝統工芸の漆細工である。この不精密さの極みともいうべき技術を、日本人はおよそ

漆器は、何千年も前から続く伝統工芸品として、日本で愛されてきた。大切に守られたウルシの樹液を採取することから始まって、一つの作品を仕上げるまでには何カ月もかかる。日本は職人技の火を絶やさないことに非常に熱心である。この種の美しい品物を手掛ける職人のなかで最も尊敬される人物には、「人間国宝」の称号を贈る制度も設けている。

九〇〇〇年前から磨いてきた。

漆器で重要な天然原料となるのが、毒性のあるウルシ（学名 *Toxicodendron vernicifluum**）の樹液である。ウルシは背の高い落葉樹で、主に中国やインドを原産とするが、日本や朝鮮半島でも古くから大切に栽培されてきた。樹液を採るには、一本一本の幹の表面に小型の刃物で何本か切り込みを入れ（切り込みの長さが異なるために全体として鳥の羽のように見える）、その傷が癒える前に缶などに樹液を集める。次のシーズンにはその木に傷をつけない。一本あたり樹液半カップというのが通例だ（訳注　これは「養生掻き法」と呼ばれるやり方で、今はあまり行なわれていない。現在では、一本の木から一年かけて樹液を採りきったら、伐採して新芽の発芽を促す「殺し掻き法」が一般的）。こうして採取し、精製を終えた漆には、必要に応じて顔料が加えられ、濃い赤や濃い黄色、黄味を帯びた褐色など、様々な色合いになる。完成した漆液は厳重に密封保存され、漆職人に塗られて研ぎや加飾を施されるのを待つ。

一般に、漆器の素地には木材が用いられる。変形やひび割れが起きにくいように、長い場合にはそれを七年間も自然乾燥させる。乾燥が終わったら大まかな形に裁断し、さらに乾かしたうえで、切削して形をつくっていく。このとき、向こうが透けそうになるまで薄く削る。それを通して《朝日新聞》の文字は読めないまでも、明暗や職人の指は間違いなくわかる。

次に、この繊細な木地に漆液《うるしえき》を塗り重ねていく。獣毛（訳注　馬の毛や人毛が使われる）の刷毛《はけ》と、細長い木製のヘラを使ってごく薄く一層塗るたびに、一定の温度と湿度を保った環境に置いて液を乾かす。この乾燥の工程によって酵素の放出と酸化が促され、漆液が硬化して定着する。一層ごとに表面を研《と》ぎながら全部で二〇層ほども重ねていくと、ついには硬くなめらかになる。表面は絹のように柔らかな質感に覆われて、下の木地はほとんど見えなくなる。

さらなる乾燥と熟成のうえ、炭や砥石で研ぎ、鹿角の粉や砥粉《とのこ》を油に混ぜたものを綿に染み込ませて磨き上げる。今や表面は光沢を放って光を反射するようになるが、きらびやかさや華美さとは程遠い。むしろほとんど生きているかのような優しく温かい表情を湛える。あとは、繊細な絵が描かれたり、金粉や銀線などで加飾が施されたりして、完成するのを待つばかりだ。いうまでもないが、この最後の加飾の工程も数週間から数カ月を要する場合がある。こうして漆職人たちは、墨壺や弁当箱や、急須や茶碗を、永遠の優美さを備えた品物へとつくり上げる。そしてそれらが、この先何世紀ものあ

＊　かつてウルシは「ヌルデ属（学名 *Rhus*）」に分類されていたが、現在は「ウルシ属（*Toxicodendron*）」とされている。この学名が示す通り（訳注　「Toxico-」は「有毒な」、「-dendron」は「樹木」の意）ウルシの葉には毒性があり、森で働く人がうかつにこれに触れるとひどいかぶれを起こす。同じウルシ属でアメリカに分布するポイズンアイビーもさわるとやはりかぶれるが、ウルシのほうが症状が激しい。

いだ日本の芸術の伝統を伝えるものとなっていく。

工芸家は目立つことなく仕事をし、熟慮の末に自らの作品を世に出す。今を超越した工芸家の視点が、忍耐と良質の材料と組み合わされない限り、日本最高峰の職人技は生まれない。美術工芸品への造詣の深い日本人にとって、作品の表現媒体が漆器であろうが磁器であろうが、手の込んだ金細工であろうが、あるいは繊細で磨き抜かれた木工細工であろうが、ほとんど関係はない。大切なのは、その作品が忍耐と丹精を込めて入念につくられたものかどうか。さらに敢えていうなら、そこに敬意と愛情が注がれているかどうかである。ここで鍵を握るのが人間の関与だ。といっても、けっして人間がモノを支配するような関与の仕方ではない。日本の工芸家は、自らの扱う素材や材料と一体になり、ともに長い時間を積み重ねながら作業することのみを考えているからである。大げさな機械は使わず、使い込まれた手工具のみ。その道具は何世代もかけて受け継がれ、改良が重ねられてきた。そうして生み出されるものには、一つの国と民族の本質が体現されている。漆塗りの茶碗を眺めることは、日本人が何世紀ものあいだ伝統工芸に身を捧げてきた歴史を垣間見《かいまみ》ることでもあるのだ。

こうした職人技はすべて、物事の儚《はかな》さを尊ぶ一面をもっている。精密なものとその反対のもの。機械と職人技。その両方に同じくらい重きを置き、敬意を払い、讃えなければならないという考え方。それがこれほど様々な例を通じて露わになり、これほど公《おおやけ》に示されている国は世界でもほとんど例がない。チタンを素晴らしいと思う一方で、人間の心と手が生み出すものを大切にする。さらには、あのいかにも日本的な植物にも敬意を払う。つまり、この文章を書いている時点でまだ復興の途上にある南三陸町の丘陵の斜面に生え、ニューヨークのメトロポリタン美術館で展示された植物、竹だ。

広く現代の人類全体に目を転じると、技術者以外にはよくわからないような精密さに価値があると思い、それに取り憑かれ、感動している。たとえば、鋭利に仕上げられた先端や、完全に球体のベアリング、平面度などだ。しかし、同じくらいの意義と、同じくらいの重要性が自然界の秩序にはある。それを受け入れることを学ぶのが、人類にとって賢明なのではないだろうか。さもないと、いずれは自然に蹂躙《じゅうりん》され、密集して生い茂る緑の草に、そして青々とした若竹の林に、私たちの発明したすべてが覆い尽くされるだろう。そうなれば、公差が一シリング硬貨一枚分の厚みであろうが、陽子の直径の一万分の一だろうが、まったく関係がない。

自然界の不精密さの前には、あらゆるものが力を失う。生き残るものは何一つない。どれだけ精密につくられていようとも。

おわりに――万物の尺度

完璧さは時の子供である。

――ジョゼフ・ホール主教『著作集（*Works*）』（一六二五年）より

文明が誕生して以来、人類はつねに何かを測ってきた。この川からあの丘まではどれくらいの距離があるのか。この男は、あの樹木は、どれくらい背が高いのか。どれだけの牛乳を物々交換しようか。あのウシはどれくらいの重さだろう。布はどれくらいいる？　今朝、日が昇ってからどれだけの時が経過した？　今は何時？　生活していればかならず、ある程度の測定に頼ることになる。社会が形をなし始めたばかりの時代には、測定法がどの程度定められて体系化され、人々のあいだで合意されて用いられているかが、進歩と洗練の度合いを示す明確な指標となっていた。

古代文明にとって、測定の単位にどう名前をつけるかが課題の一つだったのはいうまでもない。長さを表わす最古の単位とされているのが、古代エジプトのキュービットである。さらに、古代ローマの重さの単位アンシアのほか、グレーン、カラット、トワーズ、カティー。古代イングランドにはヤード、ハーフヤード、スパン、フィンガー、ネールといった長さの単位があった。

しかし、のちの時代に精密さが発展するにつれ、風変わりな名前の単位がどれくらい揃っているかは問題でなくなる。それよりも、単位の名称はどうであれ、長さや重さや、体積や時間や速度が、信頼に足る基準と比べてどれくらい違うかを測ることが求められるようになっていった。

当然ながら、基準の発達は単位の誕生より遥かに後世のことである。そして、基準を巡る議論は長年のあいだに少しずつ進化を遂げてきた。その過程を簡単にまとめると三つの段階に分かれる。まず、基準というものが人間の身体に根差した形あるものに準拠しているか（男性の親指の幅を一インチとするなど）、またそうあるべきかどうか。あるいは、つくられた物体を基準とすべきか（人の手による真鍮製の棒や白金製の円柱など）。それとも、慎重な観察を通じて絶対不変であることが確認された自然界の性質を拠《よ》り所《どころ》にするか、である。

最初の一歩を踏み出したのはガリレオだった。一五八二年に、とある何の変哲もないものに目を留めたのである。伝えられるところによれば、ピサの大聖堂の会衆席に座っていたとき、天井から吊り下げられたランプが揺れていた。それを見ていると、その往復にかかる時間は揺れ幅の大小にかかわらずつねに一定だった。ガリレオは振り子を使って実験をし、一往復にかかる時間を決めるのが振り子の錘《おもり》の重さではなく、振り子自体の長さであることを発見する。振り子の腕が長ければ長いほど、ゆっくりと物憂げに左右に揺れる。一方、短い振り子は素早く行ったり来たりを繰り返す。このガリレオの単純な発見により、長さと時間が結び付くことがわかった。長さというものは、人の手足や指関節や、歩幅の寸法から得られるだけではない。時間の経過という、それまでは予想だにしなかったものを観察することで割り出せる場合もあるのだ。

そのほぼ一世紀後の一六六八年、イングランドの聖職者ジョン・ウィルキンズは論文のなかで、ガリレオの発見をもとにまったく新しい基本単位を定めることを提唱した。それは、当時のイングランドで用いられていた伝統的な基準（公式に一ヤードの長さだと宣言された棒）とはまったく異なるものだった。ちょうど一秒間で往復する振り子をつくり、その腕の長さを新しい単位にしてはどうかというのである。また考え方をさらに進めて、この長さでつくられる立方体で体積を、その立方体を満たす蒸留水の量で質量を表わそうとも提案した。この新しい長さ・体積・質量をそれぞれ一〇ずつで割ったり掛けたりすることで、新しい単位ができるとも書いている。このことから、少なくとも名目上はウィルキンズ牧師がメートル法の発案者とされている。悲しいかな、この注目すべきアイデア*を検討する委員会は結論を出すことなく終わり、この提案は忘却の彼方へと消えていった。

ところが、ウィルキンズ案の一つの側面だけは、一世紀あまりのちに共鳴を呼んだ。英仏海峡を渡ったパリで、聖職者にして外交官としても力のあったタレーランの支持を得たのである。フランス革命から二年経った一七九一年、タレーランはウィルキンズのアイデアをほぼそのまま国民議会に提出した。ただしそれをさらに改良して、往復一秒の振り子は北緯四五度上の所定の位置に吊るすべきだとした（重力場が変動すると振り子のふるまいも変わるため、一つの緯度に決めることでこの問題を軽減できる）。

だがタレーランの提案は、革命後特有の熱狂と真っ向から対立した。当時は猛烈な扇動家たちによって「革命暦」が導入されつつあり、フランスの暦はしばらくのあいだ正気とは思えぬほどの混乱状態に陥るのである。月の名前は新しくなり（フリュクティドール〔実月〕、プリュヴィオーズ〔雨月〕、ヴァンデミエール〔葡萄月〕など）、一週間は一〇日間に（一曜日に始まり一〇曜日に終わる）、また一日は一〇時間になった（さらに一時間は一〇〇分で、一分は一〇〇秒）。これでいくと、革命秒は旧体制の秒より一三・六パーセント短いことになり、タレーランの提案とは合致しない。結局、新しい正統に染まった国民議会は、そのアイデアを全面的に却下した。

秒が根本的に重要であることが完全に受け入れられるまでには、さらに二世紀の時を待たねばならない。一八世紀当時のフランスの議員にとって、秒より遥かに関心があるのは長さだった。

というのも、タレーランの提言を一蹴《いっしゅう》したあと、今度はまったく新しい別のアイデアに目を向けたからである。それは地球の自然な性質の一つと結び付いていたため、そちらのほうが時代にふさわしく革命的だとみなされた。何かというと、地球の子午線か赤道かのどちらかの長さを測り、その四〇〇〇万分の一を長さの基本尺度にしようというものである。激しい議論の末に議会は子午線を選んだ。当時すでに、パリを通る子午線の長さが大まかに知られていたせいもある。もう一つ決定されたのは、

＊　ウィルキンズは初めはオックスフォード大学ウォダムカレッジの学寮長に、のちにはケンブリッジ大学トリニティカレッジの学寮長に任命された人物であり、今日《こんにち》ではほとんど例をみないほど博識で多芸な人物だった。聖職者としても学寮長としても活動するかたわら、（セントポール大聖堂などで有名な）建築家のクリストファー・レンや、（物理学の「ボイルの法則」で知られる）ロバート・ボイルと親交を結び、科学に対しても並々ならぬ関心を抱いていた。ウィルキンズは月に生命がいるかもしれないと考え、新しい惑星の存在を想像し、潜水艦や飛行機や、永久機関を構想した。また、振り子に基づくメートル法を提案したのと同じ論文のなかでは、新たな世界共通語を制定すべしとも説いている。ラテン語には欠陥があるためだ。さらにウォダムの学寮長時代には、活動を観察しやすいようにと透明なハチの巣箱も考案している。

計画を手に負えるものにするために、子午線の全周ではなくその四分の一、つまり赤道から北極までの距離を基準にすることだ。この四分の一をさらに一〇〇〇万分の一にして、「メートル」と名付けることになった（語源はギリシャ語の名詞「μέτρον（メトロン）」で「測定」という意味）。

フランス議会は大規模な調査のための遠征隊をすぐさま派遣し、パリを通る子午線の長さを正確に定めることを目指した。具体的には、赤道から北極までの長さの一〇分の一（緯度差にして約九度分）の距離を測量することにする。現代の測定法でいくと約一〇〇〇キロに相当するが、当時は一八世紀フランスで通用していた単位を用いるしかない。「トワーズ」（約一九五センチ）を六分割したものが「ピエ」。このピエを一二等分したものが「プース」で、それをさらに一二で割ったものが「リーニュ」である。だが、どんな単位が使われようと関係はなかった。とにかく子午線の四分の一の長さが明らかになればよく、あとはそれを一〇〇〇万分の一にすればいい。どんな結果であれ、それが今まさに望まれている尺度になるわけであり、このフランス生まれの尺度がいずれは世界への贈り物となる。

測量の対象となるのは、北はフランスのダンケルクと、南はスペインのバルセロナを結ぶ線だ。いずれも港町なので、当然ながら標高は海水面に等しい。この二点は緯度差が九度あまりあり、ともに赤道から北極点までの子午線のほぼ中間に位置している（ダンケルクは北緯約五一度、バルセロナは北緯約四一度、中間の北緯約四五度にジロンド県のサン＝メダール＝ド＝ギジエール村）。そのため、地球が赤道方向に長い扁球であること、つまり完全な球体でもフットボール型でもなくオレンジに似た形であることが、最も明白になって計算で示しやすいと考えられた（地球の形をより確かに調べるため、フランス科学アカデミーはさらに世界の二カ所に遠征隊を送った。一カ所は赤道に近いペルー

〔訳注　現エクアドル領内〕、もう一カ所は北極圏のラップランドである。この二カ所で、同じ緯度差に相当する子午線弧の長さを測量して比べた結果、地球がオレンジ型の扁球《へんきゅう》であることが確認された〔訳注　赤道付近のほうが短く、その分、曲率の大きいことが示唆されたため〕。数世紀前にアイザック・ニュートンが予測した通りである〕。

フランスとスペインで子午線の三角測量を実施したのは、天文学者のピエール・メシェンと、数学者で天文学者のジャン＝バティスト・ジョゼフ・ドゥランブルである。二人は革命後の恐怖政治の嵐が最も強く吹き荒れた時代に、様々な騒乱に巻き込まれながらも約六年を費やして測量を完遂した。この過程はまさに壮烈な冒険物語である。激しい暴力から命からがら逃げ出したことも一度や二度ではない（しかし投獄の憂き目は免れなかった）。とはいえ、この冒険を詳しく物語るのは本書の範囲を逸脱している。のちの世で精密工学に携わる技術者にとって（また、今日もまだ使われているメートル法がこの測量によって制定されたことを思えば世界中の技術者にとって）大切なのは、測量の結果が得られたあとにフランスが何をしたかである。それは主に、青銅や白金で棒を製作することに関わるものだった。

測量結果が発表されたのは一七九九年四月のことである。子午線の四分の一の長さは、ダンケルク－バルセロナ間の距離に基づいて推定するに五一三万七四〇〇トワーズだとの結論に至った。あとはこれを一〇〇〇万で割って、長さ〇・五一三〇七四〇トワーズの棒や板を切り出すか鋳造するかすればいい。その長さが、以後のフランスでは基準尺度、すなわち一メートルの基準となる。

その後、この長さの基準は白金で鋳造されることになった。それをつくらせるため、かつての宮廷鍛冶師《かじし》だったマルク・エティエンヌ・ジャネティが選ばれ、マルセイユから呼び戻された。それまでジャネティは、度を越した恐怖政治から避難していたのである。ジャネティの苦労の成果は今も残っている。それは純粋な白金製で（これを「アルシーヴ原器」と呼ぶ）、幅は二五ミリで厚さが四ミリ、長さは厳密に一メートルだった。一七九九年六月二二日に、このアルシーヴ原器が正式に国民議会に提出された。

だが、話はそれだけに終わらなかった。メートルを表わす白金製の板に加えて、数カ月後には白金製の円柱が登場する。それは質量の基準だと説明された。「キログラム」である。ジャネティはこれも製作した。高さが三九ミリで直径も三九ミリの円柱である。これをこぎれいな八角形の箱に収め、ラベルには革命暦で次のような記載がなされた。「三年芽月一八日の法律に準拠したキログラム　七年収穫月四日に提出」

長さと質量という二つの性質は今や分かちがたく結び付いた。なぜなら、ひとたび長さの基準が決定されれば、その長さを使って体積を定めることができ、基準となる物質でその体積を満たせば、その質量も決まるからである。*こうしてパリでは、人々を疲弊させた一八世紀の終わりに、簡にして要を得た質量の新基準が生まれることになった。まず、新しく誕生した一メートルの一〇分の一（これをデシメートルという）を一辺として、厳密な立方体を製作する。次に、この一立方デシメートルの立方体を「リットル原器」と呼び、鋼鉄か銀で可能な限り精密につくる。さらにそれを純水で完全に満たし、水温を極力四度近くに保つ。この温度だと、水の密度が一番大きくなるためだ。立方体の容器に入れたその水の質量が、一キログラムである。

やがて鍛冶師のムッシュー・ジャネティによって前述の白金製の円筒が鋳造され、それがちょうど一立方デシメートルの水の重さと釣り合うように調整がなされた。一七九九年一二月一〇日以降は、その白金製の物体（白金の密度は水の二二倍近いために当然ながら水より遥かに体積が小さい）が一キログラムとなる。

キログラムのアルシーヴ原器と、その基準となったメートルのアルシーヴ原器は、まもなく重さと寸法の新たな世界秩序の土台となっていく。こうしてメートル法は正式に産声を上げた。メートル法を象徴するこの二つの原器は、パリ中央部マレ地区にあるフランス国立中央文書館で、スチール製の金庫に収められて今も大切に保管されている。一つは八角形で黒革の蓋のついた箱の中に、もう一つは赤茶色の革の細長い箱の中に。

しかし、測定の世界ではどうしても避けられないことながら、これらの美麗な物体も、時が経つにつれて要求を満たしていないことが明らかになっていった。

二つの原器がつくられてから何年も過ぎた頃、大元の基準となった子午線の長さが再測量された。すると、メシェンとドゥランブルが六年を費やした一八世紀の数値は正しくなかったことが判明する。残念なことに、二人の計算した子午線の長さは間違っていた。大きなずれではなかったものの、新しい計算結果と比べると、従来のアルシーヴ原器は〇・二ミリ短い。一メートルが違っているなら、一立方メートルも一立方デシメートルも変わってくるし、一リットルの水の体積に相当する白金の重さ、つまり一キログラムも異なっていることになる。

こうして、原器一式を一からつくり直すという厄介なプロセスが始動した。のちにでき上がったも

＊　長さの基準と質量の基準を結び付けることと、水を使って質量の基準を決めることを最初に提唱したのは、振り子の腕で長さの基準を定めようとした、かのジョン・ウィルキンズだった。

のは、一九世紀後半の科学で成し得る限りの完全さを備えることになる。新しい基準の必要性を国際社会が合意するのに七〇年あまりかかり、実際の棒や円柱を必要な数だけつくるのにはさらに何年もかかった。原器を製作する手順を見てみると、ジョン・ウィルキンソンがジェームズ・ワットのためにシリンダーの中ぐりをした時代から、精密さの概念がどれほど進んできたかがよくわかる。可能な限り完璧に近い基準をつくらねばならないという思いに、人々は囚われていくことになる。

一八七二年九月、各国から合計五〇人の代表（すべて白人男性で、ほぼすべてが長いあごひげを生やしていた）が参加して、「国際メートル委員会」の実質的な初会合がパリで開かれた（訳注　この二年前に本来の第一回会合が開かれたが、普仏戦争の影響で参加国が少なかった）。集まった場所は、当時使われなくなっていた中世のサン＝マルタン＝デ＝シャン小修道院である。のちにこの建物はフランス国立工芸院となり、科学機器の収蔵にかけては世界最大級を誇るまでになる。*

世界の未来の度量衡体系を決めることになる参加国には、当時の西洋の大国が勢揃いしていた（イギリス、アメリカ、ロシア、オーストリア＝ハンガリー帝国、オスマン帝国など）。ただし、中国と日本は参加していなかった。その後も関連する会合や会議が、今の感覚からするといつ果てるとも知れないほどに続いた（なかでも有名なのはメートル法外交官会議だが、原器をつくるための技術的な側面よりも国家の方針が前面に出たものだった）。

しかし、こうした会議を重ねた結果、最終的には一八七五年五月二〇日に「メートル条約」が締結される。この条約に基づき、フランスのセーヴル近郊にあるパヴィヨン・ド・ブルトゥイユという建物に「国際度量衡《どりょうこう》局（ＢＩＰＭ）」が設置された（現在も同じ場所にある）。そのほかにも二つの国際組織が設立され、それら三つが様々な時期に様々なかたちで連携しながら、新しい原器一式の製作が進められていった。

とはいえ、度量衡基準が各国の合意のもとに制定され、新しい基準原器一式が鋳造され、機械加工され、測定され、研磨されて世界の承認を得るまでには、最終的に一五年近くを要した。一八八九年九月二八日、ついにパリで式典が開かれ、各国への原器の配付が行なわれた。その時点では、複数つくられたメートル原器とキログラム原器のうち、最も正確で外観も完璧なものがすでに一つずつ選ばれていて、それぞれが「国際メートル原器」（以後、ブラックレター〔訳注 肉太でひげのあるアルファベットの字体〕の「M」で表わされる）と「国際キログラム原器」（ブラックレターの「K」で表わされ、「ル・グランK」の異名をもつ）となった。いずれも白金とイリジウムの合金製で、未来永劫パヴィヨン・ド・ブルトゥイユの地下で厳重に保管されることが決まる。

製作されていた残りの原器すべてが、この九月二八日に限ってパヴィヨン・ド・ブルトゥイユにある天文台に展示された。ずんぐりとして小さいキログラム原器には、釣鐘型のガラス容器をかぶせてある（国家基準となるキログラム原器は容器を二重にして、国際キログラム原器は三重にして）。細長いメートル原器は木製の筒に入れられ、それがさらに特殊な固定具のついた真鍮製の筒に収められ

＊ ただしその収蔵品は、二〇一〇年四月の初めに起きた事故のせいで一つ少なくなってしまった。なくなったのは、フーコーの振り子（巻末用語集参照）の原物である。これは、一八五一年に地球の自転を証明するために使われたもので、国立工芸院付属のパリ工芸博物館に何十年も展示されていた。ところが、それが床に落ちて錘が壊れ、修復不能となった。錘を吊り下げていたケーブルが切れたのである。一説によれば、事故以前に博物館で私的なパーティーが開かれたとき、厳《おごそ》かに揺れる振り子で参加者が遊んでいたらしく、そのせいでケーブルが弱くなっていたという。

て、各国へと無事に運べるようになっていた。

それが本物の原器であることを証明する文言が、パリの組合に所属するステルン印刷所によって厚い日本製の紙に印刷されていた。各証明書には、その原器の特性を示す数値が朱刷りされている。たとえば白金＝イリジウム合金の円柱三九番には「46.402mL 1kg－0.118mg」と表記されている。これは「体積は四六・四〇二ミリリットル、重さは一キロより〇・一一八ミリグラム軽い」という意味だ。メートル原器の証明書のほうはもう少し込み入っている。たとえば、ある原器には次のように記されていた。「$1m + 6''.0 + 8''.664T + 0''.00100T^2$」。これを読み解くと、「摂氏〇度では一メートルより六マイクロメートル長く、一度上昇するごとに八・六六五マイクロメートル強ずつ長くなる」ということである。

室内の演壇上には三つの壺が置かれていて、役人がそれぞれの中に原器の番号の書かれた小さな紙片を入れていく。これを「くじ」として、引いた番号の原器がその国に配付されるのだ。そして、この秋の暖かい土曜日の午後に、まるでスポーツの観戦チケットを求めるかのようにして、各国の代表が列をつくった。フランス語表記のアルファベット順に、役人が国名を読み上げていく。最初はアルマーニュ（ドイツ）で、最後がシュウィッス（スイス）だ。くじを引くのに一時間かかった。すべてが終わったとき、アメリカはメートル原器の二一番と二七番、それからキログラム原器の四番と二〇番を手にしていた。* イギリスはメートル原器が一六番で、キログラム原器が一八番。日本（このときにはすでに一八七五年のメートル条約に加盟していた）にはメートル原器二二番とキログラム原器六番である。**

各国代表はその日が終わらないうちに、この上なく貴重な恵みの品を手にパリを発った。すべて箱に入れて梱包され（キログラム原器はガラス容器から取り出した状態で）、支払いもすべて済んだ。けっして些少な金額ではない。白金＝イリジウム合金のメートル原器は一万一五一フラン、キログラム原器は掘り出し物価格の三一〇五フランである。数日から数週間（日本は船で持ち帰った）のうちには新しい基準原器が各国に無事届き、すでに世界各国の首都に設立されていた国家計量標準機関に安置された。どの国の原器も安全に保管されてはいたが、国際標準原器である「M」と「K」ほど安全が厳重に確保されていたものはない。二つの原器は建物の地下へ連れていかれ、永遠の闇へと追いやられた。とにかくほかに並ぶ物のないほど正確で、信じがたいほど精密である。近くに置かれた金庫の中には、いわば「証人（フランス語でテモワン）」となる原器が六組収められていた。いずれも公式の複製であり、原物と定期的に比較するためにつくられたものである。これらも、正確かつ永久に侵されざるべき状態に保たれることになった。

もっとも、永久というわけにはいかなかった。度量衡の根本的な尺度を管轄する人々はつねに目を光らせ、現行のものに代わるより良い基準を探し求める任務を帯びている。そして実際、時間はかかったもののそれを見つけたのだ。

＊　メートル原器の二七番は、長年アメリカの基準としての任を果たしていたが（途中で国際標準原器と比べるために四度パリに渡っている）、一九六〇年に七一年間の役目を終えた。現在は、首都ワシントン近郊のメリーランド州ゲーサーズバーグにあるアメリカ標準技術局の博物館で、ガラスケースの中に鎮座している。

＊＊　中国は一九七七年まで条約に加盟しなかった。加盟した頃には、これから見ていくように、計量の体系全体が様変わりしていた。

より良いやり方が存在するかもしれないことについては、すでに一八七〇年に手がかりが得られていた。お守りのような白金＝イリジウム製の原器が完成したときより、二〇年近くも前のことである。スコットランド出身の物理学者ジェームズ・クラーク・マクスウェルが、リヴァプールで開かれた英国科学振興協会の年次総会の場で、それまでになされたすべてを台無しにするような演説をしたのだ。その言葉は、今も世界中の計量学者たちの耳に残っている。マクスウェルはまず現代の尺度の成り立ちに触れ、それがパリ子午線の測量と再測量の結果をもとにしたものであることを指摘した。

しかし、結局のところ地球の寸法や自転時間というものは、われわれが現在比較し得る限りにおいて永久不変であるだけであって、物理学的な必然性を考えればけっしてそうではない。冷えれば収縮してもおかしくはないし、いくつもの隕石が降ってきたら膨張する可能性もある。あるいは、自転速度が徐々に遅くなるかもしれない。たとえそうなっても、従前と変わらぬ惑星であり続ける。しかし分子は、たとえば水素分子は、その質量なり振動速度なりがごくわずかでも変化したら、もはや水素分子ではなくなる。

だとすれば、長さや時間や質量について絶対的に永久不変の基準を得たいと願うなら、それをわれわれの惑星の寸法や運動や質量に求めるのではなく、そうした不滅で不変で、完璧に同一の分子の波長や、振動時間や、絶対質量に求めるべきである。

それまでのすべての計量体系が科学的根拠としてきたものに対して、マクスウェルは異議を唱えたのだ。人間の体（親指、腕、歩幅など）を基準にするのが元々当てにならないことは、長らくいわずと知れたことだった。主観的で、人によってばらつきもあるので、役には立たない。代わりに、地球の子午線の長さの四分の一や、振り子の揺れや、一日の長さといった基準であれば、信頼が置けるように思われていた。なのに今度はマクスウェルが、それすら一定不変かつ使い物になるとは限らないと言い出したわけである。自然界で本当に一定不変といえるものは、根本的な原子のレベルに見出せるのだ、と。

当時はすでに科学がかなりの進歩を遂げていた。原子の構造や性質についても、以前なら夢にも思わなかったような事実が突き止められつつあった。そうした構造や性質こそが真に永久不変と呼べるものだとマクスウェルは説き、それを新しい測定尺度にすべきだと主張した。そうしないのは理屈に合わない、とも訴える。自然の根本に最上の（むしろ唯一の）基準が存在するのに、なぜそれを使わない？

長さの尺度であるメートルを定義するのに、初めて用いられた原子レベルの基準は光の波長だった。この場合の光とは、励起《れいき》状態（電子が外側の軌道に飛び移ることで起きる高エネルギー状態）になった原子が元の状態に戻るときに放出される電磁波のことである。原子の種類に応じて、生み出される光のスペクトルや波長、さらには色が異なるため、分光計で調べると原子固有の特徴的な線が現われる。

光や波長を長さと結び付けるべきだと国際社会が納得するまでには、マクスウェルの演説から一〇〇年近い年月を要した。当時、世界を動かしていた賢人たちが、地球の確実性を捨てて光のふるまいを選んださまは、大陸が動くと信じることに似ている。荒唐無稽な考えというよりほかない。しかし、一九六五年頃にプレートテクトニクス理論が形をとり始めると、地質学の世界ではにわかに大陸の移動が自明の理だとみなされるようになった。目の前にありながら気付いていなかっただけなのだ、と。それと同じようなことが計量学でも起きたわけである。原子とその光の波長をすべての測定基準に据えるのがなるほど合理的だと、突如として腑に落ちたのだ。

光とメートルを結び付けることに初めて思い至ったのは、一九世紀後半に活躍したマサチューセッツ州の天才、チャールズ・サンダーズ・パースである。同世代でパースほど聡明な（もしくは異常なまでに腹立たしくて厄介な）人間はまずいなかっただろう。パースにはいくつもの顔があった。数学者にして哲学者であり、計量学者にして論理学者でもあり、女性問題で大スキャンダルを巻き起こしたかと思えば、持病（顔面神経痛）の痛みに生涯苦しめられもし、精神疾患（おそらくは重度の双極性障害）を抱え、癇癪《かんしゃく》を抑えることがどうしてもできない人物でもあった。プラスの面を挙げるなら、パースは黒板の前に立って右手で黒板の右側に数学の仮説を書き、同時に左手で左側にそれに対する答えを記すことができた。マイナス面はというと、一度、自分の料理人をレンガで殴ったとして訴えられている。酒も飲んだし、アヘンチンキも服用した。二度の結婚をし、病的なまでに浮気性だった。

しかし、純粋なナトリウムから放出される黄色い蛍光の波長に着目し、それをメートル単位で測ることで光と長さの結び付きを確立しようとしたのはパースが最初である。ナトリウムの光を回折格子《かいせつこうし》（高精度のプリズムのようなもの）に通すと、黄色く輝くスペクトル線が現われる。ほぼ七五年の生涯でパースは数々の不運に見舞われたが、その一つが、この実験が一度として完璧にはうまくいかなかったことだ。回折格子のガラスに問題があって、スペクトル線の間隔が十分に広がらなかったり、ガラスの温度を計る温度計に不具合があったりする。それでも《アメリカン・ジャーナル・オブ・サイエンス》誌に短い論文を発表し、この方法を試みた最初の人物として歴史に足跡を刻んだ。見事に成功していたら、パースの名は誰もが知るものとなっていただろう。だが実際には極貧にあえぎ、近所のパン屋から古くなったパンをもらってどうにか命をつなぐような暮らしの末に、無名のまま一九一四年に世を去った。イギリスの哲学者で数学者のバートランド・ラッセルは、パースのことを「アメリカ史上最も偉大な思想家」と呼んだ。しかし、そうした意見にくみする数少ない人間を除いて、パースの名はとうの昔に忘れ去られている。

マクスウェルの主張に理があると納得した科学者たちは、侵《おか》されざる基準を定めるにはその方法が一番だとしきりに訴えた。ついに一九二七年には、度量衡の基準を定める国際組織も、重い腰を上げてそれに同意する。彼らはまず、とある一つの元素についてすでに波長が計算されていることを公式に認めた。もちろん、一メートルよりは遥かに短い長さである。次に彼らは、その数字を何倍かすることで（少なくとも何百万倍かはしなくてはならないが）、一メートルの長さを定義できることについても同意した。要は、一つめの数値に二つめの数値を掛ければ、一メートルになるということである。

その元素とはカドミウムだった。やや青みがかった銀色をした亜鉛族の金属であり、非常に毒性が強い。かつては蓄電池（ニッケルとともに）や耐食性のスチールに用いられていたことがあり、現代では（テルルとともに）ソーラーパネルに使用されている。カドミウムを熱すると純粋な赤色の光を放ち、そのスペクトル線から波長を正確に特定することができた。じつに正確なので、国際天文学連合はこの波長を使って、きわめて短い長さを表わす新しい単位を定めたほどだ。オングストロームである。一オングストロームは一〇のマイナス一〇乗メートル、つまり一〇〇億分の一メートルだ。

カドミウム赤線の波長は六 四三八・四六九 六三オングストロームと定められた。その二〇年後の一九二七年には、パリの国際度量衡局もこの原理とともにカドミウムという選択を受け入れ（ただし波長の数値を若干ぼかして最後の「三」を落とし、六四三八・四六九六オングストロームとした）、一メートルはそれを一五五万三一六四倍にすれば簡単に求めることができる（つまり、一つめの数値に二つめの数値を掛けると一・〇〇〇になる）。

しかし、やがてカドミウムでは十分ではないことが露呈する（メートルの歴史がすでに紆余《うよ》曲折《きょくせつ》を経てきたことを思えば、これも驚くにはあたらない）。スペクトル線を詳しく調べたところ、思っていたほど純粋な単色でもなければ線幅が細いわけでもないことがわかったのだ。おそらくはカドミウムのサンプルに複数の同位体が混在していたために、放たれた光の位相が期待したほど揃っていなかったせいだと見られている。こうして、あいにくカドミウムでは一メートルの長さを正式に定義できないことになった。カドミウムを用いて定められるものがほかにいくらあろうとも、肝心なメートルには向かないのである。度量衡に関する国際組織が様々な会合を重ねるあいだ、白金＝イリジウム合金製の棒は現状の地位に果敢にしがみつき、ほかの原子の放射光という誘惑に次々と襲いかかられても生き長らえた。しかし、とうとう一九六〇年に一つの合意がなされた。

クリプトンを基準にすることで話が決着したのである。クリプトンは不活性なガスであり、微量が空気中に含まれているのが一八九八年に発見されたばかりだ。ネオンサインに最も多く使われている元素として、一番知られているかもしれない（「ネオン」というわりには元素のネオンが封入されていることは滅多にない）。もっと重要な特徴は、クリプトンの発する光からはきわめて明確なスペクトル線が得られるということだ。天然に六種類存在する安定同位体の一つにクリプトン‐86がある。*この同位体は見事に位相の揃った光を放ち、赤みがかったオレンジ色の放射光の波長も厳密に測定されている(六〇五七・八〇二一一オングストローム)。そこで一九六〇年一〇月一四日に国際度量衡総会は、このクリプトン‐86こそが理想的な候補であり、カドミウムがオングストロームを定めたようにメートルの基準になってくれるとほぼ満場一致で決めた。

そして、メートルが「今日の計量学のニーズに見合うだけの精密さ」で定義されていないとの委員の声に応え、以後の一メートルは「真空中におけるクリプトン‐86原子の準位2p10と5d5のあいだの遷移に相当する光の波長の一六五万七六三・七三倍に等しい長さ」だという合意がなされた。

この一言で、従来のメートル原器は無用の長物も同然になる。メートル原器は一八八九年以来、あらゆる長さを測定する際の究極の基準として存続してきた。かつて哲学者のルートヴィヒ・ヴィトゲンシュタインは、ややこしいがじつに的確で滑稽な言葉を残している。「この世には、一メートルだとも一メートルでないともいえないものが一つある。それが、パリにある国際メートル原器だ」。だが、それももう一九六〇年一〇月一四日で終わった。以後は、パリにもほかのどこにも国際メートル原器は置かれなくなった。長さの尺度は物理的な世界を離れ、宇宙のもつ冷淡で絶対的な領域へと足を踏み入れたのである。

国際度量衡総会は平時の四年に一度、通常はパリで開催される。一九六〇年の第一一回総会は、計量学という学問領域が誕生して以来の画期的な決定が下されただけでなく、ほかにもいろいろなこと

＊ 不安定同位体のクリプトン‐85はおよそ一一年の半減期をもち、核爆発や核燃料再処理の副産物として生成される。このガスが上層大気に立ち昇っていることが、北朝鮮上空にあった人工衛星によって検知された。

が決議された。なかでも特筆すべきは、現行の「国際単位系」という名称と、略称の「SI」が正式に採択されたことである。「SI」というのはフランス語の「Système International d'unités」の頭文字を取ったものだ。今では世界のほとんどの国でSIが知られ、認められ、使用されている。SIを構成するのは七つの基本単位だ。長さ（単位はたびたび登場しているメートル）、質量（キログラム）、時間（秒）、電流（アンペア）、温度（ケルビン）*、物質量（モル）、そして光度（カンデラ）である。今では、この七つのうち六つが、人工物ではなく自然現象（主に光や、原子の数やふるまいなどに関する現象）によって定義されている。

第一一回総会で決まったのはこれだけではない。基本単位のほかにも、ヘルツ、クーロン、ボルト、オーム、ファラド、テスラ、ルーメン、ルクスといった「組立単位」が採用されたとともに、大小を表わす接頭辞も制定された。大きいほうではテラ、ギガ、メガ、キロ、ヘクト、デカ、小さいほうではデシ、センチ、ミリ、マイクロ、ナノ、ピコである。

しかし、もう一つの古い基準であるキログラムの窮状を救う結論は得られなかった。委員たちはまったく新しい体系を定めながらも、キログラム原器を暗い地下室の三重ガラスに閉じ込めたままにしてパリを発ったのである。キログラム原器は憂鬱に沈み、惨《みじ》めさを噛みしめながら、前世紀の遺物としてそのまま残された。キログラムの新たな定義が誕生し、磨き抜かれた金属の円柱（幅と高さがジッポライターほどのゴルフボール大）が国際基準としての任を解かれるまでには、その後六〇年近くを要することになる。二〇一八年後半には容器が取り除かれ、キログラム原器が地下室から博物館へと移されることが決まるだろう。古い時代の、古いテクノロジーが遺した形見として。

キログラムの定義改定がこれだけ遅れたことで、計量学におけるさらに新しい技術革新の恩恵をキログラムは受けることになった。何かというと、ほかの基本単位すべての鍵を握るものでありながら、そのことが長らく見過ごされていた単位と関連づけられることになったのだ。その単位とは、時間。秒である。

そこに絡んでくるのが周波数という概念である。何かが一秒間に何回起きるかが周波数だ（つまり、周波数が大きいほど、何かが一回起きるのに要する時間は短いという反比例の関係がある）。現行のＳＩにおける七つの基本単位**のうち、時間に触れられていないのは一つしかない。周波数は様々なと

＊　当然といえば当然だが、いずれの定義にも詩的なところはほとんど感じられない。もっとも、ケルビンにはほのかなロマンを垣間《かいま》見《み》る人がいるかもしれない。ケルビンとは、水の三重点の熱力学温度（水蒸気、水、氷が共存する温度）の二七三・一六分の一と定義されている。ただし、ありきたりの水ではいけない。「ウィーン標準平均海水」と呼ばれるものを使用する必要がある。これは、平均的な海水が蒸留されて真水になったものを表わすとされ（訳注　含まれる同位体の比率などが厳密に規定された純水）、そのくせウィーンという、ヨーロッパの中でもおよそ海とかけ離れた内陸国の首都が名称の一部になっている。

＊＊　前述の通り七つの基本単位とは、メートル（長さ）、キログラム（質量）、秒（時間）、アンペア（電流）、ケルビン（温度）、モル（物質量）、カンデラ（光度）である。「組立単位」とはこれらを補完するものであり、たとえばクーロン（電気量）、ニュートン（力）、パスカル（圧力）、ファラド（電気容量）など、全部で二二個が制定されている。そのなかには、広く知られた「テスラ」も含まれている。これは、「磁束密度」という知名度の低い特性を表わす単位であり、近代の科学者のなかでも人気の高いニコラ・テスラにちなんだ呼称だ。テスラがこの栄誉を勝ち取ったのは、死後一七年経った一九六〇年だった（訳注　日本では磁束単位として長らくガウスが使われ、テスラの使用が法的に定められたのは一九九三年のこと）。

ころに関係してくるのだ。

例を三つ挙げれば十分だろう。

一つめはカンデラ。光源の明るさを示唆する単位なので、一見すると時間とは何の関係もなさそうに思える。ところがそうではない。現行のＳＩにおける一カンデラの定義は次の通りだ。「周波数五四〇×一〇の一二乗ヘルツの単色放射を放出する光源の放射強度が、六八三分の一ワット毎《まい》ステラジアンである方向における光度」。ヘルツとは一秒間に振動する回数を表わすものなので、ここで光度は正式に秒と関連づけられ、時間の概念と結び付いたのである。

もう一つの例はメートルの長さだ。今ではこれも秒と関連づけて表わされるようになっている。「光が真空中を二億九九七九万二四五八分の一秒間に進む距離」というのが一九八三年以降の定義だ。距離と時間が関係することに誰もが同意したのである。

そして、大事にされすぎてきた感のあるキログラムも、まもなく光速との関連で再定義されることになる。質量と光速をつなぐのが、かの有名な「プランク定数」（巻末用語集参照）だ。詳細は割愛するが、その数値は「$6.62607004 \times 10^{-34}\ m^2 \times kg/s$」である。使われている記号からもうかがえるように、これは周波数と密接に結び付いており、したがって秒が関係してくる（訳注　新しい定義によるキログラムは「所定の周波数をもつ光子のエネルギーと等しい質量」となる）。そうであるべきだと世界が同意したわけであり、こうして時間がすべての基本単位を支えるものとなった（訳注　このキログラムに加えていくつかの基本単位に大幅な見直しを加えることが二〇一八年一一月の国際度量衡総会で正式に決議され、新しいＳＩが二〇一九年五月から施行された）。

ガリレオがその先見の明で、ピサの大聖堂のランプが揺れるのを見たときに気付いたように、そしてのちにウィルキンズ師が提案し、タレーラン侯があとに続いたように、すべては時間とつながっているのである。

では、そもそも時間とは何なのだろうか。

初期キリスト教の教父である聖アウグスティヌスは、こう語ったと伝えられている。「誰からも尋ねられなければ、それが何かを私は知っている。尋ねられたときに説明しようとすると、わからなくなる」。時間が動くことは私たちも理解している。だが、どうやって動くのだろうか。時間が動くとは、具体的にどういうことなのだろう。そしてなぜそれは一方向のみに、つまり前にしか進まないのか。そもそも時間の「方向」とは何を意味するのか。かつてアインシュタインが述べたように、「時間とは時計が刻むもののことである」という以上に厳密な定義を示せるものなのだろうか。

こうした問いが、本書にとってにわかに重要な意味を帯びてきた。

時間の蓄積を私たちがどう整理する（そしてこれまで整理してきた）かは、選択の問題である。分、時、日については意見の相違はほとんどない。* なんといっても、太陽が昇って沈むことが古くから時間の性質を決めてきたわけであり、したがって上から下へのトップダウンで設定するのが人間社会には都合がよかった。だから一九五〇年代という比較的最近になっても、トップダウンの底辺に位置する「秒」については「一日に経過する時間の八万六四〇〇分の一」という定義がなされていた。「日」より大きな単位である週や月や年は、人間が生み出した括《くく》りだ。だから宗教や慣習、あるいは個人の気まぐれによっても大きく変動する。しかし、ＳＩの基本単位の一つである秒については、ほかの基本単位と齟齬《そご》を来《きた》さないようにするのが現代の計量学者の使命とみなされている。時間の大きな単位については好きなようにさせておけばいい。だが、秒だけは侵すべからざる聖域なのだ。

一九六七年になるまで、秒は自然現象と深く結び付いていた。トップダウンの頂点に君臨する一日の長さを基準にし、それを割っていくわけである。一日の長さを計るものは日時計であったり秒振り子であったりし、振り子の腕の長さが決める間隔で時を刻んでいた。太陽が天頂（つまり私たちがいうところの正午）に達してから次の天頂に位置するまでの時間を八万六四〇〇で割り、それと同じ間隔で左右に振れるように振り子の長さを調節する。その作業は、手間はかかるもののけっして難しくはない。学校で習った方程式「$T = 2\pi\sqrt{l/g}$」を当てはめるのも、それに輪をかけて簡単だった。ここでは、lは振り子の長さ、gは重力加速度、Tは振り子の周期（振り子が行って戻ってくるまでの時間）を表わす。

一日の長さから一秒の長さを導き出すのはかくのごとく簡単だ。厄介なのは、一日の長さ自体がけっして一定していないことである。この事実は古代から知られており、そこには様々な要因が働いている。潮汐《ちょうせき》摩擦（訳注　潮汐に伴って移動する海水と、海底および陸岸とのあいだで生じる摩擦のことで、これによって地球の自転速度が遅くなる）や、地球の自転軸が首振り運動をしていること、地球の自転時間が徐々に長くなっている（逆にときおり規則性もなく加速する）ことなどだ。基準となる一日の長さが元々不安定で変動するのだとしたら、それをもとに正確に秒を定義するなどできるはずがない。これはまさしく、前述のジェームズ・クラーク・マクスウェルが指摘した問題点である。

この問題に対処するためにまず行なわれたのは、一日の長さではなく、もっと大きな一年の長さをトップダウンのピラミッドの頂点に据えることだ。地球が太陽の周りをちょうど一周するのに要する法をいう。

時間を基準にし、そこから次々に割り算をして秒を求めればいい。こうして「暦表時《れきひょうじ》」が誕生した。暦表時とは、古来からの観察を通して記録されてきた惑星や恒星の動きをもとにして、定められた時法をいう。

天文暦と呼ばれる表は、観測方法の進歩（初めは望遠鏡から、のちには人工衛星から）とともに精度を増している。こうして一九五二年には、ＮＡＳＡのジェット推進研究所の計算による現代的な天文暦が標準となった。

これを受け、一秒は一、年の三一五五万六九二五・九七五分の一と定められた。ただし、どの「一年」でもいいわけではない。一九〇〇年の一月〇日に始まる一年である。この「〇日」というのは、一八九九年一二月三一日から一九〇〇年一月一日へ移る瞬間を表現したものだ。「年」は人間がつくった概念であり、〇日で始まる年など存在しないのだが（それを不便に思う人がいようがいまいが）、そんなことはお構いなしである。数を数えるときには〇があり、デジタル時計は〇時を表示しはするが、〇日から開始されるカレンダーなどない。

＊　六〇秒で一分、六〇分で一時間、二四時間で一日というのは、現在ではほぼ全世界的に受け入れられている。しかし、フランスには長らく十進法を好む伝統があって、長さや質量と同様に、時間も一〇ずつで割る（これを十進化時間という）のが理に適《かな》っているとの主張が今も聞かれる。中国では何世紀ものあいだ十進化時間が用いられていたのだが、これがいささか規則性に欠けるものだった。かなり長いあいだ、基本単位となる「刻」の長さが時代や地域によってまちまちだったのである。不一致を一致させたのは、一七世紀に中国を訪れたイエズス会士だった。一刻は四分の一時間だと宣言したのである。以後、中国は少しずつ日周を基準にした制度に移行していき、諸外国と足並みを揃えた。

ともあれ、やがては公転に基づく一年自体が、一日と同様に恣意的で精密さに欠けることが浮き彫りになる。もっと精度の高い時法が必要だった。幸いにも、その答えはすでに出番を待っていた。マクスウェルの出した答えである。自然界には、とりわけ原子や亜原子のレベルで、何があっても絶対に変わることのない周波数で振動するものが存在する。少なくとも、計測可能な変化が起きることはない。

セイコーのところで見たクオーツ（水晶）もそうした一つである。クオーツ時計が刻む一秒は、ばらつきのない精密な一秒である。その一秒が音もなく積み重なって精密な一分になり、それが精密な一時間となり、精密な一日となる。

しかしマクスウェルは、人間の身体はもちろん、たとえ惑星であっても、それを基準にメートルやキログラムを決めるのは不正確だと反論した。それと同じように、二〇世紀後半にはクオーツでは不十分なことが露呈していった。一般的な時間の消費者にとってはクオーツ時計でも不足はないが、科学者にとっても、世界中の国家計量標準機関にとっても、明らかに精度が足りない。そこで登場したのが、現在の秒の定義の基準となっている「原子時計」である。

原子時計も基本原理は同じだ。天然の物質は、測定可能な固有の速度で振動するように誘導できる。水晶の場合なら電荷を加えればよく、そのことを突き止めるのも容易だった。だから時計に用いる候補として非常に魅力があったわけである。原子の場合の振動はそう単純なものではない。候補となる元素の原子核の周りを回っている一個の電子を、別の軌道に飛び移らせる必要がある。これを「量子飛躍（quantum jump）」という（英語で「突然の大躍進」のことを「quantum jump」というのは、ここからきている）。電子がその基底状態から高いエネルギー準位へとジャンプし、そこから元へ戻るときに、きわめて安定した電磁波を放出することは一九世紀から知られていた。

　このような遷移によって放たれる電磁波は、非常に厳密で安定した周波数をもっている。そのため、いつの日か時計に利用できるのではないかと大勢の物理学者が考えていた。この基本概念を初めて形にして見せたのが、一九四九年のアメリカである。アンモニア分子の振動を用いたメーザー（のちのレーザーの誕生につながったもの）を開発したのである。

　最初の本格的な原子時計が発明されたのは一九五五年。イギリス国立物理学研究所のルイス・エッセンと同僚のジャック・パリーが試作品をつくり、その心臓部としてセシウム原子の電子遷移を利用した。セシウムと聞いて不思議に思う人もいるかもしれない。セシウムは淡い金色の物質で、金属のなかで最も柔らかく、室温ではほとんど液体である。空気中で自然発火し、水に触れると爆発する性質ももつ。だが、電子の遷移に際して一定不変の周波数で電磁波を放射するので、大きな価値と有用性をもっている。エッセンとイギリス国立物理学研究所からの度重なる訴えを受け、セシウム原子時計を基準にして新しく秒を定義することが一九六七年の国際度量衡総会で決定された。

　本書執筆時点でもそのときの定義が使われている。ごく単純にいうと（「単純」という言葉が適切かどうかはさておいて）、「セシウム‐133原子の基底状態における二つの超微細準位間の遷移に対応する放射の振動周期の九一億九二六三万一七七〇倍の継続時間」である。この一〇桁の数字に思わず圧倒されるかもしれない。だが、相応の仕事をしている計量学者であれば誰でも知っており、電話番号と同じくらい頻繁に口に上《のぼ》るものだ。

　セシウム原子時計はいまだに高価でかさばる代物だが、今や様々なところに設置されている。世界で三二〇台あるといわれ、互いにチェックしあっている。また、アメリカにあるマスタークロックが一二分ごとにナノ秒単位の誤差を修正している。さらにこれらすべての時計は、より正確なセシウム原子泉《げんしいずみ》時計と照らし合わせて自らを較正《こうせい》する。この時計は世界に十数台ある。仕組みはというと、ステンレススチール製の真空の容器内でセシウム原子を上方に打ち上げ、落ちてきたところにマイクロ波を照射するというものだ。このやり方だと、普通のセシウム原子時計よりさらに精度を上げることができる。

　アメリカにはメリーランド州とコロラド州にマスタークロックがある。メリーランド州では、首都ワシントンのアメリカ海軍天文台*に五七台ものセシウム原子時計が設置されていて、第8章で取り上げたGPS（時間をベースにした高精度の測位システム）に肝心かなめの時報を送っている。そのワシントンの時計を補正しているのがコロラド州にある二四台であり、シュリーバー空軍基地内で厳重に管理されている。

　これらに加え、新しい種類の原子時計も世界中の計量標準研究所で製造や実験が進められている。アメリカ標準技術局が研究しているイッテルビウム光格子時計などは、その最たるものだ。現行の原子時計の正確さも、開発中の新しい原子時計が謳う正確さも、もはや信じられる領域を超えようとしている。たとえば英国規格協会によれば、標準的なセシウム原子時計の誤差がおよそ一〇のマイナス一三乗秒なのに対し、「NPL-CsF2」と呼ばれる精緻なセシウム原子泉時計は、誤差二・三×一〇のマイナス一六乗秒という精密さで時を刻むことができる。数字にするとじつに〇・〇〇〇 〇〇〇 〇〇〇 〇〇〇 〇〇〇 〇〇〇 二三秒だ。

　これはつまり、一億三八〇〇万年で一秒しか狂わないことを意味する。

　現在開発中の量子論理時計や光格子時計は、さらに驚異的な数字を誇る。ある量子論理時計などは八・六×一〇のマイナス一八乗秒を標榜している。これは、三七億年で一秒しかずれないということだ。そんな時計が実用化されたらどうなるか。数日に一度ポケットから懐中時計を取り出し、愛おしげに時間を合わせるという微笑ましい光景は、人々の想像からも記憶からも永遠に消え失せてしまうだろう。

これほど精密に時間測定がなされるというのは、もはや俗世とは完全にかけ離れている。科学はすでにそんな世界に飛び込んでおり、異様なまでの精密さで時間を計測することに資金と機材と人員が投じられてきた。それもこれも、時間が「すべての土台」だからという、計量学者にとっては自明の単純な理由によるものである。この「すべて」のなかには、今や重力の特性も含まれるようだ。たとえば一個の時計を、別の時計より五センチ高いだけのテーブル上に置いたとしよう。すると、高い位置の時計のほうが時間が速く進む。測定できるかできないかという微々たる差にすぎないが、差があることには議論の余地がない。なぜなら、たった数センチ高いだけでも、地球の重力の影響が少なくなるからである。

＊　この天文台は、マサチューセッツ大通りのイギリス大使館近くにある低い丘の上に建っている。この場所が選ばれたのは、当時はまだ小さかった南側の都市からの光害を避けるためだった。ところが今や天文台の周りは都市圏の郊外部となっており、そこから発せられる大量の光に囲まれている。ちなみに、囲まれているのは光にだけではない。大勢のシークレットサービスにも取り巻かれている。というのも、かつての天文台長の屋敷だったところが、現在は合衆国副大統領の公邸（地下には核シェルター付き）になっているからだ。

この時間と重力の関連は現在、証明されつつある。そして、思いがけないことではあるが、それを成功させるためのお守りのようなものをもっているのが中国（時間の性質について数々の研究が進められている国）だ。北京市には、豊富な予算で建てられた真新しい研究センターがあり、そこで計量学者たちが時間に関係する実験を行なっている。あるとき嬉しい偶然の一致が起きた。研究センターの正面玄関の外で、イギリスからの贈り物が届いたのである。贈り主は、ロンドン西部のテディントンにある国立物理学研究所。イギリスにおける国家計量標準機関である。

それは一本のリンゴの苗木だった。

一見したところ何の変哲もなく、たくさんのなかから一本抜き出しただけのように思える。ところがそれは非常に特別な木だった。北京の夏が暖かく、乾燥しすぎないのであれば、「フラワー・オブ・ケント」という品種のリンゴが実をつける。歯触りがよく、果汁が多く、酸味が強いといわれている。だが、特別なのはそこに理由があるからではない。苗木の祖先にだ。

その苗木は、一九四〇年代にロンドン南部の果樹の研究所で接ぎ木された接ぎ穂から育てられたものである。その接ぎ穂は、バッキンガムシャー州にある大修道院の庭の木から採られたものであり、その庭の木は一八二〇年代に植えられたものだった。その木の元をたどると一本の大木に行き着く。その大木は歴史的な大嵐によって倒れてしまったものの、少し北のリンカンシャー州にある「ウールズソープ屋敷」に長いあいだ生えていた。

ウールズソープ屋敷はアイザック・ニュートンの生家である。「奇跡の年」（訳注　ニュートンが次々に大発見をしたことからそう呼ばれる）である一六六六年の夏に、ニュートンはケンブリッジから生家に疎開してきた（訳注　ペストが流行してケンブリッジ大学が閉鎖されたため）。そのとき、リンゴが木から落ちるのを見たというのは有名な話である。リンゴを地面へと追いやった力について思い巡らすうち、重力という概念を考えついた。さらにそれを論理的に敷衍《ふえん》すれば、その力がただの果物だけでなく、月の一定した運動や地表からの距離にも影響していることに思い至る。

そのニュートンのリンゴの木が(より正確にいえばその子孫が)、今では北京市内の庭で花開き、実を結んでいる。近くには明朝の皇帝が多数眠る陵墓《りょうぼ》群があり、遥かな山の稜線に万里の長城を望む。そんな場所で、中国の最も若い世代の科学者たちが、自分たちが知力を傾けて研究している内容を裏付けるべく、規則正しく刻まれる時に重力がどう作用しているかをできる限り正確に突き止めようとしている。

いい換えれば、私たち全員を地球に留めている不思議な力と、刻々と過ぎていく時間とのあいだに、物理的で追跡可能なつながりが存在することを証明しようとしているのだ。突き詰めれば私たちはその時間というものを利用して、つくるものや使うもののすべてを測定している。そして、絶対確実で厳密な時間の力を借りているからこそ、私たちは精密さを確立することができ、その精密さが現代世界を適切に機能させている。

謝辞

アストロラーベの表面には、真鍮でできた美しい円盤が取り付けられている。この円盤は、少なくとも七世紀ほど前から「リート（rete）」と呼ばれてきた。元はラテン語で「ネットワーク」を意味し、その点ではこの部品にじつにふさわしい。というのも、古い時代のアストロラーベは、確かに金属のネット（網）のように見えるものが多いからだ。もっと無骨な歯車の上にその網がかぶさることで、この最古の天文器械はつくられている。

最近では「リート」という言葉がインターネット上でも通用している。オックスフォード科学史博物館が運営するメーリングリストの名称として使われているのだ。このメーリングリストは広大な電子ネットワークである。正確さと精密さの違いや、計測や科学機器（もちろんアストロラーベやオーラリーも含む）、そして光学機器や暗号装置に興味をもつ世界中の人々が、リートを通じたサイバースペースで果てしない会話を繰り広げている。私は二〇一六年にこのメーリングリストに加わった。その際、自分が精密さの歴史について本を書こうとしていることを伝えたうえで、誰か何かいいアイデアがあるだろうかと、自信なげに切り出した。

するとどうだろう。たちまち地球のあらゆる場所から熱烈な返信の波が押し寄せてきた。ポツダムからパドヴァまで、プエルトリコからパキスタンまで、科学を愛する大勢の人々が助言をくれ、私に書籍を送り、学術論文へのリンクを貼り、学会に招待し、厳密さを要する研究の世界における主要な科学者の名前を何十人と教えてくれた。

だからここで私がまず最初にすべきことは、「リート」メーリングリストを創設して運営している人たちに感謝するとともに、私の初めの一歩を後押ししてくれた大勢の「リート仲間（retian）」たち（彼らはそう呼ばれるのを好む）に敬意を表することである。以下に挙げる数々の名前は、私がrete@maillist.ox.ac.ukを通じて最初に知り合ったマニアたちだ。いずれも事の大小を問わず、様々なかたちで私への手助けを惜しまなかった。

ジルケ・アッケルマン、ジェームズ・アッターバック、チャック・アリカンドロ、ダン・ヴィール、スコット・ウォーカー、メリッサ・グラフ、デヴィッド・ケラー、コンラッド・シュテフェン、マーティン・ストーリー、ダグラス・ソー、ピーター・ソコロフスキー、ジェームズ・ソールズベリー、スチュアート・デヴィッドソン、マイケル・デポデスタ、ウィリアム・トービン、シェリ・ドラゴス＝プリチャード、ハリシュ・バスカラン、リンジー・パパス、デヴィッド・パンタロニー、ベン・ヒューズ、バート・フリード、ジョン・ブリッグズ、ジークフリート・ヘッカー、パウル・ベルトレッリ、マーク・マキーチャーン、ロリー・マケヴォイ、グレアム・マチン、ダイアナ・ミューア、ジョン・ラヴィエリ、アンドリュー・ルイス、ブリジット・ルースマン、デヴィッド・ルーニー、クリストフ・ローザー、イアン・ロビンソン。

このうちの多くが口を揃え、ほかにも何人ものメンバーからすぐに勧められたのは、精密さの分野における二人の専門家に連絡をとったほうがいい、というものだった。専門家の一人は、イングランド南部にあるクランフィールド大学のパット・マキューン。もう一人は、ノースカロライナ大学シャーロット校のクリス・エヴァンズである。私は両方に会いに行き、どちらからも惜しみない支援の手を差し伸べていただいた。二人の手助けと励ましがなければ、この本を書くことはとうてい叶わなかっただろう。それほど大変にお世話になった。本書の記述に誤りや不適切な表現があるとすれば、いうまでもないがひとえに私の力不足である。

本書のためのリサーチをするあいだ、私はイギリス、日本、中国、およびアメリカの国家計量標準機関を訪ねた。そこで働く下記の人々に、とくに謝意を表したい。テディントンにあるイギリス国立物理学研究所のポール・ショア、ローラ・チャイルズ、サム・グレシャム。ゲーサーズバーグにあるアメリカ標準技術局のゲイル・ポーター、クリス・オーツ、ジョゼフ・タン。北京市昌平区にある中国計量科学研究院のケリー・ヤン。日本のつくば市にある計量標準総合センターの朝海《あさかい》敏昭と島岡一博。東京大学の国枝正典教授にも貴重な助言をいただいた。

ハッブル宇宙望遠鏡とジェームズ・ウェッブ宇宙望遠鏡の双方に関わっているＮＡＳＡやその他の研究者たちは、大いに力を貸してくれた。なかでも、ゴダード宇宙飛行センターのマーク・クランピンとリー・ファインバーグ、ハーバード大学のエリック・チェイソン、ならびに天文学研究大学院連合のマット・マウンテンにお礼を申し上げる。

また、下記の人々にも感謝を述べたい。ダービーにあるロールス・ロイス社のリチャード・レイ、クロエ・ウォルターズ、ビル・オサリヴァン。ロールス・ロイス・シルバーゴースト会のビリー・ケアリー。ロンドン科学博物館のマーク・ジョンソン、アンドリュー・ネイハム、ベン・ラッセル、ジム・ベネット、ジェニー・フュアリー。アイントホーフェンにあるASML社のイェルム・フランセ（それからオランダ滞在中に宿を提供してもてなしてくれた旧友のトニ・タック）。カリフォルニア工科大学のジョン・グロツィンガーとエド・ストルパー。パサデナにあるハンティントン図書館（一時期こもり続けた非常に快適な場所）のスティーヴ・ヒンドル。オックスフォード大学ボドリー図書館長（でありおそらく世界で最も素晴らしいオフィスにいる）リチャード・オヴェンドン。LIGOハンフォード観測所のフレッド・ラーブとマイケル・ランドリー。ノースロップ・グラマン社のジェシカ・ブラウン。セイコー社の成瀬啓子と宮寺昇。ライカカメラ社のステファン・ダニエル。そして、新聞記者時代の友人で、大変なライカ・コレクターであるクリス・アンジェログロー。

精密測定に関して膨大な知識を有するスティーブン・ウルフラムとその同僚のエイミー・ヤングは、思慮深い助言（およびエイミーの場合はクリスマス・クッキーのプレゼント）をくれた。核のことなら何でも詳しいジェレミー・バーンスタインからは、プルトニウムのいろいろなことを教わった。四〇年来の友人であるマックス・ホイットビーは、ナノテクノロジーについてじつに興味深い見解を披歴してくれた。私が卒業したオックスフォード大学セントキャサリンカレッジの現学寮長であるロジャー・エインズワースは、たまたまロールス・ロイス社ブレード冷却研究グループの中心メンバーの一人だったことがわかり、当時の貴重な思い出を語ってくれた。バーモント州ウィンザーにあるアメリカ精密博物館のアン・ローレスは、構想の段階から本書を支持してくれた。作家のヴィトルト・リプチンスキと映画監督のナサニエル・カーンも、本書に興味を示して背中を押してくれ、それが私には非常にありがたかった。

息子のルパート・ウィンチェスターは、細かく読み込むタイプの熱心な読書家で、おおむね完成した本書の原稿に目を通して貴重な意見を聞かせてくれた。これまでも私の著書のほぼすべてについてそうしてくれている。

ハーパーコリンズ社で新しく私の担当編集者になったサラ・ネルソンには、熱い賛辞を送らずにいられない。長年の経験を傾けて、当初の原稿を完成した文章へと仕上げてくれ、その最終形に私は控え目ながら胸を張っている。サラとは大変気持ちよく仕事ができた。良い関係を築けたものと確信しているし、今後もそれが長く続くことと思う。サラのアシスタントのダニエル・バスケスと、本書制作の最終段階でその任を引き継いだメアリー・ゴールは、ともにサラの信頼に適うだけの人物であることを証明した。また、一緒に楽しく働ける相手であることも示してくれた。同様に、海を越えた同社ロンドンでの私の担当編集者アラベラ・パイクにも謝意を表したい。アラベラと一緒に組むのは今回が初めてだったが、本書の原稿を読んだあとで自分の幼い息子へのクリスマスプレゼントにジョー・ブロックを買ったところを見ると、これから長く愉快な友情が育っていきそうな予感がする。

私のエージェントであるウィリアム・モリス・エンデヴァー社ニューヨークのスーザン・グラックと、同社ロンドンのサイモン・トレウィン、それからスーザンのアシスタントであるアンドレア・ブラットには、いつもながら感謝している。その粘り強さと忍耐力は伝説のスタッフと呼ぶにふさわしく、その恩恵を受ける身としてはこの上なくありがたく思っている。仕事の面はもちろん、一歩進んだ友情の面においてもそうであり、それがこれからも長く続くものと確信している。

最後になるが、妻のセツコにありがとうと言いたい。精密さと職人技との関係が（とりわけ日本において）変わりやすいことについて独創的な見解を聞かせてくれただけでなく、本書を手放しで熱烈に支持してくれた。セツコへの感謝が尽きることはない。

二〇一八年三月
マサチューセッツ州サンディスフィールド

サイモン・ウィンチェスター

用語集

アストラリウム（astrarium）　太陽系儀と天文時計の両方に似た機械仕掛けの装置。天空で起きる事象や惑星の運行を予測することができる。

アストロラーベ（astrolabe）　目盛りのついた金属製の円盤に、回転する部品がついた器具。天文現象を予測するために用いられた。

当たり金（frizzen）　火打ち石式発火装置（後出）で、火打ち石と衝突して火花を生じさせる金属部品。

アーミラリ天球儀（armillary sphere）　幾重にも交差した真鍮製の環を用いて、地球を取り巻く天球の様々な天文学的特徴（黄道、月の軌道、天の回帰線など）を表現した手の込んだ仕掛け。

オーラリー（orrery）　通常は時計仕掛けで動く太陽系儀。娯楽や学習の目的で、太陽や地球を中心にした天体の動きを疑似的に再現する。

回折格子（diffraction grating）　細くて平行な溝が等間隔で多数つけられた板。そこに光を通すと、鮮明なスペクトルが得られる。

隠れ垣（ha-ha）　大邸宅の広大な私有地などで、境界を示しつつ景観を損ねないために、野原や草地や庭園の周りに目立たないように人工的な溝を掘り、その溝の側面に石垣を設けたもの。

滑車ブロック（block）　一個ないし複数の滑車が外殻のなかに収められたもの。帆船のロープ類を巻き上げたり、非常に重い物を持ち上げたりするのに使われる。

カービン銃（carbine）　マスケット銃より少し短くて軽い。一般に騎兵が使用する。

カーボンファイバー（carbon fiber）　並外れた強さと軽さをもつ炭素の一形態。一九六〇年代に開発され、機械製造される製品に様々な用途で使用されている。

干渉計（interferometer）　光学をベースにしたきわめて正確な計測機器。光を二分割したあとで再び合流させ、それぞれの光がたどった経路の長さが異なると互いに干渉しあって、同心円状の干渉縞が表示される。その干渉縞から、長さの違いを推測することができる。

掘削（**石油産業関連**）（spud）　油田を掘削する際には、まずビットと呼ばれる硬い刃を岩盤に繰り返し落下させ、深さ三〇センチ程度の穴をあけてから本格的に掘り始める。

グラフェン（graphene）　炭素の一形態。シート状で、原子一個分の厚みしかなく、肉眼では見えない。二〇〇四年に人工的につくり出されたものだが、きわめて強度が大きく軽量なことから、現在多方面で研究が進められている。

計算尺（slide rule）　最近になるまで、技術者は胸のポケットにかならず計算尺を入れていた。これは携帯型の計算用具であり、対数目盛りのついた滑尺《かつしやく》を固定尺の上に滑らせることで、計算問題の答えを素早く概数として示すことができる。

限界ゲージ（go/no-go gauge）　工作物の仕上がり寸法が正しいかどうかを検査するための道具。

最大許容寸法を検査する側（これを「通りゲージ（go gauge）」という）と最小許容寸法を検査する側（これを「止まりゲージ（no-go gauge）」という）の一対からできている。

工具送り台（slide rest）　旋盤の一部。工具を固定し、それを工作物に水平に送ることで正確な工作を可能にする。

公差（tolerance）　機械工作される部品の寸法が、所定の基準値からどれだけ外れてもいいかを示す数値。精密度が高いものほど、小さな公差が求められる。

工作機械（machine tool）　金属の穿孔《せんこう》、切削、成形などを行なうための、通常は非携帯式の機械。よく「機械をつくる機械」と呼ばれる。

互換部品（interchangeable parts）　同じ種類の部品について、すべての形状が同一になるように製造されたもの。そのどれを使用しても、ほかの種類の部品と嵌め合わせて組み立てることができる。この考え方は現代の製造業の土台を成すものであり、一八世紀のフランスで誕生したのち、一九世紀に入ってアメリカの製造業を席巻した。

国際単位系（ＳＩ）（Système international d'unités [SI]）　ＳＩを公式に採用していないのは、世界でアメリカ、ミャンマー、リベリアの三カ国だけである。

コマ（coma）　レンズ収差の結果として、像が彗星状に尾を引いてぼやけること。

ジグ（jig）　作業を繰り返し何度も行なえるようにするために、工作物を固定し、工具やドリルを工作物の正しい位置に案内するための道具。手作業でつくられることが多い。

終課（compline）　修道院で聖務日課の最後に行なわれる祈り。また、それが行なわれる夜の時間を指す場合もある。

シリコン（silicon）　ケイ素のこと。地球を形成する岩石に最も多く含まれる成分。現在では、ほとんどのコンピュータ・チップの心臓部を構成している。

進入経路（glide path）　着陸間際の航空機がたどるべき最も適切な降下の道筋。

正確さ（accuracy）　測定や行動の結果が、望んでいたものと近いこと。的の中心に矢を命中させることが正確さに相当する。

精密さ（precision）　正確さや厳密さと同義に扱われることが多いが、工学の用語としては、できるだけ細かく測定することを意味し、測定値の小数点後の桁数が多いほど精密であることが示唆される。

旋盤（lathe）　工作物（通常は木材や象牙や金属）を回転させる工作機械のことで、長い歴史をもつ。工作物を水平な位置にしっかり保って回転させ、そこに工具を向かわせて作業をする。

タペット（tappet）　機械の内部にある小さい部品。回転するカムシャフトに接触して上下に動くことで、カムシャフトの運動をバルブなどの大きな部品に伝える役目を果たす。

タレーラン（Talleyrand）　一八世紀フランスの外交官にして聖職者（貴族でもある）。その狡猾さ、抜け目のなさ、そして尊大な態度で知られた。

朝課（matins）　修道院で聖務日課の最初に行なわれる祈り。最後の祈りは終課（前出）と呼ばれる。

調速機（governor）　機関に取り付けて、その速度を調節・制限する機械仕掛け。

テストマス（test mass）　ＬＩＧＯで用いられている融解石英製の円筒形の鏡。バランスをとるための錘《おもり》やバネなどからなる複雑な仕掛けと一緒に、ＬＩＧＯのL字型のアームの端に一個ずつ吊り下げられている。

鉄瓶（tetsubin）　日本の鋳鉄製のやかんのこと。蓋と取っ手が付いており、普通は炭火の上に載せて湯を沸かして茶をいれるのに用いる。

点火コイル（trembler coil）　T型フォードのような初期の自動車の点火装置に用いられ、点火のための火花を生み出す部品。

等級（軍艦の）（rate）　帆船時代の軍艦の分類法。一般に、軍艦に積まれた砲門の数で決まる。たとえば、一等艦は一〇〇門、二等艦は八〇門などである。

トレーサビリティー（traceability）　あらゆる計測器を、より精度の高い計測器で段階的に較正していき、最終的に国家標準へとつなげる経路のこと。たとえば、原子時計による絶え間ない時報に合わせて腕時計の秒針を修正できるのは、トレーサビリティーが確立されているからである。

トワーズ（toise）　一九世紀の初めに段階的に撤廃されるまで、フランスで用いられていた長さの単位。一トワーズは約一・九五メートルに相当。トワーズを六等分した単位がピエ。

ノギス（caliper）　二本の脚が付いている計測器。一本は固定されており、もう一本はスライドするか、向きを変えることができる。これで物体を挟んで外寸を測る。

バイメタル板（bimetallic strip）　金属の種類が異なると、様々な温度におけるふるまい方も違ってくる。したがって、そうした二種類の小さな金属片を貼り合わせた板は、温度変化に応じて曲がる性質をもつ。サーモスタットなどは、この現象を利用してスイッチのオン・オフを行なっている。

バナジウム（vanadium）　銀灰色で重い金属元素。鋼鉄にバナジウムを添加すると強度が大幅に向上することから、様々な特殊合金の添加剤として使用されている。

バーニヤ（vernier）　一六～一七世紀のフランスの数学者ピエール・ヴェルニエが考案し、その名を冠した副尺のこと（訳注　日本語呼称の「バーニヤ」は「ヴェルニエ」の英語読みが転じたもの）。主尺の上をスライドさせることで、主尺の一目盛間をさらに細かく読み取ることができる。

晩課（vespers）　修道院で日没の直後に行なわれる祈り。日没は教会暦で一日の終わりを示す。

パンタグラフ（pantograph）　平行四辺形になるようにつないだ金属棒を利用して、設計図や図表、立体的な物体などを正確に複製する装置。装置の一方の端で対象の輪郭をなぞると、反対端でペンや切削工具がまったく同じ動きをするために再現が可能になる。

半導体（semiconductor）　電気伝導性を変化させられる材料（シリコンやゲルマニウムなど）。小型電子機器に搭載されたトランジスタほぼすべての基盤を成している。

火打ち石式発火装置（flintlock）　金属製の部品を火打ち石に打ち付けることで、おおむね確実に火花を発生させ、それによって銃内の火薬に点火する装置。

非点収差（astigmatism）　カメラや望遠鏡で、一枚のレンズのなかに屈折率のムラがあるために、点が点として結像しない現象。

ファブ（fab）　電子部品を大量に製造する工場。

フォトリソグラフィー（photolithography）　写真画像を被印刷面に転写する印刷の一形態。今日では半導体の製造に使用されている。

フーコーの振り子（Foucault's pendulum）　非常に長い振り子をゆっくり揺らすと、振動が一方向に少しずつずれていくのを示すことができる（錘の下に目盛り板を置くことで）。一九世紀フランスの物理学者レオン・フーコーがこの現象を発見し、振り子の下の地球が自転していることを実験を通して証明した。そのため、振り子にその名がついた。

プラズマ（plasma）　気体の分子が自由電子と陽イオンに分かれ、不規則に運動している状態。著しい高温によって生じる。

プランク定数（Planck constant）　光子一個のもつエネルギーと、その周波数との比を表わす定数のこと。ドイツの物理学者マックス・プランクにちなんで名付けられた。通常は記号「h」で表わされる。

ブリティッシュ・スタンダード・ホイットワース（British Standard Whitworth）　ネジとネジ山を製作するうえでの基準一式。

ペルム紀（Permian）　石炭紀のあと、およそ三億年前から約五〇〇〇万年間続いた地質年代。ペルム紀に形成された厚い砂岩層や岩塩層の下に、それより古い時代にできた石油や天然ガスが埋蔵されていることが多い。

暴走（runaway）　機関の調速機に不具合が起きると、抑制が効かなくなって機関が暴走するおそれがある。そうなると、きわめて危険な事態が生じかねない。

放電加工（electrical discharge machining）　強い電圧を加えて火花を飛ばし、それによって金属を加工する方法。不規則な形をした工作物に小さな穴をあけるのに適している。

マイクロメータ（micrometer）　主に、細かくネジ山をつけたネジの回転とその前進・後退を利用して、微小な長さをきわめて精密に測定する機器。

マグネトー（magneto）　導線のコイルと磁石を利用した小型装置。機械的に回転させると火花を生じる。

目盛り刻印機（dividing engine）　通例、ウォームギヤで動く大きな輪をもった装置。計測機器に目盛りを刻むのに使用される。

面取り（chamfer）　角や縁の尖ったところを取り除いてなめらかにすること。

もやい綱（**操船術関連**）（springs）　船を波止場につなぎ止めるロープのこと。船長が「もやい綱を解け」と命じるのは、出航のためにそのロープをほどけという意味。

ユソウボク材（*lignum vitae*）　西インド諸島原産の樹木の木材。並外れた硬さと、樹脂を多く含むことで知られる。その樹脂が自らの潤滑剤代わりになるため、歯車などの機械部品に古くから使われてきた。硬くて密なので水に沈む。

ＬＩＧＯ（**ライゴ**）（LIGO）　「レーザー干渉計重力波観測所」の略称。時空の素地を伝わってくる重力波の通過を記録・測定している。アメリカのルイジアナ州とワシントン州にある計二カ所の観測所を指して用いられるのが普通だが、世界に点在する機器を結んだネットワークを広く指す場合もある。

量子力学（quantum mechanics）　原子や亜原子のレベルでの粒子や現象の相互作用と、その二重性を研究する物理学の一分野。

ルモントワール（remontoir）　定力装置とも。錘とゼンマイを組み合わせて、テンプに一定した動力を与える時計部品。

ロウ付け（brazing）　熱を利用して金属同士を接合させる方法の一つ。接合の強度は溶接より低く、ハンダ付けより高い。

六分儀、八分儀（sextant, octant）　恒星や惑星を利用して自分の位置を割り出すために、船乗りが使う手持ち式の器具。六分儀や、その前身である八分儀は、ほぼ完全にＧＰＳに取って代わられたものの、航海士は今もその使い方を学ばなくてはならない。

わび・さび（wabi-sabi）　完璧さとは対極にある概念。昨今、人気のあるこの言葉は、儚《はかな》いものや無骨なものを愛《め》でたり、内心密かに手仕事を好むことを素晴らしいと思ったりするような美意識を表わす。

訳者あとがき

日本に暮らしていると、物事が隅から隅まできちんとしているのが当然であるように思える。海外に滞在して初めて、いずこもがそうであるわけではないことに気付くというのはよく聞く話だ。物づくりにしてもそうである。世界一「精密な」製品を生み出す国はどこかと尋ねられたら、やはりそれは日本なのではないかと、多くの日本人がけっして自惚《うぬぼ》れではなく答えるに違いない。

だが、その「精密」とはどういう意味だろう。改めて問われると、説明に窮するのではないだろうか。本書の著者サイモン・ウィンチェスターは言う。現代人は精密さを欠くべからざるものとみなし、精密さにまみれて生活していながら、それがどういうものかをほとんど理解していない。精密さはいつの世にも存在したわけではなく、意図的につくられた概念であり、明確な誕生の場所と、誕生の日と、明快な定義をもつ。それは生まれ、成長し、進化してきたのであって、その過程は一つの「物語」として捉えることができる、と。精密さがどのようにして生を享《う》け、どんな道筋を経て今日《こんにち》へと至ったのか、またその進化をどういった人々がどうやって促してきたのか。その物語を大きなスケールで綴ったのが本書（原題 *THE PERFECTIONISTS : How Precision Engineers Created the Modern World*〔2018, 英版メインタイトルは *EXACTLY*〕）である。

著者は、工学における精密さの変遷を丹念にひもときながら、人物や技術や時代背景を活写していく。そこに登場するのは、海の底に眠っていた二〇〇〇年以上前の不可思議な機械。海上でも正確に時を刻む時計をつくることに取り憑かれた男。蒸気機関に画期的な改良を加えた「鉄狂い」。帆船の装備を大量生産するために四十数台の機械をこしらえた驚異の技術者。互換部品という革新的な発想。正反対の夢に向かったロールス・ロイスとフォード。初めてプロペラのない飛行機を空に飛ばした将校の執念。精密光学と宇宙望遠鏡。ＧＰＳ誕生の舞台裏。さらには極微《きょくび》のレベルで作動するトランジスタと、極大の宇宙からの囁きを捉えるための超精密な計測器だ。ヘンリー・ロイスやヘンリー・フォードなどの例外は別として、取り上げられている技術者は今の世では知名度の高くない人物が多い。だが本書を読めば、それぞれの成し遂げたことがいかに現代の便利な社会の土台をつくっているかがよくわかるだろう。

だからといって、ただ各人の人物像や人生を追っただけの偉人伝とは違う。本書の主人公はあくまで「精密さ」であり、それを可能にする技術だ。その技術と、背後にある科学と、その技術がどのように後世に影響を与えたかを、著者は丁寧にわかりやすく解説していく。

そして、精密さの来《こ》し方《かた》を振り返るに留まらず、その行く末にも思いを馳せる。著者が見るそれはけっして薔薇色の未来ではなく、度を越した精密さには警鐘を鳴らす。だが、一つの「絶妙なバランス」がとられている国として著者が注目するのが、どこあろう、この日本である。最終章の第10章は丸々日本について割かれ、著者のいう日本の「二面性」がクローズアップされる。日本人としては少々面映《おもは》ゆいところがなくもないが、なるほどこうした視点もあるかと、非常に興味深い。その意味で本書は日本人にとって、諸外国の読者は味わえない魅力の加味された一冊といえる。また、いわば精密さを特徴とする私たちが、そのアイデンティティーの重要な一部について理解を深める好機ともなるだろう（ちなみに、著者の妻で陶芸家のセツコ・サトウ・ウィンチェスターは、日系二世のアメリカ人である。著者が日本に興味をもつうえで、そのことも大きく手伝っているものと想像される）。

サイモン・ウィンチェスターは、ロンドン生まれでアメリカ在住の作家・ジャーナリストである。オックスフォード大学で地質学を学び、卒業後は鉱山会社や石油会社で野外地質学者として働いた。本書第8章にも、油田を掘り当てるために北海で仕事をしたときの様子が生き生きと記されている。その後、二〇代半ばで作家を志してジャーナリストへと転身。《ガーディアン》紙の海外特派員を長年務めたあとフリーランスとなり、新聞や雑誌向けに数々の記事を執筆するかたわら、十数作のノンフィクションを発表してきた。日本でも、『世界の果てが砕け散る――サンフランシスコ大地震と地質学の大発展』や『クラカトアの大噴火』など、邦訳書が何冊も紹介されているので、ご存知の読者も多いだろう。

なかでも、一九九八年に刊行されてアメリカでベストセラーとなった『博士と狂人――世界最高の辞書ＯＥＤの誕生秘話』（以上三点早川書房刊）は、一九世紀のイギリスを舞台に、本書でもときおり言及される『オックスフォード英語辞典』編纂に関わった二人の男を描いた実話だ。日本人読者のあいだでも、映画化してほしいほどの面白いドラマだとの声が聞かれていた通り、実際に二〇一六年から映画制作が着手され、ついに二〇一九年五月にアメリカで封切られた。メル・ギブソンとショーン・ペンのダブル主演によるこの映画は、ほぼ二〇年越しとなるギブソンの熱意が実って実現に漕《こ》ぎ着けた力作である。その魅力的なストーリーと二人の素晴らしい演技は、すでに観客から高い評価を得ている。日本での公開（現在は未定）が切に待たれるところだ。

最後に私事で恐縮だが、訳者の亡父は定年まで精工舎に勤めていた。したがって、本書の第10章を読んでこの名前を見つけたときには、その偶然に驚いた。しかも、父が機械屋だったというのは理解していたが、つい最近になって母から、父は「機械をつくる機械をつくっていた」のだと聞いた。まさに本書で大きな比重を占める、工作機械の製作に携《たずさ》わっていたわけである。それをもっと早く知っていたら、そして父が生きていたら、旋盤の操作法について質問したり、本書の登場人物や機械についてあれこれ話をしたりすることができたかもしれない。そう思うと残念であると同時に、この書を訳すという不思議な縁を通して、技術者としての父の一面を間接的に感じられたことが嬉しくもある。

本書は、新しい分野の知識を深める機会となっただけでなく、そうした特別な感慨を抱きながら作業できたという点で、訳者にとって思いの深い一冊となった。そんな本と出会わせてくれ、数々の的確で有益な助言を与えてくださった早川書房の伊藤浩さん、訳稿や原文を細かく読みこんで訳者の詰めの甘さを補ってくださった校正者の山口英則さん、そのほか刊行までにお世話になった方々に、この場を借りて心よりお礼を申し上げる。

二〇一九年七月

梶山あゆみ

参考文献

Ackermann, Silke. *Director's Choice: Museum of the History of Science*. Oxford. Scala Arts & Heritage Publishers. 2016.

Adams, William Howard. *The Paris Years of Thomas Jefferson.* New Haven, CT. Yale University Press. 1997.

Albrecht, Albert B. *The American Machine Tool Industry: Its History, Growth & Decline—A Personal Perspective.* Richmond, IN. Privately published. 2009.

Alder, Ken. *The Measure of All Things: The Seven-Year Odyssey and Hidden Error that Transformed the World.* Boston. Little,Brown. 2002.（『万物の尺度を求めて——メートル法を定めた子午線大計測』吉田三知世訳、早川書房、2006年）

Allen, Lewis, et al. *The Hubble Space Telescope Optical Systems Failure Report.* Washington, DC. NASA. 1990.

Althin, Torsten K. W. *C. E. Johansson 1864-1943: The Master of Measurement.* Stockholm. Aktiebolaget C. E. Johansson. 1948.

Atkins, Tony and Marcel Escudier. *Oxford Dictionary of Mechanical Engineering.* Oxford. Oxford University Press. 2013.

Atkinson, Norman. *Sir Joseph Whitworth: 'The World's Best Mechanician.'* Stroud, UK. Sutton Publishing. 1996.

Australian Transport Safety Bureau. *In-Flight Uncontained Engine Failure Overhead Batam Island, Indonesia. 4 November 2010.* Canberra. Australian Government. 2013.

Baggott, Jim. *The Quantum Story: A History in 40 Moments.* Oxford. Oxford University Press. 2011.

Baillie, G. H., C. Clutton, and C. A. Ilbert, *Britten's Old Clocks and Watches and Their Makers* (7th edition). New York. Bonanza Books. 1956.（『図説時計大鑑』大西平三訳、雄山閣出版、1980年）

Barnett, Jo Ellen. *Time's Pendulum.* New York. Plenum Press. 1998.

Bennett, Martin. *Rolls-Royce: The History of the Car.* New York. Arco. 1974.

Betts, Jonathan. *Harrison*. London. The National Maritime Museum. 1993.

Borth, Christy. *Masters of Mass Production*. New York. Bobbs-Merrill Co. 1945.

Bostrom, Nick. *Superintelligence: Paths, Dangers, Strategies*. Oxford. Oxford University Press. 2014.（『スーパーインテリジェンス——超絶AIと人類の命運』倉骨彰訳、

日本経済新聞出版社、2017 年）

Brown, Henry T. *Five Hundred and Seven Mechanical Movements*. New York. Brown and Seward. 1903.

Brown & Sharpe Mfg. Co. *Practical Treatise on Milling and Milling Machines*. Providence, RI. Brown & Sharpe. 1914.

Bryant, John and Chris Sangwin. *How Round Is Your Circle? Where Engineering and Mathematics Meet*. Princeton, NJ. Princeton University Press. 2008.

Burdick, Alan. *Why Time Flies: A Mostly Scientific Investigation*. New York. Simon & Schuster. 2017.

Cantrell, John and Gillian Cookson (eds.). *Henry Maudslay & The Pioneers of the Machine Age*. Stroud, UK. Tempus. 2002.

Carbone, Gerald M. *Brown & Sharpe and the Measure of American Industry*. Jefferson, NC. McFarland & Co. 2017.

Carey, Geo. G. *The Artisan; or Mechanic's Instructor*. London. William Cole. 1833.

CERN. *Infinitely CERN: Memories of Fifty Years of Research*. Geneva. Editions Suzanne Hurter. 2004.

Chandler, Alfred D. *Inventing the Electronic Century: The Epic Story of the Consumer Electronics and Computer Industries*. Cambridge, MA. Harvard University Press. 2005.

Chrysler, Walter P. and Boyden Sparkes. *Life of an American Workman*. New York. Dodd, Mead & Co. 1937.（『労働服の社長――クライスラー自伝』小野武雄訳、ダイヤモンド社、1956 年）

Collins, Harry. *Gravity's Kiss: The Detection of Gravitational Waves*. Cambridge, MA. MIT Press. 2017.

Cossons, Neil, Andrew Nahum, and Peter Turvey. *Making of the Modern World: Milestones of Science and Technology*. London. John Murray. 1992.

Crease, Robert P. *World in the Balance: The Historic Quest for an Absolute System of Measurement*. New York. W. W. Norton. 2011.（『世界でもっとも正確な長さと重さの物語――単位が引き起こすパラダイムシフト』吉田三知世訳、日経 BP 社、2014 年）

Crump, Thomas. *The Age of Steam: The Power that Drove the Industrial Revolution*. New York. Carroll & Graf. 2007.

Darrigol, Olivier. *A History of Optics: From Greek Antiquity to the Nineteenth Century*. Oxford. Oxford University Press. 2012.

Dawson, Frank. *John Wilkinson: King of the Ironmasters*. Stroud, UK. The History Press. 2012.

Day, Lance and Ian McNeil (eds.). *Biographical Dictionary of the History of Technology*. London. Routledge. 1996.

Derry, T. K. and Trevor Williams. *A Short History of Technology: From the Earliest Times to AD 1900*. Oxford. Oxford University Press. 1960.（『技術文化史』平田寛・田中実訳、筑摩書房、1971・1972年）

DeVorkin, David and Robert W. Smith. *Hubble: Imaging Space and Time*. Washington, DC. National Geographic Society. 2008.（『ビジュアル ハッブル望遠鏡が見た宇宙』金子周介訳、日経ナショナルジオグラフィック社、2009年）

Dickinson, H. W. *John Wilkinson, Ironmaster*. Ulverston, UK. Hume Kitchin. 1914.

——. *Matthew Boulton*. Cambridge, UK. Cambridge University Press. 1937.

Duncan, David Ewing. *Calendar: Humanity's Epic Struggle to Determine a True and Accurate Year*. New York. Avon Books. 1998.（『暦をつくった人々——人類は正確な一年をどう決めてきたか』松浦俊輔訳、河出書房新社、1998年）

Dvorak, John. *Mask of the Sun: The Science, History and Forgotten Lore of Eclipses*. New York. Pegasus Books. 2017.

Easton, Richard D. and Eric F. Frazier. *GPS Declassified: From Smart Bombs to Smartphones*. Lincoln. University of Nebraska Press. 2013.

Evans, Chris. *Precision Engineering: An Evolutionary View*. Bedford, UK. Cranfield Press. 1989.（『精密の歴史——人間はいかに精度をつくってきたか』橋本洋・上野滋訳、大河出版、1993年）

Fenna, Donald. *Dictionary of Weights, Measures and Units*. Oxford. Oxford University Press. 2002.

Free, Dan. *Early Japanese Railways 1853-1914: Engineering Triumphs That Transformed Meiji-era Japan*. Rutland, VT. Tuttle Publishing. 2008.

Gleick, James. *Chaos: Making a New Science*. New York. Viking. 1987.（『カオス——新しい科学をつくる』大貫昌子訳、上田睆亮監修、新潮社、1991年）

Golley, John. *Whittle: The True Story*. Shrewsbury, UK. Airlife Publishing Ltd. 1987.

Gordon, J. E. *Structures: or, Why Things Don't Fall Down*. London. Penguin. 1978.（『構造の世界——なぜ物体は崩れ落ちないでいられるか』石川廣三訳、丸善、1991年）

Gould, Rupert T. *The Marine Chronometer: Its History and Development*. London. J. D. Potter. 1923.

Guye, Samuel and Henri Michel, *Time & Space: Measuring Instruments from the 15th to the 19th Century*. New York. Praeger Publishers. 1971.

Hand, David J. *Measurement: A Very Short Introduction*. Oxford. Oxford University Press. 2016.

Hart-Davis, Adam (ed.). *Engineers: From the Great Pyramids to the Pioneers of Space Travel*. New York. Dorling Kindersley. 2012.（『世界を変えた技術革新大百科』荒俣宏監修、佐野恵美子・富岡由美訳、東洋書林、2013 年）

Heffernan, Virginia. *Magic and Loss: The Internet as Art*. New York. Simon & Schuster. 2016.

Hiltzik, Michael. *Big Science: Ernest Lawrence and the Invention that Launched the Military-Industrial Complex*. New York. Simon & Schuster. 2015.

Hindle, Brooke. *Technology in Early America*. Chapel Hill. University of North Carolina Press. 1966.

Hindle, Brooke and Steven Lubar. *Engines of Change: The American Industrial Revolution, 1790-1860*. Washington, DC. Smithsonian. 1986.

Hirshfeld, Alan W. *Parallax: The Race to Measure the Cosmos*. New York. Henry Holt. 2002.

Hooker, Stanley. *Not Much of an Engineer: An Autobiography*. Shrewsbury, UK. Airlife Publishing. 1984.

Hounshell, David A. *From the American System to Mass Production, 1800-1932*. Baltimore. Johns Hopkins University Press. 1984.（『アメリカン・システムから大量生産へ　1800-1932』和田一夫・金井光太朗・藤原道夫訳、名古屋大学出版会、1998 年）

Hunt, Robert (ed.). *Hunt's Hand-Book to the Official Catalogues: An Explanatory Guide...to the Great Exhibition*. London. Spicer Bros. 1851.

Johnson, George. *The Ten Most Beautiful Experiments*. New York. Knopf. 2008.（『もうひとつの「世界でもっとも美しい 10 の科学実験」』吉田三知世訳、日経 BP 社、2009 年）

Johnson, Steven. *Where Good Ideas Come From: The Natural History of Innovation*. New York. Penguin. 2010.（『イノベーションのアイデアを生み出す七つの法則』松浦俊輔訳、日経 BP 社、2013 年）

Jones, Alexander. *A Portable Cosmos: Revealing the Antikythera Mechanism, Scientific Wonder of the Ancient World*. Oxford. Oxford University Press. 2017.

Jones, Tony. *Splitting the Second: The Story of Atomic Time*. Bristol, UK. Institute of

Physics Publishing. 2000.（『原子時間を計る—— 300 億分の 1 秒物語』松浦俊輔訳、青土社、2001 年）
Kaempffert, Waldemar (ed.). *A Popular History of American Invention*. New York. A. L. Burt Company. 1924.
Kaplan, Margaret L., et al. *Precisionism in America 1915-1941: Reordering Reality*. New York. Harry N. Abrams. 1994.
Kaye, G. W. C. and T. H. Laby. *Tables of Physical and Chemical Constants*. London. Longman. 1911. 13th edition. 1966.
Kirby, Ed. *Industrial Sharon: Sharon, Connecticut, in the Salisbury Iron District*. Sharon, CT. Sharon Historical Society. 2015.
Kirby, Richard Shelton, et al. *Engineering in History*. New York. McGraw-Hill. 1956.
Klein, Herbert Arthur. *The Science of Measurement: A Historical Survey*. New York. Dover Publications. 1974.
Kula, Witold. *Measures and Men*. Princeton, NJ. Princeton University Press. 1986.
Lacey, Robert. *Ford: The Men and the Machine*. Boston. Little, Brown. 1986.（『フォード——自動車王国を築いた一族』小菅正夫訳、新潮社、1989 年）
Lager, James L. *Leica: An Illustrated History* (3 vols). Closter, NJ. Lager Limited Editions. 1993.（『ライカ、写真によるその歴史〈第 1 巻〉カメラ』銀座カツミ堂写真機店、1996 年）
Leapman, Michael. *The World for a Shilling: How the Great Exhibition of 1851 Shaped a Nation*. London. Hodder Headline. 2001.
Lynch, Jack. *You Could Look It Up: The Reference Shelf from Ancient Babylon to Wikipedia*. London. Bloomsbury. 2016.
Madou, Marc J. *Fundamentals of Microfabrication: The Science of Miniaturization*. Boca Raton, FL. CRC Press. 2002.
McNeil, Ian. *Joseph Bramah: A Century of Invention, 1749-1851*. Newton Abbot, UK. David & Charles. 1968.
Milner, Greg. *Pinpoint: How GPS Is Changing Technology, Culture, and Our Minds*. New York. W. W. Norton. 2016.
Mitutoyo Corporation. *A Brief History of the Micrometer*. Tokyo. 2011.
Moore, Wayne R. *Foundations of Mechanical Accuracy*. Bridgeport, CT. Moore Special Tool Co. 1970.（『超精密機械の基礎』日本光学工業株式会社訳、国際工機株式会社）
Muir, Diana. *Reflections in Bullough's Pond: Economy and Ecosystem in New England*.

Lebanon, NH. University Press of New England. 2000.

Mumford, Lewis. *The Myth of the Machine: Technics and Human Development*. New York. Harcourt Brace. 1966.（『機械の神話——技術と人類の発達』樋口清訳、河出書房新社、1971 年）

Nahum, Andrew. *Frank Whittle: Invention of the Jet*. Cambridge, UK. Icon Books. 2005.

Noble, David F. *America by Design: Science, Technology, and the Rise of Corporate Capitalism*. New York. Knopf. 1977.

——. *Forces of Production: A Social History of Industrial Automation*. New York. Knopf. 1984.

——. *The Religion of Technology: The Divinity of Man and the Spirit of Invention*. New York. Knopf. 1997.

Pearsall, Ronald. *Collecting and Restoring Scientific Instruments*. New York. Arco. 1974.

Penrose, Roger. *The Road to Reality: A Complete Guide to the Laws of the Universe*. London. Random House. 2004.

Pugh, Peter. *The Magic of a Name: The Rolls-Royce Story—The First Forty Years*. London. Icon Books. 2000.

Quinn, Terry. *From Artifacts to Atoms: The BIPM and the Search for Ultimate Measurement Standards*. New York. Oxford University Press. 2012.

Rid, Thomas. *Rise of the Machines: A Cybernetic History*. New York. W. W. Norton. 2016.（『サイバネティクス全史——人類は思考するマシンに何を夢見たのか』松浦俊輔訳、作品社、2017 年）

Rolls-Royce PLC. *The Jet Engine*. Chichester, UK. Wiley. 2005.

Rolt, L. T. C. *Tools for the Job: A Short History of Machine Tools*. London. Batsford. 1965.（『工作機械の歴史——職人の技からオートメーションへ』磯田浩訳、平凡社、1989 年）

Rosen, William. *The Most Powerful Idea in the World: A Story of Steam, Industry and Invention*. Chicago. University of Chicago Press. 2010.

Roser, Christoph. *"Faster, Better, Cheaper" in the History of Manufacturing: From the Stone Age to Lean Manufacturing and Beyond*. Boca Raton, FL. CRC Press. 2017.

Russell, Ben. *James Watt: Making the World Anew*. London. Reaktion Books. 2014.

Rybczynski, Witold. *One Good Turn: A Natural History of the Screwdriver and the Screw*. New York. Touchstone/Simon & Schuster. 2000.（『ねじとねじ回し——この千年で最高の発明をめぐる物語』春日井晶子訳、早川書房、2010 年）

Schivelbusch, Wolfgang. *The Railway Journey: The Industrialization of Time and Space*

in the Nineteenth Century. Oakland. University of California Press. 1977.（『鉄道旅行の歴史——19 世紀における空間と時間の工業化』加藤二郎訳、法政大学出版局、2011 年）

Schlosser, Eric. *Command and Control: Nuclear Weapons, the Damascus Incident, and the Illusion of Safety*. New York. Penguin. 2013.（『核は暴走する——アメリカ核開発と安全性をめぐる闘い』布施由紀子訳、河出書房新社、2018 年）

Setright, L. J. K. *Drive On! A Social History of the Motor Car*. London. Granta Books. 2003.

Singer, Charles, et al. *A History of Technology: Vol IV: The Industrial Revolution, 1750-1850*. Oxford. Oxford University Press. 1958.（『技術の歴史』平田寛ほか訳編、筑摩書房、1978 年）

Smil, Vaclav. *Prime Movers of Globalization: The History and Impact of Diesel Engines and Gas Turbines*. Cambridge, MA. MIT Press. 2010.

Smiles, Samuel. *Lives of the Engineers* (5 vols). London. 1862.

——. *Industrial Biography: Iron Workers and Tool Makers*. London. 1863.

Smith, Gar. *Nuclear Roulette: The Truth about the Most Dangerous Energy Source on Earth*. White River Junction, VT. Chelsea Green Publishing. 2012.

Smith, Merritt Roe. *Harpers Ferry Armory and the New Technology: The Challenge of Change*. Ithaca, NY. Cornell University Press. 1977.

Sobel, Dava. *Longitude: The True Story of a Lone Genius Who Solved the Greatest Scientific Problem of His Time*. New York. Walker and Company. 1995.（『経度への挑戦』藤井留美訳、角川書店、2010 年）

Soemers, Herman. *Design Principles for Precision Mechanisms*. Eindhoven, Netherlands. 2011.

Standage, Tom. *The Turk: The Life and Times of the Famous Eighteenth-Century Chess Playing Machine*. New York. Walker and Company. 2002.（『謎のチェス指し人形「ターク」』服部桂訳、NTT 出版、2011 年）

Stephens-Adamson Manufacturing Company. *General Catalog No. 55*. Aurora, IL. Stephens-Adamson Mfg. Co. 1941.

Stoddard, Brooke C. *Steel: From Mine to Mill, the Metal that Made America*. Minneapolis. Quarto. 2015.

Stout, K. J. *From Cubit to Nanometre: A History of Precision Measurement*. Teddington, UK. National Physical Laboratory. Penton Press. No date.

Tomlinson, Charles. *Cyclopaedia of Useful Arts, Mechanical and Chemical,*

Manufactures, Mining, and Engineering (3 vols.). London. Virtue and Company. 1866.

Tsujimoto, Karen. *Images of America: Precisionist Painting and Modern Photography*. San Francisco. San Francisco Museum of Modern Art. 1982.

Usher, Abbott Payson. *A History of Mechanical Inventions*. Cambridge, MA. Harvard University Press. 1929.

Utterback, James M. *Mastering the Dynamics of Innovation*. Boston. Harvard Business School Press. 1994.（『イノベーション・ダイナミクス――事例から学ぶ技術戦略』大津正和訳、小川進監訳、有斐閣、1998年）

Vessey, Alan. *By Precision into Power: A Bicentennial Record of D. Napier & Son*. Stroud, UK. Tempus. 2007.

Wagner, Erica. *Chief Engineer: Washington Roebling: The Man Who Built the Brooklyn Bridge*. New York. Bloomsbury. 2017.

Watson, Peter. *Ideas: A History of Thought and Invention, from Fire to Freud*. New York. Harper. 2005.

Wilczek, Frank. *A Beautiful Question: Finding Nature's Deep Design*. New York. Viking. 2015.

Wise, M. Norton (ed.). *The Values of Precision*. Princeton, NJ. Princeton University Press. 1995.

Wolfram, Stephen. *Idea Makers: Personal Perspectives on the Lives and Ideas of Some Notable People*. London. Wolfram LLC. 2016.

Yapp, G. W. (compiler). *Official Catalogue of the Great Exhibition of the Works of Industry of All Nations 1851*. London. Spicer Bros. 1851.

Zimmerman, Robert. *The Universe in a Mirror: The Saga of the Hubble Telescope and the Visionaries Who Built It*. Princeton, NJ. Princeton University Press. 2008.

本書の活字書体について

We were just about to sit down to dinner when my father, a conspiratorial twinkle in his eye, said that he had something to show me. He opened his briefcase and from it drew a large and evidently very heavy wooden box.

It was a London winter evening in the mid-1950s, almost certainly wretched, with cold and yellowish smog. I was about ten years old, home from boarding school for the Christmas holidays. My father had come in from his factory in North London, brushing flecks of gray industrial sleet from the shoulders of his army officer's greatcoat. He was standing in front of the coal fire to warm himself,

本書（原書）のほとんどで使用されている活字の書体は「フィロソフィア（Filosofia）」と呼ばれるものだ。これは、18世紀の古典的なセリフ体（serif）（訳注　欧文活字の始点または終点に小突出線〔これを「セリフ」という〕が見られる字体）の一種「ボドニ（Bodoni）」を現代風にアレンジしたものである。フィロソフィアは1996年に、ブラチスラヴァ生まれの活字デザイナー、ズザーナ・リッコによって生み出された。リッコは20世紀最後の数十年間、夫でオランダ生まれのルディ・ヴァンダーランスとともに、次々と書体デザインを発表して書体の世界に旋風を巻き起こした。その大きな原動力となったのが、1984年にマッキントッシュ・コンピュータが誕生したことである。フィロソフィアの特徴は、かすかに膨らんだセリフと、ボドニより細い縦線。そして何よりもすぐ目に飛び込んでくるのが、数字の「3, 4, 5, 7, 9」を「3, 4, 5, 7, 9」のようにベースラインより下げていることだ。イタリア書体のなかでもとくに人気の高いボドニの趣《おもむき》を色濃く留めながらも、もっと親しみやすくて目に優しい。このため、本書のように大部で複雑な書籍全体に配置するのに適している。本書を担当したデザイナーが、この素晴らしい書体を再び使おうと決めてくれたのを光栄に思うと同時に、これをつくり出した才能あふれるリッコに感謝の拍手を送りたい。

SW

精密《せいみつ》への果《は》てなき道《みち》
シリンダーからナノメートルEUVチップへ
2019年8月20日　初版印刷
2019年8月25日　初版発行
＊
著　者　サイモン・ウィンチェスター
訳　者　梶山《かじやま》あゆみ
発行者　早　川　　浩
＊
印刷所　中央精版印刷株式会社
製本所　中央精版印刷株式会社
＊
発行所　株式会社　早川書房
東京都千代田区神田多町2－2
電話　03-3252-3111
振替　00160-3-47799
https://www.hayakawa-online.co.jp
定価はカバーに表示してあります
ISBN978-4-15-209879-5　C0053
Printed and bound in Japan
乱丁・落丁本は小社制作部宛お送り下さい。
送料小社負担にてお取りかえいたします。

ハヤカワ・ノンフィクション

MITメディアラボ 魔法のイノベーション・パワー

The Sorcerers and Their Apprentices

フランク・モス
千葉敏生訳
46判並製

ジョン・マエダ氏推薦！

どうやったら実現できるのか見当もつかない、世界を変えてしまうインパクトをもった自由奔放な発想を、魔法のように現実のプロダクツとする研究所がMITメディアラボだ。イノベーションによる革新とビジネスチャンスとを追求する人々を惹きつける研究所の秘密を、第三代所長の著者が明かす待望の書。

ハヤカワ・ノンフィクション

職場の人間科学

——ビッグデータで考える「理想の働き方」

People Analytics

ベン・ウェイバー
千葉敏生訳
46判並製

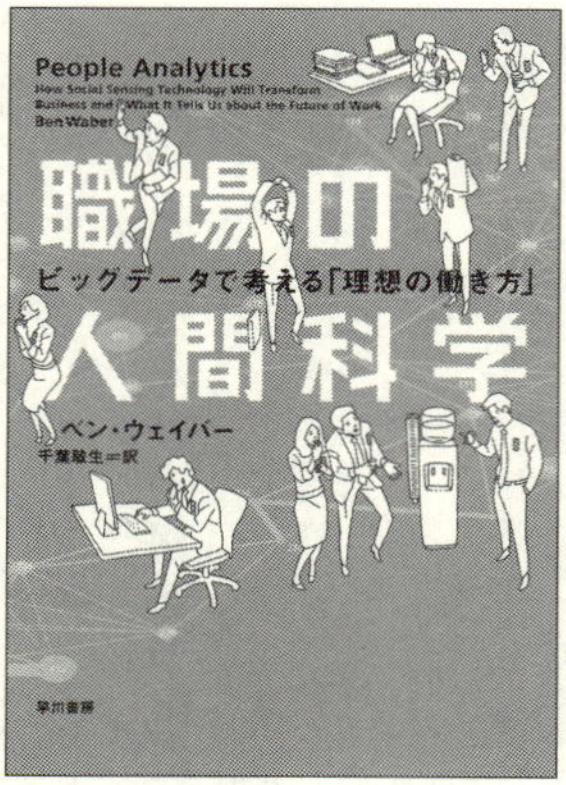

石井裕ＭＩＴメディアラボ副所長が注目する新技術！

社員アンケートや面談はもう古い！　ＭＩＴメディアラボのデータを駆使した最先端技術が、社員の生産性や満足度を大幅に上げる方法を明らかにする。それも、机の長さや休憩時間を変えるといったシンプルなものばかり。会社も社員もハッピーになれる未来のオフィスを考えよう。　解説／石井裕

ハヤカワ・ノンフィクション

スクラム

仕事が4倍速くなる〝世界標準〟のチーム戦術

Scrum

ジェフ・サザーランド
石垣賀子訳

46判並製

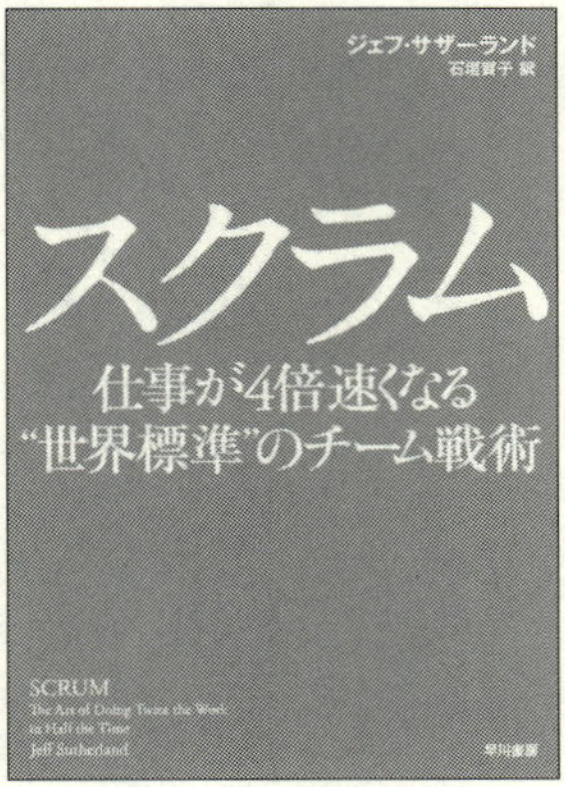

最強のプロジェクト管理法「スクラム」生みの親による完全ガイド

世界的に絶大な支持を集め、グーグルやアマゾンも採用するプロジェクト管理法「スクラム」。その生みの親が、最少の時間と労力で最大の成果を出すチームの作り方を伝授する。住宅リフォームから宇宙船の開発まで、スクラムが革命を起こす！

解説／野中郁次郎

ハヤカワ・ノンフィクション

幸せな未来は「ゲーム」が創る

Reality is Broken

ジェイン・マクゴニガル
妹尾堅一郎監修
藤本徹・藤井清美訳
46判上製

なぜ人々は「ゲーム」に惹かれるのか？　それは現実があまりに不完全なせいだ。現実においては、ルールやゴールはわかりづらく、人々のやる気が常にそがれてしまう。そんな現実を修復すべく、ゲームデザイナーの著者は、「ゲーム」のポジティブな利用と最先端ゲームデザイン技術の現実への応用を説く。

ハヤカワ・ノンフィクション

ホワット・イフ？

――野球のボールを光速で投げたらどうなるか

What If?

ランドール・マンロー

吉田三知世訳

46判並製

日本人の科学&ギャグリテラシーを飛躍的に高めた大ベストセラー！

光速の90％でバッターにボールを投げるとどうなる？　カップのお茶をかき回して沸騰させられる？　元NASA研究者による人気のマンガ科学解説サイトを書籍化。「知ってどうなる」的おバカな疑問に物理と数学とマンガとで全力で答える、脳内エンタテインメント。

ハヤカワ・ノンフィクション

大統領を操るバンカーたち（上・下）

――秘められた蜜月の100年

All the Presidents' Bankers
ノミ・プリンス
藤井清美訳
46判上製

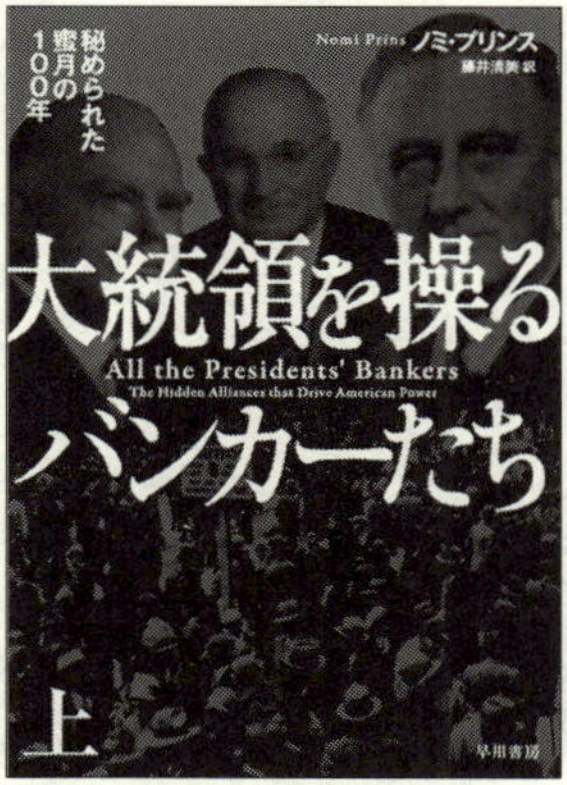

「強欲」がアメリカを作った。

第一次世界大戦の前夜から現代に至るまで、米国のエリート銀行家たちは、政策や法律を決定づけ、ホワイトハウスに人材を送り込んできた。その驚くべき癒着関係の実態とは？ゴールドマン・サックス出身の著者が膨大な資料から真実を丹念に掘り起こした力作。